32 位嵌入式系统开发与实战

李 域　王 鸥　徐 波　石朝林　编著

北京航空航天大学出版社

内 容 简 介

本书以开发者的实际需求为视角,以美国微芯公司 32 位的 MIPS、ARM 微控制器为载体,向读者展示了高位微控制器的开发过程和客户遇到的常见问题。全书共分 26 章,前 5 章介绍高位微控制器开发的预备工作以及相关工具。从第 6 章开始以 PIC32 和 SAM 系列微控制器为例向读者展示了高位微控制器的常用外设的开发过程以及软件库的使用。从第 17 章开始以实际客户的需求为例展示了对软件库的剥离、挂载、整合、利用的过程。在第 24、25 章介绍 32 位微控制器两个特定的领域:电机和安全。最后一章介绍示波器的一些使用方法。

本书面向致力于高位微控制器开发的学生和工程技术人员以及项目管理人员,尤其适合利用PIC32 和 SAM 系列微控制器做开发工作的读者使用。

图书在版编目(CIP)数据

32 位嵌入式系统开发与实战 / 李域等编著. -- 北京 :
北京航空航天大学出版社,2025.7. -- ISBN 978 - 7
- 5124 - 4583 - 3

Ⅰ. TP332. 3

中国国家版本馆 CIP 数据核字第 20258K2A09 号

32 位嵌入式系统开发与实战

李 域　王 鸥　徐 波　石朝林　编著

策划编辑　胡晓柏　　责任编辑　王 实

*

北京航空航天大学出版社出版发行

北京市海淀区学院路 37 号(邮编 100191)　http://www.buaapress.com.cn

发行部电话:(010)82317024　传真:(010)82328026

读者信箱:emsbook@buaacm.com.cn　邮购电话:(010)82316936

北京雅图新世纪印刷科技有限公司印装　各地书店经销

*

开本:710×1 000　1/16　印张:30　字数:639 千字

2025 年 7 月第 1 版　2025 年 7 月第 1 次印刷

ISBN 978 - 7 - 5124 - 4583 - 3　定价:139.00 元

序

美国微芯科技公司（Microchip Technology Incorporated）是一家知名的单片机和模拟半导体供应商。在我国市场上耳熟能详的 PIC、dsPIC、Mega、SAM 系列单片机都是微芯科技公司的产品。除此之外，它在高速网络、混合信号、功率管、数据转换、接口芯片、FPGA、存储、电源管理、安全加密、高可靠性时钟芯片、仪表器件、触摸芯片等领域也都有相应的产品和不错的市场表现。在我国制造行业高速发展的今天，学习了解微芯科技相关半导体产品的知识对于制造业具体产品的开发和产品战略的制定都有重要的意义。

嵌入式 32 位处理器是微芯科技公司的一条很重要的产品线，目前主要包含 PIC 系列、SAM 系列、CEC 加密系列、MPU 等产品。它们主要应用于过程控制、电机控制、功能安全、汽车产品、家用电器、物联网、新能源等诸多领域。与 8 位、16 位处理器相比，32 位处理器具有更广的寻址空间、更强的运算能力、更快的处理速度和更大的存储容量。但是，它的价格也相对较高，同时对于配套的软硬件资源的要求更高。这就需要 32 位处理器的开发人员具有相应的基础知识和一定的工程经验。

在电子、通信、自动控制、计算机这些相关专业的学校教育体系中，学员所修习的知识主要以教学大纲为主。这使得学员在学校教育体系中虽然掌握了全面的书本知识，但缺乏一定的行业工程经验。这些实际的工程经验一般是由学员在修业期满之后参加具体工作而习得或顿悟，并需要花费较长的时间去积累和磨练的。如果有相应的行业长期从业者将这些经验归纳、总结，并分享出来，那么对于从校园出来的工程技术人员将会是一个良好的开端。

在市场竞争日益激烈的今天，市场的人员流动也是企业获取人才的一个重要手段。但是，并不是每一个企业都能轻易地获得与自己需要的领域完全贴合的人才。对于行业经验相近、有一定年资的工程技术人员来说，如果有一本书能将自己所从事的领域进行一个大致的概括，则会收到事半功倍、少走弯路的效果。

对于制造业企业具有产品定义话语权的领导者来说，参考行业内有经验的工程技术人员写出的资料、书籍、文章，了解产品研发过程中的细节、重点、难点对把控研发过程、科学制定产品功能、精细划分成果时间线和准确实现工程目的均有有益的启迪。

与 8 位、16 位处理器相比,32 位处理器的开发人员需要具备更多的行业知识和工程经验。该书从客户支持的视角出发,归纳、总结了微芯科技嵌入式 32 位处理器产品在实际工程应用中的需求和解决办法。其写作视角较为新颖,可操作性较强,不论对于新出校门的工程技术人员,还是有一定行业经验的从业者和相关的管理者,都有一定的实用性和参考价值。

我们相信,随着科技的进步与经济的发展,越来越丰富的半导体器件会让更多精彩的应用产品服务于大众,从而实现更加美好的梦想。

微芯商贸上海有限公司

夏宇红

前　言

　　数年前，在拜访华能电子的刘树民老师时，他建议我写一本书，将我给他叙述的知识和工作中积累的经验进行归纳和总结。在多年与他亦师亦友的交往中，我多次得到他的提携与帮助。这次我听了他的建议，才有了动笔的念头和决心。我在 Microchip 公司工作近 15 年，主要负责高位 MCU、电源、MPU（Linux）、图形产品、汽车电子产品的相关售前售后的技术支持工作。

　　在工作中我积累了一些经验，这些经验不仅限于推销 Microchip 公司的产品，更重要的是它能更好地达成客户的需求，有些甚至超出了客户的预期。例如在给客户推广 32 位 MCU 的过程中，帮助客户建立了整套的代码管理和缺陷（Bug）管理系统。客户回馈，该系统使同类产品的平均研发时间由过去的六个月缩短为三个半月。在公司的 Guiding Values 中描述道："Customers Are Our Focus, We establish successful customer partnerships by exceeding customer expectations for products, services and attitude."（客户是我们的焦点，我们通过超越客户对产品、服务和态度的期望来建立成功的客户合作关系。）在常年的技术支持工作中我感到这句话的重要性。真正把客户当成企业的核心焦点，努力为客户提供超越其预期的产品和服务，是保证企业战略不发生偏差的关键要素，也是 Microchip 公司连续多年健康成长的原因之一。

　　将这些经验进行总结和分享，即便随着工具的发展有些操作可能过时了，但其中的思想亦可以提供长久的借鉴。在撰写本书的过程中，电子信息前沿技术也在不断发展，以 ChatGPT 为代表的人工智能技术对很多传统领域也带来了提升甚至颠覆性的革命，包括单片机开发领域。我曾尝试利用 ChatGPT 等技术帮助编写基于 32 位 MCU 的驱动代码，发现很有帮助。值得一提的是，Microchip 公司在人工智能领域也有着自己的探索和创新，其内部也正在进行 ChatBot 聊天机器人的实验和内测，相信不久的将来人工智能将为单片机的应用和开发开拓出新的领域。

　　从嵌入式单片机的发展历程来看，其理论发展总是略微滞后又紧紧跟随于 PC 的理论发展。20 世纪 90 年代，PC 从 DOS 磁盘操作系统命令行界面过渡到 Windows 视窗界面,从单线程编程过渡到多线程编程,从模块化程序结构过渡到面向对象程序结构。21 世纪的近十几年中,单片机也随之发生了相应的变化,正好有 10 年左右的时间差。这些变化为嵌入式单片机带来了测控理论和测控实践的变革,为单片机的发展提供了经过验证的战略方向。

从嵌入式自动控制的发展历史看,基于单片机的测控系统已从单输入单输出的简单测控系统发展成多输入多输出且克服干扰噪声的强鲁棒性测控系统。后者更接近于真实的测控环境,也更有生产实践的意义,但需要功能更强,稳定性更好,性价比更高的单片机测控系统。为了顺应这一需求,Microchip 公司陆续推出了基于 MIPS 架构和 ARM 架构的 32 位系列单片机,分析和掌握该型号单片机家族对于掌握单片机的发展方向有着重要的意义。

本书的前 23 章由本人编写,第 24 章电机部分由 Microchip 公司北京办公室的电机专家王鸥编写,第 25 章 CEC1712 加密部分由 Microchip 公司北京办公室的加密专家徐波编写,第 26 章示波器部分由王鸥和本人共同编写。北京办公室的石朝林老师除了负责统稿和把关外,还亲自完成了 ADC 抗混叠滤波部分内容的编写,同时还负责全书内容修订以及协调解决有关学术问题,并作为通讯作者对书稿进行了最终审定。

感谢台湾皇晶(Acute)公司为本书的创作提供了便携式示波器,感谢 Microchip 公司北京办公室的薛祖旭分享了同时打开两个 IDE 的方法,感谢 Microchip 公司北京办公室的姚宝成分享了测试 Touch 的方法,感谢 Microchip 公司上海办公室的张勇分享了以 BAT 命令行整体更新 Harmony 3 的方法。本书在编写过程中还得到了 Microchip 32 位处理器技术支持部门全体同事的支持。同时还要特别感谢我的爱人孔爽和女儿伊伊对我的支持和鼓励。

由于时间紧、任务重,书中难免有疏漏和不足之处,恳请广大读者批评指正。希望本书能给读者带来一定的启发和帮助。

李　域

2025 年 2 月

目 录

第 **1** 章

高位单片机的开发方法

本书借鉴了 PC 软件开发的一些经验和工作方法，以 Microchip 32 位系列单片机产品为蓝本叙述了嵌入式产品的开发流程以及 Microchip 32 位单片机的一些基本单元的功能，希望给嵌入式产品开发的工程技术人员、学生、嵌入式开发爱好者提供一些帮助。书中所涉及的单片机具体型号以 PIC32MZ2048EFx144（x 代表同族单片机的不同型号，例如 H、M、G 等，下同）、ATSAME51J19A、PIC32MZ2064DAR176 等 Microchip 32 位单片机为主，电机和安全部分的具体型号在后面的章节有详细的介绍。

1.1　高位单片机的嵌入式开发工作方法简述

本节从整体的角度介绍高位单片机的开发过程，这是笔者多年工作的一个心得。对于低位单片机，由于资源较少，应用规模也不大，通常一名工程师就可以完成硬件设计和软件开发的全部工作；此外，由于硬件资源所限，通常软件的规模也不大，因此很多工程师也未进行软件版本的管理。而高位单片机则不同，一般需要多人配合进行软硬件开发，因此工作的协调和管理非常重要。对于高位单片机的开发，需要掌握相应的工具，并清晰地理解与其对应的工作方式。

一般来说，开发高位单片机，首先进行软硬件选型，寻找与需求最接近的软硬件方案。然后建立开发团队，一般是硬件少、软件多的组合。之后选择软件的开发工具和项目的管理模式。现在软件的版本管理一般采用 SVN 或者 GIT。SVN 是基于主从模式的集中式管理系统，而 GIT 则是基于补丁的分布式软件管理系统。随后制订开发计划并分配任务，同时确定并分割需求。完成之后开始创建缺陷（Bug）管理系统，比较流行的系统有 Mantis、BUTZILLA、REDMINE、JIRA 等。其中，有些可以进行项目整合，例如 REDMINE；有的可以联动版本管理；有的可以进行自动发送等，不一而足。最后，按照测试提交→方案讨论→Bug 修改→下一轮测试，或者需求提交→需求实现→下一轮需求的过程循环往复迭代开发，直到项目完成为止。

以上是笔者亲身经历的一般高位单片机的开发流程并总结的工作方法。在实际开发过程中笔者发现，遵循这类方法进行开发的客户，项目过程管理得井井有条，软硬件工程师的工作量也比较均衡。而未采用相应或者类似的开发和管理方法时，前期还看不出问题,到了项目后期,很容易出现混乱而拖慢开发的进度。读者可以从笔者实际工作总结的经验中得到相应的启发。

1.2　嵌入式开发前期的需求分析和软硬件选型

当拿到一个嵌入式产品的开发任务时,首先就是确定采用哪个平台,包括软件和硬件,以 PIC32 系列单片机为例,其硬件 MCU 是 PIC32 系列单片机。具体的形式要结合应用场景,例如需要开发一个基于 480×272 的简单屏幕 UI 系统,输出为 UART 控制命令,不计成本但要快速达成任务目标。基于以上需求可以选择 PIC32MZ2064DAR176 芯片,它包含 TFT 液晶显示屏幕直推功能,可以不借助图形驱动直接点亮 RGB 接口的 TFT 屏幕,并且图形显示和 UART 驱动所有的功能在 Microchip 公司提供的 Harmony 软件中间件中都有直接实现的例子。如果需要考虑大规模生产的成本,则可以选择 PIC32MZ1024EFG100 或者 ATSAME54/E51,同样包含上述优点,但需要开发人员对驱动进行移植,而且图形的性能有所下降。当根据需求完成了硬件选型后就可以进行软件开发工具和中间件的选型了。

PIC32 单片机开发必备的三款软件和中间件分别是:MPLAB X IDE、XC32、Harmony。下面分别介绍这三款工具。本书所用的硬件开发板在 http://www.microchipdirect.com 上都可以直接买到,后续章节将有详细介绍,目前的所有工作只要有一台能上网的计算机就可以完成。

MPLAB X IDE 是一个集成开发环境的框架,主要作用是工程的建立和修改、代码的编辑和调试、插件的安装和集成。XC32 是 C 语言编译器,负责把源码编译成 HEX。Harmony 是一个代码集成开发库,包含了很多例子和中间件,可以利用其现成的资源快速开发 PIC32 的应用。

这三款软件工具都是 Microchip 公司提供的,其中 IDE 和 Harmony 免费;XC32 编译器如果使用一级优化或不优化功能则是免费的,如果要开启二级及以上的优化功能,则需要购买 license(但是后来优化等级全部开放了,老版本的用户需要注意)。

- 集成开发环境 IDE 的下载地址:http://www.microchip.com/ide。
- 编译器的下载地址:http://www.microchip.com/xc。
- 软件库的下载地址:http://www.microchip.com/harmony。

☞ 小技巧

Microchip 公司的网站结构都是用主域名斜杠加功能表示的,例如,关于电源的解决方案就是 http://www.microchip.com/power。再如,关于触摸的解决方案就是:http://www.microchip.com/touch 等,以此类推。此外,如果要获取对应芯片和芯片家族相关的信息也可以用这种方法,例如:http://www.microchip.com/pic32mz2048efg100 或者 http://www.microchip.com/pic32 等。当然,有的时候网站的链接可能发生误差,此时可联系 Microchip 公司在当地的工作人员,将您的问题进行反馈,便能很快得到解决。下载之后,将这几款软件安装到默认的目录中,根据提示进行选择和安装,基本上选择默认的选项即可。

小　结

根据客户的反馈,选择单片机系统的主要需求有以下方面:

- 芯片的功能和性能是否能完成需求;
- 芯片的成熟度、安全性、品控是否满足需求;
- 技术的支持是否到位;
- 芯片的价格是否公道;
- 芯片的供应链是否稳定;
- 芯片的代际发展是否持久;
- 软件、中间件工具是否顺手。

1.3　高位嵌入式系统的开发过程

高位单片机的开发过程一般呈现为硬—软—合的过程。也就是说,工程伊始,硬件工程师往往比较忙碌,因为板子刚刚做出来,驱动都没有调整好,还有很多硬件问题未解决。这时需要硬件工程师不断琢磨、调试,甚至返工重新制板。当板子上各个器件都安装到位且驱动也调通时,软件工程师就开始忙碌了,移植旧程序,开发新需求,完善各个部分的功能以及修改软件中出现的错误,工程的中期往往是软件工程师比较忙碌的时候。当大部分需求都已实现,测试及开发工作基本完成,开发的板卡转入生产或者试产的环节时,很多在实验室或者单机开发板上不容易复现的问题就陆续显现出来了,例如,因硬件不合理导致的噪声干扰问题;软件的隐藏 Bug 导致的偶尔死机问题;温度、老化导致的问题等。通常这时开发人员压力最大,因为这时出现的问题往往不易解决而工期又迫近了。此时需要抓大放小,需要软硬件工程师的相互配合,有些软件问题需要硬件帮忙解决,例如干扰和噪声引起的软件 Bug;有些硬件问题需要软件帮忙解决,例如上电时序引起的硬件异常,通过 PWM 控制逻辑能改善的电流问题等。

当这部分工作完成后,嵌入式产品开发阶段完成,进入生产销售阶段。如果是一位嵌入式软件的开发人员,那么也许会对我说的话有所体会;如果是一位项目工程的管理人员,那么不仅需要理解工程师的难处和心理,而且对于项目进度的把握也需要有科学的认识。有的项目管理者,在项目初期时拼命抓软件,而硬件上很多 Bug 被忽略;项目中期又拼命抓硬件,导致软件代码的质量没人管理;后期又抓供货,导致带有缺陷的产品流入生产环节;最后导致产品不得不返工,质量也一塌糊涂。笔者在自己的技术支持生涯中遇到这样的项目管理者往往是比较头痛的,在项目初期应该是软件配合硬件验证每一个外设的测控、I/O 端口、功能、性能等工作,此时不需要软件写得多么优美多么高效,只要帮助基本的硬件外设能正常运行即可。一旦出现问题立刻进行会商解决,进行硬件修改或软件弥补。

下面分享一个真实案例。在一个项目中硬件设计需要连接一个 HDMI 的接口到电视,但是由于其布线过长易导致高频信号在板子上传输的过程中发生畸变,从而影响信号的传输,此时解决办法有两种:一是重新布板,缩短高频信号的传输路线,改善性能。二是用软件降低通信速率,此时会发生软件硬件互相推诿的情况。在项目初期要坚持修改硬件,因为这是一劳永逸的事情,硬件是系统的基础,基础不牢则地动山摇。在项目中期,需要主抓软件的架构。因为此时设备驱动基本都调通了,软件开发人员在没日没夜地完成需求,但如果架构不好,那么项目后期的软件就没法维护了。一个高效的架构加上良好的代码管理工具会让软件开发的过程变成一件享受的事情。在项目后期,甚至生产已经完成时,如果系统发生的问题能用软件修正的一定不要去动硬件,因为此时测试、下料、生产都定型了,硬件修改的成本要远大于软件,因此能用软件修改的尽量用软件修改,即使在软件修改起来非常麻烦而硬件只需要稍微改动时也最好是修改软件,这样能最大限度地保证工期和进度。当然,这也不是绝对的。

结　论

在高位单片机的开发过程中,由于软件和硬件在项目工期中不同的特性,需要对症下药进行安排,不能发生错位和混乱,否则对项目管理不利。

1.4　高位嵌入式系统的版本管理

20 世纪 60 年代以前,计算机刚投入实际使用时,软件只是为一个特定的应用在指定的计算机上设计和编制的、密切依赖于计算机的机器代码或汇编语言。软件的规模比较小,文档资料通常也不存在,很少使用系统化的开发方法,设计软件等同于编制程序,基本上是个人设计、个人使用、个人操作、自给自足的私人化软件生产方式。60 年代中期,随着大容量、高速计算机的出现,计算机的应用范围迅速扩大,软件开发急剧增长。与此同时,高级语言开始出现,操作系统的发展引起了计算机应用方式的变化。更重要的是,大量数据处理导致第一代数据库管理系统的诞生。同时软件系统的规模越来越大、复杂程度越来越高,使软件可靠性问题越来越突出。原来的个人设计、个人使用的方式不再能满足要求,迫切需要改变软件生产方式,提高软件生产率,软件危机开始爆发。

可以看到,在大容量高性能的单片机普及之前,单片机的开发情形正如"软件危机"产生之前计算机系统的情形一样。参加过大型软件开发的人都清楚,大型的软件项目由一个人来开发维护是难以想象而且也是不可能的。大型软件的开发通常是团队完成,并且分成研发团队、测试团队、管理团队、协调团队等,各个团队各司其职。大型软件的开发是庞大而复杂的过程,它需要涉及方方面面。由于本书主要讨论在研发的过程中遇到的具体问题,下面大致罗列了研发团队面临的常见问题:

- 如何方便地管理项目和代码；
- 如何将研发团队的工作进行协调和整合；
- 如何评估研发团队的工作量以便平衡负荷；
- 如何回滚、提交、查阅、发布项目中的代码；
- 如何辨识版本。

为了解决软件危机，在计算机科学体系中有一个专门的方向是软件工程。而软件工程在实际中的一个重要应用就是版本管理。因此，学习高位单片机的开发需要对软件管理有深入的了解。本书将在第2章详细介绍常见的两种版本管理工具和它的使用方法。

1.5　高位嵌入式系统缺陷管理的意义

如果说版本管理工具是开发者的必备工具，那么缺陷（Bug）管理工具就是测试者和项目管理者的必备工具。笔者曾经看到没有缺陷管理工具的客户在高位单片机的开发过程中对于缺陷管理的混乱和失序。测试人员以邮件或文档的形式将 Bug 发送给管理者，而管理者也不知道哪个 Bug 是紧急且易修复的，哪个 Bug 是非必要且难修复的，导致弄错了顺序，搞错了重点。与此同时，研发人员也不知道该干些什么，哪个 Bug 该由谁来解决，甚至有两个工程师同时修复一个 Bug 用了两种不同的方法，这两种方法单独运行都没问题，但是合起来就会发生冲突，且这种冲突还是隐性、不可重现的。这里再讲一个笔者在做电视开发过程中的故事：电视机的运行状态分两种，即运行态和休眠态，主 MCU 启动则系统进入运行态，而系统的休眠则由副 MCU 进行管理。之所以这么干是因为主 MCU 本身的待机功耗不符合出口能源之星的要求，所以不得不加一个低功耗的副 MCU，而问题恰恰就发生在这个副 MCU 上。副 MCU 是个很简单的 8 位单片机，其作用是检测遥控器和定时开关机，笔者的一个同事在编写代码时不慎将 C 语言的判断符"＝＝"号写成了赋值语句"＝"号，由于这句话是负责定时开关机的，而它恰恰又是系统关机时默默运行的，所以逃过了一系列的测试最终走向了量产。它的爆发导致了已经出口的成千上万台电视机在某年某月的某个夜晚统一自动开机了，这个诡异的 Bug 导致付出了很高的代价（即对已售电视机进行回收升级）。后来原厂利用 Bug 管理系统做了一系列的规定，包括电视机即使在休眠态也要进行测试，软件规范要求判断时把常量写在前面，变量写后面。

这些问题说明，对 MCU 的软件开发，代码本身的管理是一个方面，而对 Bug 的管理则是另一个重要的方面。学习了这一点，对于高位单片机的软件开发是有益的。

本书第 3 章针对一个常用且免费的缺陷管理系统进行了简单的介绍，目的是帮助读者以最低的成本实现基本的缺陷管理。

1.6　阅读本书需要的基础知识

　　本书是面对有代码基础和嵌入式开发能力的工程师编写的。阅读本书的读者应该具备 C 语言开发的常识、嵌入式开发的基本功。如果读者缺乏这方面的知识也没关系,笔者推荐读者参阅经典的由谭浩强编写的 C 语言入门的书籍或者上菜鸟学院 https://www.runoob.com 进行入门学习。

　　高位单片机的开发往往是从大量的基础源代码开始的,基本不会出现初创开发的情形。由于程序结构复杂、代码量大,为了便于代码管理和比较,建议读者学习 GIT 和 SVN 版本管理工具。笔者介绍这两种工具的原因有两点:第一,MPLAB X IDE 加入了 GIT 和 SVN 的外壳集成,便于开发者利用 MPLAB X 方便地进行代码管理。第二,SVN 为典型的集中式代码管理工具,GIT 为典型的分布式代码管理工具,二者特点鲜明,所以分别介绍。随着代码管理流派的发展,GIT 目前已有全面替代 SVN 成为主流代码管理工具的趋势。这里讲一个有趣的事情,以前我发现很多人员流动比较大的企业都喜欢用 SVN 系统,而人员比较稳定的企业都喜欢用 GIT 系统,为什么呢? 原因很简单,因为 SVN 系统是集中式代码管理工具,它的代码库可以很便利地放在公司的服务器中,工程师一般只是下载相应的临时版本在本地;而 GIT 则不同,GIT 属于分布式代码管理工具,它的版本库可以克隆并保存到本地,这样,工程师离职时就可以带走团队的全部代码库,这对于公司的管理者并不是一件好事。所以,安全性和方便性是一个永远不断的互相博弈权衡利弊的主题,具体用哪个,取决于管理者的智慧与水平。

本章总结

　　回到本章讨论的主题,对于高位单片机的开发者,不仅需要知道电子线路、单片机驱动的知识,而且要了解软件版本管理、项目缺陷(Bug)管理等 PC 端大型软件开发的知识,并融会贯通地运用到高位单片机的开发过程中,从而达到事半功倍、井井有条的效果。

第 2 章

代码管理

在 8 位或者 16 位单片机的开发过程中,代码管理的作用往往不明显。8 位或者 16 位单片机的硬件资源比较少,软件规模也不大,通常一个工程师就能完成软硬件的全部开发。但是 32 位单片机硬件资源比较多,导致软件规模也比较庞大,一个人不太可能兼顾所有的任务。因此,在软件开发的过程中对代码进行科学的管理是非常必要的。可以这么说,代码管理是区分业余软件开发爱好者和专业软件开发人员的标志。

在开发的过程中,经常会有如下情况发生:自己写的代码经过修改之后发现改错了,想回到修改之前的状态却发现没有办法回去了;采用别人写好的代码时却发现合并代码的工作量比自己重新写一遍还要费劲;自己以前写的代码隔了一段时间后忘记当初的思路了;对自己的代码进行了一些修改,但是越改越乱,自己也不知道都改了哪些地方。代码管理工具主要解决的是这些软件开发过程中产生的管理方面的问题。用一句简单的话概括代码管理工具的作用,就是“资料的后悔药和团队开发的搬运工”。上一章中已经介绍了版本管理的意义,下面学习使用它的方法。

2.1 代码管理工具

代码管理工具就是实现代码开发过程中需要用到的保存、整合、回溯、查阅等管理功能的工具。对于软件的版本控制与管理,在高位单片机开发时一定要重视,这主要体现在对于多人合作的项目上;但对于小到一两个人的项目,如果觉得没有必要那就错了,一次小意外,就会让工程师有了劫后余生的感觉。只要有项目,不论多少开发人员,哪怕只有一个人,也要做好版本的管理。下面详细叙述版本管理软件的安装和使用。

2.2 乌龟 SVN 和乌龟 GIT 的基本操作

有人说 SVN 已经过时了,现在大家都用 GIT。笔者不否认这一点,但这并不能作为完全不去了解 SVN 的理由。作为经典的集中式代码版本管理系统,了解它还是非常必要的。另外,SVN 的基本操作和理念与 GIT 是共通的,相互印证更能增进理解。同时，为了兼顾篇幅，对于 SVN 主要以文字叙述为主，对于 GIT 则图文并茂详细介绍，以便读者进行实践。

本节介绍两种典型的代码管理工具：小乌龟 SVN 和小乌龟 GIT。它们是界面非常友好的版本管理系统。

2.2.1　乌龟 SVN 的基本操作

下面就 SVN 的一些常见的问题给出解决措施。对于版本管理系统，笔者总结了其常用的操作，这些常用的操作并不多，几乎一句话就能概括："建立仓库，更新代码，提交代码，比较差异，回溯版本。"这几个操作基本上就是版本管理的常用操作了，笔者在实际工作中发现，客户 95% 以上的时间都是在与这些常用操作打交道。下面将按照这些步骤详细介绍。

2.2.2　下载小乌龟 SVN 及安装小乌龟

先说小乌龟 SVN 的家：http://tortoisesvn.net/。读者要做的是去乌龟的家，领一只小乌龟回来（下载好 TortoiseSVN）。注意，32 位的小乌龟和 64 位的小乌龟是不能混用的，下载安装一直单击 Next 按钮即可；另外，小乌龟 SVN 的官网如果打不开可以去备用网站下载，网址如下：https://sourceforge.net/projects/tortoisesvn/。当安装完毕后，请在操作系统中随便建立一个目录，进入这个目录然后右击，此时在弹出的快捷菜单中你会发现多了两个菜单项（见图 2.1），此时说明安装完毕了，记得重启计算机。

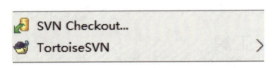

图 2.1　小乌龟 SVN 安装完毕右击出现的菜单

下面，简单学习一下小乌龟的用法。以下操作基本涵盖了 SVN 日常工作中绝大部分操作，下面针对建立代码版本管理系统的几个常见问题进行回答和操作，主要以文字叙述为主。

2.2.3　建立 SVN 代码仓库

代码仓库好比是乌龟银行的金库，所有的代码都存在代码仓库中。SVN 建立代码仓库有如下步骤：

① 在操作系统可以任意读/写的目录下建立一个目录，起名叫"SVNBank"；

② 进入这个目录右击，单击 TortoiseSVN→Create repository here；

③ 直接单击 OK 按钮，但不要选择 Create folder structure；

④ 在乌龟银行（SVNBank）下空白处右击，单击 TortoiseSVN→Repo - browser；

⑤ 在 URL 处记录您的银行金库的地址 file:/// ＊＊＊＊＊＊＊＊＊＊＊＊（注意是三个斜杠）。

这些操作完成后,读者就可以在 SVNBank 目录下建立一个 SVN 代码仓库了,以后针对工作目录的所有改动都会提交或上传到这里(注意,这里是需要特别保护的地方)。说到这里笔者再插一句话,现在的计算机多采用电子硬盘。与机械硬盘不同,电子硬盘采用的是闪存技术进行数据存储,其优点是读/写速度快,但有个致命的缺点是一旦数据崩溃几乎无法修复。因此,对于像代码仓库这样重要的数据,需要进行妥善保存和定期备份。

2.2.4　建立自己的工作目录,并与代码仓库建立连接

建立工作目录,它好比乌龟银行的分理处,也就是您日常存钱取钱的地方,它不保存钱,只是钱财的搬运工。下面将列出建立工作目录,并与代码仓库建立连接的步骤:

① 在操作系统中随便建立一个目录(例如 MyProject);

② 右击,再单击 checkout 准备将 2.2.3 小节建立的乌龟银行导出;

③ 在 SVN 地址将 2.2.3 小节建立的 file:/// ＊＊＊＊＊＊＊＊＊＊＊＊复制的地址填入,然后单击 OK 按钮进行真正的导出操作;

④ 将系统显示设置为可以发现隐藏文件,您会在工作目录下发现一个.svn 的文件夹(如果没有,重启一下系统即可);

⑤ 此时,乌龟银行的金库与其分理处已经建立了连接,下面会在分理处(MyProject)进行所有操作,但是有的操作要提交到金库(SVNBank),有的操作在本地(MyProject)完成。

2.2.5　完成初始提交

SVN 初始提交代码步骤:

① 在 MyProject 目录下建立一个文件,名为 money.c;

② 在目录空白处右击,然后单击 commit;

③ 在对话框中选中 money.c;

④ 在上面的 Message 对话框中填写:"第一版";

⑤ 在右下角单击 OK 按钮,弹出一个 Commit Finished 对话框,单击 OK 按钮;

⑥ 初始提交的作用是将需要提交的文件一起提交到金库,在日后的提交中只是针对修改的增量而不是整体的存量进行提交,读者可以观察 SVNBank 数据量的变化。

2.2.6　直接查阅代码库中代码的存储情况

直接查阅代码库是因为通常在软件开发时从远端检出(Checkout)整个工程项

目需要很长时间。有时只是需要大致浏览一下工程的规模或者检出几个单独的文件。直接查阅代码库的好处是直接查阅代码保存的情况,省去了很多中间环节。对于自己单独开发的项目,或者权限比较明确的项目,这个操作是比较方便的。

SVN 直接查阅代码库的步骤:

① 进入 SVNBank;

② 在目录空白处右击 TortoiseSVN→Repo-brower;

③ 查阅是否有文件 money.c;

④ 在 money.c 文件下右击,然后单击 show log,你会发现"第一版";

此时,读者就完成了针对代码库的一次直接的查阅。

2.2.7　完成首次修改

完成一次提交动作,就好比再向银行存一笔钱,这个操作的意义和价值非常大,说明你真正为你服务的项目做出具体的贡献了。以下是 SVN 提交的步骤:

① 进入分理处 MyProject 目录并打开 money.c 文件,然后写入代码,如例 2.1 所示。

例 2.1　存储一个 c 文件的例子。

```
# include"stdio.h"
void main()
{
    printf("save % d RMB\n",100);
}
```

② 保存退出,此时,你会发现原先在 money.c 的小绿箭头变成了小红色感叹号。

③ 在目录空白处右击 SVN commit,此时,money.c 已经自动打上了勾,你可以在 Message 对话框中写入 CYB 或者"存一百"。

④ 单击 OK 按钮完成。

2.2.8　查询修改的记录

就像在银行存款一样,你希望打印核对银行的对账单,以查阅自己的存取情况。完成一次查阅 log 动作,就好比打印一次银行的对账单。

SVN 打印对账单的步骤如下:

① 进入分理处 MyProject 目录;

② 在目录空白处右击 TortoiseSVN→show log;

③ 可以看到第一版"第一版"和第二版"存一百",这就是你的账目。

2.2.9　回溯修改的版本

完成一次版本回溯动作,就好比你的户头存了一百,又取了一百。

SVN 版本切换的步骤如下：

① 承接前文所叙述内容，在第一版 log 中"第一版"的横条下右击，单击 update item to reversion；

② 关闭所有弹出的对话框，回到 MyProject 分理处目录，打开 money.c 文件，你发现空空如也；

③ 此时，就完成了一次版本的回溯。

下面问题来了：本地的文件被删掉了，需要找回来，如何将目前的版本回溯到最新？下面完成一次更新到最新版的动作来解决问题。SVN 更新到最新版的步骤如下：

① 进入分理处目录 MyProject；

② 空白处右击 SVN Update；

③ 打开 Money.c；

④ 文件回来了，此时完成了一次版本的更新。

2.2.10　比较当前修改和版本库中已有文件的区别

该操作几乎是日常工作中最常用的功能，笔者在实际的开发中每次修改完毕都需要完成一次比较动作。SVN 版本比较执行的步骤如下：

① 先执行一次查阅 log 动作；

② 按住 Ctrl 键；

③ 选择一、二两个版本；

④ 在任意一个版本下右击，然后单击 compare reversion；

⑤ 双击要比较的文件 money.c；

⑥ 会发现两个文件有所不同，也就是你修改的部分。

这里笔者再啰嗦一句，SVN 可以自定义用户熟悉的比较工具。

2.2.11　撤销本地的错误修改

在做项目的过程中经常会有如下的情况：自己改错了需要撤销本地修改。进入分理处 MyProject 目录之后执行如下步骤：

① 打开 money.c；

② 将"printf（"save %d RMB\n"，100）；"修改成"printf（"满仓买进！\n 满仓买进！\n"）；"；

③ 存盘，回到 MyProject 目录；

④ 此时，你会发现 money.c 有一个红色的感叹号；

⑤ 回到 MyProject 目录；

⑥ 在空白处单击 SVN Revert，然后勾选 money.c，再单击 OK 按钮；

⑦ 再次打开 money.c 文件，可以看到"printf（"save %d RMB\n"，100）；"又出

现了。

当以上的过程做完之后,你应该对 SVN 有了初步的认识。在实际应用过程中,以上步骤包含了绝大部分在日常工作中所用 SVN 的情况。随着版本管理工具需求的变化,SVN 有很多弊端暴露出来,例如:对于分支合并很不方便,中心化的管理模式不适合超大规模软件开发,离网之后无法进行更新提交等。GIT 的出现解决了这些问题。

小 结

在软件版本管理的工具中,SVN 的确已经逐渐被 GIT 所取代,但 SVN 曾经是非常流行的版本工具,所以基于 SVN 格式的大量软件仓库依旧存在;另外,SVN 集中化的存储方式也方便对仓库进行集中管理。

2.3 GIT 操作简介

2.3.1 GIT 的下载与安装

SVN 和 GIT 代表了软件版本管理的两个流派。SVN 是中心化的软件管理模式,也就是你的钱必须存到银行的金库;GIT 是去中心化的软件版本管理模式,也就是用一套哈希密码的方式进行记账,不用把钱存到银行的金库,与比特币的思路挺像的。与 SVN 不同,在安装小乌龟之前,先要把 GIT 命令行的工具下载安装,具体下载地址如下:https://gitforwindows.org/,下载,安装,一直单击 Next 按钮,安装完毕之后,打开命令行窗口输入 git version 命令之后会返回命令行格式的 GIT 版本号,此时 GIT 命令行工具安装完毕,如图 2.2 所示。

```
C:\Users\Administrator>git version
git version 2.17.0.windows.1
```

图 2.2 GIT 命令行工具安装完毕之后查阅版本号

下面同样需要下载一个小乌龟 GIT,地址如下:https://tortoisegit.org/,下载,安装,一直单击 Next 按钮。与 SVN 不同,其中有一步要选择 GIT 命令行的路径,笔者安装时在默认路径 C:\Program Files\GIT\bin 下面选定这个目录。当安装完毕之后,在操作系统中任意建立一个目录,然后进入这个目录,右击,此时在弹出的快捷菜单下会发现多了三个菜单项,如图 2.3 所示。

恭喜你,小乌龟 GIT 安装成功了,小乌龟在向你招手。以下操作基本与 2.2 节所述 SVN 的操作类似。

2.3.2 建立 GIT 的代码仓库和工作目录

下面介绍建立 GIT 代码仓库的具体步骤:

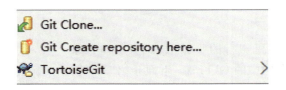

图 2.3　小乌龟 GIT 安装完毕后右击弹出的快捷菜单

① 在操作系统下随便建立一个目录，起名为 GITPrj。

② 进入这个目录右击，单击 GIT Create repository here...，然后系统弹出一个对话框，如图 2.4 所示。

图 2.4　建立 GIT

③ 按照默认选项单击 OK 按钮确定，如果系统可以显示隐藏文件，则可以看到文件夹有一个.git 的隐藏目录，如图 2.5 所示。

图 2.5　建立 GIT 之后在系统中会出现一个隐藏目录

如果系统无法显示隐藏文件，可以修改系统配置，让它显示出隐藏文件。这样，就可以看到.git 的隐藏目录了。

④ 在 GITPrj 目录下空白处右击，单击 TortoiseGit→Repo – browser。

恭喜你，乌龟银行建立成功了。下面讨论一下 SVN 和 GIT 在这步操作中的区别：SVN 需要分别建立代码仓库和工作目录，而 GIT 只需要在工作目录中直接建立代码仓库即可。

2.3.3　提交代码

在第一步建立乌龟银行的步骤中，GIT 工作目录已经建好，也就是上例中的 GITPrj。下面介绍 GIT 初始提交代码的步骤：

图 2.6　在 GIT 目录中新建一个文件

① 在 GITPrj 目录下建立一个文件名 money.c，如图 2.6 所示。

② 在目录空白处右击，然后单击 Git Commit→master。

③ 在对话框中选中 money.c，否则 Commit 按钮是灰色的，如图 2.7 所示。

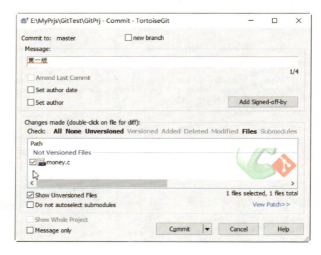

图 2.7　GIT 的提交

④ 在 Message 文本框中填写："第一版"。

⑤ 单击 commit，然后单击 Close 按钮关闭提交窗口。

SVN 和 GIT 的初始提交过程都是比较简单的，这时 money.c 已经进入 SVN-Bank 或者 GITBank 了，与 SVN 一样，也可直接看 GIT 的代码库。

2.3.4　在 GIT 中直接查阅代码库

下面介绍在 GIT 中直接查阅代码库的具体步骤：

① 进入 GIT 工作目录，GITPrj；

② 在目录空白处右击 TortoiseGIT→Repo - brower；

③ 查阅是不是有个文件 money.c；

④ 在 money.c 文件下右击，然后单击 show log，你会发现"第一版"。

这个操作对于某些本地工作目录发生了错误且急需查阅版本库代码的情况比较有用，下面学习一些常规的操作手法。

2.3.5 向 GIT 提交代码的修改

进入 GITPrj 目录,然后用记事本或其他编辑工具打开 money.c 文件,并且写入代码,如例 2.2 所示。

例 2.2 存储一个 c 文件的例子。

```
#include"stdio.h"
void main()
{
    printf("save % d RMB\n",100);
}
```

保存退出后,你会发现原先在 money.c 的小绿箭头变成了小红色感叹号,如图 2.8 所示。

名称

.git

money.c

图 2.8 修改文件使得它与 GIT 中的文件不一致

然后,你在目录空白处单击 GIT Commit→master...,此时,money.c 已经被自动打上了勾。你可以在 Message 文本框中写入"存一百",单击 Commit 按钮,此时,打个不恰当的比方,你的 GIT 银行中有了 100 元,是不是有种想查账的冲动?

2.3.6 在 GIT 中直接查阅代码历史

GIT 打印对账单的操作步骤如下:

① 进入 GITPrj 目录;

② 在目录空白处右击 TortoiseGIT→show log;

③ 可以看到第一版"第一版"和第二版"存一百",这就是你的账目。

2.3.7 在 GIT 中直接切换版本

GIT 版本切换的操作步骤如下:

① 接 2.3.6 小节的第③步,在第一版"第一版"的横条下右击,单击 Switch/Check out to this...;

② 在弹出的对话框中单击 OK 和 Close 按钮,此时,系统帮你起了一个默认的分支名称,并且进行了一次版本切换的动作;

③ 关闭所有弹出的对话框,回到 GITPrj 分理处目录,打开 money.c 文件,你发

现空空如也,没关系,帮你找回来。

2.3.8　在 GIT 中将代码更新到最新版中

将 GIT 中的代码直接更新到最新版的步骤如下:

① 进入分理处目录 GITPrj;

② 在空白处右击 Tortoise GIT→Show Log;

③ 在 master 处右击 Switch/Check out to "master";

④ 打开 Money. c;

⑤ 钱回来了。

为方便读者理解,这里把 GIT 比喻成银行,但需要说明的是,由于计算机存储器件复制数据不会破坏原有数据的特点,GIT 与真正银行最大的不同点在于,真正的银行是,把钱存进去,再取出来,你的户头上的金额就少了;而 GIT 银行的特点是,一旦存钱进去,不管怎么取,你的户头上的金额也不会少。

2.3.9　在 GIT 中进行版本比较

与 SVN 一样,在 GIT 中进行版本比较的步骤如下:

① 执行一次查阅 log 动作;

② 按住 CTRL 键;

③ 选择一、二两个版本;

④ 在任意一个版本下右击,然后单击 compare revisions;

⑤ 双击要比较的文件 money. c;

⑥ 会发现两个文件有所不同,也就是你修改的部分。

最后,完成一次撤销本地修改动作,这个操作会搞丢你本地的所有修改,以后在工作中做这个动作时要慎重,三思而后行。另外与 SVN 一样,GIT 也支持用户自定义比较工具。

2.3.10　在 GIT 中撤销本地修改

进入分理处 GITPrj 目录之后进行本地修改步骤:

① 打开 money. c;

② 将"printf("save %d RMB\n",100);"修改成"printf("满仓买进! \n 满仓买进! \n");";

③ 存盘,回到 GITPrj 目录;

④ 此时,会发现 money. c 有一个红色的感叹号;

⑤ 回到 GITPrj 目录;

⑥ 在空白处单击 TortoiseGIT→Revert,然后勾选 money. c,再单击两次 OK 按钮。

再次打开 money.c 文件,可以看到"printf("save %d RMB\n",100);"又出现了。

当以上的过程完成后,读者应该对 GIT 有了初步的认识。在实际应用过程中,以上步骤包含了 90% 在日常工作中所用 GIT 的情况,后面会讲述 GIT 的另一个强大功能——分支合并,在这里笔者需要插叙一个与 GIT 相关的其他知识。

2.4　Gitee 和 GitHub

Gitee 是一个代码分享和提交的网站,它是免费和开源的,你可以将自己的代码提交到 Gitee 上进行分享,也可以下载别人的代码进行查阅和使用。它的网址如下:https://gitee.com/。

如果要在 Gitee 网站上畅游,首先需要注册一个用户名。自行注册之后既可享用 Gitee 上的所有开源代码。本书后面提及的 Harmony 3 库所用的代码需要用到这个网站和对 GIT 的基本操作。以上只是介绍了 GIT 的基本操作以及图形化安装的命令,下面结合 Gitee 介绍 GIT 和网络相关的功能:GIT 库的克隆。

前面介绍了 GIT 建立代码仓库的方法,但事实上,并不是每一个代码仓库的建立都是在本地完成的,在实际工作中大部分的代码仓库是建立在云端的,这时就需要进行云端代码的下载,GIT 克隆就是完成这件事情的操作。GIT 的克隆操作从图形界面入手非常简单,在你的工作区建立一个任意目录,进入该目录之后右击,如图 2.9 所示。

图 2.9　GIT 克隆窗口

然后,输入正确的 URL,也就是下载地址,不同协议的下载地址的字头写法会有差异,但是作用都是一样的。URL 由建立代码库的人发布。具体操作如图 2.10 所示。

如果下一步有密码就输入密码,若没有密码就直接进入下载流程,如图 2.11 所示。

下载完成关闭对话框即可。以上操作展示了 GIT 克隆功能的工作过程。对于 Harmony 3 来说,克隆的操作是一个基础操作。下面介绍单个 GIT 库和 GIT 库群组之间的关系。可以看到,单个代码库能进行独立的代码管理,但是如果工作代码量非常巨大,则靠一个代码库的管理就比较困难了。这是因为尽管需要使用完整的代码库中的

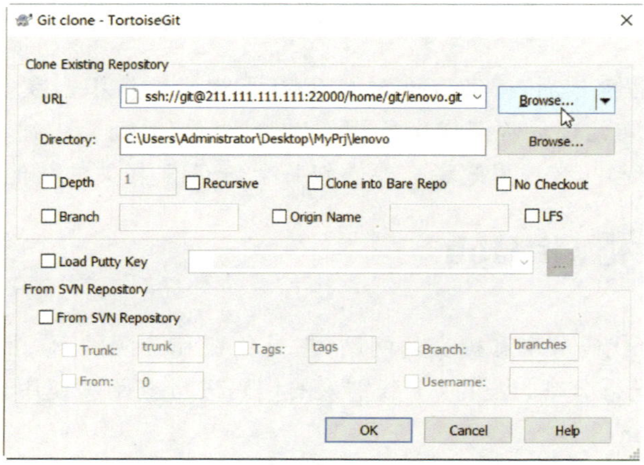

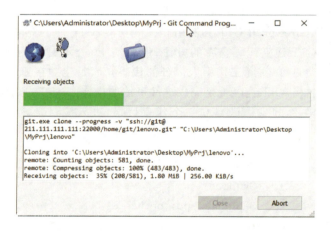

图 2.10　GIT 克隆之前要输入 GIT 库的地址

图 2.11　从远端下载 GIT 库

代码,但大部分时间用户只是对代码进行局部修改,而非整体修改。因此,下载和管理一个庞大的代码库就显得非常不经济。对于代码库群组之间的每一个独立代码库进行批量操作有一个工具叫做 Repo,但是这个工具在 Linux 下比较好用,在 Windows 下并不好用。本书会介绍一个简单的 Windows 下 GIT 库群组操作的简单脚本。

2.5　GIT 的分支建立和分支合并功能

在软件开发过程中,往往都是拿到一个基础的软件版本,然后在这个版本上进行二次开发,不同的需求方向就产生了不同的修改目的,从而对软件版本管理提出了建立分支的要求。就好像一棵树一样,根是一个,但会长出不同的枝杈。这些枝杈有时

需要继续分叉,有时需要合并。下面就分支的建立和合并进行具体操作。首先举例说明建立和更改 GIT 分支操作的步骤:

① 将前面叙述的做完撤销修改之后的 GIT 库拿来使用,此时,GITPrj 目录中有个 money.c 文件,打开之后对于该文件再进行一次修改,如例 2.3 所示。

例 2.3　存储一个 c 文件当例子。

```
#include "stdio.h"
void main()
{
    printf("save % d RMB\n",200);
}
```

② 修改完毕后单击 Commit 按钮提交,并且在提交 log 上写明"存二百",然后重复上文 GIT,打印对账单,操作打开 show log,如图 2.12 所示。

Graph	Actions	Message	A..	Date
		Working tree changes		
		master 存二百	a	2020/2/3 22:34:03
		存一百	a	2020/2/3 22:26:42
		第一版	a	2020/2/3 22:23:29

图 2.12　GIT show log 窗口

③ 此时有了一个修改了三个版本的版本树,如果要在第二版"存一百"这个版本上进行一些新的修改该怎么办? 解决这个问题之前首先要理解分支的概念。在软件版本管理过程中,每一个修改的方向都是一个新的分支,而默认的方向就是主干分支,在 GIT 中一般显示为 master。当需要一个新的修改方向时,需要在 master 的下面再建立一个分支。建立分支的具体过程很简单,可以在 show log 上进行操作,在需要建立分支的版本下右击,然后单击建立分支,如图 2.13 所示。

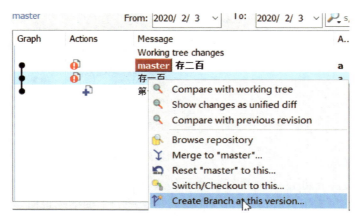

图 2.13　建立分支

④ 系统弹出一个对话框,在这个对话框中,需要给新建的分支起一个名字,如图 2.14 所示。

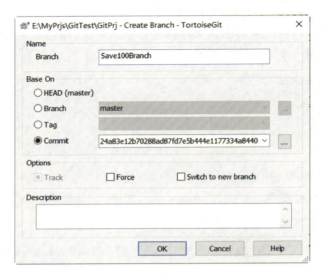

图 2.14　给新建的分支起名字

⑤ 单击 OK 按钮,分支就建立完成了。

下面介绍分支的切换问题。对切换分支进行的操作不只是在版本库列表的指针标号上,同时也会修改本地的文件,具体步骤如下:

① 此时只是建立了一个分支,还没有将主干工作切换到这个分支上,如果要将主干工作切换到分支上,则需要在 show log 上单击那个分支,然后单击 check out 到这个分支,如图 2.15 所示。

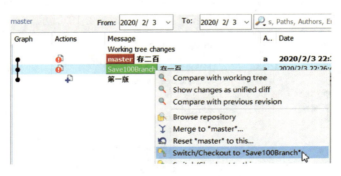

图 2.15　切换分支

② 分支切换成功了,此时再打开本地的文件会发现文件已经变成了第二版"存一百"了。新问题来了,如何在新分支下进行提交呢?下面继续说明。

③ 此时,你将文件再次进行修改,变为如下代码,如例 2.4 所示。

例 2.4 存储一个 c 文件当例子。

```
# include "stdio. h"
void main()
{
    printf("save % d RMB\n",101);
}
```

④ 单击提交,这时会发现提交的对象已经从 master 变为 branch,此时再单击提交按钮其方向就不是主干 master,而是分支 Save100Branch,如图 2.16 所示。

图 2.16 提交到新分支

⑤ 在 log 中写入"存 101",然后提交,再重复上文 GIT 打印对账单:操作打开 show log,如图 2.17 所示。

图 2.17 查阅在新分支的提交

⑥ 进行同样的操作,"存 102"再次提交,这里就不详述了。下面接着进行显示和查阅分支的具体操作。

⑦ 单击左下角的 All Branches 复选框,然后对话框中会有图表显示你做了哪些分支,它会帮你厘清分支的思路,如图 2.18 所示。

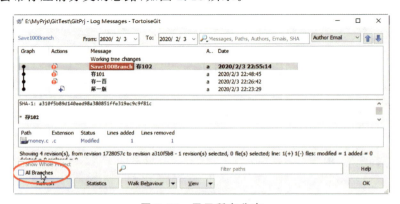

图 2.18 显示所有分支

⑧ 此时 log 会显示出所有分支的关系，如图 2.19 所示。

以上步骤就是建立分支和对分支进行一些基本操作的过程。当然，如果需要切换回主干分支也可以在 master 上右击，然后切换回来，这个过程前文已述。下面介绍合并分支，读者知道这个操作即可，不用实际切换到 master 分支上，否则下面的操作将无法进行。

图 2.19　分支关系图

分支的合并

在软件开发的过程中，需求是不断变化的。有时这个分支的修改和那个分支的修改的需求渐渐趋同，此时就要将两个分支合并成一个主干来进行开发。在本例中就是将新的分支和主干分支合并在一起，也就是说在新的需求中，既需要有"存 102"的操作，又需要有"存二百"的操作。把这两个分支合并在一起后作为一个新的主干分支向下开发。下面举例说明，此时该项目在"存 102"分支上进行的具体操作步骤如下：

① 在 GITPrj 目录空白处右击，选择 TortoiseGit→Merge...，如图 2.20 所示。

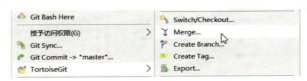

图 2.20　合并分支菜单项

② 此时系统弹出需要合并的分支选择对话框，如图 2.21 所示。

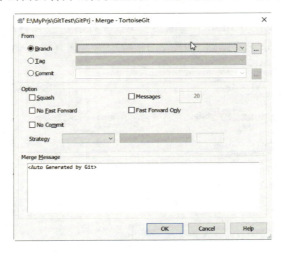

图 2.21　合并分支对话框

③ 选择 Branch 单选项,在下拉列表框中选择 master 分支,然后单击 OK 按钮,如图 2.22 所示。

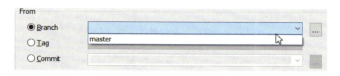

图 2.22　分支选择下拉菜单

在系统分支、合并的过程中,要理解一个冲突的概念。在不同分支的修改过程中,有的文件是独立的,也就是说,在这个分支中只修改了这个文件,在那个分支中只修改了那个文件,不存在两个分支同时修改同样文件的情形。此时,分支中的文件合并是自动进行的,并不需要人工的干预。但是有一些文件对于两个分支来讲都使用了,在这种情况下就发生了冲突,用户需要手动去解决这些冲突,如图 2.23 所示。

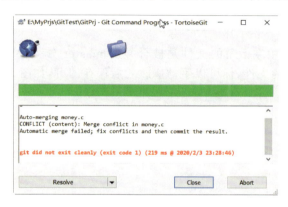

图 2.23　分支合并中

④ 单击 Resolve 按钮,出现的对话框如图 2.24 所示。

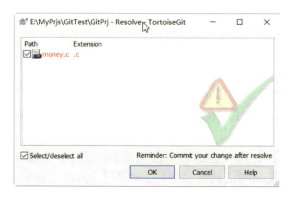

图 2.24　有冲突的文件

⑤ 这个表中列出了需要手工处理的所有冲突文件，双击 money.c 进行手动冲突修改，如图 2.25 所示。

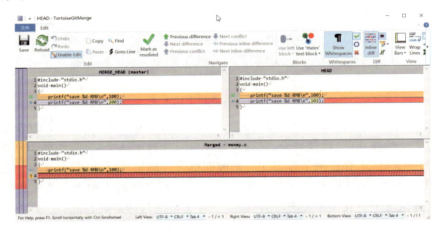

图 2.25　手动修改冲突

⑥ 在这个界面中左上角的文件是被合并的 master 分支文件，而下面的这个文件则是最终修改好的文件，你可以手动修改之后保存即可，如图 2.26 所示。

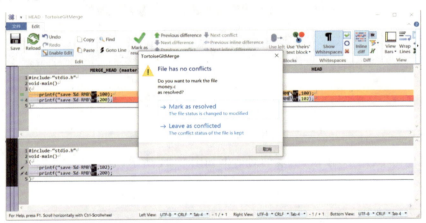

图 2.26　标记冲突被解决

⑦ 修改完毕，单击 Mark as resolved，也就是告诉系统，这个文件的冲突已经解决完毕可以提交了。回到上一级冲突文件 list 的对话框，发现所有冲突都解决完毕，如图 2.27 所示。

⑧ 单击 Cancel 按钮即可。此时再回到工作目录，会发现文件标志变成已修改待提交状态，而这次提交与之前所说的提交略有不同，这次提交意味着两个分支的合并提交。单击 Commit 按钮，然后 log 系统中将提示如下对话框，如图 2.28 所示。

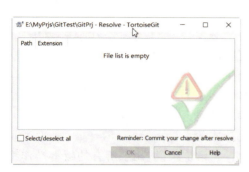

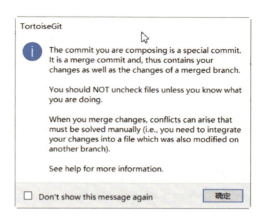

图 2.27 冲突已经解决   图 2.28 提交合并的分支

⑨ 系统会自动生成一些 log 文件帮助理解这次特殊的提交,如图 2.29 所示。

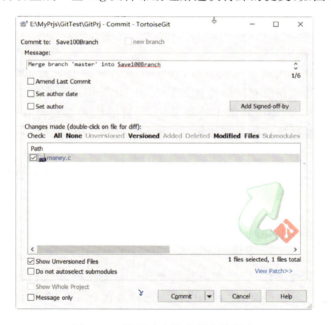

图 2.29 显示冲突解决提交的历史

⑩ 提交之后,系统会再次问你是否要把冲突的信息进行修改,单击"忽略"按钮即可。此时再回到系统 show log,发现两个分支已经合并成一个分支了,如图 2.30所示。

在嵌入式开发过程的培训工作中,经常会有同学遇到这样的问题:"版本管理系统如此复杂,我还要花时间和精力去学习,它对于开发究竟有多大用处?"答案是,不但有用而且会有一些意想不到的帮助。入门之后会发现这一点儿也不难,就是一层窗户纸而已。反之,如果不用版本管理,就不知道代码到底改了哪里、错在哪里、对在哪里,开发将会是一团糟,甚至根本进行不下去。

图 2.30　显示分支合并

软件版本管理系统是团队合作开发的一个必要工具,可以说,用不用软件代码版本管理系统实际上是区分软件开发人员是专业还是业余的一个重要标志。针对 PIC32MZ2048EFx144 单片机来说,代码版本管理系统还有一个现实的意义,就是它的库全部是由代码版本管理系统来完成的,因此学习代码版本管理系统将变得十分必要。对于以后的 Harmony 3 系统来说,几乎所有的版本操作都是基于 GIT 的,笔者之所以花费一定的笔墨来介绍 GIT 系统是因为熟悉和了解 GIT 对于后面 Harmony 3 的学习是一个必要的条件。另外,集中式的版本管理系统和分布式的版本管理系统的比较,GIT(分布式版本控制系统)和 SVN(集中式版本控制系统)是两种不同类型的版本控制系统,它们在工作原理、用法和优缺点等方面存在很大区别,具体如下:

➢ 分布式 vs 集中式

GIT 是一种分布式版本控制系统,每个开发者都拥有完整的代码仓库的副本。这意味着开发者可以在没有网络连接的情况下工作,并且在本地进行更灵活的分支管理。而 SVN 是一种集中式版本控制系统,所有的代码都存储在中央服务器上,开发者需要通过网络连接到服务器来提交、更新和获取代码。

➢ 分支管理

GIT 具有强大的分支管理功能,支持快速创建、合并和切换分支。这使得在开发过程中能够更轻松地进行并行开发和特性分支的管理。SVN 的分支管理相对较为烦琐,创建、合并和管理分支相对复杂一些。甚至很多人不知道,SVN 通过一些设置其实是可以完成分支管理的。

➢ 提交方式

GIT 提交是本地操作,只有在需要同步到远程仓库时才进行推送。这使得开发者能够在本地进行多次提交,然后一次性推送到远程仓库。SVN 涉及中央服务器的提交是原子性的,需要在服务器上进行。这也就是笔者前文提到过的,很多人员流动较大的小企业更喜欢使用 SVN,而一般大型的开源项目无一例外都使用 GIT 进行版本管理的原因。

➢ 历史记录

GIT 记录完整的项目快照,每个克隆都是完整的版本库,可以独立运行。SVN 记录文件的历史记录,每次提交都是一个增量变化。

➢ 速　　度

GIT 由于克隆是对完整版本库的复制,因此在本地操作上更快。而且,由于每个开发者都有完整的仓库,因此不需要频繁与服务器通信。SVN 则需要与中央服务器通信,因此在某些操作上可能相对较慢。

> 分支和标签

GIT 的分支和标签在本质上是相同的,都是指向特定提交的指针。分支可以轻松创建和合并。而 SVN 的分支和标签在设计上是不同的,需要通过复制整个目录来创建分支,合并相对复杂。

> 安全性

GIT 具有强大的完整性检查机制,每个提交都有一个 SHA - 1 标识,可防止数据的不可预测更改。SVN 的集中式系统相对较少的副本可以带来一些安全性优势,但也意味着对中央仓库的依赖性更强。

因此,选择使用 GIT 还是 SVN 通常取决于项目的需求和开发团队的偏好。GIT 在分布式开发、开源项目和需要灵活分支管理的情境下更为流行。SVN 则仍在一些传统的企业环境中广泛使用。

本章总结

软件版本管理是进行高位单片机软件开发的必要条件,熟悉甚至精通它对于后面所述的内容非常重要。在这里笔者还漏掉了一个环节,就是比较工具。对于 GIT 和 SVN 的乌龟工具都可以链接外部的比较工具,从而实现直观的版本比较,这方面的内容读者可以很轻松地从网上找到相关教程,笔者就不赘述了。好的比较工具对于开发是非常有益的,但是比较工具五花八门,有的收费,有的免费,不一而足。因为它的使用和概念都比较简单,请读者根据自己的情况学习。下面笔者总结一下版本管理工具的学习内容。

初学者首先需要了解版本控制系统(VCS)的基本概念,了解版本控制的作用,如何追踪和管理代码的变化。然后是 SVN 和 GIT 的区别,理解 SVN(Subversion)和 GIT 的基本差异,包括集中式和分布式版本控制系统的概念,对于 GIT 有仓库(Repository)的创建与克隆,对于 SVN 和 GIT 都有创建代码仓库,以及从现有仓库克隆代码的知识点。开发过程中主要是提交与推送(Commit and Push),知道如何将本地修改提交到版本控制系统中,以及将这些修改推送到远程仓库。这是本地开发者对仓库的主要贡献。说到分支与合并(Branching and Merging),读者需要学习创建、切换、合并分支,以及处理分支冲突的基本方法。这主要是针对 GIT 说的。如果 SVN 需要合并分支,则需要建立两个版本库,这是比较麻烦的一件事情,本书也没有叙述,有兴趣的读者可以自行上网搜索。对于 GIT 远程库需要了解拉取与更新(Pull and Fetch),理解如何从远程仓库获取最新代码,并将其合并到本地工作目录。另外,读者在时间管理和进度管理上还需要了解标签与里程碑(Tagging and Milestones),掌握给代码打标签的方法,以及如何设置和管理里程碑。在开发中,如果是团队开发则需要进行冲突解决（Conflict Resolution），学会处理代码合并时可能出现的冲突，解决冲突并进行合并操作。在 gcc 编译过程中常常出现中间文件，这些文件是不需要提交的，我们称为忽略文件。忽略文件与文件状态查看（Ignore and Status）也是需要理解的一个概念，读者需要了解如何设置忽略某些文件，以及查看文件在版本控制中的状态。最后就是日志与历史查看（Log and History），掌握查看版本历史记录、提交日志以及代码变更的方法。

总而言之，本章对于软件版本工具的学习仅起到一个抛砖引玉的作用，目的是帮助读者建立一个基本的软件版本管理的概念，了解软件版本管理的基本操作。有了这些概念，读者可以自行展开学习。

第 **3** 章

缺陷跟踪系统

本章介绍缺陷跟踪系统,并讨论为什么要用缺陷跟踪系统。在高位单片机的开发过程中,软件的工作量非常巨大,同时 Bug 也很多,对这些 Bug 需要做一个区分和处理,例如有的 Bug 非常难解决,但它的重要性非常低;有的 Bug 非常容易解决,但它的重要性又非常高。在实际开发过程中,要对那些重要性非常高,又比较容易解决的 Bug 优先解决。对于那些重要性比较低又非常难解决的 Bug 延后解决,甚至用其他规避的方法不去解决。区分这些问题的重要性、安排这些问题的解决者在高位单片机的开发过程中非常重要,下面具体介绍能做到这一点的开发辅助工具——缺陷跟踪系统。

3.1 缺陷跟踪系统概述

缺陷跟踪系统(Defect Tracking System)是一种软件工程工具或系统,在软件开发和测试过程中,用于收集、记录、管理和跟踪软件的缺陷或问题。在软件开发生命周期中,开发团队会进行不同阶段的测试,包括单元测试、集成测试和系统测试,以确保软件质量和稳定性。然而,在这些测试过程中通常会发现一些缺陷、错误或问题,需要进行修复。缺陷跟踪系统大致有如下功能:分解任务,给 Bug 定性,标明解决进度以利于项目管理,总结开发工作量,对类似的开发有个参考,指定开发责任人,跟踪 Bug 解决进度,通知并生成报告等。虽然完成以上所述功能的软件工具可以诠释为缺陷跟踪系统,但是这仍然不是一个标准的定义,目前许多新开发的缺陷管理工具都有很多外延的功能,因此较难精确定义它。一般来说,如果是单人开发的嵌入式系统,缺陷跟踪系统可能并非必要条件;但多人开发的大型嵌入式系统,有软件、硬件、生产和测试,那么缺陷跟踪系统就非常有必要了,掌握一个缺陷跟踪系统对于其他类似的缺陷跟踪系统也就触类旁通了,它对于嵌入式工程师的培养和成长十分必要。对于管理者,就更加需要重视。缺陷管理系统在软件开发生命周期的各个阶段发挥作用,从开发人员发现缺陷到测试团队验证和修复这些缺陷,再到最终的发布和维护阶段,都提供了一个集中化的平台来处理缺陷信息。

以下是缺陷管理系统的一些主要功能和特点:

➢ 缺陷报告

开发人员、测试人员或最终用户可以通过缺陷管理系统提交缺陷报告。报告通常包括缺陷的描述、重现步骤、环境信息等。

➢ 缺陷跟踪

系统能够为每个缺陷分配唯一的标识符,并跟踪其整个生命周期,包括缺陷的创建、分配、修复、验证和关闭等状态。

➢ 优先级和严重性

缺陷管理系统允许为每个缺陷设置优先级和严重性等级,以帮助团队确定处理缺陷的紧急程度。

➢ 分配和通知

系统可以自动将缺陷分配给相应的开发人员或团队,并发送通知,以确保缺陷得到及时处理。

➢ 状态管理

缺陷管理系统通常提供自定义的状态集,以反映缺陷在处理过程中所处的状态,如未分配、已分配、已修复、待验证等。

➢ 附件和评论

用户可以添加截图、日志文件等附件,也可以在缺陷报告中添加评论,以提供更详细的信息或进行讨论。

➢ 版本控制集成

与版本控制系统(如 GIT、SVN 等)的集成,使得团队能够追踪缺陷与代码之间的关系,了解特定版本中的修复情况。

➢ 报告和统计

提供各种报告和统计功能,以帮助团队了解缺陷趋势、修复效率等,支持数据驱动的决策。

➢ 审计跟踪

缺陷管理系统通常具备审计功能,记录缺陷的修改历史,以便追踪每个缺陷的变更和处理情况。

➢ 集成开发环境(IDE)插件

一些缺陷管理系统提供常见集成开发环境的插件,以便在开发人员的工作流中更方便地创建、查看和处理缺陷。

使用缺陷管理系统有助于提高软件质量,加速缺陷修复过程,提高团队协作效率,并为软件开发团队提供了一个结构化的方法来处理和跟踪缺陷。这不仅应用于大型软件的开发过程,而且也应用于高位单片机的软件、硬件的开发。

3.2　常用的缺陷管理工具

对于中小项目，可以使用 Mantis。Mantis 是一种开源的缺陷跟踪系统，用于管理软件开发过程中发现的缺陷、问题和任务。它提供了一个中心化的平台，使团队能够有效地跟踪、记录和解决软件开发过程中的各种问题。Mantis 的主要特点和功能有：缺陷跟踪、任务管理、访问控制、集成版本控制系统、报告和统计、多语言支持。它是个轻量级、易于使用的工具，适用于中小型项目和团队。它的开源性质使得用户可以根据自己的需求进行定制和扩展。Mantis 的官方网站通常提供有关安装、配置和使用的详细文档。

对于中大项目，可以使用 Bugzilla。喜欢 MS（Mile Stone 里程碑管理）缺陷管理的可以使用 BugFree 或者 RedMine。缺陷跟踪系统的有和无区别很大，但用哪一款区别并不大。以下是各个缺陷管理工具的官网：

- Mantis：　　http://www.mantisbt.org/。
- RedMine：　http://www.redmine.org/。
- Bugzilla：　https://www.bugzilla.org/。

下面以 Mantis 为例说明该工具的下载和安装。在介绍缺陷管理工具之前，首先要安装它的支持环境，也就是 MySQl 和 Apache。有一个开源的 MySQl 和 Apache 的整合工具叫做 XAMPP，下面介绍它的下载和安装运行。笔者希望以这个常用的小工具抛砖引玉，激发起读者熟悉、了解、运用缺陷管理工具的兴趣。首先概述 Mantis 的安装过程，然后详细叙述对 Mantis 进行的具体安装和应用。

Mantis 的安装需要一些条件的支持，这些条件包括 PHP 服务、数据库服务等，下面罗列一下：

- 服务器环境支持 PHP 和数据库的服务器，例如 Apache 或 Nginx。
- PHP 版本 Mantis 通常要求 PHP 5.5.0 或更高版本。
- 数据库 Mantis 支持多种数据库，包括 MySQL、PostgreSQL 和 MS SQL 等。
- Web 服务器 Apache 或 Nginx 等。

安装步骤简述如下：

① 下载 Mantis，访问 Mantis 官网或 GitHub 仓库，下载最新版本的 Mantis。

② 解压文件，解压下载的 Mantis 压缩包到服务器的 Web 根目录或子目录中。

③ 配置数据库，创建一个新的数据库（如果不存在）用于存储 Mantis 数据。

④ 执行 Mantis 提供的 SQL 脚本，以创建数据库表结构，脚本一般位于 admin/install.php 中。

⑤ 配置 Mantis，需要配置 config_inc.php 等配置文件。

⑥ Web 服务器的配置包含Apache 等网站配置工具，这里使用了 XAMPP 作为 Web 服务器的部署工具，它的好处是集成了 Apache、MySQL 等常用网络部署工具。

⑦ 运行安装脚本,然后设置管理员账户,在安装完成后,访问 Mantis 登录页面,使用默认的管理员账户(用户名:administrator,密码:root)登录,并更改管理员密码。这一切完成后理论上 Mantis 就可以使用了,然而为了方便团队使用还要配置邮件通知(可选)。

⑧ 配置 Mantis 以使用邮件通知功能,这需要设置 SMTP 服务器等信息,以便 Mantis 能够向相关人员发送通知邮件。

⑨ 清理安装文件,删除或禁用安装目录和脚本,以提高安全性。

以上是配置一个 Mantis 的大致流程,配置好后即可登录并使用 Mantis 了。使用管理员账户登录 Mantis,开始创建项目、添加用户,以及跟踪和管理缺陷。

请注意,以上步骤提供了一个基本的 Mantis 安装过程。具体的步骤可能会因 Mantis 版本和服务器环境的不同而有所变化。在安装过程中,务必查阅 Mantis 的官方文档和相应版本的安装指南以获取详细信息,下面对这些步骤进行详细梳理。

3.3　Mantis 工具的下载与安装

本节介绍一种支持 Mantis 的网络服务小工具 XAMPP。XAMPP 是一个免费、开源、跨平台的软件套装,用于搭建和管理 Web 服务器环境。其名称的每个字母分别代表"X"(代表跨平台)、"Apache"(Web 服务器软件)、"MySQL"(数据库管理系统)、"PHP"(脚本语言)以及"Perl"(脚本语言)。XAMPP 的目标是提供一个方便、快速搭建和配置 Web 开发环境的解决方案,适用于各种操作系统,包括 Windows、Linux、Mac OS 等。以下是 XAMPP 的一些主要特点和组件:

➤ Apache HTTP Server

XAMPP 集成了 Apache,这是一个流行的开源 Web 服务器软件。Apache 用于处理 HTTP 请求,是搭建 Web 应用的重要组件。

➤ MySQL

XAMPP 包含了 MySQL 数据库管理系统,允许用户轻松地创建、管理和操作数据库。MySQL 是一个流行的关系型数据库系统。

➤ PHP

XAMPP 支持 PHP,这是一种服务器端脚本语言,广泛用于 Web 开发。PHP 能够与 HTML 结合,使开发人员能够创建动态的 Web 页面。

➤ Perl

XAMPP 还包括 Perl 解释器。Perl 是一种通用的脚本语言,用于处理文本数据、执行系统管理任务等。

XAMPP 旨在提供一个完整的开发环境,使开发人员能够在本地计算机上开发和测试 Web 应用,然后将其部署到生产服务器上。它支持多个操作系统,用户可以在不同的平台上使用相似的环境。使用 XAMPP 能够简化 Web 开发的过程,尤其适用于初学者和小型项目。它的安装和配置相对简单,使用户能够快速搭建起一个功能齐全的本地开发环境。值得注意的是,XAMPP 也被广泛用于教育、培训和快速原型开发,是一个非常方便的网络环境生成配置器。

XAMPP 官网:https://www.apachefriends.org/zh_cn/download.html,其下载页面如图 3.1 所示。

图 3.1　XAMPP 的下载页面

值得一提的是,XAMPP 也有很多镜像地址。笔者实验时发现下载的文件扩展名有误,将其改成 .exe 文件即可运行,安装完成后发现有一个文件 api-ms-win-crt-runtime-l1-1-0.dll 缺失,网上搜索后发现是 VC 的支持库没有安装。读者可以根据自己的经验和原则去理解以上步骤,不要生搬硬套。安装过程比较顺利,一直单击 Next 按钮,按照默认的选项安装即可。完成后发现 C 盘多了一个目录 C:\XAMPP,此时,运行 XAMPP 系统出现如图 3.2 所示界面。

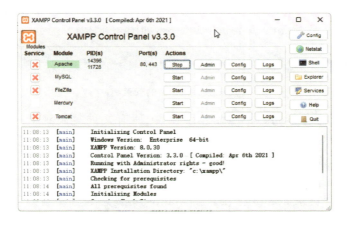

图 3.2　XAMPP 的启动页面

在这个页面中单击 Apache 和 MySQL 后面的 Start 按钮,启动这两个服务,此时，Apache 和 MySQl 都变成绿色，如图 3.3 所示。

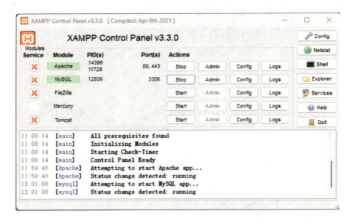

图 3.3 XAMPP 运行的服务

在浏览器输入 127.0.0.1，出现如图 3.4 所示的对话框。

图 3.4 Apache 的启动页面

出现这个对话框说明以 XAMPP 为基础的 Apache＋MySQL 已经安装完毕。在 Mantis 网站上将 Mantis 安装包下载完毕，如图 3.5 所示。

mantisbt-2.23.0.zip   2020/2/20 8:34   360压缩 ZIP 文件   15,926 KB

图 3.5 Mantis 的安装包

版本号可能略有不同。将压缩包解压，把所有文件复制到 C:\xampp\htdocs 中，如图 3.6 所示。

如果目录 xampp 在安装路径中有变化，则将文件复制到对应目录的目录 htdocs 中，将原来的文件删除或者备份之后再删除。然后确认开关 Apache 和 MySQL 处于开启的状态，确保目录 admin 存在。在 Mantis 安装完毕后要删掉目录 admin 以策安全。下面进行 MySQL 的运行与测试。

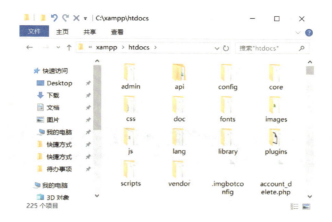

图 3.6   Mantis 解压到 XAMPP 的 Apache 发布网页的目录

3.4   MySQL 的运行与测试方法

MySQL 是一款基于网络的小型数据库处理系统,一般用于轻型 Web 数据库开发。现在使用的 Mantis 系统是基于 MySQL 的数据库完成的,因此在安装 XAMPP 之后要测试一下 MySQL 的运行情况是否正常。因为若端口被占用或网络失败等情况会导致 MySQL 系统失败,此时是无法正常安装 Manits 的。

如果 XAMPP 安装完毕后启动命令行,输入 mysql–u root–p 然后按回车键,系统要求输入密码,默认密码为空,则进入 MySQL 命令行,如图 3.7 所示。

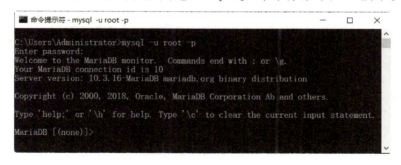

图 3.7   MySQL 的启动

为了更方便地维护 Web 后台程序,下面简单介绍一些 SQL 命令,读者也可以上菜鸟学院 https://www.runoob.com/去深入详细地学习更多的 SQL 语句,从而熟练掌握数据库的基本操作。本节的目的是运行 Mantis 而非让读者学习数据库,所以简单掌握几个 SQL 语句即可:

- 创建数据库　　　　　CREATE DATABASE 数据库名;
- 选择数据库　　　　　USE 数据库名;

- 显示所有数据库　　SHOW DATABASES；
- 显示所有数据表　　SHOW TABLES；
- 显示所有数据记录　SELECT * FROM 数据表名；
- 更改数据　　　　　UPDATE 数据表名 SET 字段名＝新值，…WHERE 条件。

默认安装的 MySQL 命令的密码是空的，但是在安装目录 Mantis 中的 PHP 文件时空密码是不能通过认证的，所以要修改默认的根用户 root 的密码，过程如图 3.8 所示。

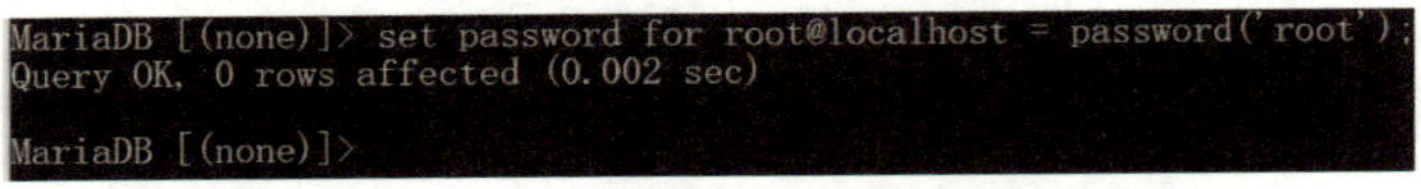

图 3.8　MySQL 设置密码

此时，MySQL 的用户名和密码都是 root 了。数据库调整好后可以直接输入：http://127.0.0.1/admin，如图 3.9 所示。

图 3.9　Maintis 启动

然后确定，系统会自动检测你的安装环境是否正常，如果一切正常，则全部都是绿色的 GOOD；如果有未通过的选项，则系统会显示失败。读者可以自行查找失败原因进行调整，直到所有选项都是 GOOD 为止，如图 3.10 所示。

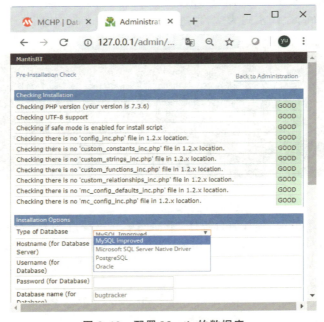

图 3.10　配置 Mantis 的数据库

输入刚刚运行 MySQL 时设置的密码,也就是刚设置的 root,如图 3.11 所示。

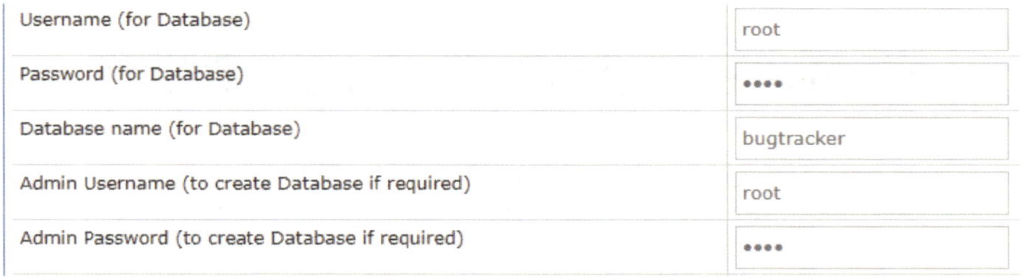

Username (for Database)	root
Password (for Database)	••••
Database name (for Database)	bugtracker
Admin Username (to create Database if required)	root
Admin Password (to create Database if required)	••••

图 3.11　配置 Mantis 的数据库用户名密码

如果是自己使用,则选择时区之后直接安装即可,如图 3.12 所示。

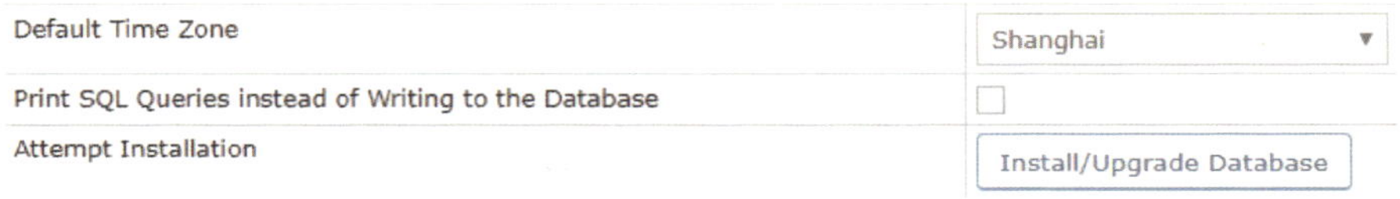

Default Time Zone	Shanghai ▼
Print SQL Queries instead of Writing to the Database	☐
Attempt Installation	Install/Upgrade Database

图 3.12　配置 Mantis 的数据库时区

单击 Install/Upgrade Database 之后,数据库安装完毕,然后在地址栏输入 127.0.0.1,出现登录界面,如图 3.13 所示。

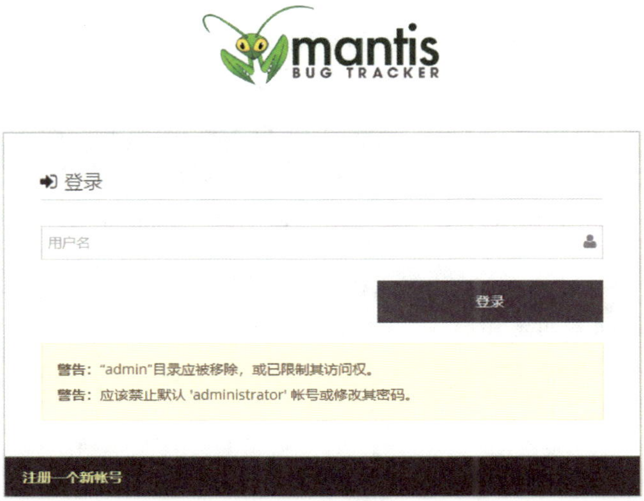

登录

用户名

登录

警告:"admin"目录应被移除,或已限制其访问权。
警告:应该禁止默认 'administrator' 帐号或修改其密码。

注册一个新帐号

图 3.13　Mantis 的登录界面

在登录界面输入管理员密码 root 登录,然后修改一下密码。下面简单叙述使用 Mantis 的具体步骤:

① 在"项目管理"页面建立一个项目,如图 3.14 所示。
② 单击"创建新项目"按钮,输入一个项目名称,如图 3.15 所示。

图 3.14　Mantis 的"项目管理"页面

图 3.15　Mantis 的添加项目页面

③ 单击左下方的"添加项目"按钮,如图 3.16 所示。

④ 在右上方出现了该项目,如图 3.17 所示。

图 3.16　Mantis 的"添加项目"按钮　　　　图 3.17　Mantis 的项目显示条目

⑤ 假设需要提交一个问题,例如:"UART 功能无法使用,收发不成功",则在提交问题一栏输入问题摘要和描述,如图 3.18 所示。

⑥ 单击"提交问题"按钮,如图 3.19 所示。

图 3.18　Mantis 的新项目提交摘要和描述　　　　图 3.19　"提交问题"按钮

⑦ 此时该问题被提交到数据库。单击"查看问题"可以查看该问题,如图 3.20 所示。

图 3.20　Mantis 的项目条目

到此就成功地建立了一个项目,并且提交了该项目的第一个问题。下面即可对该问题进行分配、跟踪、报告、分享和总结。这也是做高位单片机开发的一个必需的流程。笔者前文提到过,对于低位单片机,一般一个工程师可以独立完成软硬件的开发,工作量并不大。但是,高位单片机往往有非常复杂的软件工作量,其软件的修改和测试不是一个工程师可以完成的,而需要一个团队才能完成。这里笔者介绍两个工具:一个是对代码进行分享和管理,另一个是对项目进行分享和管理。此二者对于高位单片机大型软件的开发同样重要。

下面增加一个团队成员,具体步骤如下:

① 单击"管理"→"用户管理"→"创建新账户",如图 3.21 所示。

图 3.21　Mantis 的项目账号管理页面

② 输入新的"用户名""姓名""电子邮件",然后单击"创建用户"按钮即可,如图 3.22 所示。

③ 从图 3.22 可以看出,Mantis 的用户管理有个条件,就是需要用邮件服务器发送用户名和密码。下面用两种方法增加用户。

方法一　设置 SMTP 邮件:

首先打开 C:\xampp\php 目录下的 PHP.ini 文件,将 SMTP 从 localhost 改成读者所用的 smtp 服务器(笔者使用的是 139 邮箱,故改为"SMTP = smtp.139. com"),设置如图 3.23 所示。

创建新账户

用户名	
姓名	
电子邮件	
操作权限	报告者 ▼
已启用	☑
已保护	☐

创建用户

图 3.22　Mantis 的创建新用户页面

```
;SMTP=localhost
SMTP=smtp.139.com
```

图 3.23　Mantis 的通知邮件设置

　　然后打开 Mantis 文件所在的位置。进入 C:\xampp\htdocs\config 后打开 config_inc.php 文件，加入以下代码，如例 3.1 所示。

　　例 3.1　配置 mantis 的代码

```
$ g_smtp_host = 'smtp.139.com'              ; # SMTP 服务器
$ g_smtp_username = '139********'           ; # 邮箱登录用户名
$ g_smtp_password = '***********'           ; # 邮箱登录密码
$ g_phpMailer_path = 'e:\core\phpmailer'    ; # PHPMailer 的存放路径
$ g_use_phpMailer = ON                      ; # 使用 PHPMailer 发送邮件
$ g_phpMailer_method = 2                     ; # PHPMailer 以 SMTP 方式发送 Email
$ g_webmaster_email     = '139********@139.com';
$ g_from_email          = '139********@139.com';
$ g_return_path_email   = '139********@139.com';
```

　　重新刷新 Apache 服务，邮箱即可启用。用户的邮箱会收到设置密码的链接，通过这个链接可以进行密码的设置。有时，公司的网络会不允许使用 SMTP 服务，此时可以通过修改数据库的方法进行密码更改。

　　方法二　通过修改数据库来修改新用户的密码，具体步骤如下：

　　① 进入数据库如图 3.24 所示。

　　② 输入密码，然后进入数据库如图 3.25 所示。

图 3.24　MySQL 的进入命令

图 3.25　MySQL 进入数据库

　　③ 显示数据库如图 3.26 所示。

　　④ 数据库的操作结果如图 3.27 所示。

图 3.26　MySQL 数据库命令

　　⑤ bugtracker 就是要用的数据库，此

图 3.27　MySQL 数据库操作的结果

时选择这个数据库,如图 3.28 所示。

　　⑥ 输入命令,看一下这个数据库的表单,如图 3.29 所示。

图 3.28　MySQL 选择使用的数据库命令

图 3.29　MySQL 数据库中的表单命令

　　⑦ 该数据库中的列表如图 3.30 所示。

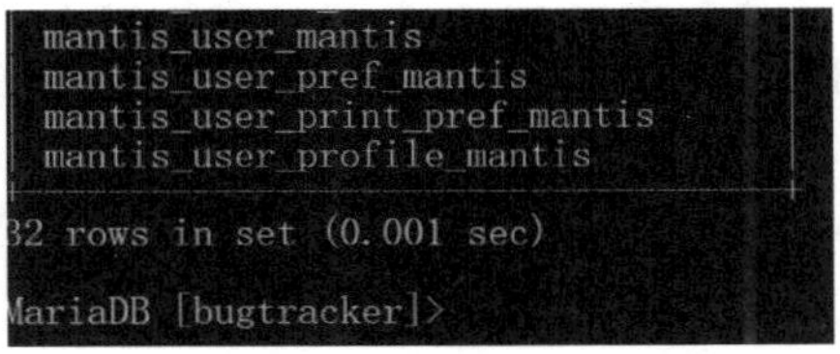

图 3.30　MySQL 数据库表单的操作结果

　　⑧ mantis_user_mantis 就是用户的表单。下一步显示用户,输入以下 SQL 语句,如图 3.31 所示。

图 3.31　MySQL 表单中的记录命令和操作结果

password 字段是一堆加密的字符串,此时可以添加一个新用户,之后运用 SQL 语句将原始密码设置成与管理员一样的密码就可以进入了。进入之后可以修改默认的密码再发给相应的用户。举例如下,输入设置的 SQL 语句:

```
update mantis_user_mantis set password = '0cc175b9c0f1b6a831c399e269772661' where username = 'testuser';
```

此时,testuser 的密码被改成"a",以这个密码进入之后再自行修改密码即可。注意,这个方法是个非常规操作,需要读者深刻理解要做的事情之后再进行,否则会导致误操作。具体使用哪种方法进行配置,请读者参照自己的能力灵活处理。另外,不同版本的 Mantis,可能数据库和数据表的名称会有不同,关键是掌握思路和方法,不能生搬硬套。

本章总结

在 32 位单片机开发之前所需要学习的准备知识如下:

① 代码管理,本书介绍了两种代码管理工具:一个是集中式的代码管理工具 SVN,另一个是分布式的代码管理工具 GIT。不论用哪种工具,在开发之前都必须做到代码是在可恢复可控制的情况下进行开发,否则一旦代码修改混乱,所有工程不说前功尽弃,至少也要多走很多弯路。

② 本书还介绍了一款 XAMPP 工具,它是一个集合了 Apache、MySQL、FileZilla、Mercury、Tomcat 的集成环境,本书用到的是 Apache、MySQL 这两个服务。其中 Apache 是 PHP 网页服务器的集成环境,MySQL 是数据库的集成环境。

③ 基本的 SQL 语句,可以帮助理解和配置 PHP。

④ Mantis 的设置。

总而言之,32 位单片机的开发是综合性知识,需要调动多方面的工具才能做好。可以这么说,熟悉以上几个工具,基本上就具备了管理一个开发团队的能力。

习 题

1. 在本地利用 XAMPP 安装并且运行 Apache 和 MySQL 服务,安装好 Mantis 系统,提交一个 Bug,分配一个任务。

2. 配置好 Mantis 的邮件发送系统。

3. 建立多种项目,并且按照项目的类别分配相应工程师并且给予不同的权限。

第 4 章

IDE、编译器和软件库

PIC32 单片机的软件开发环境由三个部分组成：IDE 集成开发环境、XC32 编译器和 Harmony 软件库。

IDE 就是集成开发环境的简称，它负责整合编译器、编辑器、调试器的功能并且将其内嵌到一个程序中。编译器负责编译代码。软件库帮助客户更快速地生成驱动。

依据不同的设计思路，笔者将嵌入式开发的 IDE 分成几个流派：首先是微软派，采用微软的相关图形开发界面进行开发，然后在 Windows 下运行，它的优点是在 Windows 下运行快，缺点是不能在苹果系统和 Linux 系统下运行，代表工具如 Keil；然后是 Java 派，基于 Java 平台开发，兼容性非常好，可以在 Windows、苹果系统、Linux 系统下同时运行，但是它也有显著的缺点：在各个平台下运行代码量都比较庞大且速度缓慢，代表工具有 NetBeans，本书用到的 IDE 也属于这个流派；最后是链接派，将 IDE 和下载、调试工具都分得很开，用的时候采用管道命令将其合在一起，这种做法兼顾了兼容性和性能，其缺点是配置相当复杂，容易出现兼容性错误，不适合新手，代表工具有 VIM＋GDB＋GCC、Eclipse 等。

4.1　下载安装 IDE 和编译工具

MPLAB X IDE 是 Microchip 公司推出的一款集成开发环境（IDE），用于支持 Microchip 微控制器的软件开发。MPLAB X IDE 为嵌入式系统开发人员提供了一个全面的工具集，用于编写、调试和部署嵌入式应用程序。它的主要特点和功能包括：

➤ 多平台支持

MPLAB X IDE 支持多个操作系统，包括 Windows、Linux 和 Mac OS，使得开发人员可以在不同的平台上使用相同的开发环境。

➤ 集成编译器支持

MPLAB X IDE 集成了 Microchip 的 XC 编译器，支持 C、C＋＋和汇编语言。此外，它还允许集成其他第三方编译器。

> 项目管理

提供强大的项目管理工具，可以轻松创建、组织和管理项目文件。支持多工程的项目结构。

> 源代码编辑器

内置代码编辑器支持语法高亮、自动补全、代码折叠等功能，提高代码编写效率。

> 调试工具集成

集成了先进的调试工具，包括实时观察、断点、单步执行等功能，帮助开发人员进行有效的程序调试。

> 仿真器和调试器支持

支持 Microchip 的仿真器和调试器，包括 PICkit、ICD、REAL ICE 等，用于在实际硬件上或仿真环境中进行调试。

> 实时数据监测

可以实时监测和显示变量、寄存器等数据，帮助开发人员了解程序的执行状态。

> 插件支持

MPLAB X IDE 支持插件机制，允许用户根据需要集成第三方工具和扩展功能。

> 版本控制

集成了版本控制系统，方便团队协作和源代码管理。

> 自动化构建和部署

支持自动化构建和部署流程，简化了开发和测试的工作流程。

MPLAB X IDE 是 Microchip 生态系统中的关键工具，为 Microchip 微控制器的开发提供了强大而全面的支持。开发者可以从 Microchip 公司的官方网站下载并免费使用 MPLAB X IDE。同时，Microchip 还提供了许多教程和文档，以帮助开发者更好地利用这一工具进行嵌入式系统开发。Microchip 公司的 IDE 下载地址为 https://www.microchip.com/ide，下载页面如图 4.1 所示。

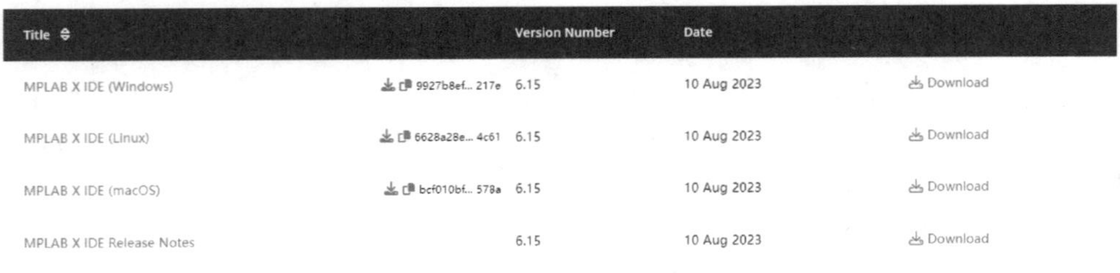

Title ⇕		Version Number	Date	
MPLAB X IDE (Windows)	⬇ 🗐 9927b8ef... 217e	6.15	10 Aug 2023	⬇ Download
MPLAB X IDE (Linux)	⬇ 🗐 6628a28e... 4c61	6.15	10 Aug 2023	⬇ Download
MPLAB X IDE (macOS)	⬇ 🗐 bcf010bf... 578a	6.15	10 Aug 2023	⬇ Download
MPLAB X IDE Release Notes		6.15	10 Aug 2023	⬇ Download

图 4.1　IDE 下载页面

下载 IDE 有一个技巧，首先单击下载链接，然后在下载窗口复制下载链接，如图 4.2 所示。

将 IDE 放到迅雷等多线程下载工具中下载，可以增加下载速度。下载完毕后，用管理员方式安装，利用管理员安装可以进行系统修改和配置、访问受限资源、管理

图 4.2　IDE 下载过程中可以将链接地址复制下来

系统服务、取得系统文件和目录的写入权限、安装和卸载某些驱动等,安装如图 4.3 所示。

图 4.3　安装时以管理员身份去运行

接受协议,一直单击 Next 按钮,在这个界面选择不同的安装工具,如图 4.4 所示。

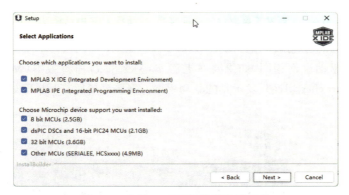

图 4.4　安装 IDE 时顺带安装的工具

其中,IDE 是集成开发环境,IPE 是集成烧录工具。进入安装过程,如图 4.5 所示。

图 4.5　IDE 安装的过程

该对话框询问是否安装相关的驱动,单击"安装"按钮即可,如图 4.6 所示。

图 4.6　在 IDE 安装时会连带安装开发工具的驱动

单击"安装"按钮,类似的窗口都默认安装,以此类推。

安装中出现如图 4.7 所示窗口。

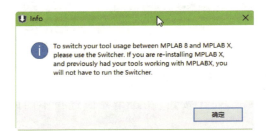

图 4.7　开发工具驱动的切换程序,在新版 IDE 中已经没有了

该窗口的意思是老版本的 MPLAB 和 MPLAB X 是两种不同的程序架构,其对于开发工具的驱动也不相同,如果要在老版本(Ver 8. x)和新版本(MPLAB X)之间切换,则要用 Switcher 切换开发工具的驱动程序。安装完毕后打开界面如图 4.8 所示。

图 4.8　IDE 界面

同时,系统桌面上多出几个图标,如图 4.9 所示。

第一个图标是 IPE,即集成烧录工具,它可以实现读/写 HEX 文件、熔丝位、配置

图 4.9　集成开发环境的图标

位等基本功能。

第二个图标是 IDE，即集成开发工具，下文有详细叙述。

第三个图标是 Switcher，即开发工具驱动的切换工具，如果操作系统同时装有 Ver8.x 和 MPLAB X，则需要切换。

编译器下载地址：http://www.microchip.com/xc32。

其下载和安装流程类似于 IDE，这里不再赘述。按照默认地址安装完毕后在操作系统中出现如下目录：

C:\Program Files（x86）\Microchip\xc32\v2.05

其具体版本号会变化。

4.2　新建、编译、下载和调试一个简单工程

安装好 IDE、编译器、软件库和小工具之后，单击 File→New Project 会弹出一个对话框。在该对话框中，有几种不同类型的工程可以建立，新建工程的菜单如图 4.10 所示。

Standalone Project：建立一个独立工程的选项。一般来讲，大部分的工程应用都选择这个选项，如图 4.11 所示。

图 4.10　新建工程对话框

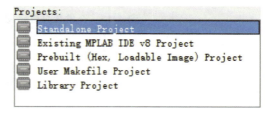

图 4.11　标准工程

该菜单的其他选项意义如下：

➢ Existing MPLAB IDEv8 Project

这是通过现有的 MPLAB IDEv8 版本的工程建立一个新的能在 MPLAB X 下管理工程的选项，也就是导入老款 MPLAB 工具生成的 .mcp 文件。

➤ Prebuilt(Hex Loadable Image)Project

建立烧录工程,通过这个选项,可以建立一个独立的可以烧录 HEX 文件的工程。选择这个选项后,只能烧录,不能编译。

➤ User Makefile Project

建立一个 Makefile 工程(不常用,除非用户需要),可对 Makefile 进行定制化的修改,从而达到一些特殊的编译目的。

➤ Library Project

建立一个库工程,可以将代码封装成一个静态链接库。

在这里,选择 Standalone Project 选项新建一个独立的工程,然后进入 Select Device 页面,在这个页面中选择或输入需要的芯片型号,如图 4.12 所示。

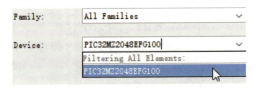

图 4.12　器件选择窗口

选择之后单击 Next 按钮,进入开发工具的选择页面,如图 4.13 所示。

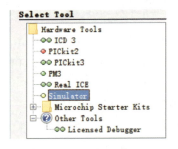

图 4.13　开发工具选择窗口(包括虚拟工具)

该菜单的选项意义如下:

ICD、PICkit、PM3、Real ICE、SNAP 和 JLink 都是 Microchip 公司提供的开发工具的名称,通过这些开发工具可以链接计算机和目标板进行下载或者调试。目前客户使用比较多的工具是 PICkit5 和 SNAP,其价格比较低,而且功能比较齐全,其中 PICkit 有离线下载的功能,而 SNAP 不能离线下载,不能工具供电。截止到笔者成书为止 Microchip 公司已经停止对 PICkit3、ICD3、Real ICE3 及其之前的工具提供服务了,统一升级到了 5 系列。还需说明的是,ICD 和 Real ICE 用的也比较多,它们的价格比 PICkit 系列高一些。一般功能的开发建议使用 PICkit 即可。

Simulator:计算机对嵌入式板卡进行软件仿真,选择该选项则可以不用仿真器。下面选择 Simulator 选项,然后选择对应的编译器 XC32,如图 4.14 所示。

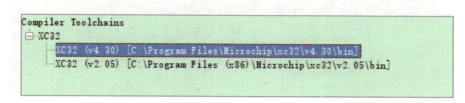

图 4.14　编译器切换窗口

单击 Next 按钮进入工程起名界面，如图 4.15 所示。

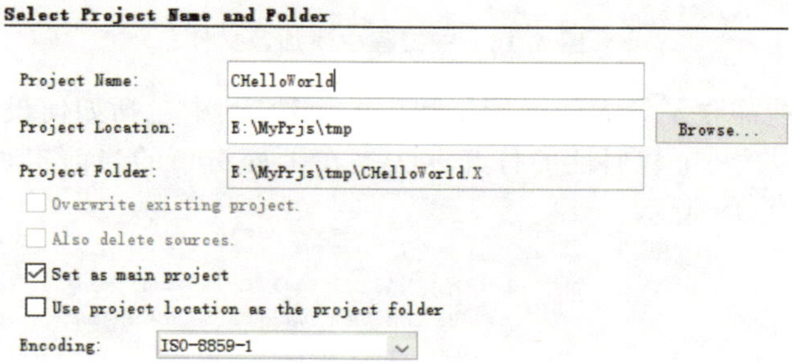

图 4.15　设置主工程（GB2312 解码）

　　注意：首先，Project Name 路径不要选择太长和含有中文或其他特殊字符及空格，因为 IDE 和编译器可能对路径的敏感度不一样，IDE 认为合法的路径但编译器不认，从而导致编译失败。其次，要勾选 Set as main project，否则当 IDE 同时开启多个工程时有可能编译的不是你新建的工程。最后，Encoding 要选择 GB2312，否则注释可能不能显示中文而是一堆问号。选择好后单击 Finish 按钮，工程创建就完成了，其他选项一般不常用，默认即可。

4.3　在新工程中添加文件和进行工程配置

　　创建好工程框架后，将对工程进行文件添加和配置。添加一个 main.c 文件，步骤如下：

　　① 在创建好的工程项目中右击 Source Files 虚拟文件夹，选择 New→main.c，如图 4.16 所示。

　　② 在弹出的界面上单击 Finish 按钮生成一个新的 main.c 文件。在 main 函数里写一个"while(1);"的循环把程序挂住，写一个"volatile int i＝0;"的变量对这个变量可以做一些自加减的操作进行实验。下面将结合这段最简单的代码介绍如何编译、下载、调试代码，如图 4.17 所示。

图 4.16　在工程中添加源文件

③ 在这之前需要了解如何设置工程中的属性,其中包括如何设置路径、宏定义、堆栈值、优化等级等,工程属性的打开方法是在工程窗口的当前工程名下右击,然后单击属性,如图 4.18 所示。

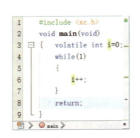

图 4.17　代码编辑窗口

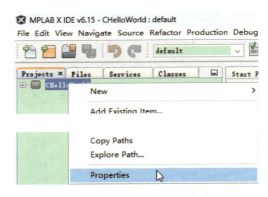

图 4.18　工程属性菜单

谈到工程属性,笔者想起两个客户常问的问题:如何设置预编译宏定义和包含路径? 如何设置程序中的堆栈值? 在这里先简单回答一下。进入工程属性设置页面后,单击 xc32 - gcc 选项,如图 4.19 所示。

④ 确定在 Option categories 中选择 Preprocessing and messages,如图 4.20 所示。

之后便可以在 Preprocessor macros 定义添加头文件的宏定义,在 Include directories 设置头文件包含路径。下面介绍如何设置堆栈的值。

⑤ 在工程属性配置页面选择 xc32 - ld 选项,如图 4.21 所示。

⑥ 在 Option categories 中选择 General,如图 4.22 所示。

Project Properties - CHelloWorld
Categories:
General
File Inclusion/Exclusion
Conf: [default]
Simulator
Loading
Libraries
Building
XC32 (Global Options)
xc32-as
xc32-gcc
xc32-g++
xc32-ld
xc32-ar

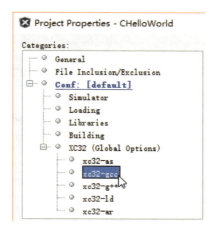

图 4.19　编译器选项

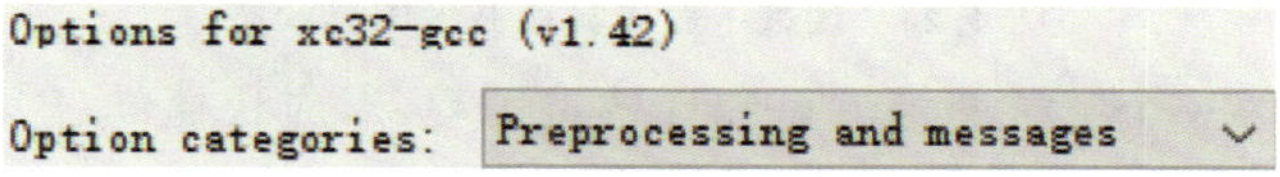

Options for xc32-gcc (v1.42)
Option categories:
Preprocessing and messages

图 4.20　编译预处理选项

Categories:
General
File Inclusion/Exclusion
Conf: [default]
Simulator
Loading
Libraries
Building
XC32 (Global Options)
xc32-as
xc32-gcc
xc32-g++
xc32-ld
xc32-ar

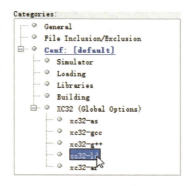

图 4.21　链接选项

Options for xc32-ld (v1.42)
Option categories:
General

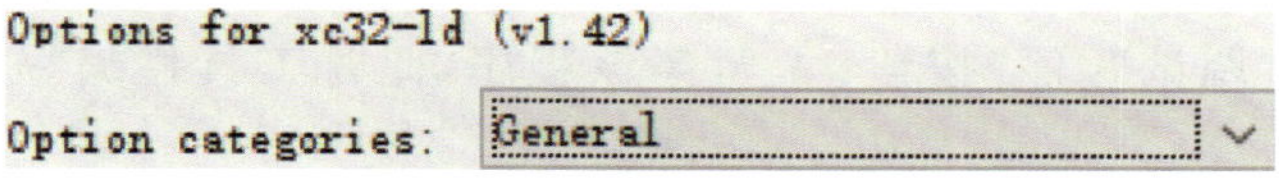

图 4.22　连接器通用选项

⑦ 在 Heap size(bytes)中设置程序中堆的大小，在 Minimum stack size (bytes) 设置程序中栈的大小。

4.4 编译和向虚拟的"MCU"中下载工程

下面从快捷键和工具条两个方面对编译、下载、调试进行介绍。编译、下载的工具条,如图 4.23 和图 4.24 所示。

注:虚拟机界面,中间三个图标为灰色,不能单击。

图 4.23 调试下载工具条虚拟机状态

注:连接目标板界面,全部图标为亮色,可以单击。

图 4.24 调试下载工具条开发工具状态

上两图中:第一个锤子图标就是编译链接工程,对应快捷键(F11);第二个带有笤帚的锤子图标就是清除中间文件重新编译链接,对应快捷键(Shift+F11);第三个右箭头图标是运行,对应快捷键(F5);第四个下箭头图标是下载;第五个上箭头图标是读取;第六个环形箭头图标是复位;第七个小三角图标就是调试运行。

至此,程序的编译、下载、运行介绍完毕。

4.5 在虚拟机中调试工程

单击"调试"按钮![icon],将 Hello World 工程下载到虚拟机,此时在工具栏上应该出现图标,如图 4.25 所示。

图 4.25 调试运行状态

此时,单击"调试暂停"按钮![icon],暂停该程序,此时工具栏编程状态如图 4.26 所示。

图 4.26 调试工具条

图 4.26 中:第一个方块图标的功能是停止运行程序,对应快捷键(Shift+F5);

第二个双竖杠的功能是暂停程序,该操作对应的快捷键是(Ctrl+Alt+Pause);第三个双箭头图标是 Reset 程序;第四个绿色白三角图标是继续运行程序,该操作对应的快捷键是(F5);第五个弯箭头图标的功能是 StepOver,也就是跨过函数单步运行程序,该操作对应的快捷键是(F8);第六个向下的箭头功能是 StepInto,也就是进入函数单步调试程序,该操作对应的快捷键是(F7);第七个图标是 StepOut,也就是跳出函数进行单步调试,该操作对应的快捷键是(Ctrl+F7);第八个图标是将程序指针(PC)地址强制设置为光标指示之处;第九个图标是将光标强制移动到程序指针(PC)指向之处。需要指出的是:程序指针的作用简言之就是控制当前程序的运行,它指向哪里,程序就运行到哪里;反之亦然。一般进入了调试模式客户的第一反应是:如何查看和临时修改变量的值?

方法一 将光标移动到对应的变量上,则该变量显示当前的值,如图 4.27 所示。

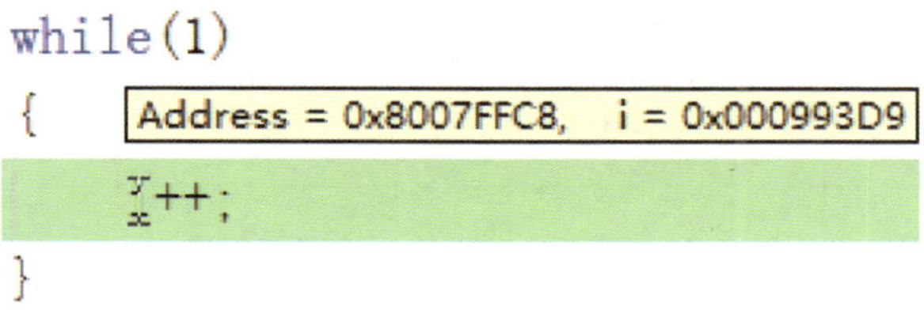

```
while(1)
{
    Address = 0x8007FFC8,   i = 0x000993D9

    i++;
}
```

图 4.27 移动光标显示变量(只能查看不能修改)

方法二 打开变量观察窗口,输入要查看的变量。

主菜单→Window→Debugging→Variables,该操作对应的快捷键是(Alt+Shift+1)。

方法三 打开 watch 观察窗口,输入要查看的变量。

主菜单→Window→Debugging→Watches,该操作对应的快捷键是(Alt+Shift+2)。

方法二和方法三可以查看与修改变量。

一般进行到这一步,客户会问出如下问题:如何查看和临时修改特殊功能寄存器的值? 要回答这个问题,首先要知道什么是寄存器。寄存器是中央处理器内的组成部分。寄存器是有限存储容量的高速存储部件,它们可用来暂存指令、数据和地址。在 MCU 中有些外设被映射成为寄存器,例如 I/O 端口、UART 通信波特率寄存器、IIC 缓存寄存器等。这些不执行通用寄存器存储功能而执行某些特殊功能的寄存器称为特殊功能寄存器。特殊功能寄存器的英文缩写为 SFR,掌握 SFR 对调试非常重要。例如在调试的过程中,如果对某 I/O 端口的特殊功能寄存器进行了设置,则相应端口的真实的高低状态就会发生对应的改变。

在主菜单上打开特殊功能寄存器的窗口,具体操作:Window→PIC Memory Views→Peripherals,如图 4.28 所示。

然后,在调试时,就可以查看和修改对应外设的特殊功能寄存器了,例如 I/O 端口 A(LATA),如图 4.29 所示。

单击 HEX 或者 Decimal 便可以修改 LATA 寄存器的值,在方向寄存器设置为

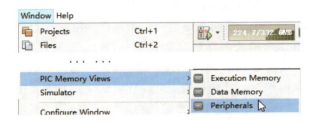

图 4.28   查看 MCU 的外设寄存器菜单

Address	Name /	Hex	Decimal	Binary	Char
BF81_01C0	IPC8	0x00000000	0	00000000 00000000 00000000 00000000	'....'
BF81_01D0	IPC9	0x00000000	0	00000000 00000000 00000000 00000000	'....'
BF81_0030	IPTMR	0x00000000	0	00000000 00000000 00000000 00000000	'....'
BF86_0030	LATA	0x00000000	0	00000000 00000000 00000000 00000000	'....'
BF86_0130	LATB	0x00000000	0	00000000 00000000 00000000 00000000	'....'
BF86_0230	LATC	0x00000000	0	00000000 00000000 00000000 00000000	'....'

Memory Peripherals   Format Individual

图 4.29   查看 MCU 的外设寄存器窗口

输出,并连接好硬件的情况下,端口会产生电平高低的变化。其他寄存器设置类似。到这里读者可以尝试一个小任务:新建一个工程,然后用虚拟机进行调试,将 LATA 这个寄存器修改一下。

4.6   使用 Trace 功能对软件进行跟踪

众所周知,32 位单片机的软件代码比较复杂。在比较复杂的代码,尤其是多线程、多任务代码的调试过程中,有时会遇到程序跑飞的情况。如果能知道程序跑飞之前 PC 指向哪里,就可以知道问题出在哪里,此时,需要用到 Trace 功能。下面介绍需要使用 Trace 的情况。

1.   什么是 Trace?

在软件运行过程中,PC(程序指针)会沿着代码逻辑逐步往下走。但是,如果程序突然跳飞且不知道程序究竟是从哪里跳飞的,用户就可能想知道程序在濒临死机之前是什么状态。如果有一个 Buffer 能记录下程序的运行路径,就可以跟踪到这个濒临死机前的状态,这个过程就是 Trace。

2.   Trace 的分类

目前 PIC 系列的单片机有两种方式进行 Trace。一种是在单片机上实际运行 Trace,这样需要连接仿真头。另一种是进行软件仿真的 Trace,其好处是不用对硬件进行修改,但是它的局限性是无法真实地还原硬件信号的输入,只能调试代码的逻辑上的硬伤。

3. 软件 Trace 的方法

软件 Trace 和硬件 Trace 在界面操作上差不多,步骤如下:

① 新建一个项目,如图 4.30 所示。

② 编写主程序代码,如图 4.31 所示。

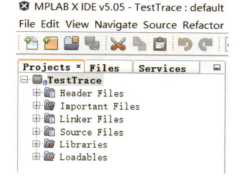

图 4.30　Trace 测试工程

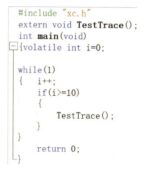

图 4.31　Trace 测试工程源码

③ 在 TestTrace 函数中写入一段能引起程序跳飞的代码,如图 4.32 所示。

④ 选择"工程"→"属性",如图 4.33 所示。

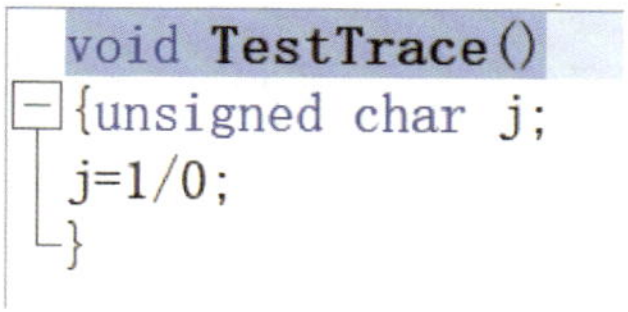

```
void TestTrace()
{unsigned char j;
 j=1/0;
}
```

图 4.32　Trace 故障代码编写

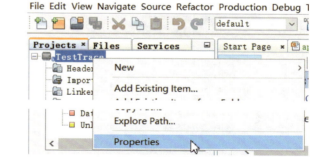

图 4.33　工程属性菜单

⑤ 选择 Simulator,因为有的开发工具不支持 Trace 工程,例如 PICkit 系列工具、SNAP 工具、ICD 系列工具等;REAL ICE 工具是支持 Trace 的。虚拟工具由于不涉及硬件的具体连接,所以也可以支持 Trace,从而使得用户在调试一些逻辑错误时可以通过软件仿真去查。因此这里选择 Simulator,如图 4.34 所示。

⑥ 选择 Simulator→Option categories→Trace,如图 4.35 所示。

⑦ 选择 Data Collection Selection→Instruction Trace,如图 4.36 所示。

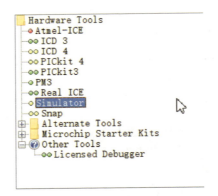

图 4.34　在开发工具中选择虚拟工具

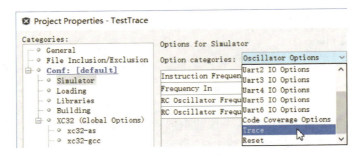

图 4.35　Trace 菜单项

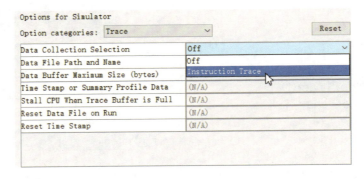

图 4.36　Trace 功能设置

⑧ 弹出如图 4.37 所示界面。

⑨ 进入软件进行调试运行,此时,程序跑起来之后自己就停止了。系统按钮工具条如图 4.26 所示。

⑩ 我们每单击一次绿色的三角按钮都会发现它停止在了这里,下面该怎么办呢?首先,选择 Window→Debugging→Trace,如图 4.38 所示。

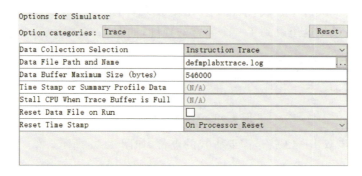

图 4.37　Trace 功能设置

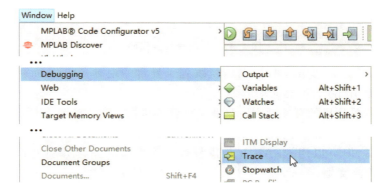

图 4.38　调试运行时 Trace 功能菜单项

⑪ 进入 Trace 界面，如图 4.39 所示。

Line	Address	Op	Label	Instruction
-12	9D00_0074	00000000		NOP
-11	9D00_0078	40046800		MFC0 A0, Caus
-10	9D00_007C	40056000		MFC0 A1, Stat
-9	9D00_0080	0340F809		JALR K0
-8	9D00_0084	00000000		NOP
-7	9D00_0984	3C020000		LUI V0, 0
-6	9D00_0988	24420001		ADDIU V0, V0,
-5	9D00_098C	10400005		BEQ V0, ZERO,
-4	9D00_0990	3C029D00		LUI V0, -2534
-3	9D00_0994	244201F0		ADDIU V0, V0,
-2	9D00_0998	10400003		BEQ V0, ZERO,
-1	9D00_099C	3C029D00		LUI V0, -2534
0	9D00_09A0	7000003F		SDBBP 0

图 4.39　Trace 数据

图中的 Trace 数据看起来十分复杂，但我们只需关心最左边的那一列负数即可。它就是程序 PC 指针的 Buffer，记录了程序跑死之前的"心路历程"。我们向前单击就可以定位到相应的源代码，它的使用非常方便。笔者一般会采用"折半查找法"来定位 Bug，经过多次折半查找，双击到 - 42 处发现，向前一步双击 - 41 就是例外的跳转入口，也就是说从这里跳到了一个异常的地址，如图 4.40 所示。

图 4.40　Trace 到死机点位

而向后一步双击 - 42 就是需要查找的点位，如图 4.41 所示。

图 4.41　反向查找源代码

说明执行完 - 42 步正常代码之后就跳到了异常的地址 - 41，从而轻松判断出来死机的点位是由"j＝1/0"这句引起的。

这在高位单片机的开发中有时是非常重要的事情。以上流程是用虚拟机 Simulator 进行的，它只能调试代码中的逻辑错误，对于物理层面驱动上的错误，无法用虚拟机进行调试，但可以用 REAL ICE 进行调试。具体的连接方法见芯片和 REAL ICE 的用户指南文档。

本章总结

本章内容对于有经验的开发者来说不用看书也能自己摸索出来，所以笔者力求介绍一些特殊的知识和隐蔽的技巧。介绍完软件的基本功能，让我们把目光投向硬件。下一章将以 Altium Designer 14 为例介绍如何进行简单的硬件开发，目的是为软件开发人员补充一些硬件小知识，方便他们自己制作一些验证性的电路板去验证软件方面的单元功能，至于专业的硬件电路板的制作请读者查阅相关书籍。

第5章

PIC32 的硬件开发简述

前文介绍了高位单片机软件开发的工具和方法。笔者在工作中,对于高位单片机还有个需求,就是针对硬件 MCU 做一些验证、测试、排查、移植的工作。为了完成这些工作就要求高位单片机的软件开发人员具备一定的硬件能力,例如:对电路板进行简单的手术,即更换元器件、焊接测试点、飞线割线、测量电压电流等,甚至布画简单的实验板进行单元功能的验证。本章将以 Altium Designer 为例向读者展示如何迅速地制作一个简单的实验板,帮助软件开发人员进行相应的验证工作。熟读并精通本章的读者可在半小时内布画好一块高位 MCU 的单元功能测试板,从而有效地助益高位单片机的软件开发。

5.1 资源准备清单

PIC32 单片机硬件开发推荐两款软件:一款是画图软件(本书以 Altium Designer 为例),另一款是原理图和 PCB 的库转换软件 Ultra Librarian。下面分别介绍这两款软件工具。Altium Designer 是一个集成原理图、PCB 的设计工具,它的作用是进行原理图和 PCB 的绘制、库文件的编辑、工程建立和修改、插件安装和集成调试。Ultra Librarian 是原理图库的转换和生成工具,它可以生成不同 PCB 设计软件的原理图和 PCB 的库文件。

5.2 CAD 资源下载地址

Ultra Librarian 和 Altium Designer 都是需要收费的,其中 Ultra Librarian 有功能简单的免费版,基本也够用。

PCB 原理图库转换器 Ultra Librarian 的下载地址:http://www.microchip.com/CAD,在网页上单击链接,如图 5.1 所示。

| Ultra Librarian Installer Program for CAD/CAE Schematic Symbols | 9/26/2014 12:05 PM | 85473 KB |

图 5.1 Ultra Librarian 工具下载地址

下载 Ultra Librarian 然后安装。

Altium Designer(后文简称为 AD)的下载和安装本书不再赘述,有兴趣的读者可以参照相应的书籍。本书所叙述的 Ultra Librarian 工具最后的支持版本为 AD19 之前的版本。超过 AD19 的版本在转换的过程中可能会报错。

5.3　使用 Ultra Librarian 快速生成 AD 的图库

并不是所有的 MCU 都有相应的现成的库文件,如果没有就必须自己创建。以 PIC32MZ2048EFE100 和 AD14 为例,如何生成 AD 可用的图库呢? 首先,要下载 PIC32 的.bxl 文件,如图 5.2 所示。

PIC32 CAD/CAE Schematic Symbols　　　　　　　　10/15/2012 2:39:46 PM　　11896 KB

图 5.2　PIC32 的原理图和 PCB 图的库

下载之后将压缩包解压,会发现很多的.bxl 文件。然后,单击 Ultra Librarian 安装目录下的 ULADICIS.exe 图标,启动程序后单击 Continue Free 按钮进入"下一步",就可以看到由三个对话框组成的界面。在主界面中,单击 Load Data 按钮载入对应的.bxl 文件,整个过程如图 5.3 所示。

图 5.3　PIC32MZ 的.bxl 文件的加载过程

装载完毕 PIC32 的.bxl 文件后,可以看到一个由三个独立对话框组成的界面,如图 5.4 所示。

在这个界面中,左边的对话框是芯片的机械加工尺寸图,右边的对话框是芯片的逻辑引脚图,这两个界面都可以通过右击进行平移,用上下键来进行缩放。

最主要的是中间的对话框,它是负责进行格式转换的,可以看到有很多的方形复选框。选择 Altium Designer 复选框对其原理图库进行转换。选择后单击 Export to Selected Tools 按钮进行转换。导出原理图的按钮,如图 5.5 所示。

转换完毕后会有一个 Log.Txt 的文本文件自动打开,在该文件中,有类似这样的一段路径,如图 5.6 所示。

这个路径显示了 Altium Designer 原理图库所需资料所在的路径。要注意的是,复制该路径只需要复制到倒数第二层目录即可,如图 5.7 所示。

然后,将该路径粘贴到计算机的地址栏中按"回车"键,如图 5.8 所示。

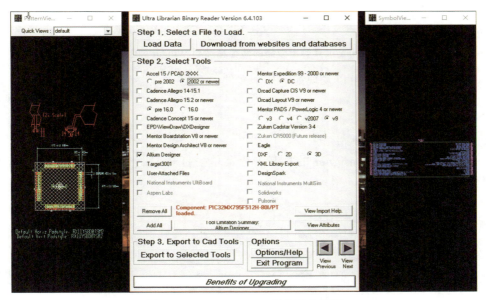

图 5.4　Ultra Librarian 工具启动界面

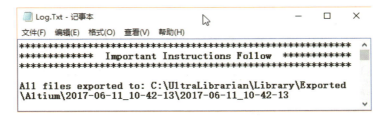

图 5.5　Ultra Librarian 工具导出选择工具按钮

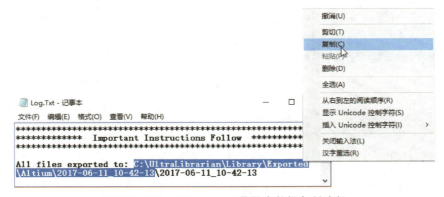

图 5.6　Ultra Librarian 工具导出数据路径

图 5.7　Ultra Librarian 工具导出数据复制路径

C:\UltraLibrarian\Library\Exported\Altium\2017-06-11_10-42-13

图 5.8 把 Ultra Librarian 工具导出数据的路径粘贴到 Windows 的资源管理器或浏览器中

跳转到该路径下,可以发现如下几个文件:

UL_Form. pas

UL_Import. pas

UL_Import. prjScr

之后,用 Altium Designer 的打开工程菜单去打开 UL_Import. prjScr 文件,如图 5.9 所示。

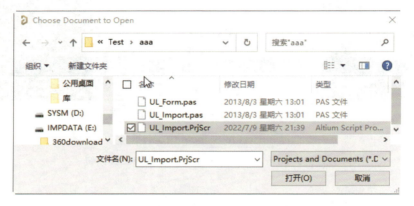

图 5.9 用 Ultra Librarian 工具导出数据具体文件

然后,在工具栏中单击一个向右的三角形启动 UL_Form. pas 的脚本文件,如图 5.10 所示。

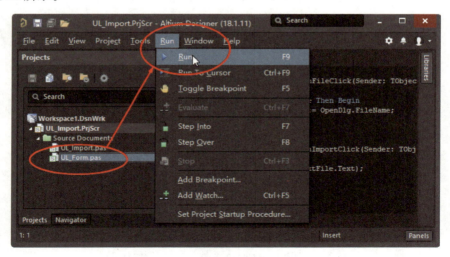

图 5.10 运行 . pas 文件

选择 UL_Form. pas 启动"导入"对话框,如图 5.11 所示。

图 5.11　导入文件

单击 File 按钮,并且粘贴上述 Log. Txt 中选择的路径,单击"打开"按钮跳入对应的路径,然后选择带日期的 TXT 文件,它是 CAD 的中间转换文件,选择后单击"打开"按钮,如图 5.12 所示。

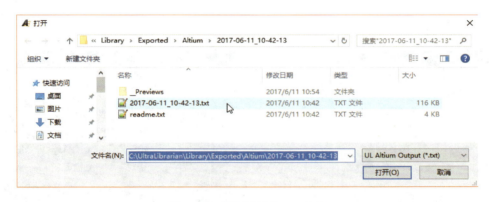

图 5.12　选择当下的 pas 文件

然后回到 UL Import 界面,单击 Start Import 按钮,如图 5.13 所示。

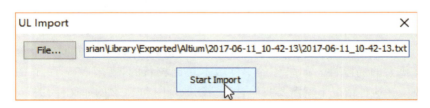

图 5.13　开始导入

转换完毕,大功告成,如图 5.14 所示。

此时,在 C:\UltraLibrarian\Library\Exported\Altium\2017 − 06 − 11_10 − 42 − 13 目录下发现多了一些文件。注意,这些文件名和目录名会随着时间的变化而变化,请读者自行生成,不要照搬本书结果,具体结果如图 5.15 所示。

在生成之后如果觉得原理图的库形状不太好看,可以进行微调和修正,方法很简单。单击工程页面下的 SCH Library→选择 SCH 下拉菜单,选中当前编辑的库→

图 5.14　导入完成

2017-06-11_10-42-13.LibPkg	2017/6/11 11:22	Altium Integrate...	36 KB
2017-06-11_10-42-13.PcbLib	2017/6/11 11:22	Protel PCB Library	166 KB
2017-06-11_10-42-13.SchLib	2017/6/11 11:22	Altium Schemati...	14 KB

图 5.15　生成相应的原理图库和 PCB 库

Edit→Part,然后可选择 Part A 和 Part B 进行编辑。在实际应用中,笔者觉得原图的原理图太胖,把它变瘦了一些,如图 5.16 所示。

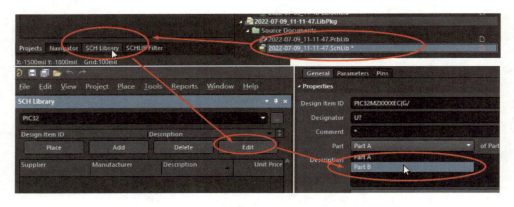

图 5.16　载入生成好的原理图库和 PCB 库的过程

　　另外,在复制其他现成电路图时一定要注意是否有重名。如此就可以方便地生成 SCH 和 PCB 的库文件了。我们采用 Ultra Librarian 自动生成固然十分方便,但它仍然有很大的局限性。如果你的 AD 版本是比较新的,高于 Ver 19.0 的版本,则它会失败。在这种情况下就需要我们自己绘制原理图和 PCB 的库文件,关于这方面的知识本书只简要介绍一下,详细知识在网上比较丰富,有兴趣的读者可以自行查找。

　　注意:Ultra Librarian 自动导入的方法在 AD 中目前适用于低于 Ver 19.0 的版本。

5.4　从头开始制作一个简单 AD 集成库

　　有些器件没有 Ultra Librarian 的源文件,需要自己制作集成库。以一个简单的 8 引脚封装的设备为例,简要介绍如何从头开始制作一个 AD 的集成库。其 144 引

脚的原理图和 PCB 的集成库方式类似,具体步骤如下:

① 建立一个新的集成库工程,如图 5.17 所示。

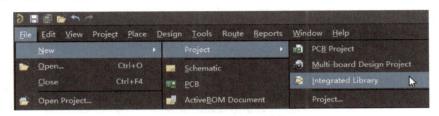

图 5.17　新建集成库

② 修改集成库工程的名称,将工程做"另存为"操作即可,如图 5.18 所示。

图 5.18　存储一个新文件

③ 加入原理图和 PCB 的集成库工程,单击左下角可以将工程图切换到导航页面,如图 5.19 所示。

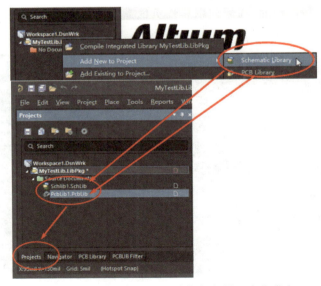

图 5.19　将原理图和 PCB 库都加入同一个集成库

④ 在原理图主体可以画一个方框,然后在引出的引脚处必须单击引脚图。注意,这个引脚图是有方向的,保持字在横线的上方即可。可以通过修改线长的属性来减少端口线的长度,如图 5.20 所示。

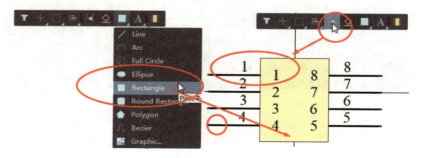

图 5.20　添加引脚

⑤ 当用 Ultra Librarian 生成原理图时发现,它是将一个复杂的 MCU 定义分成了多个部分(Part),在原理图库单击最右边的 Add Component Part 图标就可以实现这个功能了,如图 5.21 所示。

图 5.21　将一个复杂的器件分成不同的部分

当增添了多个 Part 时,在原理图属性页面默认是锁定的。如果要切换 Part,则需要将其解锁,如图 5.22 所示。

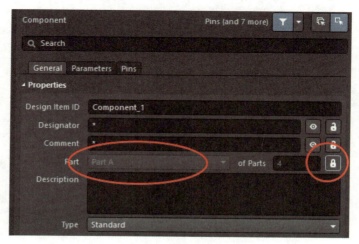

图 5.22　切换 Part

　　另外，在使用带有多个 Part 的原理图时，必须给不同的 Part 起相同的前缀名。例如，我抓了两个 Part，一个叫 U1A，另一个叫 U2B，则原理图系统会认为是两个器件，而不是一个器件的两个部分，所以应该起 U1A 和 U1B。

　　至此，我们针对原理图的集成库的编辑工作就完成了。做到这一步就完成了原理图集成库的最小需求。下面我们增加 PCB 集成库和原理图的对应工作。首先要明确一个需求，同一个原理图可以对应不同的 PCB 封装。这样，在 PCB 封装的页面下就可以增添不同的规格，尤其方便的是我们可以在 PCB 图上右击，然后单击 Tools→Footprint Wizard...，就可以通过向导布画标准规格的封装了，例如 TQFP、BGA、DIP等，甚至可以支持自定义的封装，只需要将焊盘拉伸成所需的形状并且将网络号对应整齐即可，如图 5.23 所示。

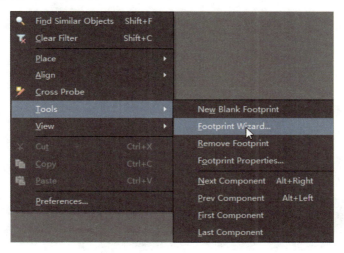

图 5.23　引脚向导

　　⑥ 下面需要添加一个 Footprint 封装，打开 Footprint 向导，如图 5.24 所示。

图 5.24　添加一个引脚足印

⑦ 生成 PCB 引脚，单击原理图左下角的 Add Footprint 按钮，将对应的 PCB 封装图增加进去即可，可以增添多个封装，如图 5.25 所示。

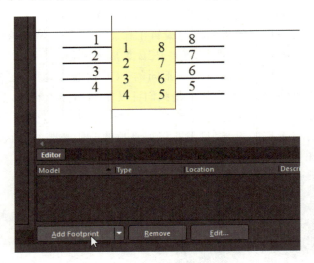

图 5.25　添加多个引脚足印

⑧ 在集成库工程处右击"编译"按钮，如果没有错误则编译成功。与前文所述步骤类似，将其添加到原理图库的选择框中即可选中通过自定义方式来布画的集成库了，如图 5.26 所示。

图 5.26　编译集成库

5.5　从头开始制作一个简单的 PCB 板

以 PIC32 为例，从头开始制作一个简单的 PCB 板以方便初学者入门。首先打开 AD，新建一个 PCB 工程，然后在这个 PCB 工程中添加一个 PCB 文件，接着再增添一个原理图文件，整个步骤如图 5.27 所示。

至此就建好一个 PCB 工程。其中，Sheet1. SchDoc 是原理图文件，在这个文件

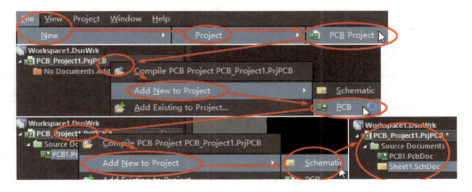

图 5.27　添加原理图和 PCB 集成工程的过程

中布画电路原理图,在 PCB1. PCBDoc 中布画印刷电路板图,这二者通过网表进行连接。下面将上例中生成的原理图库文件导入其中,以方便绘图。

5.6　将生成的库文件添加到 Altium Designer 中

把库文件添加到 Altium Designer 中比较简单,在 Altium Designer 中选择 Design→Browse Library...,然后单击 Libraries...,在下一个界面中单击 Install from file,选择对应的库文件安装到库中即可,步骤图如图 5.28 所示。

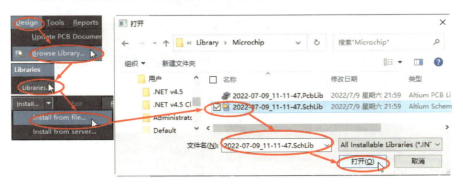

图 5.28　添加原理图库或者集成库的过程

接下来,将实际建立一个工程来说明如何使用我们生成的库,并在原理图中布画主芯片。

5.7　在原理图中布画主芯片

打开 Sheet1. SchDoc 后,先布主芯片:在 Sheet1 页面的空白处右击,然后单击 Place→Part...,打开 Place Part,单击 Choose 打开对话框,在 Libraries 下拉列表框

中选择刚才生成的 PIC32 的库文件,如图 5.29 所示。

图 5.29 选择相应的原理图库

在图 5.29 中文件名以当时生成的为准,也可以是自定义的名称,不要拘泥于本书所述。另外,笔者发现这个库文件被分成了两个部分,即 A 和 B,这两个部分放在同一个页面中放不下,下面笔者将画面变大一些,单击 Tools→Preferences... →Schematic→Sheet Size→A4 改成 A3 或者 A2,步骤如图 5.30 所示。

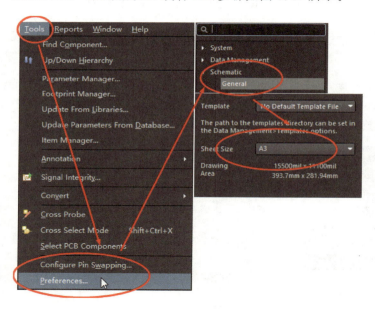

图 5.30 扩大原理图库的幅面

重新建一个原理图文档,改名为 Sheet1 即可,这样就得到了一个 A3 大画幅的原理图图纸。重复上一个步骤,并且把 U? A 和 U? B 修改成 U1A 和 U1B,把 PIC32 的元件布好后在每一个引脚上添加一个 Port 端口,名称与引脚对应,方法是右击 Place→Port,然后把 Port 与相应的引脚连接起来,如图 5.31 和图 5.32 所示。

由于文件比较大,本图只给出了一部分原理图,余下的按照规律添加,我们的目的是给 144 引脚中的每一个引脚都增加一个端口,有没有快速的办法呢?

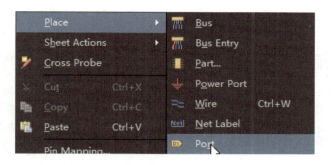

图 5.31　添加原理图的引脚端口

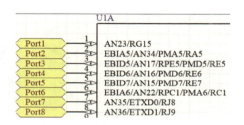

图 5.32　添加原理图端口的结果

5.8　利用智能粘贴快速生成类似的器件

这里有一个小技巧:可以用 smart paste 功能快速添加 Port1～Port144 的端口。首先,单击 Edit→Smart Paste...,如图 5.33 所示。

图 5.33　快速粘贴相同类型器件

选择 Ports,然后在 Rows 中的 Count 选择 36,Spacing 选择 100mil,如果不知道 Spacing,可以在原理图中引脚 1 和引脚 2 之间画一条线就有显示了,或者在屏幕左下角也能显示网格的宽度。如果需要标号按照规律自加,则要在 Text Increment 中的 Direction 选择 Vertical First，或者 Primary 和 Secondary 都设置成 1 就可以自加，如图 5.34 所示。

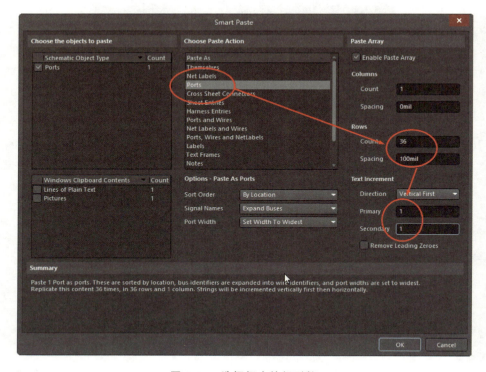

图 5.34　选择相应的行列数

单击 OK 按钮后发现粘贴的顺序是反的，此时可以按空格键来进行反转，使得 Port1 连接上引脚 1 即可，对齐之后单击放置好，如图 5.35 所示。

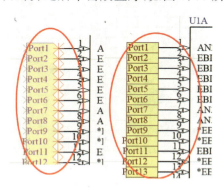

图 5.35　粘贴类似的端口

我们看到，从 Port10 开始文字在端口图的外边了，因此需要将所有的端口变大一些，方法如下，将这一列端口全部选中，然后在属性栏选择宽度值，将其从 300 变成

500 即可，如图 5.36 所示。

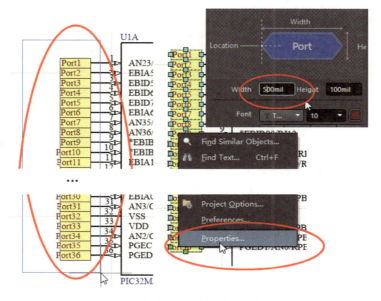

图 5.36　修改端口属性，使它变得整齐

　　如果想从 37 号开始编号，则可以选择 37 之后复制，然后开始智能粘贴；同时，修改 Higher first 或 Lower first 可以修改升序或降序，这样就可以方便地连接所有的引脚了，如图 5.37 所示。

图 5.37　改变粘贴的升/降序

　　将 144 个引脚均连接好后，在图纸空白处右击，然后单击 Place→Part... 打开 Place Part，单击 Choose 打开对话框，在 Libraries 下拉列表框中选择 Miscellaneous Connectors.IntLib→Header 18X2 选项，然后依次单击 OK 按钮，给该元件取名为 P1，之后在 1～36 端口上布好 36 个 Port，重复布 P1～P4，共计 4 个端口、144 个引脚，如图 5.38 所示。

　　布好最简系统的 Debug 工具连接口、电源和地，如图 5.39 所示。

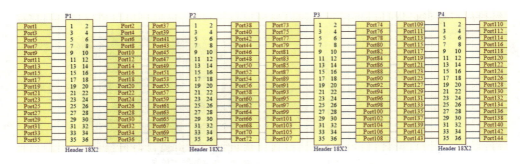

图 5.38　将所有的端口粘贴好之后的状态

每一个电源和地都要如此处理,加一个 10 μF 和 0.1 μF(实验板可选)的电容。如果是实际生产,则必须要将电源和地之间的电容按照数据手册推荐的值连接好,包括 0.1 μF 的电容,本书讲述的只是实验板,所以笔者省略了部分元件。另外,笔者对某些信号没有做细节化的处理,比如为了布线方便,这里将单片机的供电引脚(VDD,VCC

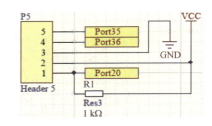

图 5.39　调试口最简连接

等)与单片机的模拟电源引脚(AVDD,AVCC 等)连接起来,对地(GND,VSS)也做同样处理,如图 5.40 所示。

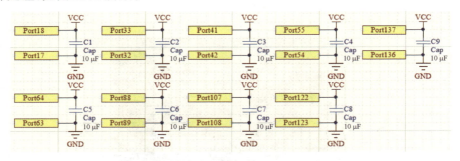

图 5.40　处理电源和地省略的 0.1 μF 电容

此外,笔者添加了电源引出线、LED、上拉电阻等器件方便使用,这里就不赘述了,有兴趣的读者可以自己尝试发挥。

5.9　在 PCB 中导入原理图的修改

线路布好后保存,然后打开工程中的原理图文件,准备导入原理图的修改,具体步骤如图 5.41 所示。

图 5.41　更新 PCB

单击导入原理图修改的按钮后，出现如图 5.42 所示的界面，单击 Execute Changes 按钮，等修改导入完毕后单击 Close 按钮。

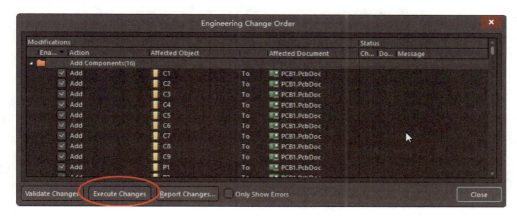

图 5.42　执行改变

如果器件或者修改映射有错误，则修改对应的错误，直到全部错误都修改完毕；如果一切顺利，则会出现如图 5.43 所示的图像。

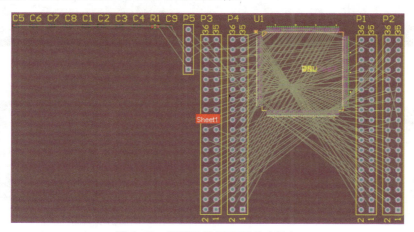

图 5.43　新修改的原理图成功导入

此时,将所有的单元按照顺序布好,并且删掉 Sheet1 的红框(后文会有解释)准备后续工作。接下来针对各个元件进行精雕细刻的布线,具体步骤本书不再赘述。

5.10 利用设置选项来规范各个器件的属性

设置网格捕捉宽度的方法如下:

在 AD 的 PCB 图像中,将网格宽度设置为 2.54 mm 或者 100 mil 的 1/4 的倍数,例如 25 mil、50 mil、100 mil 等不同的数值,方便排列。方法为单击 View→Grids→Set Global Snap Grid... 或者利用快捷键 Shift+Ctrl+G,如图 5.44 所示。

图 5.44 设置网格捕捉间距

这样可以方便地将电路图布画成比较规矩的形状:选中所选器件后,利用空格翻转使网络线尽量减少交叉,如图 5.45 所示。

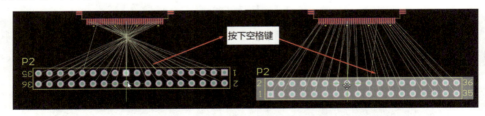

图 5.45 将器件翻转以减少交叉

对于需要斜放的元件,通过修改旋转角度完成,如图 5.46 所示。

图 5.46 修改角度以斜放器件

对于交叠的文字,有时需要删除多余的丝印,可以双击后选中它,按"删除"键将其删除,如图 5.47 所示。

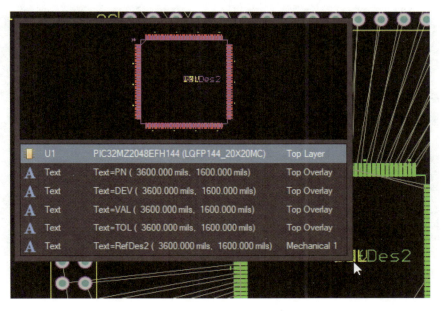

图 5.47　对于自动生成的图库去掉多余的丝印

5.11　修改线间距以解决小绿叉(DRC)的错误

由于利用 Ultra Librarian 默认的安全距离过小,会在 MCU 的引脚处发现很多小绿叉定义的错误,在 Altium Designer 中称为 DRC(Design Rule Check)。本节将以线间距为例来说明 DRC 错误及其纠正方法,如图 5.48 所示。该方法也可为其他 DRC 问题的解决提供参考。

可以通过重新设置安全距离来解决小绿叉的问题,选择 Design Rules→Electrical→Clearance→Clearance,此页面的中部红圈处是一个最小线路间距的设置值,可以将其设置成 9 mil 或者 8 mil,从而解决最小线间距的问题,如图 5.49 所示。

图 5.48　安全间距过小引起的错误

图 5.49 重新设置安全间距

5.12 原理图更新 PCB 后的红色方框

　　AD 使用原理图的网络表导入 PCB 后会自动生成一个红色的区块，这个区块称为 Room，它主要用于元件模块化布局，当分配到这个区块的元件放置到区块以外时，软件将产生绿色报警。如果是单独的电路板也比较简单，删除这个红色的区域对于布画电路板没有影响。有的版本的 AD 会报错：Room Definition Between Component on Top Layer and Rule On Top Layer。删除 Room，即选中图 5.50 左下角的红色 Room 部分，单击 Del 按钮直接删除也可以修正该问题。

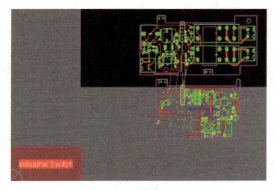

图 5.50 删除 Room

5.13　利用多路布线的方法提升布线效率

　　AD 早期版本可以在 PCB 布线时用总线布线的方法提升布线效率，在本例中笔者采用 Active Route Select Items 的方法来展示类似功能，步骤如下：

　　首先，按住 Ctrl 键选中 MCU 需要集中布线的引脚，如图 5.51 所示。

图 5.51　选中需要集中布线的引脚

　　然后，在布线模式下选择 ActiveRoute，再单击 ActiveRoute 图标，等待自动布线完成，如图 5.52 所示。

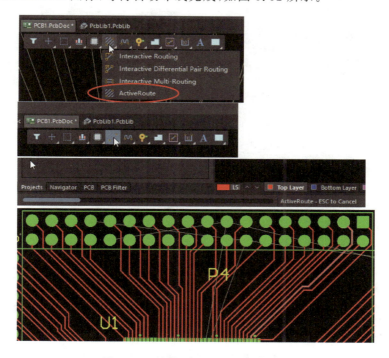

图 5.52　利用 ActiveRoute 自动布线

　　这样就可以让 AD 将大部分规则的总线布好，余下的线路利用键盘上的快捷键 P＋T 精雕细刻一下就可以了。布线完毕后，我们希望将地线进行铺铜，该如何处理呢？

5.14　将地线铺铜

　　接下来需要将地线铺铜，首先选择 Polygon Pour... 选项，如图 5.53 所示。
　　按照网格捕捉的方式可以精确定位成规则的形状，例如正方形，如图 5.54 所示。

图 5.53　准备铺铜选择铺铜区域

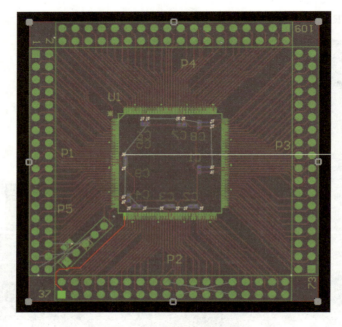

图 5.54　调整铺铜区域

确定铺铜的阴影区域后，选择铺铜的网络为地线网络，如图 5.55 所示。

图 5.55　将地线网络选择为铺铜对象

选择铺铜的区域后，再选择实体铺铜、网眼铺铜、边线铺铜，最后在阴影部分右击 Polygon Actions→Repour All 进行铺铜，如图 5.56 所示。

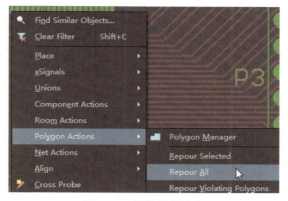

图 5.56　开始铺铜操作

5.15　切　边

绘制边框,根据自己需要设计的板型来绘制。例如 Place→Line,绘制一个矩形边框,如图 5.57 所示。

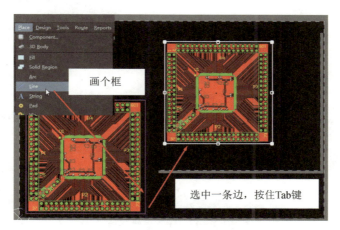

图 5.57　选择切边区域

选中一条边,按住 Tab 键,选中整个边框 Design→Board Shape→Define from selected objects,然后板子就被切边,过程和结果如图 5.58 和图 5.59 所示。

图 5.58　开始切边

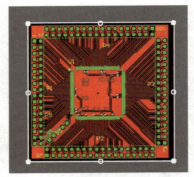

图 5.59　切边完成

5.16　3D 查看并旋转电路板

单击 View，其中 1,2,3 是它的三种不同的查看模式，可以选择 3D 查看，然后按住 Shift 键就可以拖动进行旋转了，如图 5.60 所示。

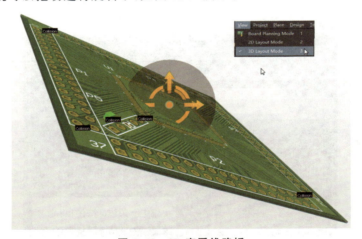

图 5.60　3D 查看线路板

5.17　批量改过孔孔径

笔者在电路板的加工过程中被告知加工的孔径无法达到工艺要求，需要修改过孔的孔径，于是笔者不得不修改所有过孔的孔径。方法如下：找一个过孔右击，然后选择 Find Similar Objects...，在弹出的对话框上单击 OK 按钮，如图 5.61 所示。

之后，在 PCB Inspector 的窗口中可以批处理地修改过孔的孔径，其他批处理元件的操作类同。

图 5.61　选择类似的器件

5.18　成　品

经过以上步骤的设计和加工,最终就可以得到电路板的成品了,笔者的电路板的最终形态如图 5.62 所示。

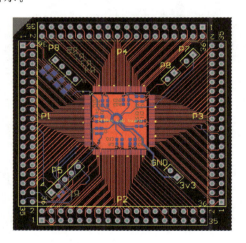

图 5.62　实验板最终形态

下面的任务就是找电路板厂投板制作和焊接了,本书不再赘述。设计完毕后,笔者将该电路板进行投板制作,板子回来之后进行焊接,物料清单(BOM)如下:

- PIC32MZ2048EFx144,1 块;
- 贴片电容 10 μF,8 个(焊接到 VCC 和 GND 之间);
- 贴片电容 0.1 μF,8 个(焊接到 VCC 和 GND 之间);

- 贴片电阻 4.7 kΩ,1 个(焊接到 MCLR 和 VCC 之间);
- 双排插针 2.54 间距,若干(焊接到四周);
- 单排插针 2.54 间距,若干(焊接到 P5 口)。

BOM 准备好后就是焊接,对于 QFN 封装的芯片焊接技巧在网络上有很多介绍,读者可以自行搜索。下面介绍笔者的经验,适合大部分初学者。保证焊盘上有少许焊锡,因为芯片引脚也有部分焊锡,用这两部分焊锡将芯片焊接到焊盘上。在焊盘上刷助焊剂,帮助焊接。将芯片和焊盘对齐,并且用手或者其他工具将芯片和焊盘固定好。用烙铁头的刀刃部分一点点焊接,同时保证焊接时的通风和接地,注意焊接安全。焊接完毕之后的效果如图 5.63 所示。

图 5.63　最终焊好的测试板

5.19　PIC32 系列 MCU 硬件的最小系统

其实这个问题是笔者在客户技术支持过程中很常见的问题。不同的 MCU 其最小系统所需要的条件也是不同的,Microchip 公司的 32 位系列单片机的最小系统需要考虑的问题比较全面,掌握这个知识基本上 8 位、16 位单片机的启动也都不在话下了。下面总结一下 Microchip 公司 32 位单片机市场表现比较好的两个系列,PIC系列单片机和 SAM 系列单片机的最小系统。需要指出的是,本书所介绍的最小系统并不规范,规范的最小系统要参照芯片数据手册。但是,在笔者长期的技术支持过程中摸索出了一些"偷懒"的办法。一般满足这些条件可以快速解决芯片的供电、烧录问题,用这种办法去做功能性的验证还是可以的,例如一些低速的外设 UART、CAN、PWM、低精度 ADC 等。但是,如果要做性能的验证或者量产版本的产品就不推荐这种方法了,因为它的电磁兼容、噪声、杂波等问题一定比标准系统要严重。

另外,在特殊场合本书介绍的方法也可能失效,请读者不要拘泥于书本的内容,应灵活掌握和应用。这些经验的价值在于面对难点问题时能迅速搭建最小系统验证、分离问题点或者在项目初期时完成关键性的驱动代码等。这点提醒读者注意。

PIC32 系列按照数据手册,需要注意几个部分。第一是 MCU 中所有的电源需要与地线(包括数字地和模拟地,数字 VCC 和模拟 VCC)连接在一起。第二是电源与地之间要按照数据手册要求连接退耦电容,PIC32 系列的退耦电容由一大一小两个容值并联,一般选择大容值的电容即可,但是最好将所有电源和地的退耦电容都连接上,并且尽量靠近 MCU 端。如果引脚中有 VCAP 电容,则一定要把 VCAP 电容安装上。如果有 VUSB 3.3 V,则要按照要求在不用 USB 的情况下进行处理。第三是开发工具的连接,PIC32 系列的开发工具一般有 5 个引脚,描述为 ICSP,它包括:复位、电源、地、数据线和时钟线。在复位线上一般要加上 4.7 ～10 kΩ 的上拉电阻,不同电路板复位时间略有不同,有的客户需要加下地电容才能正常工作,通常情况下不加也可以。关于最小系统的注意点,笔者总结成一个打油诗分享给大家。

注意:

数字模拟连一起;

退耦(3.3 V 和地)、滤波(VCAP 是内部稳压器滤波电容端)别忘记;

U 口 3 V 得处理;

复位上拉需牢记。

基本上做到以上几点就可以方便地在面包板上跑通 PIC32 系列 MCU 了,甚至可以解决大部分 MCU 的烧录问题。下面介绍 SAM 系列的最小连接系统。以 ATSAME51J19A 芯片为例,笔者在客户技术支持的过程中需要一块独立的实验板进行晶振波形的实验。在搭建过程中,除了与 PIC32 一致的退耦电容、数字地、模拟地连一起,数字 VCC、模拟 VCC、VDD Core 连一起等问题之外,在 SAM 系列中,与调试工具连接使用的是 Cortex SWD 连接方法。除复位要加上拉电阻外,CLK 线也需要加上拉电阻,一般为 1 kΩ。另外,SWDIO 线和 PIC 的 PGD 位于不同的引脚,这点要注意。

✎ **小　　结**

最小系统问题是 MCU 软件开发人员面临的第一个问题。接下来 MCU 的开发一般拿到板时,下意识的反应就是:连接,编译,下载,运行,调试。关于这几件事情,下面将按照客户开发的一般顺序进行介绍,并着重强调其中应注意的问题。

5.20　开发板连接计算机并选择供电方式

目标开发板与计算机的连接依赖于开发工具,目前支持的开发工具有如下几种: ICD 系列、PICkit 系列、ICE 系列、SNAP。以前很多 PIC 的忠实用户耳熟能详的开发工具有些现在已经不支持了,例如目前 Microchip 公司主推的高级调试工具型号为 ICE 而不是 Real ICE。如果遇到旧的开发工具链接失效的情况可以直接联系 Microchip 公司本地支持人员进行了解,本书前文已经简介了 PICkit 和 SNAP,下面列出网址:

- http://www.microchip.com/PICkit5;
- http://www.microchip.com/SNAP。

这些开发工具的连接头虽然规格不同,但是引脚定义是类似的,为了兼容 JTAG,有些工具做了改动。具体的引脚排布在以上链接网址下载的用户手册中有详细描述,一般如下:

引脚 1:MCLR(复位引脚);

引脚 2:VDD(电源引脚);

引脚 3:GND(地线引脚);

引脚 4:PGD(数据引脚);

引脚 5:PGC(时钟引脚)。

一般 MCLR 都是低电平有效,所以要加上 4.7 kΩ 的上拉电阻,以防止 MCLR 被拉低,如图 5.64 所示。但在量产中,MCLR 需要做更多的保护电路。

以 PICkit4 为例向读者介绍如何用这个实验板和开发工具进行连接,如图 5.65 所示。

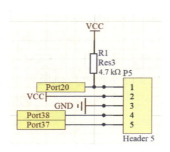

图 5.64　开发板连接示意

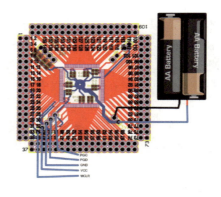

图 5.65　开发板连接实例

将电路板的电源、指示灯、开发工具连接好后就可以进行一个基本的连接、下载、运行、调试实验了。连接效果如图 5.66 所示。

当连接、通电工作完成后就可以进行下载了。关于如何创建一个最小工程,请读者参考 4.2 节,所不同的一点是连接工具从 simulator 变成了 ICD,芯片型号也变成了 PIC32MZ2048EFx144,其他都类似,如图 5.67 所示。

如果需要选择用开发工具供电,那么首先在工程属性页面上选择对应的开发工具,如图 5.68 所示,开发工具连接计算机之后,在工程属性页上可对其进行设置;在未连接的情况下，勾选 Show All 复选框也可选定相应工具并对其进行设置。在开发工具页面上选择"电源"→"供电"选项，然后选择对应的电压。这里需要注意两点：一是开发工具的供电能力是有限的，如果电路板负载太大是不宜用开发工具进行供电的；二是目标器件的耐受电压一定要与供电电压的选择相符合，例如，如果目标器

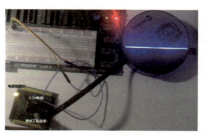

图 5.66　开发板连接实物图

件的工作电压是 3.3 V，而工具供电的输出电压是 5 V，则可能会烧坏目标器件。

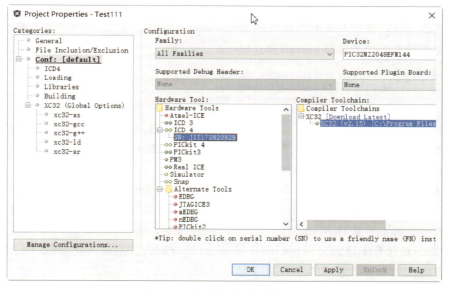

图 5.67　选择实际的开发工具

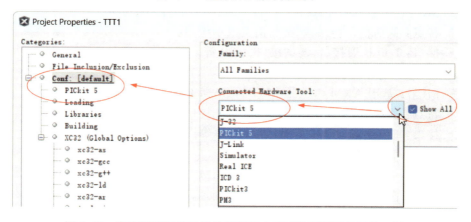

图 5.68　在未连接开发工具的情况下亦可以选择需要的开发工具

如图 5.69 所示,当选中工具供电复选框后,进行下载、调试时,目标板连接线上的 VDD 和 GND 之间就会产生相应的电压;当下载、调试过程完成后,电压将消失。

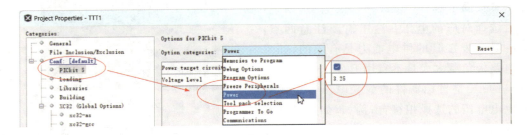

图 5.69 选择开发工具供电

下载、运行、调试与 4.2 节描述类似,本节不再赘述。关于 PIC32 最小系统的硬件开发和基本连接的经验就介绍到这里。

5.21 Microchip 公司的官方开发板及其功能

本章带领读者实际做出了一个微型 PIC32 开发板,实际上 Microchip 公司针对 32 位单片机已经做好了现成的开发板,读者可以在 Microchip 公司的直购官网上直接购买。下面对这款开发板进行简要介绍:

首先是 Xplained 开发板。Microchip 公司的 Xplained 系列开发板是基于其 32 位 MCU 评估和开发平台的,旨在为开发者提供快速原型设计和评估的硬件工具。该系列开发板主要搭载 Microchip 公司的 SAM 系列(基于 ARM Cortex - M 内核) 32 位 MCU,具有丰富的外设接口和扩展能力,适合嵌入式系统开发、物联网、工业控制等应用。Xplained 系列的主力型号有:

➢ SAM D21 Xplained Pro
- MCU:基于 ARM Cortex - M0+ 的 SAM D21。
- 特点:低功耗,适合物联网和消费电子应用。
- 接口:I/O 扩展接口、调试接口、USB 等。

➢ SAM E54 Xplained Pro
- MCU:基于 ARM Cortex - M4 的 SAM E54。
- 特点:高性能,集成 Ethernet 和 CAN 接口,适合工业控制。
- 接口:Ethernet、CAN、USB、扩展接口等。

➢ SAM V71 Xplained Ultra
- MCU:基于 ARM Cortex - M7 的 SAM V71。
- 特点:高性能,支持浮点运算和图形处理,适合实时控制和多媒体应用。
- 接口:Ethernet、USB、扩展接口等。

➢ SAM C21 Xplained Pro
- MCU：基于 ARM Cortex－M0＋的 SAM C21。
- 特点：低成本、低功耗，适合工业控制和消费电子。
- 接口：CAN、USB、扩展接口等。

然后是好奇开发板。Microchip 公司的 Curiosity 系列开发板是针对其 32 位 MCU 的低成本、易用型开发平台，旨在为开发者提供快速入门和原型设计的工具。该系列开发板主要搭载 Microchip 公司的 PIC32 系列（基于 MIPS 内核）和 SAM 系列（基于 ARM Cortex－M 内核）32 位 MCU，具有丰富的外设接口和扩展能力，适合教育、hobbyist 项目以及中小型嵌入式应用开发。Curiosity 系列开发板的主力型号有：

➢ PIC32MX Curiosity Development Board
- MCU：基于 MIPS 内核的 PIC32MX 系列。
- 特点：低成本，适合入门级 32 位应用。
- 接口：USB、扩展接口、调试接口等。

➢ PIC32MZ EF Curiosity 2.0
- MCU：基于 MIPS 内核的 PIC32MZ EF 系列。
- 特点：高性能，主频高达 200 MHz，集成 Wi-Fi 模块，适合物联网和多媒体应用。
- 接口：USB、Ethernet、Wi-Fi、扩展接口等。

➢ SAM D21 Curiosity Nano
- MCU：基于 ARM Cortex－M0＋的 SAM D21。
- 特点：低功耗，适合物联网和消费类电子产品的应用。
- 接口：USB、调试接口、扩展接口等。

➢ PIC32MM Curiosity Development Board
- MCU：基于 MIPS 内核的 PIC32MM 系列。
- 特点：低功耗，适合电池供电的应用。
- 接口：USB、调试接口、扩展接口等。

最后是 Microchip 公司的 Starter Kit 系列开发板。它是为其 32 位 MCU 设计的入门级开发平台，旨在帮助开发者快速上手并评估 Microchip 的 32 位微控制器（MCU）。这些开发板通常搭载 Microchip 公司的 PIC32 系列（基于 MIPS 内核）MCU，具有丰富的外设接口和扩展能力，适合初学者、hobbyist 以及中小型嵌入式应用开发。Starter Kit 系列开发板的主力型号有：

➢ PIC32MX Starter Kit
- MCU：基于 MIPS 内核的 PIC32MX 系列。
- 特点：低成本，适合入门级 32 位应用。
- 接口：USB、扩展接口、调试接口等。

➤ PIC32MZ Embedded Connectivity（EC）Starter Kit

- MCU：基于 MIPS 内核的 PIC32MZ EC 系列。
- 特点：高性能，集成 Ethernet、USB 等接口，适合物联网和多媒体应用。
- 接口：USB、Ethernet、扩展接口等。

以上是 Microchip 的 32 位 MCU 部分入门级的开发板，其他更丰富的开发板和配件可以上 Microchip 公司的直购官网进行查阅和购买，网址是 https://www.microchipdirect.com。

本章总结

笔者的任务是制作一个 PCB 的实验板，以上流程只是管中窥豹，起到一个抛砖引玉的作用，主要是为了达到测试驱动程序，验证芯片外设的目的，掌握了这些基本知识，作为软件开发人员也可以制作一些实验用验证板。真正量产级别的 PCB 设计与开发要复杂、专业得多，有兴趣的读者可以自行参阅开发和设计电路板的其他资料，同时本书布画的电路板也没有考虑 EMI、EMC，如果要考虑量产方面的内容，Microchip 公司有相应的课程可供选择，这是另一个领域了，笔者的同事曾经专门进行过详细的讲座，有兴趣的读者可以联系 Microchip 公司驻当地办事处的工作人员，相信会得到热情的接待和详细的解答。

习 题

1. 布画一个 Microchip 的 32 位单片机的最小系统板。
2. 安装好 IDE 和 IPE 并且向最小系统板下载一个现成的 HEX。
3. 在最小系统板上调试代码，注意配置位的 Debug 口需要正确设置。

第 **6** 章

Harmony 软件库简介

Microchip Harmony 是 Microchip 公司提供的一套嵌入式软件开发工具,旨在简化嵌入式系统的开发过程。它为 Microchip 的 32 位微控制器提供了一种统一的、可重用的软件开发框架。Harmony 的目标是提高开发人员的生产力,缩短开发时间,并提供更好的代码可维护性。

6.1 Harmony 软件库的特点、历史和地址

Microchip Harmony 的主要特性和组件包括但不限于:

➤ 驱动程序和硬件抽象层(HAL)

Harmony 提供了各种驱动程序和 HAL,以简化与微控制器硬件的交互。这包括对外设(如 UART、SPI、IIC 等)的抽象,使开发人员能够更轻松地在不同的硬件平台上移植和重用代码。

➤ 中间件

Harmony 包含各种中间件,例如 USB 协议栈、TCP/IP 协议栈、文件系统等,以便开发人员能更容易地添加各种功能到他们的应用程序中。

➤ 图形库和 GUI 工具

提供了用于创建嵌入式图形用户界面(GUI)的工具和库,使开发人员能够轻松地设计和实现交互式用户界面。

➤ RTOS 支持

Harmony 兼容多个实时操作系统(RTOS),例如 FreeRTOS,使开发人员能够在需要的情况下集成 RTOS 以提高系统的可靠性和响应性。

➤ 集成开发环境(IDE)支持

Harmony 与 MPLAB X 等流行的 IDE 集成,提供了一个统一的开发环境,方便开发人员进行代码编写、调试和测试。

通过提供这些功能,Microchip Harmony 旨在简化嵌入式系统的开发流程,降低学习曲线,使开发人员能够更快速、更高效地构建复杂的嵌入式应用程序。MPLAB Harmony 的一些主要优点包括:支持 MIPS 和 ARM Cortex 核心架构,可以让你在 PIC 和 SAM 之间轻松切换。它也可以跨不同的设备系列使用。使用 MPLAB Harmony 配置器(MHC)图形用户界面(GUI)可以轻松配置代码框架,具体包括:外围库-硬件抽象层、驱动和服务、可重用中间件,以及提供 1 000 多个演示/应用程序示例。此外,32 位 PIC 和 SAM 系列嵌入式处理器集成了第三方解决方案,如 FreeR-TOS 和 Micrium,并能导入在 IAR Embedded Workbench 中创建的项目。

需要指出的是,Harmony 目前经历了四个演进阶段,分别是 1. xx、2. xx、3. xx、MCC Harmony 阶段。下面分别以 Harmony 1、Harmony 2、Harmony 3、MCC Harmony 为代表,因为这四个版本在演进的历史上并不能兼容,其中 Harmony 1 和 Harmony 2 的组织形式、下载方式都差不多,Harmony 3 相对改动较大,而 MCC Harmony 与 Harmony 3 类似,所以本书将介绍 Harmony 2 和 Harmony 3 的下载、安装方式,后续具体的例子以最新版的 Harmony 3 和 MCC Harmony 为主。之所以还要叙述 Hamrony 2 如何安装,主要是有些老版本的芯片的代码和例子只有在 Harmony 1 和 Harmony 2 中才能找到,而且市场上也有一些客户仍在使用 Harmony 1 和 Harmony 2,而 Harmony 1 和 Harmony 2 的安装、配置、代码组织方式基本类似,那么通过 Harmony 2 就可以举一反三理解 Harmony 1,如此一来就可以覆盖所有的需求了。

官方 Harmony 软件库旧版下载地址:http://www. microchip. com/harmony。

目前最新版的 MCC Harmony 下载地址:https://www. microchip. com/mcc,如图 6.1 所示。

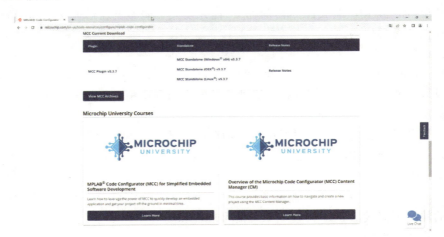

图 6.1　MCC Harmony 下载地址

6.2　Harmony 2 软件库的下载和安装

Harmony 2 的下载和安装流程类似于 IDE,本书不再赘述。按照默认地址安装完毕后在操作系统中出现如下目录:

C:\microchip\harmony\v2_06

其具体 Harmony 2 的细节版本号会有不同的变化,例如 v2_06。下面介绍 Harmony 2 库配置工具 MHC(Microchip Harmony Configurator)的安装:

方法1　网络连线的安装

首先,选择 IDE→Tools→Plugins,如图 6.2 所示。

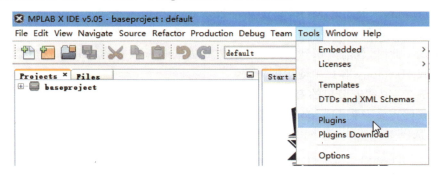

图 6.2　插件菜单

然后,在 Available Plugins 选项卡选择 MPLAB Harmony Configurator 选项,再单击 Install 按钮,如图 6.3 所示。

图 6.3　插件安装界面

在联网的情况下可以自动安装 MHC。但是这种安装有个缺点，MHC 的版本号码需要与 Harmony 库的版本号码对应。也就是说，MHC 是 2.05 版，Harmony 也必须是 2.05 版，这样生成的代码才能正确。但事实上，Harmony 版本的升级往往会领先于客户软件开发的速度。比如，我们项目开发是基于 Harmony 2.00 版本的，所有的代码都是基于 Harmony 2.00 版本编写；半年之后来了个新同事，安装了 2.00 版本的 Harmony。但此时 MHC 和官方的 Harmony 已经发布成了 2.05 版了，如果用在线安装的方式则会出现用 2.05 的 MHC 去配置 2.00 版的 Harmony，这样就容易发生错误。此时，就需要用到离线安装的方式去安装低版本的 MHC；这也是笔者在支持旧版 Harmony 客户中使用的方法。

方法 2　离线安装包的安装

下载后需要安装 Harmony 的配置工具 MHC，安装步骤如下：

① 选择 IDE→Tools→Plugins，如图 6.4 所示。

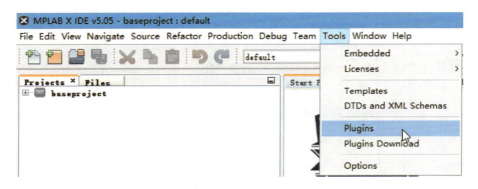

图 6.4　插件选择菜单

② 选择 Downloaded→Add Plugins...，如图 6.5 所示。

图 6.5　离线安装插件

③ 选择 Downloaded→Add Plugins...。

④ 选择路径：C:\microchip\harmony\v＊_＊＊\utilities\mhc，可以看到名为 com-microchip-mplab-modules-mhc.nbm 的文件就是需要安装的文件，这样可以保证 MHC 和当前的 Harmony 版本是一致的，如图 6.6 所示。

⑤ 安装完毕后，就出现如图 6.7 所示的工具条。

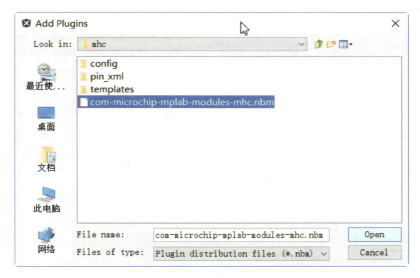

图 6.6　选择 nbm 文件

图 6.7　Harmony 配置工具

顺便说一句,选择 Downloaded→Add Plugins 可以安装很多实用的小工具,这些小工具的安装方法类似,也分为在线安装和离线安装两种方式。

6.3　Harmony 2 软件库的 Demo 运行方式

下面介绍 Harmony 2 的目录构成:

➢ 应用 Demo 目录位于 C:\microchip\harmony\v * _ * * \apps

该目录下的应用是按照应用类型进行排布的。在这个目录下可以看到所有的应用例程,大部分 Harmony 2 开发者从这里开始验证原型应用。

➢ MHC 目录位于 C:\microchip\harmony\v * _ * * \utilities\mhc

具体的安装步骤前文刚刚叙述完毕,这里需要强调的是,MHC 目录除了需要考虑与 Harmony 本身进行配合外,还需要考虑与 IDE 的配合。

➢ 二进制库目录位于 C:\microchip\harmony\v * _ * * \bin

bin 目录里是一些二进制的库,主要负责寄存器的配置和一些功能应用的封装,在具体编程时不用关心其源码。值得一提的是,Microchip 公司在源码的开放程度上做得比较好,很多库文件都向用户开放了源码。

➤ 板级支持包目录位于 C:\microchip\harmony\v * _ * * \bsp

bsp 是一些现成的（board support package）、可以直接支持一些开发板的外设驱动,如果用户直接购买了 PIC32MZ 的学习板,那么只要调用该板级支持包就可以了,而不用再去查阅原理图了,可以直接对 I/O 口和相关外设进行操作。

➤ 文档目录位于 C:\microchip\harmony\v * _ * * \doc

doc 目录是一些文档,也是开发中比较重要的目录,因为初次使用 Harmony 2 时难免有不懂的地方,例如如何运行 app 等。此时可以转到该目录下打开文档进行阅读,从而发现答案。另外,某些 API 如果不知道定义,也可以转到文档目录查阅。

其中,目录 build 是一些支持的中间件,config 是一些配置文件,third_party 是一些第三方的控件,utilities 是一些小工具。这些在实际开发中极少去修改和查阅,笔者就略过了,有兴趣读者可以自己详细研究一下。

基础目录的列举如例 6.1 所示。

例 6.1 Harmony 的基础目录。

```
apps\
bin\
bsp\
build\
config\
doc\
framework\
third_party\
utilities\
```

目录在操作系统的抓图如图 6.8 所示。

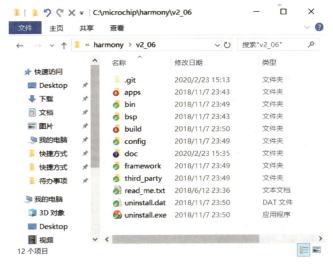

图 6.8 Harmony 2 文件

下面介绍 Harmony 2 的 Demo 程序的运行方式。

首先，了解 Harmony 2 的文档结构。以 Audio 为例，运行 Audio 样例程序的步骤可以在图 6.9 所示的文件中找到详细说明。

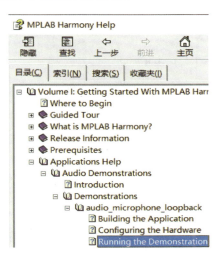

图 6.9　Harmony 2 的帮助文档

其文档的结构和磁盘上的目录结构是一致的，下面具体看一下运行样例的步骤，找到了相关的文档路径，如图 6.10 所示。

Running the Demonstration

Important! Prior to using this demonstration, it is recommended to review the MPLAB Harmony Release Notes for any known issues. A PDF copy of the release notes is provided in the <install-dir>/doc folder of your installation.

Do the following to run the demonstration:

1. Compile and program the target device. While compiling, select the appropriate MPLAB X IDE project configuration based on the demonstration board. Refer to Building the Application for details.
2. Connect headphones to the HP OUT connector on the Audio Codec Daughter Board AK4642EN or AK4954A.
3. The on-board microphone (MIC3) will begin capturing surrounding audio and start looping it through the Codec to the microprocessor and back to the Codec headphones where you should be able to audibly observe the microphone input. An easy way to test this is to gently rub the microphone with your fingertip and listen for the resulting sound in your speaker or headphones.

图 6.10　Harmony 2 的帮助文档如何运行 Demo 程序

按照文档上的介绍,打开磁盘上的目录,如图 6.11 所示。

图 6.11　打开相应的目录

这里有个小技巧,打开带有 .X 的目录,先把图 6.11 中地址栏上的目录复制下来,然后打开 IDE,如图 6.12 所示。

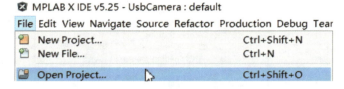

图 6.12　打开工程菜单

粘贴复制下来的路径,可以看到 audio_microphone_loopback 的工程,如图 6.13 所示。

图 6.13　打开工程对话框

这里要说明一下,与一般的工程配置文件不同,MPLAB 的工程是一个目录,利用 MPLAB X 打开该目录后就可以编译、下载、运行 Demo 了。具体过程前文已述,这里不再赘述。

6.4　Harmony 3 库的下载与安装

　　Harmony 3 与 Harmony 2 相比,有很大不同。Harmony 2 的每一个版本都是一个独立的大型安装包,这样在版本之间迁移就变得比较困难,同样的应用层代码在不同的 Harmony 2 版本之间也很难相互移植。而 Harmony 3 是基于 GIT 的一组 Repo 项目,它的每一个具体功能都是一个具体的 GIT 工程,这更加便于应用层的移植与升级。理解 Harmony 3 的结构和辅助工具将对 Harmony 3 的使用很有好处。关于 Harmony 3 库本书将陆续介绍如下知识:

- 如何安装 MPLAB Harmony 配置程序(MHC)以及如何快速下载 MPLAB Harmony 3;
- 如何使用 MHC(包括其附属工具);
- 如何使用 MPLAB Harmony 3 内容管理器,实现库文件的升、降级;
- 如何使用 MHC 图形界面简化 32 位(SAM 和 PIC32)MCU 的核心和外围配置;
- 如何配置 Harmony Framework 特定库(例如操作系统、USB、网络、图形等);
- 如何安装 MPLAB X 的插件以便 Harmony 3 的开发;
- 如何作为独立的 Java 应用程序与其他工具套件一起使用。

　　以上内容会随着具体的应用和需求逐步展开。下面开始学习安装过程。安装 MHC 的具体步骤如下:

　　① 安装 MPLAB Harmony Configurator（MHC）,打开 MPLAB X IDE 并选择 Tools→Plugins,如图 6.14 所示。

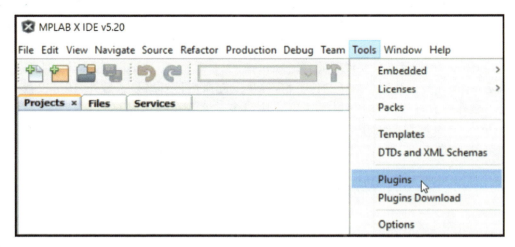

图 6.14　插件安装菜单

② 打开插件窗口。单击 Available Plugins 选项卡，选中 MPLAB Harmony Configurator 3，然后单击 Install 按钮，如图 6.15 所示。

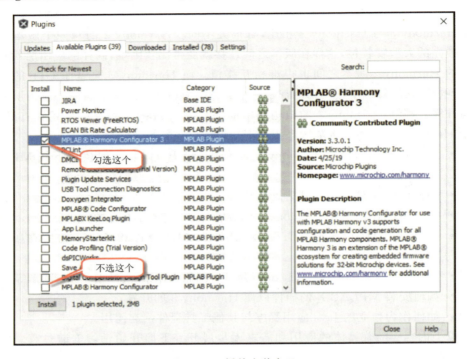

图 6.15　插件安装窗口

注意，在下边有一个 MPLAB Harmony Configurator，它没有 3，这是 Harmony 2 使用的，注意不要错选成 Harmony 2 的配置器了。单击 Next 按钮，接受许可条款，然后单击 Install→Finish 按钮重新启动 IDE，再选择 Tools→Embedded→MPLAB Harmony 3 Content Manager，经过一直选择默认，就可以下载 Harmony 3 的主体文件了，如图 6.16 所示。需要说明的是，Harmony 3 非常大，且 Gitee 有时连线也不是很稳定，建议在晚上睡觉之前做这件事情，等早上起床后再看结果。另外，还可以找已经下载好的文件进行复制，这样速度会快很多。笔者在拜访客户时会把下载好的 Hamony 3 复制到 U 盘中，直接让客户复制即可，这样可以节省时间。安装完毕后启动菜单，如图 6.16 所示。

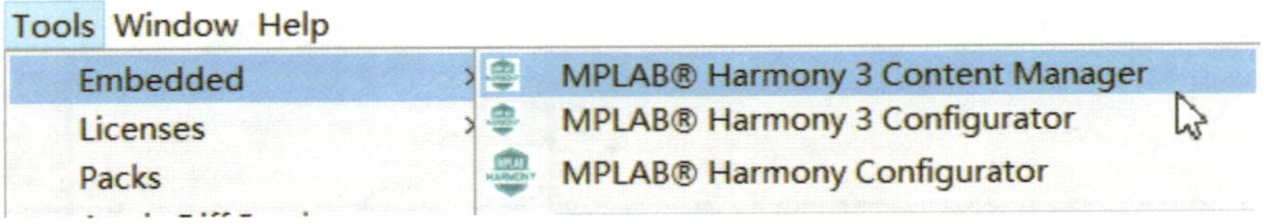

图 6.16　Harmony 3 启动菜单

✎ 小　结

Harmony 3 的下载和管理都依赖于 GIT,先学好 GIT 再进行开发。另外,初学 Harmony 3 的工程师可能会对这些复杂的模块名称一头雾水,这里笔者总结一下 Harmony 3 的各个模块的功能和相互关系:

➤ MPLAB Harmony 3 Content Manager

它是 Hamony 3 所有 GIT 库的大管家,包括每一个具体的 GIT 库,例如:MHC、USB、APP 等。它可以一次性地把所有的库都下载下来或者更新到某一个具体的版本。

➤ MPLAB Harmony 3 Configurator

它是读者当前开发工程的配置器,也就是本书常提到的 MHC。它负责配置具体开发工程使用的外设增删的功能、每个引脚的状态和功能、是否要 BSP、是否要在嵌入式 MCU 上运行图形 UI 的功能等。它位于 MPLAB Harmony 3 Content Manager 管理下的 MHC 目录下。它本身有版本号,在特殊的情况下需要升、降级以配合当前工程的需要。

➤ \HarmonyFramework 目录

它是具体的 Harmony 3 样例工程、库文件、配置文件、插件文件的保存目录,我们复制 Harmony 3 时把这个目录复制下来即可。以后将这个目录简称为 Harmony 3 库,它非常大,需要先打包再复制,否则会很慢。它由很多 GIT 库构成,每个 GIT 库都是独立开发的,但各 GIT 库之间又有横向联系。对于 Harmony 3 和 GIT 不熟悉的用户,不建议在这个目录中进行修改和操作,因为这可能破坏用户自写的代码;而精通 Harmony 3 的用户,可以直接在这个目录中进行编辑以节省时间。本书后面的章节会具体讲述如何实现各 GIT 库之间的配合以完成用户的工程。

➤ C:\Users\...\HarmonyProjects 目录

它是基于 Harmony 3 开发的、用户自己的工程默认的保存地址。此目录下所有的代码都是用户自己写的,而 HarmonyFramework 目录下所有的代码都是 Microchip 写的。

➤ mplabx-plugin

它是位于 HarmonyFramework 下的一个目录,在笔者成书时它仍然位于 GitHub 而非 Gitee 中。它保存了 Content Manager 的各个历史版本。换句话说,如果要对 Content Manager 进行升降级,则可以通过 GIT 检出它的历史版本,然后在插件管理器中删除当前 Harmony 3 的配置插件,再将对应 nbm 文件安装到插件管理器中即可实现对 Content Manager 进行升、降级。

一句话总结:Content Manager 管着 HarmonyFramework,HarmonyFramework 包括了 MHC,MHC 配置了用户的工程,用户的工程存在 HarmonyProjects 中。

6.5　Harmony 3 库新建工程

对于 Harmony 3 库有两种使用方法：一种是基于 Harmony 3 的现成的样例工程进行移植，从而让它符合客户的要求；另一种是通过新建工程的方法从头写起，这样可更深入地了解工程的细节。这两种方法都很常用，其新建工程的方法请读者参阅 7.1 节时钟配置的内容进行详细的了解，在此不再赘述。

6.6　Harmony 3 库的更新

Hamonry 3 库是时常需要更新的，更新的内容包括对代码 Bug 的修改、新功能的添加、新的芯片的支持等。下面介绍如何用外部脚本的方式对所有的功能目录进行更新。

打开 Harmony 3 的 Framework 目录，如图 6.17 所示。

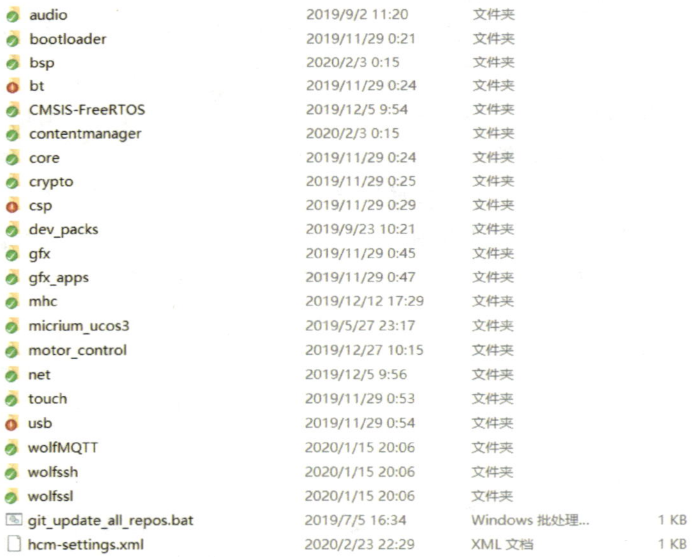

audio	2019/9/2 11:20	文件夹	
bootloader	2019/11/29 0:21	文件夹	
bsp	2020/2/3 0:15	文件夹	
bt	2019/11/29 0:24	文件夹	
CMSIS-FreeRTOS	2019/12/5 9:54	文件夹	
contentmanager	2020/2/3 0:15	文件夹	
core	2019/11/29 0:24	文件夹	
crypto	2019/11/29 0:25	文件夹	
csp	2019/11/29 0:29	文件夹	
dev_packs	2019/9/23 10:21	文件夹	
gfx	2019/11/29 0:45	文件夹	
gfx_apps	2019/11/29 0:47	文件夹	
mhc	2019/12/12 17:29	文件夹	
micrium_ucos3	2019/5/27 23:17	文件夹	
motor_control	2019/12/27 10:15	文件夹	
net	2019/12/5 9:56	文件夹	
touch	2019/11/29 0:53	文件夹	
usb	2019/11/29 0:54	文件夹	
wolfMQTT	2020/1/15 20:06	文件夹	
wolfssh	2020/1/15 20:06	文件夹	
wolfssl	2020/1/15 20:06	文件夹	
git_update_all_repos.bat	2019/7/5 16:34	Windows 批处理...	1 KB
hcm-settings.xml	2020/2/23 22:29	XML 文档	1 KB

图 6.17　Harmony 3 目录结构

以 C:\Users\...\HarmonyFramework 的默认目录为例，每个目录都是一个独立的 GIT 工程，随意进入一个目录，例如 Audio 目录，然后右击，如图 6.18 所示。

可以看到，这是一个现成的 git 工程目录。回到 Harmony 3 的根目录下，然后创建一个 bat 文件，如例 6.2 所示。

图 6.18　Harmony 3 的 GIT 菜单

例 6.2　更新 Harmony 3 的脚本代码。

```
@echo off
echo This will update your complete HarmonyFramework to the latest server version.
echo Press Ctrl + C to abort, any key to continue.
pause > nul
for /f "tokens = * " % %G in ('dir /b /A:D') do (
echo.
echo Updating [ % %G]
cd % %G
git fetch
git checkout .
git checkout master
git reset -- hard origin/master
git clean - fx
git clean - fd
git log - n 1 -- oneline
cd..
)
```

然后将该文件放到 Harmony 3 的根目录下,如图 6.19 所示。

单击这个 bat 文件,就可以更新 Harmony 3 的目录了,如图 6.20 所示。

按下任意按键即可进行更新。这里笔者需要重复一下,对于 GIT 和 Harmony 3 熟悉的用户往往会在 Harmony 3 库中的样例工程中直接修改。这种做法比较方便,可对 Harmony 3 库中的样例代码进行简单修改,但它有个潜在风险。如果是用 GIT 的强行恢复命令且没有警告,则自行修改的代码将不复存在,请在更新前将自己修改

名称	修改日期	类型	大小
hcm-settings.xml	2020/2/23 22:29	XML 文档	1 KB
git_update_all_repos.bat	2019/7/5 16:34	Windows ...	1 KB
wolfssl	2020/1/15 20:06	文件夹	
wolfssh	2020/1/15 20:06	文件夹	

图 6.19　Harmony 3 根目录

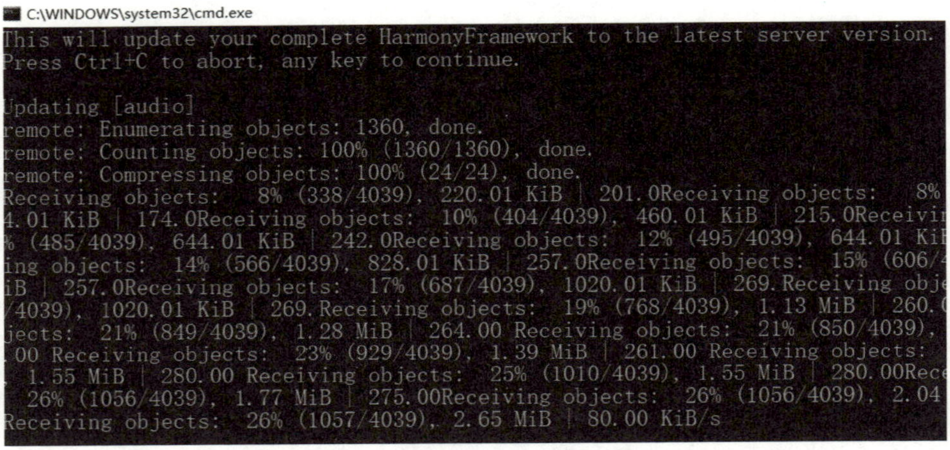

图 6.20　Harmony 3 更新

的代码部分进行备份,以防丢失。

　　注意:更新前请备份自己在 Harmony 3 库下直接修改的任何代码,因为在运行该脚本时用户在 Harmony 3 库中直接修改的任何代码都将重置而丢失! 所以,我们强烈建议客户不要在 Harmony 3 库的例程中直接进行开发,而要将工程复制出来建立自己的代码库重新开发。

6.7　运行 Harmony 3 软件库的样例工程

　　Harmony 3 安装好后的目录结构为 C:\Users\用户名\HarmonyFramework,该目录下的应用是按照应用类型进行排布的,如图 6.21 所示。

　　其中,有些目录中有现成的例子,有些目录中没有。以 USB 目录为例,进入 USB 目录,我们发现有个 apps 的目录,进入后发现有 host、device、multi_usb 目录,再进入 host 目录下的\host\cdc_basic\firmware 目录,发现了很多带.X 的目录,如图 6.22 所示。

　　此时,复制该目录的全路径,如图 6.23 所示。

名称	修改日期	类型
hcm-settings.xml	2020/2/23 22:29	XML 文档
git_update_all_repos.bat	2019/7/5 16:34	Windows …
wolfssl	2020/2/27 22:36	文件夹
wolfssh	2020/1/15 20:06	文件夹
wolfMQTT	2020/1/15 20:06	文件夹
usb	2019/11/29 0:54	文件夹
touch	2019/11/29 0:53	文件夹
net	2019/12/5 9:56	文件夹
motor_control	2019/12/27 10:15	文件夹
micrium_ucos3	2020/2/27 22:34	文件夹
mhc	2020/2/27 22:33	文件夹
gfx_apps	2019/11/29 0:47	文件夹
gfx	2019/11/29 0:45	文件夹
dev_packs	2020/2/27 22:31	文件夹
csp	2020/2/27 22:15	文件夹

图 6.21　Harmony 3 软件库

pic32mz_ef_sk.X	2020/1/18 15:01	文件夹
pic32mz_ef_sk_freertos.X	2019/7/9 14:11	文件夹
sam_9x60_ek.IAR	2019/11/29 0:54	文件夹
sam_9x60_ek_freertos.IAR	2019/11/29 0:54	文件夹
sam_a5d2_xult.IAR	2019/11/29 0:54	文件夹
sam_a5d2_xult_freertos.IAR	2019/11/29 0:54	文件夹
sam_d21_xpro.X	2019/11/29 0:54	文件夹
sam_e54_xpro.X	2019/7/9 14:11	文件夹
sam_e70_xult.X	2019/11/29 0:54	文件夹
sam_e70_xult_freertos.X	2019/11/29 0:54	文件夹
sam_v71_xult_freertos.X	2019/7/9 14:11	文件夹
src	2020/1/18 15:18	文件夹

图 6.22　Harmony 3 工程目录

C:\Users\Axxxxx\HarmonyFramework\usb\apps\host\cdc_basic\firmware

图 6.23　Harmony 3 复制工程路径

然后在 IDE 中打开这个路径就可以运行 Demo 了,其方式和运行 Harmony 2 的方式雷同,这里不再赘述。打开后会遇到以下问题:这个样例程序用哪个开发板才能运行? 如何设置开发板上的跳线? 下面讨论这个问题。

6.8 Harmony 3 的帮助文档及其阅读

还以刚才的代码为例,打开一个功能目录,可以看到 doc 和 docs 两个目录,里边就是所需的帮助文档,读者可以自行在这两个文件夹中寻找运行某工程样例所需的软硬件平台搭建说明。

6.9 MCC Harmony 库的下载与安装

Microchip 的 MCC 库是指 Microchip 公司开发的 MPLAB Code Configurator (MCC)软件工具中包含的一组软件库。MCC 库旨在简化 Microchip 微控制器 (MCU)的代码开发过程,使开发人员能够更轻松地配置和生成代码,从而加速嵌入式应用程序的开发。

MCC 库提供了许多现成的功能模块和驱动程序,可以通过图形用户界面(GUI)进行配置,而无须手动编写复杂的代码。通过选择适当的选项和参数,开发人员可以配置各种外设(如 GPIO、UART、SPI、IIC、定时器、ADC 等)以及其他系统设置,以满足他们的应用需求。

MCC 库允许开发人员通过直观的图形界面轻松配置硬件和外设,而无须深入了解底层寄存器和复杂的初始化过程。配置完成后,MCC 库可以自动生成初始化代码,减少了手动编写初始化代码的工作量。MCC 库生成的代码可与 Microchip 的 MPLAB X 集成开发环境(IDE)以及其他流行的编译器和开发工具一起使用,从而提供更大的灵活性和可移植性。虽然 MCC 库可以快速生成初始化代码,但开发人员仍然可以在需要时对生成的代码进行修改和定制。

以前的 MCC 库主要关注于快速配置和生成基础代码,适合简单项目和初学者。而 Harmony 库提供了更全面的框架和更高级的功能,适合复杂项目和需要更多定制性的开发。开发人员可以根据项目的需求和复杂程度选择使用 MCC 库、Harmony 库或两者结合,以便更有效地开发 Microchip 微控制器应用程序。但是现在 MCC 库与 Harmony 库在操作层面上已经进行了整合,在 Microchip 公司针对软件库的下一步发展战略上,MCC 库与 Harmony 库也将逐步走向融合。因此,本节将用一定的篇幅介绍在当前的情况下 MCC 库与 Harmony 库的整合安装,以及 MCC Harmony 库与经典 Harmony 库的异同。

6.9.1 MCC 的在线下载与安装

MCC 的下载与安装比较简单,但是更新和运行却比较麻烦,这里介绍一些增速

的小技巧以飨读者,具体步骤如下:

① 进入 https://www.microchip.com/mcc,然后下载 MCC 插件,如图 6.24 所示。

图 6.24　下载 MCC 插件

② 按照 6.2 节所述把 MCC 的 nbm 文件安装好,然后启动 MCC,如图 6.25 所示。

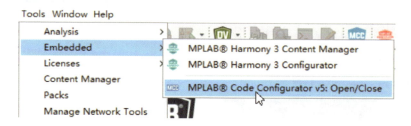

图 6.25　启动 MCC 插件

③ 如果是第一次启动,则 MCC 需要从网络下载大量数据,需等待较长时间,如图 6.26 所示。如果能安装 GitHub 加速软件,则会节省一些下载时间;如果把 MCC Harmony 的安装源选成 Gitee,则在初次安装时也可以节省时间。

图 6.26　等待下载数据,依据网络速度可能需要等待较长时间

④ 等待完毕后,单击 Finish 按钮,如图 6.27 所示。单击后可能还需等待较长时间。

MCC Content Manager Wizard

1. Content Type   2. Required Device Content   Finish

Required Content

Some required content must be downloaded. The following content will be downloaded when you click on "Finish".
To change content versions later, access the Content Manager from Device Resources.

图 6.27　单击 Finish 按钮后，依据网络速度可能需要等待较长时间

6.9.2　MCC 的离线下载与安装

如果用户感到下载的时间过长，则可以选择离线安装方式，离线安装 MCC 也比较简单，从相关人员处下载 .mcc 目录，然后将其复制到同样的目录下即可，如图 6.28 所示。

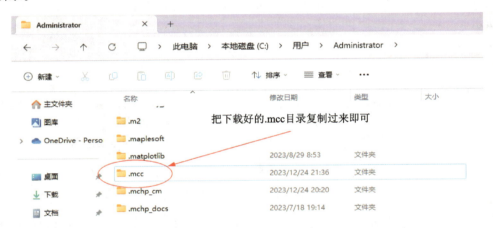

图 6.28　把下载好的 .mcc 目录复制过来则可以免除下载的过程

6.9.3　MCC 的一些加速技巧

1. 启动加速

当 MCC 和 Harmony 安装完毕，启动 MCC 时，由于 MCC 会在网络上搜索需要更新的内容，从而导致网速慢的用户访问时速度会受限，用户可以在启动 IDE 之前将网络断开，或者使用 MCC 离线模式。下面列出进入离线模式的方式，具体如下：Tools→Options→Plugins→MPLAB Code Configuator 5. x，下拉右边的滑动条（右边的滑动条比较隐蔽），然后会看到并选择 Run MCC in Offline Mode 复选框，这样在 MCC 启动时检测不到网络或者不检测网络，从而跳过检查更新的步骤直接启动 MCC 和 Harmony，加速 MCC Harmony 的运行。

2．MCC Harmony 的选择来源

MCC Harmony 在启动时默认的安装源是 GitHub，国内用户可以选 Gitee，从而加速 MCC Harmony 的下载更新速度。

3．MCC Harmony 的更新

MCC Harmony 的更新也可以采用与例 6.2 相同的代码进行操作，这样可以避免用 IDE 操作进行更新时占用大量的系统资源。

本章总结

本章介绍了 Harmony 库的下载、安装和运行。Harmony 库有四个版本，即 Harmony 1、Harmony 2、Harmony 3、MCC Harmony，其中 Harmony 1 和 Harmony 2 的目录结构、样例工程组织形式类似；Harmony 3 进行了较大改动，从以文件类型分类的目录结构变成了以应用功能分类的目录结构，它更加方便使用者根据应用进行查找。MCC Harmony 与 Harmony 3 类似，本书将以 Harmony 3 为基准详细介绍 Harmony 库的配置、使用和调试，这样基本就能覆盖读者的所有需求了。

习　题

1．下载安装 Harmony 3 和 MCC Harmony。

2．在 Harmony 3 的工程目录中查找对应的例程代码。

3．在 MCC 的 Harmony 中生成一个最简单的例子，并且保证编译能通过。

第 **7** 章

时钟系统的配置

本章内容比较重要，建议读者详细阅读。原因有两点：首先，单片机内部几乎所有的外设都需要时钟的支持，时钟是整个单片机运行的心脏，它的配置直接关系到各个外设的运作，当外设出现问题时要先检查时钟设置是否正常；其次，本章详细说明了如何从头开始配置一个简单的 Harmony 工程，并列举了两个版本：Harmony 2 和 Harmony 3。从篇幅和效率考虑，后面的章节如有新建 Harmony 工程的步骤将不再详细列出，请读者参阅本章。因此，本章的内容是后续动手实验的基础，请读者详细阅读且尽量动手实践。

7.1 单片机开发过程中时钟设置的一般过程

在单片机的开发过程中，首先要打通单片机的 I/O 端口，因为端口打通了，说明你的编译（Build）→烧录（Program）→运行（Run）工作已经完成，程序可以自由地下载到单片机上，单片机和计算机的连接也没有问题了。当单片机的 I/O 端口打通后，下一步就是打通单片机的时钟配置，因为时钟配置是大部分外设的运行基础，例如 UART 通信、模/数转换、数/模转换等。我们以 PIC32MZ 为例对单片机进行时钟的解析。

一般单片机都有两个时钟源可供选择：一个是内部的，另一个是外部的。一般来说，内部的时钟方便单片机以最简单的方式启动，而外部输入的时钟源一般精度比较高，以配合所需的外设。也有些特殊的时钟输入，例如读者看到 32.768 字样的时钟输入就应该想到它是计时所需的。

时钟输入设置完毕后，接下来就是分配时钟源。不同的设备需要不同的时钟源，有经验的开发人员一看到这些数字就能想到这些时钟源的用途。例如：12 MHz、24 MHz 一般是给 USB 用的；32.768 kHz 一般是给计时器做基准用的。多数情况下，对时钟的配置就两件事情：选通开关、分频倍频。选通开关决定哪一路时钟可以输入，分频倍频负责将输入的时钟按照频率倍比升高或者降低之后输出给外设。

时钟源的选择与分配有点像家里装修安装的水管：有一个总的入水管，洗碗池需要大一点的水管，洗手池需要小一点的水管。本章的任务需求：制作一个时钟输出器，输出 100 MHz 的时钟。

7.2　选择内部振荡器和外部振荡器

PIC32MZ 的时钟选择有两大部分：第一是时钟源的选择，它决定了主时钟源由内部还是外部振荡器担任；第二是时钟通路和分频的选择，它决定各个外设的时钟频率是多少。对于时钟源的选择，是通过 config 配置位完成的；对于时钟通路和分频的选择，是通过程序代码设置完成的。多数情况下，内部振荡器和外部振荡器是在程序运行之前通过熔丝位或配置位进行设置，在 SAM 单片机中也可以在程序内部通过软件进行设置。而内部的时钟通路则通过软件设置的方式来完成。

对于使用内部还是外部振荡器，要看项目中用到的外设是否需要高精度的时钟供给。一般来说，如果工程中只用 UART、IIC、低速 CAN 等低速外设，则内部振荡器完全能够胜任，而项目中有高速 CAN 总线（大于 500 kHz）、USB、以太网等高速外设，则需要根据外设特性选择相应的高精度外部振荡器。下面从配置位开始介绍如何设置时钟。

7.3　PIC32MZ 的配置位设置

使用 MPLAB X IDE 进行配置位的设置是很方便的。打开 Window，选择 Target Memory Views→Configuration Bits，如图 7.1 所示。

图 7.1　配置位、熔丝位菜单

选择之后的配置位如图 7.2 所示。

	Address	Name	Value	Field	Option	Category		Setting
	1FC0_FFC0	DEVCFG3	FFFFFFFF	USERID				
				FMIIEN	ON	Ethernet RMII/MII Enable		MII Enabled
				FETHIO	ON	Ethernet I/O Pin Select		Default Ethernet I/O
				PGL1WAY	ON	Permission Group Lock One Way Configuration		Allow only one reconfiguration
				PMDL1WAY	ON	Peripheral Module Disable Configuration		Allow only one reconfiguration
				IOL1WAY	ON	Peripheral Pin Select Configuration		Allow only one reconfiguration
				FUSBIDIO	ON	USB USBID Selection		Controlled by the USB Module
	1FC0_FFC4	DEVCFG2	FFFFFFFF	FPLLIDIV	DIV_8	System PLL Input Divider		8x Divider
				FPLLRNG	RANGE_34_68_MHZ	System PLL Input Range		34-68 MHz Input
				FPLLICLK	PLL_FRC	System PLL Input Clock Selection		FRC is input to the System PLL
				FPLLMULT	MUL_128	System PLL Multiplier		PLL Multiply by 128

Memory Configurat... ∨ Format Active ∨   Generate Source Code t...

图 7.2　配置位、熔丝位设置窗口

在 Option 一栏内选择配置位的数值对配置位进行设置，然后单击 Generate Source Code...按钮生成配置位的代码，如图 7.3 所示。

Search Results　Output – Config Bits Source ×　Configuration Bits

// PIC32MZ2048EFH144 Configuration Bit Settings

// 'C' source line config statements

// DEVCFG3
// USERID = No Setting
#pragma config FMIIEN = ON   // Ethernet RMII/MII Enable (MII E...
#pragma config FETHIO = ON   // Ethernet I/O Pin Select (Default ...
#pragma config PGL1WAY = ON   // Permission Group Lock One W...
#pragma config PMDL1WAY = ON   // Peripheral Module Disable Co...

图 7.3　生成于窗口的配置位、熔丝位代码

复制并粘贴这些代码到主文件的最开始，如图 7.4 所示。

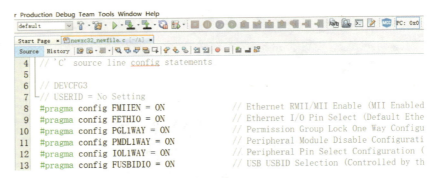

图 7.4　粘贴到代码中的配置位、熔丝位代码

此时，配置位的设置就完成了，也可以直接在代码中对配置位进行手工修改。一般在做最小系统验证时，为了快速启动 MCU，往往选择 MCU 内部的 RC(8 MHz)振荡器作为主时钟源。但在实际的工程应用中，一定要按照实际的需求选择不同的时钟源,并为不同的外设配置合适的时钟,这就涉及复杂的寄存器设置。在第 14 章"嵌入式的宠物:看门狗"中有对熔丝位和配置位的叙述,因为欠压复位和看门狗的开关有直接关联,而且这部分内容也比较重要,值得反复强调一次。

Microchip 公司为了解决复杂的时钟配置问题,帮用户节省时间,在 Harmony 配置器中设计了图形化配置时钟的工具。

7.4　利用 Harmony 的图形化工具方便地设置时钟输出

下面通过一个例子来说明 Harmony 的图形化配置功能。将 MCU 内置的时钟经过锁相环从时钟输出引脚输出,输出频率设定为 1 MHz,并且用示波器进行观测。为了帮助理解 PIC32MZ 的复杂时钟系统,同时让读者也了解一下 Harmony 2 的基本操作,下面分别以 Harmony 2 和 Harmony 3 的时钟输出功能为例展示如何方便地设置时钟输出。

7.4.1　在 Harmony 2 下建立基本工程并配置时钟输出

预备知识:阅读本小节首先需要阅读 Harmony 2 库的下载、安装、运行。具体参阅前面的章节,下面建立一个配置时钟的工程,具体步骤如下:

① 建立 Harmony 2 的初始工程,如图 7.5 所示。

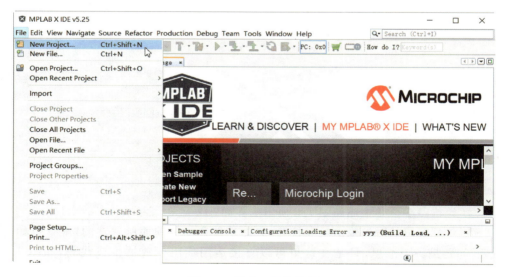

图 7.5　新建工程菜单项

② 选择 Harmony 的工程,如果没有这个选项,说明 MHC 没有安装完毕,请参阅 MHC 的安装部分,如图 7.6 所示。

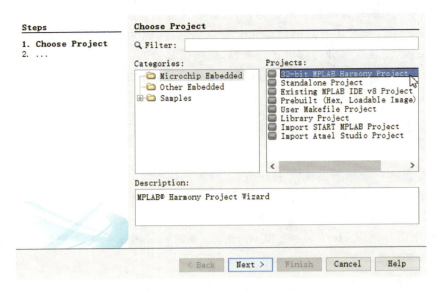

图 7.6　新建 Harmony 2 的工程

③ 确认 Harmony 2 的安装路径，并给工程起个名 OSCOutput，确认 MCU 型号为 PIC32MZ2048EFx144，Target Board 选择 Custom Board，如图 7.7 所示。

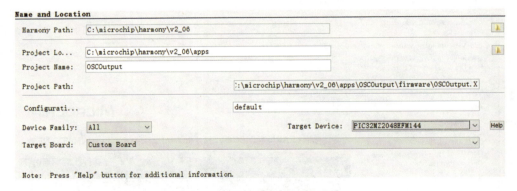

图 7.7　选择器件、工程目录

④ 等待一小会儿生成如图 7.8 所示的界面。

⑤ 将配置位的时钟输出功能打开，它的功能和本书前面所叙述的"配置位如何设置"问题是一个意思，只是在这里可以直接运用代码生成器生成代码，如图 7.9 所示。

⑥ 打开时钟配置的界面，如图 7.10 所示。

⑦ 选取主时钟输入为内部 FRC，选择 Auto - Calculate 将系统锁相环的输出选定为 200 MHz 主频，如图 7.11 所示。

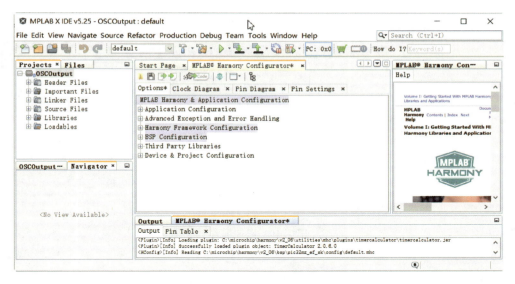

图 7.8　打开 MHC

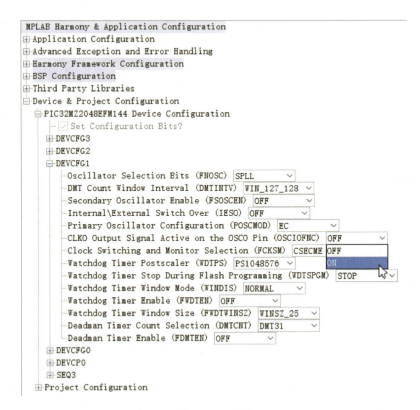

图 7.9　配置位

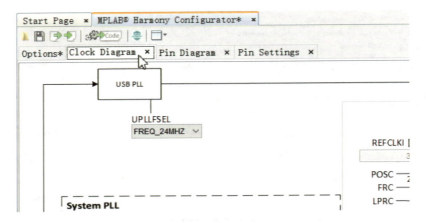

图 7.10 时钟配置

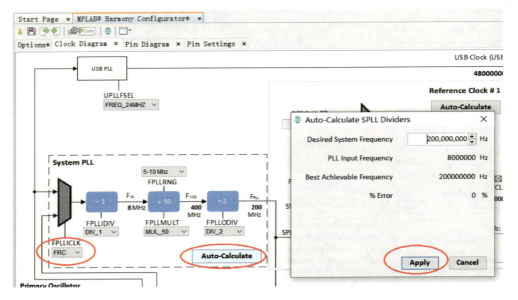

图 7.11 主时钟的选择

⑧ 选择内部时钟输出的时钟源为系统锁相环输入,此时,用于时钟输出引脚的时钟源为系统锁相环输入 SPLL 或者系统时钟 SYSCLK,因为这样可以使时钟输出引脚这一外设的输入频率变成最大,从而时钟输出的范围会宽一些。打开 REFCL-KO1 的两个使能开关,并且单击 Auto-Calculate 进行系统时钟输出的频率设定,如图 7.12 所示。

⑨ 选择最终的时钟输出频率,在 Target Reference Frequency 设置好最终的输出频率为 1 MHz,输入完毕后按"回车"键,否则 Apply 按钮为灰色,无法选定,如图 7.13 所示。

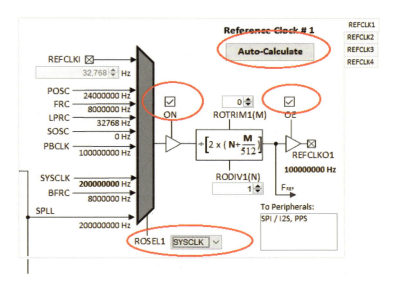

图 7.12 时钟输出引脚设置

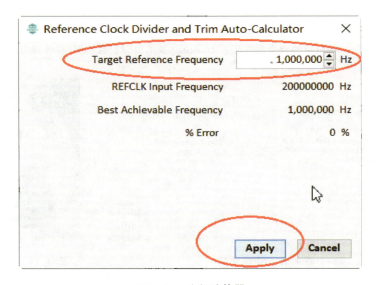

图 7.13 分频计算器

⑩ 将时钟输出的物理引脚设置为 105 号引脚,单击选择 REFCLKO1,如图 7.14 所示。

⑪ 生成项目代码,如图 7.15 所示。

大功告成,下面进行编译、下载,然后用示波器连接引脚 105 进行观测,硬件连接如图 7.16 所示。

运行结果如图 7.17 所示。

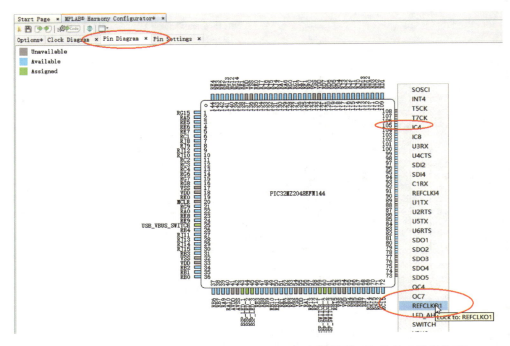

图 7.14　时钟输出物理引脚配置在 Harmony 3 的引脚配置框图（按物理引脚排列）

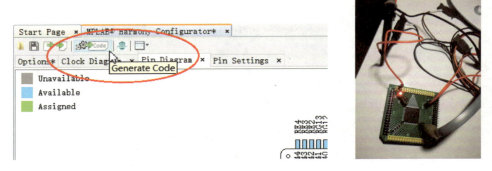

图 7.15　生成代码　　　　　　　　　图 7.16　硬件连接

7.4.2　在 Harmony 3 下新建工程并配置时钟输出界面

　　以上是基于 Harmony 2 版本配置的时钟输出功能，下面我们看 Harmony 3 是如何配置的。其实从配置的菜单、界面、思路上看，Harmony 3 和 Harmony 2 是差不多的，只是启动和安装有着很大的不同，配置时钟的具体步骤如下：

　　① 建立 Harmony 3 的初始工程，如图 7.18 所示。

　　② 选择 Harmony 3 的工程，如果没有这个选项，则说明 Harmony 3 的 MHC 没

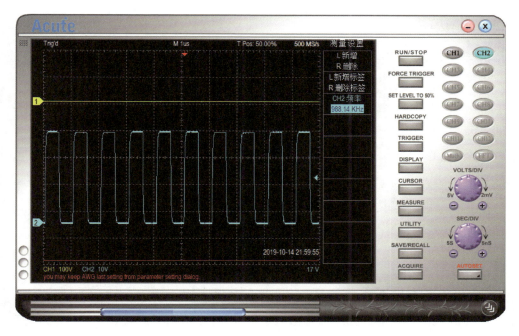

图 7.17 时钟输出

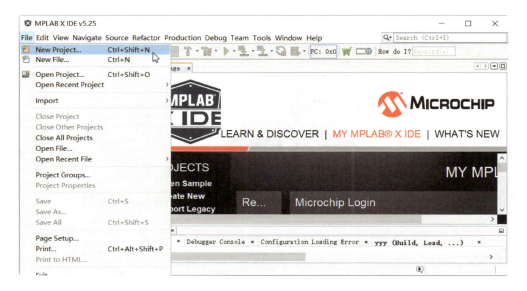

图 7.18 新建工程

有安装完毕，请参阅 Harmony 3 MHC 的安装部分，如图 7.19 所示。

③ 确认 Harmony 3 的安装路径，该下载路径就是安装 Harmony 3 库文件的目录，其中包含了 Harmony 3 所有的支持文件，包括源码、二进制库、文档、应用程序

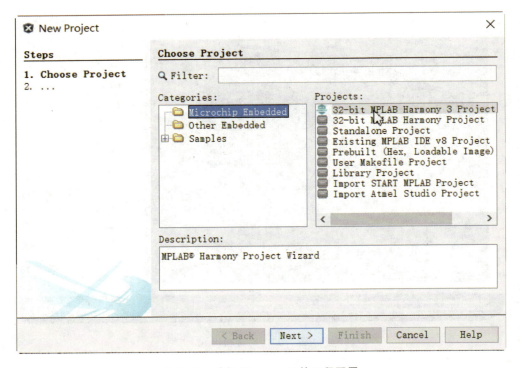

图 7.19　选择 Hamrony 3 的工程配置

等。所有的资源都位于 Harmony Framework 目录下,如图 7.20 所示。

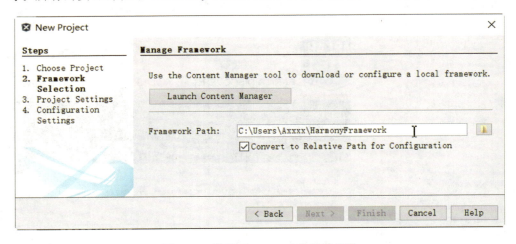

图 7.20　选定 Harmony 3 的安装目录

④ 单击 Next 按钮后在 Folder 处给工程起个名 OSCoutput,如图 7.21 所示。

⑤ 单击 Next 按钮后,在 Target Device 中填写 MCU 的型号 PIC32MZ2048EFx144,如图 7.22 所示。

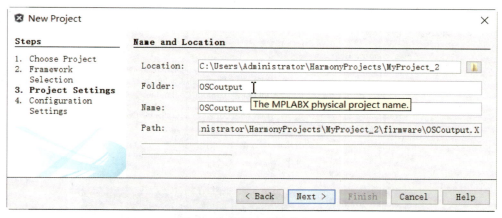

图 7.21　设置工程相关名称

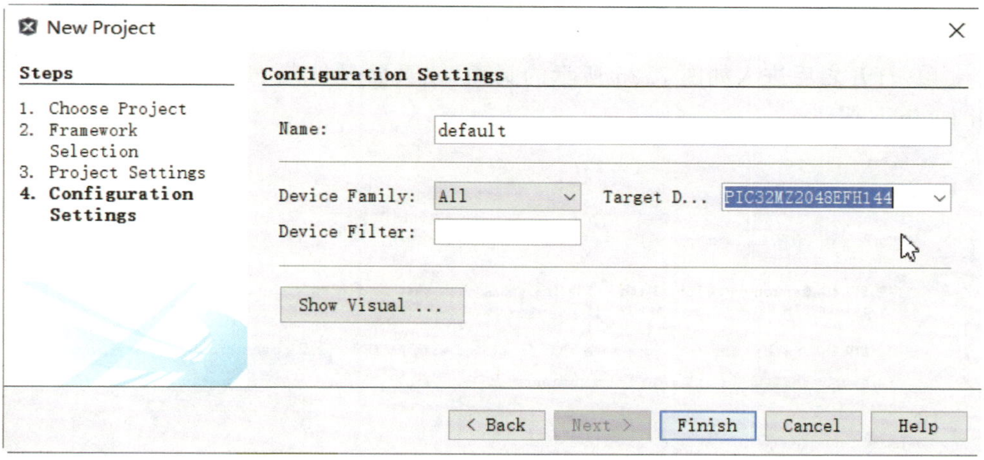

图 7.22　料号选择

⑥ 单击 Finish 按钮，进入空工程页面，如图 7.23 所示。

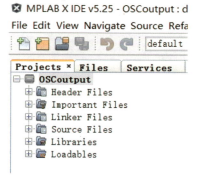

图 7.23　新建工程资源页面

⑦ 此时,我们需要在 Tools→Embedded 中把 Harmony 3 的配置器打开,如图 7.24 所示。

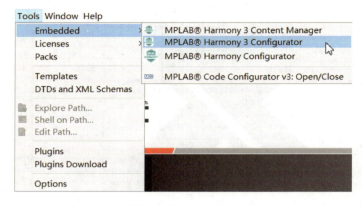

图 7.24　打开 MHC

⑧ 打开之后进入如图 7.25 所示的页面,该页面是加载 Harmony 工程用的,单击 Launch 按钮。

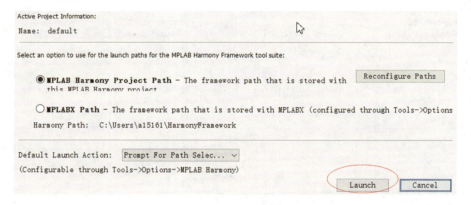

图 7.25　加载过程的相关设置

⑨ 此时,生成一个 atdf 文件,如图 7.26 所示,然后单击 Launch 按钮。

图 7.26　支持包的路径

⑩ 进入 Harmony 3 的配置页面,如图 7.27 所示。

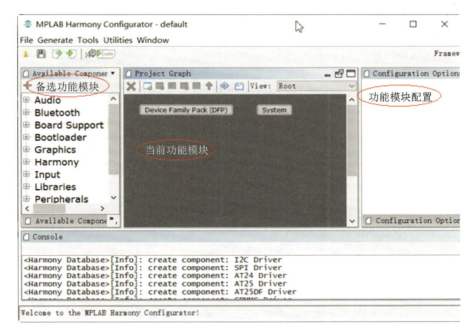

图 7. 27　MHC 启动完毕

⑪ 如图 7.27 所示,在左边备选功能模块窗口选择当前可以使用的功能模块,然后拖放到中间当前功能模块窗口,再单击对应的功能模块在右侧窗口进行配置。当前功能模块窗口有两个默认的功能模块:一个是 Device Family Pack,另一个是 System。此时单击 System 功能模块,然后右侧会出现如图 7.28 所示的界面。

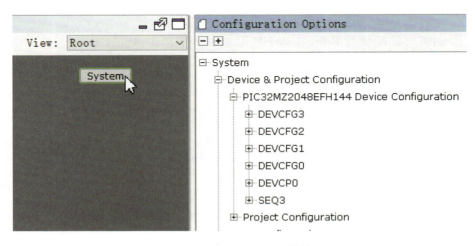

图 7. 28　Harmony 3 工程模块图

⑫ 这里要注意两件事,即调试开关和编程口。如果需要调试,则要打开调试开

关,并选中正确的编程口;若不调试直接下载,则不需要设置,如图 7.29 所示。

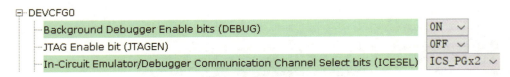

图 7.29　编程口选择和调试开关

以上步骤我们总结为初始步骤,也就是从零开始建立一个 Harmony 3 的步骤。在今后的叙述中笔者为了节约篇幅,这些步骤就省略了,请读者在做实验时参考以上步骤。下面介绍如何配置时钟,具体步骤如下:

① 将配置位的时钟输出功能打开,如图 7.30 所示。

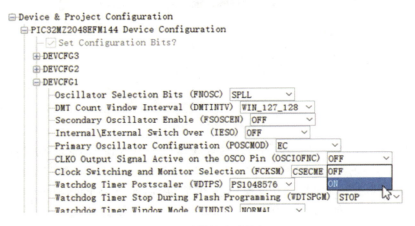

图 7.30　时钟输出功能打开

② 打开时钟配置的界面:在 MHC 配置工具下单击 Tools→Clock Configuration,如图 7.31 所示。

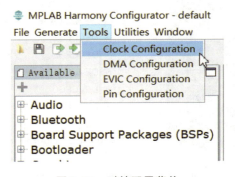

图 7.31　时钟配置菜单

③ 选取主时钟输入为内部 FRC,单击 Auto – Calculate 按钮,将系统锁相环的输

出选定为 200 MHz 主频,如图 7.32 所示。

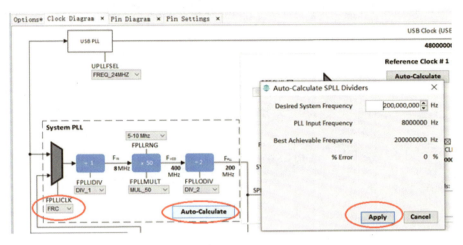

图 7.32　锁相环配置

④ 选择内部时钟输出的时钟源为系统锁相环输入,此时,用于时钟输出引脚的时钟源为系统锁相环输入 SPLL 或者系统时钟 SYSCLK,因为这样可以使时钟输出引脚这一外设的输入频率变成最大,从而时钟输出的范围会宽一些。打开 REFCL-KO1 的两个使能开关,并且单击 Auto – Calculate 按钮进行系统时钟输出的频率设定,如图 7.33 所示。

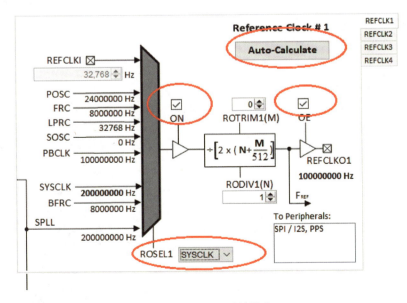

图 7.33　打开时钟输出

⑤ 选择最终的时钟输出频率,在 Target Reference Frequency 设置好最终的输出频率为 1 MHz,输出完毕后按"回车"键,否则 Apply 按钮为灰色,无法选定,如图 7.34 所示。

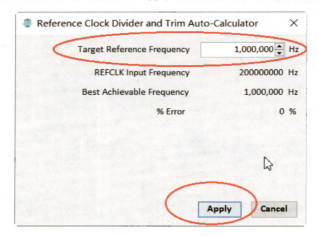

图 7.34　确定时钟频率

⑥ 打开引脚配置,如图 7.35 所示。
⑦ 设置 105 号引脚,如图 7.36 所示。
⑧ 生成代码,如图 7.37 所示。
⑨ 大功告成,下面进行编译、下载,然后用示波器连接引脚 105 进行观测。实际硬件连接与测试结果与图 7.16 和图 7.17 一致,读者有兴趣可以自己动手验证。

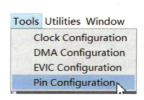

图 7.35　引脚配置菜单

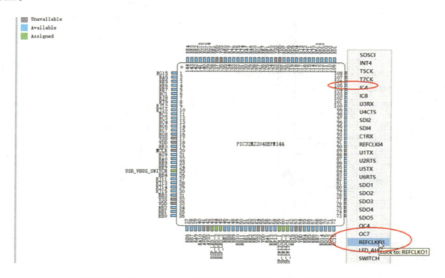

图 7.36　Harmony 3 的引脚配置框图(按物理引脚排列)

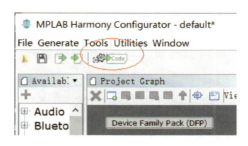

图 7.37　Harmony 3 的代码生成按钮

✍ **小　结**

理解了以上实验,就基本上能弄懂 PIC32MZ 的时钟配置了。PIC32MZ 有着丰富的时钟输入/输出系统,可以给不同的外设配置不同的时钟源,时钟源可以通过分频、倍频等操作得出不同的频率。有些外设需要高精度的时钟输入,例如 USB 设备,有些外设用内置的 FRC 就可以满足需求,这需要不断实践和摸索。

7.4.3　代码打包

关于 Harmony 2 笔者最后再说一句,本小节 Harmony 2 生成的代码是混在 Harmony 2 库文件中的,并且 Harmony 2 的部分库文件也参与了编译。如果需要将代码复制给别人,则要将整个庞大的 Harmony 2 库都带走,这对于用户来说是一个噩耗。有个巧妙的方法可以解决这个问题。在工程属性快捷菜单上有个 Package 选项,单击之后会生成一个压缩包,该压缩包会自动从 Harmony 2 库中提取所有参与编译的必要文件,这样就可以生成一个能编译运行的最小工程。Harmony 3 针对这个问题进行了改正,在 Harmony 3 中生成的代码位于独立的目录下,所有文件都是从 Harmony 3 库文件目录中进行提取,从而解决了 Harmony 2 的这个问题。这里笔者就不详细叙述了。

7.4.4　时钟系统中有源晶振和无源晶振的区别

电子线路中的振荡源分为无源和有源两种类型,一般也叫做时钟(CLOCK)。无源时钟与有源时钟的英文名不同,无源时钟一般为 CRYSTAL(晶体振荡器)或者 RC(电阻电容振荡器)等;而有源时钟则称为 EXTERNAL CLOCK(外部时钟)。无源时钟最常见的是晶振,也有工程师叫它晶体,它是双引脚无极性的元件。晶振的起振需要借助于时钟电路才能产生振荡信号,它自身无法振荡起来。有源时钟一般有 4 个引脚,它是一个完整的振荡源,其中除了振荡器外还有其他器件,通电即可输出时钟信号。有源时钟的输出不依赖于外部的起振电路。因此,它体积较大,但是稳定性强、抗冲击。对于时钟的可靠性要求比较高的场合常采用有源时钟,而一般的应用场合,采用无源时钟即可。在实际应用场合我们遇到过无源时钟不起振的情况,其原因是电池供电电源过于干净从而抑制了谐振的发生,需要调整一下地电容的容值才能解决。有源时钟就不会发生这种问题。Microchip 公司也提供多种类型的有源时钟芯片与硅振芯片,后者的可靠性极高,对于颠簸的场合例如火车上的电器尤其适用。

7.4.5 时钟配置位的 EC、HS、FRC 的概念

一般来说,在对 MCU 进行配置的过程中,如果对时钟源不做选择,则系统默认选择内部的快速 RC 振荡器(FRC)。而一旦做了选择,则大都是外部主振(例如 PIC32 中的 POSC),它可以是有源外部时钟或无源晶振。该振荡器可以连接到此 MCU 中的引脚 OSC1 和 OSC2。POSC 可配置为外部时钟输入、外部晶体输入或其他振荡器。客户刚接触"振荡器选择"选项时往往不太清楚。下面以 PIC32 为例进行详细描述。HS 高速模式,一般用于选择高速的无源晶体振荡器,例如 24 MHz 的无源晶体、48 MHz 的无源晶体。HSPLL 高速锁相环模式,其有一个用户可选择的锁相环(PLL)输入/输出分频器和输入倍频器,从而可以提供宽范围的输出频率。当 PLL 启用时,振荡器电路将消耗更多电流。EC 外部时钟模式,EC 和 ECPLL 允许从外部时钟导出 SYSCLK 时钟源。它将引脚 OSC1 配置为可由 CMOS 驱动器来直接驱动 SYSCLK,或者使用带有预分频器和后分频器的 ECPLL 模块来更改输入时钟频率。在外部时钟模式下,引脚 OSC2 可以用作附加设备 I/O 引脚。

小　结

时钟的选择配置可以用一句简单的话概括:单引脚有源时钟选择 EC 模式;双引脚无源晶振选择 HS 模式;不选默认的是 FRC 模式,适用于低速低精度外设。

7.5 SAM 系列 32 位处理器的时钟配置

SAM 系列和 PIC 系列的时钟配置不完全一致,但是基本思想和原理是相同的。在这里分享一个 SAM 系列单片机晶振配置的实际案例。笔者的一个客户采用无源 16 MHz 晶振作为芯片的主时钟,发现晶振的波形不理想,有一个半波。客户反馈担心因为晶振的驱动波形不规整导致 MCU 运行出问题。笔者十分理解该需求,收到电路板之后用一个简单的 USB 电脑示波器进行了测量。晶振的测量需要注意几个问题:首先是示波器的直流耦合和交流耦合的概念,交流耦合(AC Coupling)就是通过隔直电容耦合,去掉了直流分量;直流耦合(DC Coupling)就是直流、交流一起过,不去掉直流分量。那么在本例中采用的是直流耦合测量,但是如果要使晶振的振幅更加显著,可以采用交流耦合的方法。其次是探头的×1 和×10 挡的使用。探头的×1 和×10 挡是通过调节探头的阻抗,从而调节分压比例,以方便在示波器界面正确显示。×10 挡位的线路中串联了 9 MΩ 电阻,它与示波器内部的 1 MΩ 电阻形成了分压 $1 \times V_{in} \div (1+9)$ 的比例关系。如果信号的驱动能力非常弱,信号电压幅值非常

低时,用×10挡,同时设置示波器显示也为×10挡。笔者采用的测量方法和客户一致,直流耦合且探头×10,另外两个探头一起测量效果更加理想。

此外,对于晶振波形的评估比较,最好是在同一个测量环境下进行,笔者有过因为和客户用了不同的电源环境、示波器配置和测量设备测量同一块电路板得到了完全不同的两个波形的经历,就是这个小小的差异曾经让项目延迟了许久。

笔者按照最小连接的方法用一块简单的面包板搭建了一个16 MHz晶振的小系统,其原理图如图7.38所示。

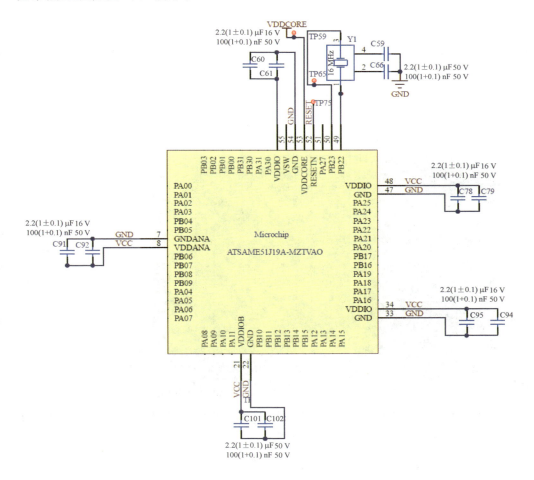

图7.38 SAME51的最小连接图

如前文所述,在最小系统下笔者实际只是接2.2 μF的电容并且把所有的VCC、VDDCORE都连在一起。注意,调试口的接线方式在SAM和PIC系列单片机中,对于PICkit、ICD、SNAP等常用的开发工具是不一样的。以PICkit为例,一般PIC单片机的接口连接的是前5个引脚:复位、电源、地线、数据线、时钟线,也就是引脚1、

2、3、4、5;而 SAM 系列的单片机一般接的是:复位、电源、地线、时钟线和 DIO 线,也就是引脚 1、2、3、5、8,这使得对于用惯了 PIC 单片机的用户容易犯"经验主义"的错误。另外,PICkit 3 系列的开发工具是不支持 SAM 系列 MCU 的。具体连接如图 7.39 所示。

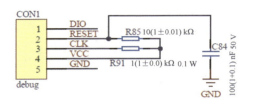

图 7.39   SAME51 的最小接口

连通之后在 Harmony 3 设置外部晶振,设置方法后面会有详细介绍,实际测得的波形如图 7.40 所示。

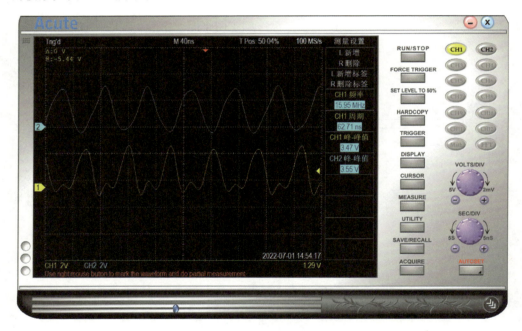

图 7.40   SAME51 的晶振输入实测波形

我们可以看到,晶振的一只引脚波形发生了畸变,产生了一个半波。在这里笔者注意到了另一个问题,MCU 的驱动电压为 3.25 V,但晶振的峰峰值已经超过了这个值,底部也出现了负电压,这说明 MCU 对晶振的驱动过度了。笔者经过对 Harmony 3 的时钟配置和数据手册进行查找,发现了一个 Crystal Oscillator Enable Amplitude Loop Control 位,笔者对该控制位进行分析发现,数据手册中曾说明为了确保晶体不会被过度驱动,建议打开自动环路控制(ENALC=1)。笔者打开该位之后,波形得到了明显改善,并且振幅也得到了抑制。其实在晶振上并联一个 MΩ 级的大电阻也可以起到相似的作用,并且还可以更灵活地控制振幅。打开该控制位之后结果如图 7.41所示。

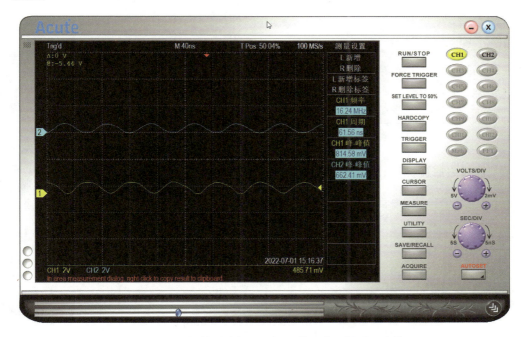

图 7.41　晶振的过冲得到了抑制并且波形得到了改善

把晶振的波形调整好后,进行下一步分频输出工作。

首先,打开 MHC 的时钟配置界面,并且选择好主时钟的时钟源为 16 MHz 的无源晶振,输入口为 XIN 和 XOUT,如图 7.42 所示。

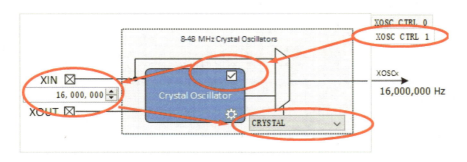

图 7.42　Harmony 3 的时钟输入源选择

然后,对它进行分频,分到 400 kHz 为止。为了方便,直接针对主 CPU 的时钟源进行分频,再把它从引脚输出,在 GCLK Generator0 对话框中找到 CPU 主时钟的时钟源选择和分频对话框,如图 7.43 所示。

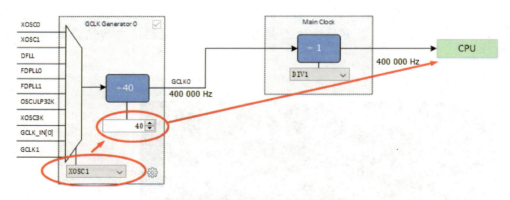

图 7.43　选择用于驱动 CPU 的时钟源

选择完毕后,对 GCLK0 设置一个引脚输出,如图 7.44 所示。

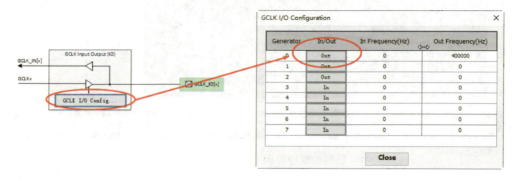

图 7.44　选择时钟输出引脚

最后,将时钟输出引脚映射到一个具体的物理引脚上,将 GCLK_IO0 映射到引脚 27 上,如图 7.45 所示。

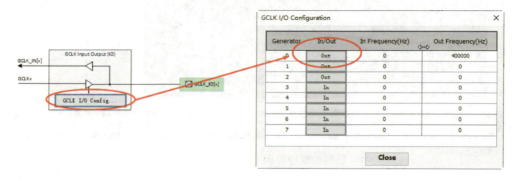

图 7.45　将时钟输出引脚映射到一个具体的物理引脚
Harmony 3 的引脚配置表(按外设功能分类)

实际搭建电路和时钟输出的效果如图 7.46 所示。

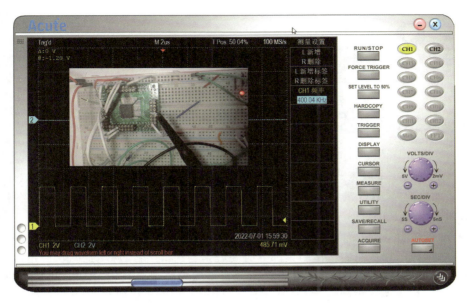

图 7.46 实际搭建电路和时钟输出的效果

本章总结

本章介绍了时钟的选择、分频和输出的方法,并且用 Harmony 进行了实践。因为有客户还在使用 Harmony 2,并且仍然有少量客户很感兴趣的例子和板卡只支持 Harmony 2,所以笔者分别介绍了 Harmony 2 和 Harmony 3 两种配置方式以帮助读者熟悉 Harmony 2 的基本操作和技巧。Microchip 公司目前对 Harmony 2 已经停止开发,所以后续的例子用到 Harmony 库的都以 Harmony 3 为例进行讨论和描述。本书后续将不再针对 Harmony 2 进行讨论了。

习 题

1. 编译并运行本章软件,克隆地址如下:

```
git clone https://gitee.com/skylergit/bookdata.git
```

代码子目录:OSCSetting。

2. 找一款 PIC32 系列的 MCU,运用 Harmony 3 将时钟配置输出,体会时钟分频的操作。

3. 切换某一个外设的时钟,例如:UART 用内部 FRC 时钟源作为外设时钟,然后再切换成外部时钟源作为外设时钟。

第 **8** 章

嵌入式开发的起跑线：I/O 端口

　　一般拿到一个嵌入式 MCU 的开发任务，首先就是打通"任督二脉"。这"任脉"就是诸如配置字、I/O 端口、ADC、中断、时钟等归类为输入/输出的功能；这"督脉"就是诸如 UART、IIC、IIS、PWM、网络、USB 等归类为通信的功能。有了打通"任督二脉"的过程作为基础，后面的逻辑和算法就相对顺利了。芯片原厂从事技术支持工作的工程师更是如此，他们工作的大部分时间就是与这"任督二脉"打交道，应用部分一般客户会自己完成。下面笔者将从 C 语言直接编程的视角介绍 PIC32 的基本功能，同时引入 Harmony 库的操作，并基于这二者对外设驱动配置进行详细介绍。本书的思路是以这些外设驱动为基础，结合官方的 Demo 板和前文所述自制的 Demo 板进行编程，从而帮助读者快速上手。

8.1　控制 I/O 端口

　　PIC32 的端口控制并不难，故它的应用十分广泛。读者需要从诸如漏极开路、阻抗匹配、端口驱动能力等概念入手了解 I/O 端口的外延应用。同时，从 TTL、CMOS、数字逻辑、模拟电路等概念入手了解 I/O 端口的内涵原理。简单地说，设置一个方向寄存器，即可对端口进行开关控制。但是在量产过程中如果处理不好，则端口被打坏、偶发无法控制的情形又让我们非常头痛。下面我们试图从最简单的方式入手，由浅入深地介绍每一个 PIC32 典型外设的特性和使用方法。

8.2　适合 I/O 端口实验的开发板

　　设置端口的高低很简单，以前文所叙述制作的开发板和标准 Demo 板为基础进行 I/O 端口、中断、USB 主/从/OTG、时钟配置、在线调试、输入捕捉、输出比较、实时时钟、内存配置、BootLoader 等功能的实现和验证。

　　对于 I/O 端口的实验只要能找到可以编程的开发板，不论是官方的 Demo 板还是自己做的实验板都可以轻松实现。下面笔者介绍 Microchip 公司的官方购物网站：https://www.microchipdirect.com/。

　　该网站是 Microchip 公司自己的购物网站，它包含了芯片、开发板、参考资料等内容。在该网站中查找 DM320007 即可看到适合本节内容学习的官方 Demo 板。由于该板最主要的目的是用于 USB 和以太网的开发，所以对于该板功能的详细介绍请参阅第 17 章关于 USB 的内容。下面讨论查阅资料的问题。

8.3　查阅 PIC 系列 MCU 外设资料

几乎所有的嵌入式开发工程师在接收项目的第一天都要查阅芯片的数据手册，因为它是芯片寄存器操作的指南，其中包含了芯片的电气特性、封装尺寸、外设说明等内容，因此我们有必要知道怎么去方便地下载和查阅芯片有关的资料。如上一节所述，Microchip 公司的网站有个很好的功能，就是可以在网站的域名后面加上你感兴趣的内容，如果内容和网站存储的格式相符，那么就会直接跳转到相应的页面了，例如：http://www.microchip.com/PIC32MZ2048EFH144。

下面我们需要从该页面下载 MCU 数据手册。本节以 I/O 端口的功能查阅为例来说明数据手册的使用，这部分的内容在后面的章节也会用到。在正式对芯片进行编程和寄存器配置之前，首先需要了解数据手册的一些附属手册。

➢ 外设手册

打开数据手册，在 PDF 阅读软件的边栏会有导航栏，如图 8.1 所示。

图 8.1　导航栏

单击进入后可以看到有关 I/O 端口的介绍。我们仔细查看该章节发现了一个问题，该章节并未对 I/O 端口进行非常详尽的描述，只是做了一个概述，这是为什么？答案就是章节中的一段话，如图 8.2 所示。

12.0　I/O PORTS

> **Note:** This data sheet summarizes the features of the PIC32MZ EF family of devices. It is not intended to be a comprehensive reference source. To complement the information in this data sheet, refer to **Section 12. "I/O Ports"** (DS60001120) in the *"PIC32 Family Reference Manual"*, which is available from the Microchip web site (www.microchip.com/PIC32).

图 8.2　数据手册分章节详细文档的介绍

这段 Note 告诉我们，如果需要了解 I/O 端口的细节信息，还需要下载另一个文档，也就是 Section 12. "I/O Ports"（DS60001120）才可以，那么这个文档在哪里呢？还在我们刚才下载数据手册的地方：http://www.microchip.com/PIC32MZ2048EFH144。

我们向下拉动该网页可以找到 Reference Manual 的子项，在该子项中有 Section 12. "I/O Ports"（DS60001120）文档。下载该文档后打开它，其他芯片或者类似器件的数据手册也是如此排布的,大同小异。这个子项的数据手册就是对该外设的详细描述,有些文档甚至会给出基于汇编语言的程序例子。在这些外设的资料中我们可以详细地查阅到该外设的每一项功能。顺便说一句,并不是所有的 Microchip 的芯片都有外设手册,因为有些芯片本身比较简单,一个文档就能包含所有内容;有些芯片则源于 Microchip 公司收购的公司,其数据手册的书写风格和经典的 PIC 系列单片机并不完全一致,这就需要读者灵活对待。

➤ 勘误表

除此之外,还有个资料需要引起读者的高度重视,那就是芯片的勘误表(errata)。几乎每一款芯片的推出都不能保证十全十美,有些是外设在某些极端情况下失效,有些是无法满足设计要求,有些是在某种特定条件下表现与预期的不一致。所有这些信息都在勘误表中有描述。有些描述了改正或者补救的方法,有些就需要提前知道,避免在项目开发到后期时因为没有注意到芯片的失效问题而导致重大损失。因此,牢记一句话:勘误表视同数据手册的一部分,甚至比数据手册更重要。在这里笔者要多说一句,刚入行的新手往往忽视了芯片手册的勘误表。我们之所以说比起数据手册,勘误表更重要,因为数据手册告诉的是你能做什么,而勘误表则是避坑指南,它告诉的是你不能做什么,否则你会掉到坑里。

➤ 应用笔记

应用笔记(application note)是做开发的另一个重要的参考资料,数据手册、外设手册、勘误表都是以芯片为核心进行介绍的,而应用笔记则是以需求为核心进行介绍的,它汇集了 Microchip 工程师针对某一领域的专业知识,向读者介绍实现某一个功能应该从哪些方面进行考虑。有些应用笔记非常详细,即使你不用 Microchip 的芯片,这些知识仍然对你的开发有着重要的指导意义。

8.4 漏极开路

在对 I/O 端口进行操作之前,首先要搞清楚一个概念——漏极开路。漏极开路(open drain)是高阻状态,它适用于输入/输出,下文简称开漏。开漏可独立输入/输出低电平和高阻状态,但是若需要产生高电平,则需使用外部上拉电阻或使用电平转换芯片。开漏同时具有很强的驱动能力,可以作为缓冲器使用。我们可以看到,在数据手册的引脚列表中,标号底色呈灰色的引脚就是允许开漏的引脚,并且在引脚列表下方的注意事项(note)中也有说明,如图 8.3 和图 8.4 所示。在图 8.4 中 Note 的第三条就是对该引脚的说明,支持开漏的引脚往往也支持 5 V,即使 MCU 是3.3 V 供电的。

此时,我们再对 RH7 引脚进行搜索,发现在 PIC32MZ2048EFx144 中除了用于输出控制的寄存器 LAT 和方向寄存器 TRIS 外,还有单独为数字或开漏输出配置端口的寄存器。开漏的引脚由 ODC 寄存器控制。开漏特性允许通过使用外部上拉电

66	AN41/ERXD1/RH5
67	AN42/ERXD2/RH6
68	EBIA4/PMA4/RH7
69	AN32/RPD14/RD14

图8.3 漏极开路(Open Drain)的引脚

Note 1: The RPn pins can be used by rei
Select (PPS)" for restrictions.
2: Every I/O port pin (RAx-RKx) car
information.
3: Shaded pins are 5V tolerant.

图8.4 数据手册的 Note 部分往往是十分重要的内容

阻在任何需要 5 V 容限的引脚上产生高于 VDD 的 5 V 输出,其允许的最大漏极开路电压与最大 VIH(引脚允许输入的最高输入电压)规格相同。一般来说,推挽输出能够输出高低的电平,有一定的驱动能力,这就是 I/O 口设置成输出就可以直接驱动 LED 灯的原因。而开漏输出只能输出低或者关闭输出,因此开漏输出总是要配一个上拉电阻使用。开漏输出的上拉电阻不能太小,否则当开漏输出的下管导通时,电源到地的电压在电阻上会造成很大的功耗,因此这个电阻阻值通常在 kΩ 级别以上。此外,推挽输出在任意时刻的输出要么是高,要么是低,所以不能将多个输出短接;否则,当高低逻辑矛盾时就会出现短路现象,或者造成大电流的功耗。而开漏输出可以将多个输出短接,共用一个上拉电阻,此时这些开漏输出的驱动其实是线"与"的关系。推挽输出电路输出高电平时,其电压等于推挽电路的电源,通常为一个定值,而开漏输出的高电平取决于上拉电阻接的电压,不取决于前级电压,所以经常用来做电平转换。开漏可以用低电压逻辑驱动高电压逻辑,例如 3.3 V 带 5 V。开漏最常见的应用是在 IIC 通信总线中。图8.5 以一个大致的等效电路示意了漏极开路的基本原理,实际上芯片内部的设计比图中要复杂,可以参阅数据手册详细了解。

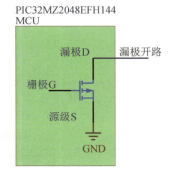

图8.5 漏极开路的基本原理示意

8.5 用开漏的方式去控制一个高电压外设

下面尝试用开漏的方式去控制一个 5 V 的外设。在设计这个实验前我们要弄清楚两件事情:一是前文所述的开漏,二是电流。笔者发现很多从事嵌入式软件开发的工程师都会忽略电流这个概念。因为电压在软件逻辑中很好理解,就是 0 和 1,或者 A/D 转换过来的值,这些值看得见、摸得着、量得准。而电流的大小对程序逻辑的运行并没有直观的影响。例如,用 I/O 口去控制一个 LED 灯,电流大了灯会亮一点,电流小了灯会暗一点,但是,我们一般只关心灯是亮的还是不亮的。那么,在后续的软硬件设计中,我们往往忽略了对电流的把握和控制,这会给产品造成不良的影响。如果我们用一个漏极开路的引脚直接控制一个高压外设,就必须保证这个高压外设的电流符合该引脚所能承受的最大电流。查阅数据手册,得到该引脚承受的最大电流数据,如图 8.6 所示。

Maximum current sunk/sourced by any 12x I/O pin **(Note 4)**..33 mA
Maximum current sunk by all ports ....150 mA
Maximum current sourced by all ports **(Note 2)**...150 mA

图 8.6　引脚承受的最大拉、灌电流

从上图可以看到,对于单个引脚灌电流不要超过 33 mA,对于所有的引脚之和不要超过 150 mA,那么我们实际测试一下 5 V 的负载电流有多大。按照如图 8.7 所示原理,我们连接好电流表和负载。实际连接图如图 8.8 所示。这样,我们就接通了一个通过电流表的负载。

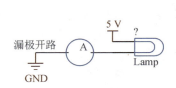 

图 8.7　测量负载的电流原理图　　**图 8.8　测量负载的电流实际连接图**

由上图可以看出,实际流过负载的电流不到 20 mA,符合数据手册规范。下面将引脚接入 MCU 并设置好 MCU 的漏极开路的寄存器,如图 8.9 所示。

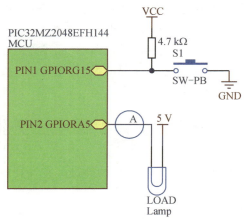

图 8.9　MCU 的漏极开路连接

下面开始实验，我们用 S1 作为控制，切换 LOAD Lamp 的亮/灭，从而达到以漏极开路 3.3 V 电压控制 5 V 外设的目的。

8.5.1　设置 I/O 口的漏极开路以及 I/O 翻转中断

以 Harmony 3 为例，展示如何方便地设置寄存器以及中断。首先完成 7.4.2 小节配置时钟的"初始步骤"，达到如图 8.10 所示的状态。

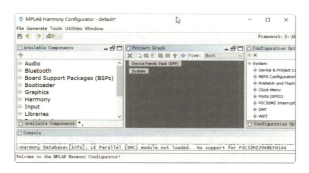

图 8.10　MHC 启动完毕

然后开始实际的操作，具体步骤如下：

① 打开 Tools→Pin Configuration。

这个界面是用来配置 I/O 端口的，在这里可以把每一个端口都配置成普通 I/O 口、特殊功能引脚、模拟输入，可以对端口的初始状态进行配置，也可以设置是否漏极开路等。它分成三个界面：第一个是以芯片俯视图为参考系进行配置；第二个是以选中的外设为界面进行配置；第三个是以端口号为参考系进行配置。这三个界面是互相联动的，设置好一个，另外两个就设置完成了，如图 8.11 所示。

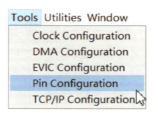

图 8.11　配置 I/O 端口

② 配置端口的参数。

把引脚 1、2 分别配置成普通 I/O 输入和漏极开路输出，输入口配置成中断输入的模式。

把引脚 1 配置成普通 I/O 口，如图 8.12 所示。

图 8.13 所示为引脚 1 的配置，功能如下：

Customer Name 是给引脚起一个名字，注意它是需要参与编译的，所以不能用

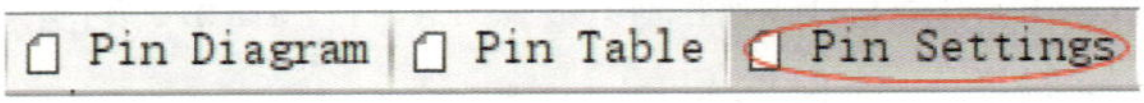

Pin Diagram | Pin Table | Pin Settings

图 8.12 引脚配置选项卡

中文或者加入空格等特殊字符。

Function 是引脚的功能,把它配置成 GPIO 也就是普通 I/O 口。

Direction 是 I/O 口的方向寄存器,把它配置成 In 也就是输入口。

Change Notification 是状态改变通知,也就是变化中断,把它勾选上。

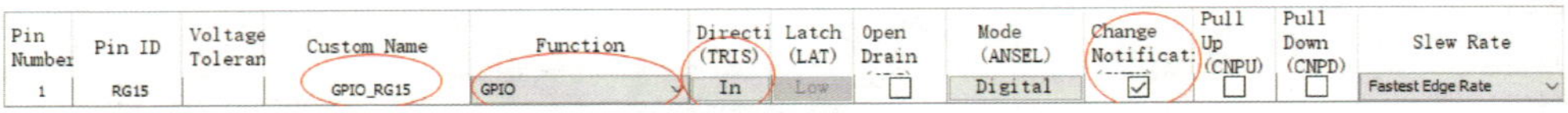

Pin Number	Pin ID	Voltage Toleran	Custom Name	Function	Directi (TRIS)	Latch (LAT)	Open Drain	Mode (ANSEL)	Change Notificat:	Pull Up (CNPU)	Pull Down (CNPD)	Slew Rate
1	RG15		GPIO_RG15	GPIO	In	Low	☐	Digital	☑			Fastest Edge Rate

图 8.13 Harmony 3 的引脚配置栏(按引脚具体功能分栏)

这样,引脚 1 就配置好了。它是一个数字输入口,并且配有变化中断功能。

同理,把引脚 2 配置成漏极开路的输出口,如图 8.14 所示。

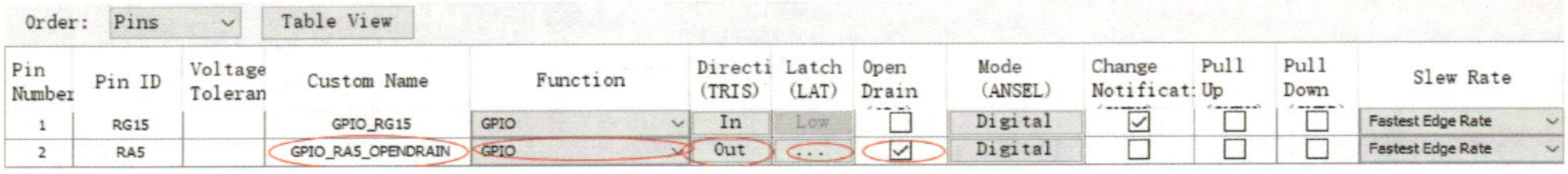

Order: Pins | Table View

Pin Number	Pin ID	Voltage Toleran	Custom Name	Function	Directi (TRIS)	Latch (LAT)	Open Drain	Mode (ANSEL)	Change Notificat: Up	Pull Up	Pull Down	Slew Rate
1	RG15		GPIO_RG15	GPIO	In	Low	☐	Digital	☑	☐	☐	Fastest Edge Rate
2	RA5		GPIO_RA5_OPENDRAIN	GPIO	Out	...	☑	Digital	☐	☐	☐	Fastest Edge Rate

图 8.14 Harmony 3 的引脚 2 的配置(按引脚具体功能分栏)

③ 配置端口的物理引脚。

其他与引脚 1 同理,我们把 Open Drain 选中,然后起名为 GPIO_RA5_OPEND-RAIN,回到引脚配置图,如图 8.15 所示。

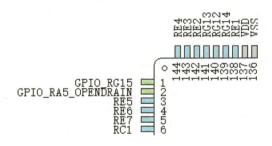

图 8.15 Harmony 3 的引脚配置图(按物理引脚排列)

此时,我们看到配置过的引脚变成了绿色,并且名称也修改过来了。

④ 生成驱动代码。

下面生成代码,如图 8.16 所示。

⑤ 完成并且查阅生成的驱动代码。

代码生成后需要大致浏览一下外设的功能,这样方便后面的编程,如图 8.17 所示。

图 8.16 代码生成按钮

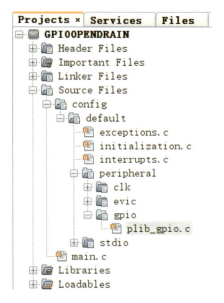

图 8.17 生成好的外设代码

在外设文件中要注意回调类函数,也就是含有 CallbackRegister 的函数,这类函数一般用于中断服务程序。因为 Harmony 3 的中断服务程序一般在 Interrupts. c 这个文件中,但是如果直接修改 Interrupts. c 会导致一个问题,就是每次重新生成代码时会发生代码冲突,读者不得不费心费力地去分辨哪些是自己写的,哪些是系统生成的,从而浪费开发时间。如果利用回调函数的注册功能,就可以保持代码的分离性,既可以完成中断服务程序,又不影响代码生成,从而优化代码的结构。

8.5.2 注册中断的回调函数

本小节的内容对于 Harmony 3 的开发十分重要,这里以 PIC 系列单片机为例展示了如何进行中断函数的调用和配置,具体步骤如下:

① 在生成的 Harmony 3 驱动代码中找到中断回调函数的声明。

在 plib * * *. c 中找到相关的回调函数声明,如图 8.18 所示。

可以看到函数有三个参数,Pin 号、函数指针、context 环境参数。按住 Ctrl 键,然后单击 GPIO_PIN_CALLBACK,可以看到回调函数的注册格式,如图 8.19 所示。

图 8.18　回调函数声明

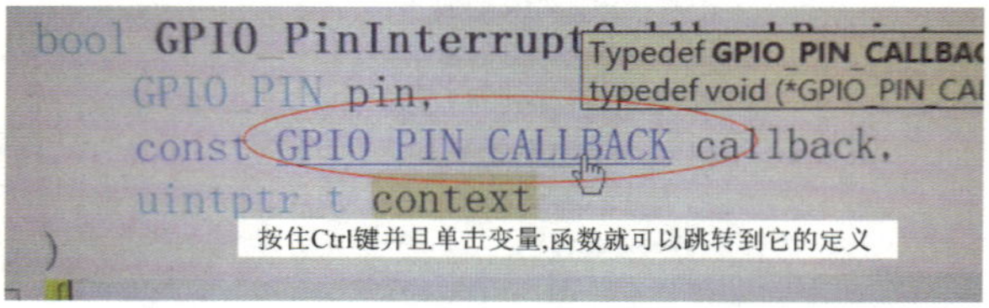

图 8.19　直接跳转到定义的方法

跳转之后可以看到回调函数的类型定义，如图 8.20 所示。

```
typedef  void (*GPIO_PIN_CALLBACK) ( GPIO_PIN pin, uintptr_t context);
```

图 8.20　回调函数的类型定义

② 自定义中断回调函数。

按照这个格式，自定义一个回调函数，如图 8.21 所示。然后以函数名作为函数指针，设置好回调函数的参数，如图 8.22 所示。

```
void GPIO1Changed( GPIO_PIN pin, uintptr_t context)
{
    GPIO_RA5_OPENDRAIN_Toggle();
}
```

图 8.21　用户自定义回调函数

```
GPIO_RG15_InterruptEnable();
GPIO_PinInterruptCallbackRegister(GPIO_PIN_RG15,GPIO1Changed,0);
```

图 8.22　设置回到函数的参数

至此，回调函数就设置好了。刚才讲到在外设文件中我们需要注意两类函数：一类是回调类函数，另一类函数是使能函数。从图 8.22 中我们看到了 InterruptEnable 这个函数，它属于使能函数，可以让中断打开。除此之外，还有外设的使能函数、功能的使能函数。这类函数一经调用就打开了对应的外设。我们在这个回调函数中调用了 GPIO_RG15_Toggle，这个函数与前面在引脚列表中名为 GPIO_RG15 的引脚是对应的，所以强调这个名称不能含有特殊字符，以便编译。这个函数实现了 RG15 的反转。

8.6 I/O 引脚驱动能力不足如何控制大功率的外设

我们说漏极开路的引脚对于功率不高的外设是可以直接控制的。那么，如何用普通的 I/O 引脚去控制高压大功率的外设呢？这就需要外接放大电路或者开关管。举一个最简单的例子：有一个 9 V/130 mA 的 OLED 设备需要驱动，它已经大大超过了 I/O 引脚的直接输出能力，如何去控制？一个比较常用的方式是选用合适的功率器件进行控制，这类器件共同的特点是有一个控制端和一个输出端。控制端输入小功率信号，例如三极管的基极、MOS 管的门极和继电器的输入端等，而输出端则承载比较高的电压和比较大的电流。至于这些功率器件要承受多大的电压和电流取决于负载的形式和驱动电路的设计形式。

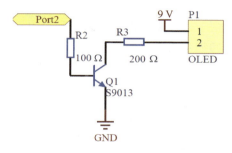

图 8.23 利用三极管控制 9 V 外设

对于功率器件的选择和使用是一门很大的学问，本节就不展开了，但是，万变不离其宗，对于控制软件的逻辑来说，它就是一个 0 或者 1 的逻辑输出而已，笔者利用三极管控制 9 V 外设的电路如图 8.23 所示。

此外，笔者需要强调一下，对于某些感性的负载（例如 BUZZ 蜂鸣器），虽然它的驱动电流非常小，可以直接用 I/O 口进行控制，但是不推荐这样使用。因为，对于 MCU 来说，它是个很大的干扰源，用久之后可能会发生这样一种情况，MCU 没问题，但是 I/O 口坏了。为了改善这种情况，一般会加一个 NPN 型的三极管，例如 2N2222 进行隔离。如果有多路并发的情况，也可以使用 ULN2003 七合一达林顿管进行隔离。

除此之外，在设计电路时有经验的工程师会在 MCU 靠近端口的部分添加一个阻值很小的电阻，这是利用了电阻的电感特性起到隔离高频干扰、保护 MCU 端口的作用。

✎ 小 结

在 I/O 端口的使用上除了关注电压逻辑之外，还要关注电流大小。在电流超过端口极限的情况下，需要增加功率器件去完成相应的控制逻辑。一个合格的 MCU 设计工程师需要关注 MCU 的电流分配，即使是 MCU 的驱动能力足够，也尽量不给 MCU 本身增加太大的电流负担，这样可以适当地给 MCU 的运行留出安全的电流裕量。

8.7 I/O 端口的外设引脚选择

外设引脚选择即 PPS(Peripheral Pin Select)。一般来讲，每个逻辑功能端口（例如 UART0_TX）对应的物理端口都是唯一的（例如引脚 29），但有时希望一个逻辑端口可以映射到不同的物理端口。例如 UART0_TX 可以灵活地分配到引脚 29、引脚 38、引脚 45 上,如此对于布板会带来很大便利,外设引脚选择功能可以实现该需求。PPS 引脚的数量取决于器件的特性和总引脚数量,总引脚数越多,PPS 越丰富。在数据手册中,PPS 引脚的完整的名称是"RPn",其中"RP"表示可重新映射的外设,"n"是可重新映射的端口号。对于 PPS 这个功能,输入和输出正好是两个相反的概念,下面分两个部分来描述 PPS。

输入类型的 PPS 是根据功能去找引脚。首先要界定输入信号的类型,例如要确定输入的信号是 UART1 的接收,还是输入捕捉的 IC7,或者是中断引脚 3 输入,亦或是参考时钟 1 的输入。决定好输入功能后,就可以在数据手册的 INPUT PIN SE-LECTION 表中查阅对应的引脚了。例如确定是 UART1 的输入,然后查阅数据手册 PPS 章节,UART1 的输入引脚有 10 多个引脚可供灵活选择,在 PPS 章节通过查表发现 UART1 的输入引脚选择位为 U1RXR。在表格的右边是 U1RXR 引脚选择的不同物理引脚所代表的编号,如果把 U1RXR 设置为 0000,则 U1RX 的实际物理引脚为 RPA2,以此类推。不同类型的 PPS 会有变化,详细见数据手册的小标,其原理如图 8.24 所示。

对于输出类型的 PPS,首先界定要对哪个引脚做输出。例如,对于 RPD2 物理引脚,我需要它做 UART3 的输出 TX,或输出比较的 OC3,或参考时钟 4 的输出。决定好输出的引脚后,即可在数据手册的 OUTPUT PIN SELECTION 表中查阅对应的功能。例如,通过查阅数据手册 PPS 章节发现,RPD2 的输出引脚有 10 多个功能可供灵活选择,RPD2 的输出功能如果是 UART,则可以采用 UART3。那么,当把 RPD2R 设置为 0001 时,RPD2 就是 UART3 的输出引脚,以此类推。值得注意的是,不同类型的 PPS 会有变化,详见数据手册的小标。其原理如图 8.25 所示。

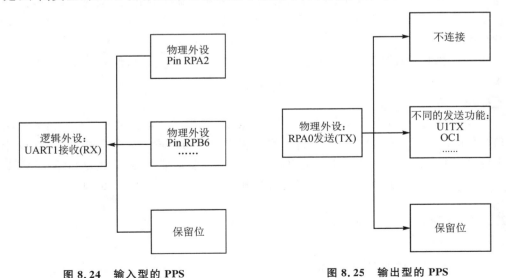

图 8.24　输入型的 PPS　　　　图 8.25　输出型的 PPS

对于 PPS 的实际应用，在后面的 UART 章节有具体的实例，在需要直接用代码编写的工程中才需要理解这些知识，实际上用户使用了 Harmony 3 之后就不用去理解这些烦琐的细节了，只需要按照自然的思维逻辑把需要的外设点选到相应的物理引脚即可。

8.8　PIC32 操作一个普通的 I/O 端口

一般来讲，在默认状态下的端口直接设置它的方向寄存器即可。通过查阅数据手册得知，针对 RD0 的输出功能，只需设置方向寄存器"TRISDbits. TRISD0 = 0；"即可；针对 RD6 的输入功能，只需设置方向寄存器"TRISDbits. TRISD6 = 1；"即可。此外，通常对于复用模拟端口的 MCU，必须先将模拟功能禁止才能正确开启输入功能，一般模拟输入的选择位为 ANSEL。也就是说，对于 Input 口的设置，需要关注的关键点是方向寄存器设置成输入，模拟选择设置为关闭，用 Port 寄存器进行读操作；对于 Output 口的设置，需要关注的关键点是方向寄存器设置成输出，用 LAT 寄存器进行写操作。下面我们利用上述知识做个交通灯的实验，步骤如下：

① 确定连线的逻辑。

按照图 8.26 连接目标板和元件，这里介绍 I/O 口的连接方法，对于输入口，我们先接一个上拉电阻，一般是 4.7 kΩ，然后将上拉电阻的另一端接到输入口，这里我们选择 RG15，在 RG15 后接入一个开关到地。这样，当开关按下时，RG15 对地为低电平；当开关抬起时，RG15 被上拉电阻拉高到 VCC，RG15 输入为高电平。对于输出口，接一个 200 Ω 的电阻到 VCC，然后将 LED 的阳极接到电阻另一端，把 LED 阴极接到输出端口，当端口输出为高电平时，LED 处于等电位状态，压差为零，此时灯灭；当端口输出为低电平时灯亮。另外，也可以直接将输出口作为 LED 的供电端，但是这样 MCU 端口的电流负担会稍重一些。

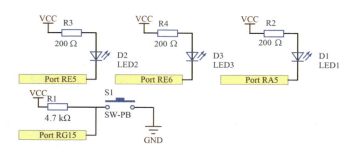

图 8.26　交通灯实验线路

这里笔者补充一个常用的小知识点，LED 灯珠如何确定它的阴极和阳极，对于贴片 LED，有的用"凸"形表示，有的用"△"表示，短边表示阴极，长边表示阳极，如

图 8.27 所示；对于双列直插的 LED,它的长引脚是阳极、短引脚是阴极,如果被剪齐了可以看其内部结构,较小的是阳极,大的像饭碗一样的是阴极。另外,还可以用万用表的二极管挡位测量,如果 LED 发光,则红色表笔连接的是阳极;如果不发光,则是反接的。注意,用二极管挡位测量,表笔不要错连到电流接口。

图 8.27　贴片型 LED 的阴阳极

　② 连接面包板实际实验线路。

　依照前文叙述,用 144 引脚的 PIC32 芯片制作一个最简单的 Demo 板。该板将 MCU 所有的引脚连接到 2.54 mm 的标准排针口,再将开发工具通过板上的 ICSP 插针连接好,通过板上 LED 电源指示灯确定 MCU 的供电。外围电路连接好后将 LED 灯珠和小开关按照第一步的线路图连接好,读者可以尝试前文叙述的 LED 灯珠的两种接法。然后通电,运行,下载一个最简单的程序,并且进行简单的调试工作。具体代码在本章习题代码上可以看到,读者可以自行参阅,面包板的实际连接如图 8.28 所示。

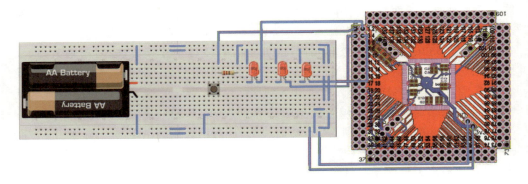

图 8.28　交通灯电路的面包板连接

8.9　SAME51 利用 Harmony 3 操作一个普通的 I/O 端口

　在 SAM 系列单片机中,Harmony 3 将操作 I/O 口的 API 封装成了与 PIC 一样的 API,换句话说,如果用 Harmony 3 进行开发,从应用层上看 PIC 和 SAM 的操作是一样的,下面进行详细介绍。首先新建一个 Harmony 3 的基础工程(在 Harmony 3 下建立新工程和操作 MHC 的步骤见第 6、7 章的内容),然后打开 MHC,跳到 I/O 口配置界面,再将 PA06(引脚号为 15)配置成 GPIO,如图 8.29 所示。

　配置完毕后,进入详细配置页面,与前文所述位置一样,配置成输出,并且是 STRONG 模式,如图 8.30 所示。

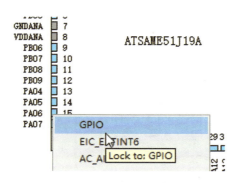

图 8.29　Harmony 3 的引脚配置图（按物理引脚排列）

图 8.30　Harmony 3 的引脚配置栏（具体功能详细设置）

最后就可调用代码来让它直接驱动一个 I/O 口了，其 API 的声明在 plib_port.h 中，其中主要的格式为"GPIO_PA06_Set()；GPIO_PA06_Clear()；GPIO_PA06_Toggle()；"等，功能包含了置高、置低、反转、设置输入/输出使能、取值等。读者可以通过调用这些函数完成对 I/O 口的设置，这样比较方便。

本章总结

本章的内容对于单片机的初学者来说是最基本的内容。虽然它比较简单，但是用好了并不容易，尤其是理解 PPS、漏极开路、I/O 端口保护、控制高压外设等内容是需要一定的知识积累的。读者在日后的开发过程中会体会到 I/O 端口的多种用途，例如指示 MCU 是否正常工作、无法调试时标记程序的运行点、模拟波形、外设控制、采集开关量信号等。

习　题

1. 编译并运行本章软件，克隆地址如下：

git clone https://gitee.com/skylergit/bookdata.git

代码子目录：IOPort。

2. 利用一个 I/O 口开关去打开、关闭一个外设，并且体会正逻辑和反逻辑的不同接法。

3. 利用三极管、MOS 管＋MOS 驱动去通断一个高电压大电流的外设（相对于 MCU 而言）。

第 **9** 章

嵌入式的万能电话：UART 通信

什么是 UART？ UART 是 Universal Asynchronous Receiver/Transmitter 即通用异步接收/发送，指不用同步时钟的信号收发。在嵌入式开发中，UART 是最普遍的设备间低速通信方式之一，它可以实现连续的通信字节传递。与 IIC 不同，UART 协议不仅适合板内芯片间的通信，而且适合板外设备间的通信。在 32 位的嵌入式处理器中，UART 模块是大多数处理器都具备的。它是一种全双工异步通信信道，并且可以通过 RS-232、RS-485、LIN 和 IRDA 等协议与外围设备以及个人计算机进行通信。一般该模块还支持硬件流控制选项，带有 UXCT 和 UXRTS 引脚，有的还包括一个 IRDA 编码器和解码器。

9.1 用轮询的方式进行 UART 通信

针对 UART 通信，客户常见的需求如下：以轮询方式实现收发功能、以中断方式实现收发功能、利用 printf 实现对程序的打印输出。本章 PIC32 的例子主要叙述轮询方式收发 UART 和利用 printf 输出的操作，SAME51 的例子以中断方式收发，这样读者可以更集中地了解对于 UART 的操作和设置，同时节约篇幅。

在 PC 端（上位机）可以采用 PuTTY 软件对 UART 的通信进行显示，读者可以从网上搜索下载该免费工具。下面开始针对 UART 的相关寄存器进行设置，硬件连线图详见第 9.2 节，配置寄存器的具体步骤如下：

（1）设置时钟源

时钟源的选择是通过配置位来完成的，在 MCU 初始启动时就要确定选择是内部时钟还是外部时钟程序，运行起来之后可以调整时钟的具体参数，包括但不限于：多少倍频、多少分频、选通开关、输出引脚等。在本章的例子中，我们采用默认生成的配置位，请参阅本书前面的章节中介绍的："PIC32MZ＋XC32＋MPLAB X 的配置位如何设置"，针对时钟和分频部分不做改动，此时，代码采用默认的内部 8 MHz 时钟作为时钟源。

（2）设置输入引脚

选择输入 PPS，也就是输入外设引脚选择。本章的例子采用 UART1 作为 UART 的逻辑外设，在数据手册中查阅到 PPS 的表格，如表 9.1 所列。

表 9.1 数据手册中的 PPS 输入表格

外设引脚(功能)	特殊功能寄存器	寄存器位	外设引脚选择的寄存器位
INT3	INT3R	INT3R<3:0>	0000＝RP02
T2CK	T2CKR	T2CKR<3:0>	0001＝RPG8
T6CK	T6CKR	T6CKR<3:0>	0010＝RPF4
			0011＝RPD10
IC3	IC3R	IC3R<3:0>	0100＝RPF1
IC7	IC7R	IC7R<3:0>	0101＝RPB9
U1RX	U1RXR	U1RXR<3:0>	0110＝RPB10
$\overline{\text{U2CTS}}$	U2CTSR	U2CTSR<3:0>	0111＝RPC14
U5RX	U5RXR	U5RXR<3:0>	1000 ＝RPB5
			1001＝ Reserved
$\overline{\text{U6CTS}}$	U6CTSR	U6CTSR<3:0>	1010＝RPC1[1]
SDI1	SDI1R	SDI1R<3:0>	1011＝RPD14[1]
SDI3	SDI3R	SDI3R<3:0>	1100＝RPG1[1]
SDI5[1]	SDI5R[1]	SDI5R<3:0>(1)	1101＝RPA14[1]
SS6[1]	SS6R[1]	SS6R<3:0>(1)	1110＝RPD6[2]
REFCLKI1	REFCLKI1R	REFCLKI1R<3:0>	1111＝ Reserved

在这个表格中,我们在"外设引脚"列中查到 U1RX,也就是功能项,在最右边"外设引脚选择的寄存器位"列中列出了很多的引脚,可以在"寄存器位"中查到这些引脚的编号和功能。举个例子,如果需要 U1RX 为 RPD2,那么令"U1RX＝0;",如果 U1RX 为 RPD6,那么令"U1RX＝0x0E;"即可。在本章的例子中,U1RX 为 0。

(3) 设置输出引脚

选择输出 PPS,也就是输出外设引脚选择,本章的例子采用 UART1 作为 UART 的逻辑外设,在数据手册中查阅到表格,如表 9.2 所列。

在这个表格中,在"外设引脚(端口)"列中查到 RPD3,也就是引脚项,在最右边"外设引脚选择的寄存器位"列中列出了很多的功能。同样举个例子,如果需要 U1TX 为 RPD3,那么令"RPD3＝0x01;"即可。在本章的例子中,U1TX 为 RPD3 引脚。

(4) 设置波特率

设置波特率寄存器,如果 BRGH(高速波特率选择位)＝0,则按如下公式设置:

$$\left.\begin{aligned} \text{Baud Rate} &= \frac{F_{PB}}{16 \cdot (U_x BRG + 1)} \\ U_x BRG &= \frac{F_{PB}}{16 \cdot \text{Baud Rate}} - 1 \end{aligned}\right\} \tag{9.1}$$

式中:F_{PB} 为 PBCLK 的频率,即外设总线时钟频率;Baud Rate 为波特率;$x=1,2,3,\cdots$。

表 9.2　数据手册中的 PPS 输出表格

外设引脚(端口)	特殊功能寄存器	寄存器位	外设引脚选择的寄存器位
RPD2	RPD2R	RPD2R$<3:0>$	0000＝No Connect
RPG8	RPG8R	RPG8R$<3:0>$	0001＝U3TX
RPF4	RPF4R	RPF4R$<3:0>$	0010＝$\overline{\text{U4RTS}}$
RPD10	RPD10R	RPD10R$<3:0>$	0011＝Reserved
RPF1	RPF1R	RPF1R$<3:0>$	0100＝Reserved
RPB9	RPB9R	RPB9R$<3:0>$	0101＝SDO1
RPB10	RPB10R	RPB10R$<3:0>$	0110＝SDO2
RPC14	RPC14R	RPC14R$<3:0>$	0111＝SDO3
RPB5	RPB5R	RPB5R$<3:0>$	1000＝Reserved
RPC1[1]	RPC1R[1]	RPC1R$<3:0>$[1]	1001＝SDO5[1]
RPD14[1]	RPD14R[1]	RPD14R$<3:0>$[1]	1010＝$\overline{\text{SS6}}$[1]
RPG1[1]	RPG1R[1]	RPGIR$<3:0>$[1]	1011＝OC3
RPA14[1]	RPA14R[1]	RPA14R$<3:0>$[1]	1100＝OC6
RPD6[2]	RPD6R[2]	RPD6R$<3:0>$[2]	1101＝REFCLKO4
			1110＝C2OUT
			1111＝C1TX[3]
RPD3	RPD3R	RPD3R$<3:0>$	0000＝No Connect
RPG7	RPG7R	RPG7R$<3:0>$	0001＝U1TX
RPF5	RPF5R	RPF5R$<3:0>$	0010＝$\overline{\text{U2RTS}}$
RPD11	RPD11R	RPD11R$<3:0>$	0011＝U5TX
RPF0	RPF0R	RPF0R$<3:0>$	0100＝$\overline{\text{U6RTS}}$
RPB1	RPB1R	RPB1R$<3:0>$	0101＝SDO1
RPE5	RPE5R	RPE5R$<3:0>$	0110＝SDO2
RPC13	RPC13R	RPC13R$<3:0>$	0111＝SDO3
RPB3	RPB3R	RPB3R$<3:0>$	1000＝SDO4
RPC4[1]	RPC4R[1]	RPC4R$<3:0>$[1]	1001＝SDO5[1]
RPD15[1]	RPD15R[1]	RPD15R$<3:0>$[1]	1010＝Reserved
RPG0[1]	RPG0R[1]	RPG0R$<3:0>$[1]	1011＝OC4
RPA15[1]	RPA15R[1]	RPA15R$<3:0>$[1]	1100＝OC7
RPD7[2]	RPD7R[2]	RPD7R$<3:0>$[2]	1101＝Reserved
			1110＝Reserved
			1111＝REFCLKO1

如果 $\text{BRGH}=1$，则按如下公式设置：

$$\left.\begin{aligned}
\text{Baud Rate} &= \frac{F_{\text{PB}}}{4 \cdot (\text{U}_x\text{BRG}+1)} \\
\text{U}_x\text{BRG} &= \frac{F_{\text{PB}}}{4 \cdot \text{Baud Rate}}-1
\end{aligned}\right\} \tag{9.2}$$

式中：F_{PB} 为 PBCLK 的频率，即外设总线时钟频率；Baud Rate 为波特率；$x=1,2,3,\cdots$。

下面介绍 UART 输入的硬件连接：首先需要一个 USB 转 UART 的设备，本章例子选用的设备为 MCP2200，它也是 Microchip 公司出品的接口转换类芯片，可以轻松实现 USB 转 UART 的功能。将 MCP2200 连接 USB 后接到 PC 端，PC 端设备管理器显示如图 9.1 所示。

然后对 PuTTY 进行设置。笔者分享一个小故事。在多年前支持一款蓝牙设备时曾经遇到一个问题：蓝牙模块通过 UART 向 PC 传递数据时偶尔有丢包的现象，由于这个现象很难复现，从而导致多名工程师百思不得其解。经过反复排查后发现把流量控制打开后问题就解决了，原因是由蓝牙向 UART 丢数据的速率与 UART 向 PC 丢数据的速率差异导致的。流量控制其实就是通过损失速率的方式提升了数据的准确性。PuTTY 端配置如图 9.2 所示。

图 9.1　PC 端设备管理器

图 9.2　PuTTY 界面

硬件连好后的实际接线图，如图 9.3 所示。

将程序下载进去，可以看到程序正确运行，在 PuTTY 上显示了相应的结果，本节代码在本章习题部分，请读者自行参考，运行结果如图 9.4 所示。

此时，任意输入一个字符，可以看到从 PuTTY 上反馈了一个相应的字符，从而实现了 UART 的通信功能。下面讨论另一个问题，如何方便地利用 Harmony 3 将 printf 打印输出到 UART 口。

图 9.3　UART 实验实际接线

图 9.4　程序运行结果

9.2　printf 打印输出到 UART

在嵌入式开发中,很多开发人员喜爱用 printf 把数据打印到串口输出,这样做可以方便程序代码的移植。因为很多现成的代码包含大量的 printf 语句,这样就不用挨个地将它翻译成类似 usart_output 的函数,从而节省开发时间。

关于如何在 Harmony 3 下建立新工程请参阅 7.4.2 小节,下面介绍如何将 printf 配置成 UART。在 Harmony 3 的可用模块配置器中,有个 Tools→STDIO 选项,把 STDIO 拉到 Project Graph 区域中,如图 9.5 所示。

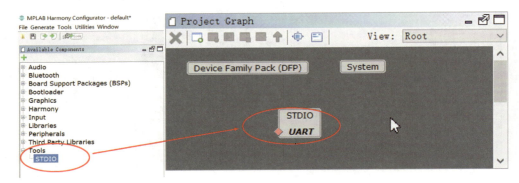

图 9.5　Harmony 3 的工程模块配置框图(1)

将对应的 UARTx 拖动到 Project Graph 区域,然后将两者连起来,也就是说,物理 UART2 的映射为 STDIO,如图 9.6 所示。

单击 UART2 Peripheral Library,也就是 UART 外设库,配置 UART 的参数,如图 9.7 所示。

实际实验保持默认配置即可,下面要做的是设置 UART2 的 PPS,也就是外设引脚选择,将 UART2 的物理引脚定义好,然后连接 UART 线就可以工作了。再选择对应的 UART 物理外设,也就是 Tools→Pin Configuration,如图 9.8 所示。

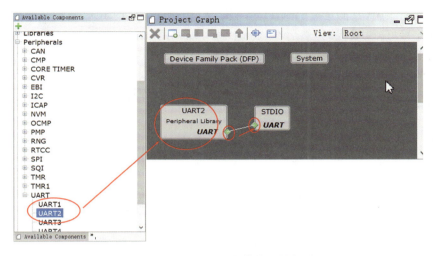

图 9.6 Harmony 3 的工程模块配置框图(2)

Configuration Options

UART2
- Enable Interrrupts ? ☐
- Stop Selection bit `1 Stop bit`
- Parity and Data Selection bits `8-bit data, no parity`
- Clock Frequency `100, 000, 00`
- Baud Rate `115, 200`
- *** Standard Speed mode 16x baud clock enabled (BRGH = 0) ***

Configuration Options | Help

图 9.7 Harmony 3 的外设配置页面

Pin Table

Package: TQFP

Module	Function	RG15	RA5	RE5	RE6	RE7	RC1	RJ8	RJ9	RJ12	RJ10	U2TX	U2RX	RC4	RG6	RG7	RG8	VSS	VDD	RK0	MCLR	RG9	RA0	RE8	RE9	RB5	RB4	RJ11
		1	2	3	4	5	6	7	8	9	10	11	12	13	14	15	16	17	18	19	20	21	22	23	24	25	26	27
UART 1 (USART_ID_1)	U1RX																											
	U1TX																											
	U1CTS																											
	U1RTS																											
UART 2 (USART_ID_2)	U2RX																											
	U2TX																											
	U2CTS																											
	U2RTS																											
	U3RX																											

Pin Diagram | Pin Settings | Pin Table

图 9.8 Harmony 3 的引脚配置表(按外设功能分类)

在图 9.8 中,我们定义引脚 11 为 U2TX,引脚 12 为 U2RX,波特率为 115 200。将串口连接好,生成代码,然后在代码中就可以调用 printf 作为 UART 的打印输出了。至于代码生成的方法,请参阅前文所述。

本节所述实验线路图如图 9.9 所示。

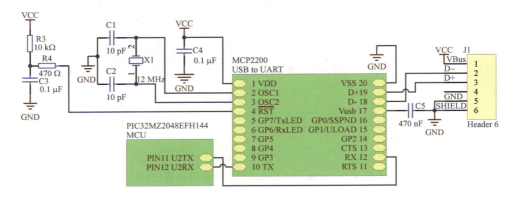

图 9.9　MCP2200 与 PIC32 的基本连接

9.3　以 SAME51 为例简述配置 SERCOM 的 UART

下面以 SAME51 为例,简要叙述如何利用 Harmony 3 生成的代码驱动 UART 外设,并推广至 Hamrony 3 的驱动调用方法。

首先新建一个 Harmony 3 的基础工程,然后打开 MHC 直接跳到 UART 模块并拖入界面,如图 9.10 所示。

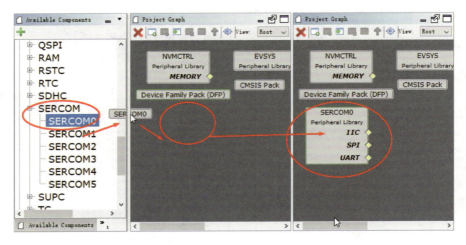

图 9.10　Harmony 3 的工程模块配置框图(3)

与 PIC 不同,SAM 系列的 MCU 对于类似 IIC、SPI、UART 等低速外设均统一在 SERCOM 中,如果需要使用相应外设则要针对 SERCOM 输入/输出端口进行配置。以 SERCOM0 配置成 UART 为例,我们配置 Receive Pinout 为 PAD[1],如图 9.11 所示。

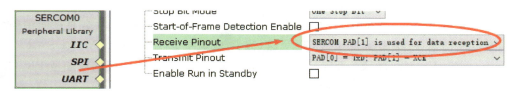

图 9.11　SERCOM0 输入/输出端口配置

然后针对引脚进行配置,即对 MCU 的引脚 PAD[0]和 PAD[1]进行配置,这个操作类似前文叙述的 PPS 功能,如图 9.12 所示。

Package: QFN64		PAD0	PAD1	PAD2	PAD3	PB04	PB05	GNDANA	VDDANA	PB06	PB07	PB08	PB09	SERCOM.	SERCOM.
Module	Function	1	2	3	4	5	6	7	8	9	10	11	12	13	14
	SERCOM0_PAD0													■	
	SERCOM0_PAD1														■

图 9.12　对 PAD[0]和 PAD[1]进行配置

图 9.12 中将 UART 的输入/输出引脚配置在 SERCOM0_PAD0[0]、SER-COM0_PAD0[1]中,并且映射到引脚 13、14 上。下面进行 UART 的物理连线,将 TX 和 RX 通过 MCP2200 的 UART 口连接到计算机上,然后在主函数中写如下代码发送数据,如例 9.1 所示。

例 9.1　针对 UART 的控制代码举例。

```
# include <stddef.h>              //Defines NULL
# include <stdbool.h>             //Defines true
# include <stdlib.h>              //Defines EXIT_FAILURE
# include "definitions.h"         //SYS function prototypes
# include <stdio.h>               //Define sprintf
int main ( void )
{unsigned char ch[20] = "";
    SYS_Initialize ( NULL );
    while ( true )
    {   static unsigned char i;
        SERCOM0_USART_TransmitterEnable();
```

```
            sprintf((char *)ch,"Send % d\r\n",i++);
            SERCOM0_USART_Write(ch,sizeof(ch));
    }
    return ( EXIT_FAILURE );
}
```

需要指出的是,本例中 SERCOM0 的设置是非阻塞模式的,也就是通过向中断函数投递消息的方式实现 UART 发送,发送前需要调用 SERCOM0_USART_TransmitterEnable()函数,否则只能发送一次。UART 端的硬件连线请参考 PIC32 的实验,实际运行效果如图 9.13 所示。

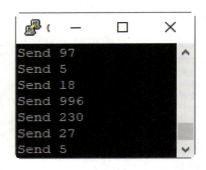

图 9.13　SAME51 的 UART 运行结果

本章总结

通用异步收发器 UART(Universal Asynchronous Receiver/Transmitter)是一种常见的串行通信协议,主要用于设备间的低速数据交换和设备间通信,例如连接微控制器、传感器、外围设备(如 GPS 模块、蓝牙模块)等;此外,还常用于调试与日志输出,例如通过串口打印调试信息。本章 printf 输出就属于这个范畴。另外,它在工业控制、PLC、工业设备间的简单数据传输中也有部分应用场景。它与传统接口兼容,支持老式设备(如调制解调器、RS - 232 设备等)。在 MPU 的开发中它还常用于 Bootloader 通信、固件更新或系统引导。

UART 的核心特点是异步通信,无需时钟线,依靠预定义的波特率同步数据;简单灵活,仅需两根信号线(TX 发送、RX 接收)即可全双工通信。它常用于低速场景(常见波特率为 9 600～115 200 b/s)。笔者在拜访一个知名的 PLC 生产厂商时得到一个知识点,一般厘米级别的通信适用于板内通信和部分板间通信,几十米级别的距离适合设备间通信,千米级别的距离则适合房间之间的通信和楼间的通信,以此类推,不同距离适合不同场景,短距离通信不适合长距离场景,强拉硬套会给后期的开发维护造成巨大麻烦,这一点笔者曾犯过错误,在此与读者共勉。

UART 因其简单、可靠和低成本，在低速串行通信中仍广泛使用，尤其适合调试、传感器连接且与传统设备兼容。尽管速度有限，但其"够用就好"的特性使其在嵌入式领域不可替代。

习　题

1. 编译并运行本章软件，克隆地址如下：

```
git clone https://gitee.com/skylergit/bookdata.git
```

代码子目录：UART。

2. 尝试运用本书思路找一款 Microchip 公司的 32 位 MCU 将 printf 打印到 UART。

第 **10** 章

模拟/数字转换

模拟/数字转换器,即 ADC(Analog－to－Digital Converter),它负责将自然界的模拟量转换成 MCU 认识的数字量,它的反向操作模块是数/模转换器 DAC(Digital－to－Analog Converter)。在客观世界中,大部分变量并非是非黑即白、非零即一、一成不变的,而是连续和变化的。将连续变化的模拟量转换为离散的数字信号的器件就是 ADC。常见的模拟信号有温度、压力、电压、电流、声音或图像等,都是可以转换的变量,转换成数字量后它更容易储存、处理和传递。在各种不同的产品中都可以找到 ADC 的身影。D/A 转换是 A/D 转换的逆向过程。但是现在很多 DAC 的功能都被 PWM 所替代,因为 PWM 的适应性、扩展性、稳定性更佳。PIC32 系列的 ADC 的位数:PIC32MX 系列的 ADC 是 10 位,PIC32MZ 系列的 ADC 是 12 位。PIC32 的高速逐次逼近寄存器(SAR)ADC 设计用于支持电源转换和电机控制等,它由多达 8 个单独的 ADC 模块组成。

10.1 客户针对 ADC 的常见问题

客户针对 ADC 的常见问题有:如何根据不同的应用场合选择专用 ADC 和共享 ADC? 如何用轮询、中断的方式去操作 ADC? 当 MCU 确定了之后,如何通过内部编程和外围电路改善 ADC 读数的精度? 本章的知识会对这些问题有所帮助。

10.2 选择专用 ADC 和共享 ADC

首先要搞清楚什么是专用 ADC 和共享 ADC。专用 ADC 模块有独立的模拟输入连接到它们的 S&H(采样保持)电路。由于这些 ADC 模块对专用模拟输入进行采样,因此它们称为“专用”ADC 模块。专用 ADC 模块用于测量/捕获对时间敏感的信号或瞬态模拟信号,例如:电流过流采样信号、报警信号、瞬变信号等。

共享 ADC 模块有多个模拟输入连接到其通过多路复用器的 S&H(采样保持)电路。由于多个模拟输入共享此 ADC,因此称为“共享”ADC 模块。共享 ADC 模块用于测量的模拟信号是静态的或是低频的信号(即不会随时间发生显著变化)。本章用到的 MCU 连接到专用 ADC 模块的模拟输入视为 1 级输入,连接到共享 ADC 模块的模拟输入为 2 级和 3 级输入。为每个"类别"指定的输入数量取决于 MCU 自行定义的 ADC 外设。例如具有 8 个 ADC 模块和 54 个模拟输入的设备将具有以下布置:1 级＝AN0～AN6;2 级＝AN7～AN31;3 级＝AN32～AN53。

10.3　用独立的代码操作 ADC

以 PIC32 系列单片机为例,ADC 需要对以下几类寄存器进行设置,以 AN0 通路为例,步骤如下:

① 对时钟源进行配置,包括选择配置位,这在第 7 章有介绍,在此就不赘述了。

② 对于校准配置 ADCxCFG 寄存器进行设置。在启用 ADC 模块之前,用户应用程序必须复制 ADC 的校准数据(例如:DEVADC0)到配置寄存器(例如:ADC0CFG～ADC7CFG)中。以 ADC0 举例,语句如下:ADC0CFG＝DEVADC0。

③ 对配置寄存器进行设置,它配置了 ADC 的一些基本参数,包括 ADCCON1 和 ADCCON2。

④ 对 ADC Analog warm up 控制寄存器 ADCANCON 进行设置。

⑤ 对 ADC 的采样和时钟寄存器 ADC0TIME 进行设置,主要设置 ADC 的采样方式和采样时钟配置。

⑥ 设置 ADC 的触发模式寄存器 ADCTRGMODE。

⑦ 设置 ADC 的输入模式 ADCIMCON1。

⑧ 配置 ADC 中断 ADCGIRQEN1。

⑨ 对 ADC 的比较器进行配置 ADCCMPCON1。

⑩ 对 ADC 的过采样控制 ADCFLTR1。

⑪ 对 ADC 的触发源 ADCTRGSNS、ADCEIEN1、ADC 的提前中断控制,然后检测 ADC 响应的标志位,打开 ADC 的使能,等待转换完成。

经常有客户反映,对于 MCU 寄存器级别的操作,如果没有例程则是一件令人头痛的事情,虽然通过阅读数据手册直接去编程有很多好处,但很少有人去做。笔者在这里把寄存器对外设的控制总结一下,包括但不限于以下方面:

• 时钟类寄存器,包括该外设引用时钟的选通开关、时钟分频、倍频和时钟种类的寄存器等。

• 控制类寄存器,包括对该外设的子功能的使能开关、不同模式的选择等。

• 数据类寄存器,包括 I/O 数据的 buffer、DutyCycle、时钟溢出时间等。

• 中断类寄存器,包括中断优先级、子中断的使能等。

• 启停位,有的称为 Start、Stop,有的称为 Enable、Disable 等。

大部分外设寄存器的使用都可以顺着这个脉络去阅读。

有关 ADC 的详细信息,请读者参阅数据手册。该工程以最少量的代码实现了 ADC 的功能。下面详细介绍该工程的硬件连接:将 VCC 和地线分别连接到可调电阻的两端,然后将可调电阻的可调抽头部分连接到 AN0,如图 10.1 所示。

看到这里,很多读者会提出这样一个问题,分压电阻的阻值如何选择,是否所有的 ADC 都能采用分压电阻的方式? 这里很自然地带出了一个客户常见的需求:如何在不改变 MCU 的情况下尽量提升 ADC 读取的精度? 这就需要理解影响的因素:防混叠、闩锁效应、串扰效应,读者理解了这些知识后可根据实际情况去解决。

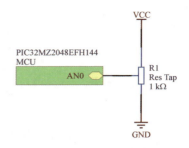

图 10.1　实验板的电阻分压 ADC 采样电路

10.4　ADC 采样应该注意的问题

做软件开发的读者可能对于 ADC 的种类、模拟前端等电路不太关心,因为只须得到具体的电压值,然后用它进行后续的处理和操作即可。但是做硬件的工程师或者模拟工程师都知道阻抗匹配、抗混叠滤波、钳位电路、独立和共享 ADC 的分配等知识。而了解这些对于做软件的读者也是很有好处的。下面大致讲讲这些概念以方便入门。

10.4.1　关于 ADC 采样和防混叠

由于 MCU、MPU 等嵌入式微处理器是一个数字系统,因此在设计中避免不了使用 SAR、双积分、Δ - Σ 等类型的 ADC 把现实世界的温度、压力、位移等物理量转换到数字世界进行处理。这些物理量通常需要经过"模拟前端"(analog front end)处理后,变成电压信号注入单片机的 ADC 通道或者独立的片外 ADC 进行处理。

基于成本和实际需要的考虑,每一个信号的采集与处理系统都会给出一个合理的"信噪比"(SNR)要求,从而根据这个要求选择性价比更好的芯片。这一原则给我们提出了一个要求:尽可能压制噪声能量,提高信号能量,从而获得较好的信噪比(通常用 dB 来衡量)。

模拟前端需要对原始信号进行低噪声放大(LNA)、各种类型的解调(demodulation)、电平移动(level shift)、$I - V$ 变换、线性运算等。信号调理的最后阶段通常是一个低通滤波,信号经过这个环节后,输出了一个最大频率为 ω_m 的"带宽受限信号"(bandwidth - limited signal)。所谓带宽受限,可以理解为通带之外不存在能量,如图 10.2 所示。当然在现实的设计中没有这么绝对,我们的原则是:希望通带之外的能量衰减到能够满足项目提出的信噪比要求。

那么通带之外的能量是怎么进入通带(通常是低频段)中而使信噪比恶化的呢? 如何避免信噪变差呢? 这就引出了非常重要的、嵌入式设计工程师无法绕过去的"抗混叠滤波"(anti - aliasing filter)概念。

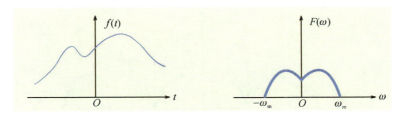

图 10.2　带宽受限信号时域与频谱示意图

众所周知,在理想情况下,使用冲激串 $\delta(t-nT_s)$ 对时域信号进行采样时,只要采样速率 ω_s 不小于带宽受限信号里最高频率 ω_m 的 2 倍,就可以完美保存和恢复所有信息。实际工程中我们会根据情况选择超过 2 倍的采样速率。

回首《信号与系统》[*],我们直接使用这样几个"放之四海而皆准"的重要结论来解释 ADC 的采样、混叠现象。

对于单个信号而言:

时域若为连续,频域则是离散;

时域离散周期,频域周期离散。

对于两个信号而言:

时域若为乘积,频域则是卷积;

时域周期采样,频域周期延拓。

ADC 采样环节是时域信号 $f(t)$ 乘以冲激采样序列的过程,也可以理解为调制,在频域则是两个信号各自谱的卷积。

《信号与系统》中非常熟悉的冲激信号 $\delta(t)$,很像神话里拥有变化能力的妖精,把信号进行变换,并且当这些信号组成串时,变化的过程会更加剧烈,相互之间也可能产生影响。

在频域任何信号的谱和冲激信号卷积,毫无疑问就是简单地把这个谱原样搬移到该冲激信号所在的位置(延拓)。延拓可以理解为带宽受限信号所对应的频谱段大小和形状不变,被原样搬移到频域里以整数倍的采样速率 $n\omega_s$ 为中心的位置。这个概念必须清楚才能理解后面的混叠(aliasing)现象。

这样频域的频率轴上等间隔(ω_s)依次排列了时域信号 $f(t)$ 对应的频谱 $F(\omega)$。这时我们看到相邻两个谱之间的距离为 $\Delta\omega=\omega_s-2\omega_m$。

① 当 $\Delta\omega=0$ 时,如图 10.3 所示,两个相邻的谱正好首尾相接,没有任何重叠(混叠)的部分。这时正好满足:采样速率 $\omega_s=2\omega_m$,也就是香农定理提到的当采样速率等于带宽受限信号里最高频率的 2 倍时,频域没有混叠发生。

② 当 $\Delta\omega>0$ 时,如图 10.4 所示,两个相邻的谱彼此远离,相互间保持距离。此

---

[*]　《信号与系统》,[美]奥本海姆著,西安交通大学出版社,2010 年。

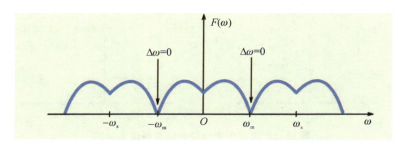

图 10.3　采样速率等于带宽受限信号最高频率的 2 倍时正好无混叠

时采样速率 $\omega_s > 2\omega_m$，没有重叠的部分，也就没有混叠的情况发生。

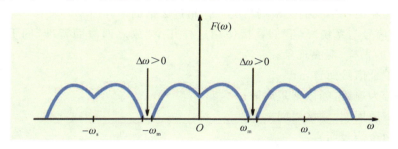

图 10.4　采样速率大于带宽受限信号最高频率的 2 倍时无混叠

③ 当 $\Delta\omega < 0$ 时，$\omega_s < 2\omega_m$，如图 10.5 所示，相邻的谱部分重叠，而且 $|\Delta\omega|$ 越大（采样速率越低），重叠的部分越多，混叠越严重。我们看到：混叠时，对我们有用的低频信号里混入了来自高频部分的能量（视为噪声），降低了信噪比。更为棘手的是，这种混叠导致的信噪比降低是采用后期数字滤波时很难处理的。

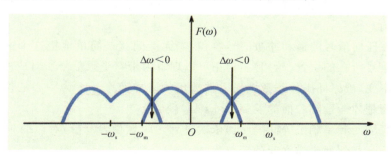

图 10.5　采样速率小于带宽受限信号最高频率的 2 倍时发生混叠

那么采取什么有效的措施能应对 ADC 的这种混叠现象，并在高频噪声混入低频部分之前将其及时阻断呢？

① 提高采样速率，让频域相邻的谱互相远离，减少混叠导致的影响。这样固然可以减少高频信号对低频的串扰，但高速 ADC 的成本更高，况且一般微控制器内部的 ADC 采样速率是有限的。

② 采用抗混叠滤波器,滤除不需要的、高频部分的大部分能量。这样,进入 ADC 的信号信噪比将大幅度增加。常见的抗混叠滤波器有以下两种:

➤ 简单的抗混叠滤波器就是 RC 滤波器

RC 低通滤波器具有成本低、不耗电、元件数量少等优点,但是这种方法设计的低通滤波器增益小于 0 dB,而且幅频特性不够陡峭(只有 20 dB/dec)。这种滤波器带来的信噪比提升有限,有时不能满足设计的要求。

➤ 使用有源滤波器是获得较高信噪比的有效方法

采用多路反馈型有源滤波器可以设计出多种类型的低通滤波器(巴特沃斯、切比雪夫、贝塞尔等拓扑结构)。其特点是:可以方便地通过运算放大器级联来实现高阶滤波,幅频特性陡峭度可以方便调整。当然有源滤波会增加系统成本,但有时为了获得较高 SNR,这个开销是值得的。

关于有源滤波器的 CAD 辅助设计软件,大家可以参考 Microchip 公司官网获取免费的有源滤波器设计软件 FilterLab。软件链接如下:https://www.microchip.com/en-us/development-tool/FilterLabDesignSoftware。

该软件的用户手册为《FilterLab 2.0 User's Guide》,著者:Microchip technology。另外,还可参考《信号与系统》,[美]奥本海姆著。

10.4.2　闩锁效应

闩锁效应(latch up)是由半导体生产中 CMOS 工艺 NMOS 的有源区、P 衬底、N 阱、PMOS 的有源区构成的 N – P – N – P 结构产生的。它是在电源 VDD 和地线 GND(VSS)之间由于寄生的 PNP 和 NPN 双极结型晶体管(BJT)相互影响而产生的一低阻抗通路,它的存在会使 VDD 和 GND 之间产生大电流。我们可以将其理解为 CMOS 工艺中的可控硅效应。当闩锁效应发生时除非断电否则无法解除。

静电或相关的电压瞬变都会引起闩锁效应,它是半导体器件失效的主要原因之一。在实际应用中,MCU 一般会由 LDO 供电,而当闩锁效应发生时,LDO 会因为过载而烧坏。因此,当电路板发生 MCU 正常但 LDO 损坏的情况时,可以考虑是闩锁效应的原因。另外,有些 LDO 有过流保护的功能,当电流过大时 LDO 会自动断电。此时,MCU 运行就会发生异常的上电复位。

解决闩锁效应的一个简便的方法,就是在容易窜入异常电压的引脚,例如 ADC 引脚加钳位电路。回到本文初始的观点,做单片机首先需要考虑的两个"源":一个是电源,另一个是时钟源。在实验室用做开发和实际做产品之间有很大差异,而这两个源的处理和优化是第一步。

10.4.3　串扰效应

串扰表示每路模拟输入与其他模拟输入的隔离程度。对于具有多路输入通道的 ADC,串扰指从一路模拟输入信号耦合到另一路模拟输入信号的总量,该值通常以分贝（dB）为单位表示。举个例子，在多路复用的 ADC 中，如果通路 1 的采样保持电容的电量非常多，在切换到通路 2 时，通路 2 的电压值又恰巧非常低；如果在通路 2 的采样保持结束时采样保持电容的电压仍然没有拉低到与本通路大致相等的电压，此时采样保持结束开始进行转换，则转换的结果是个介于通路 1 和通路 2 之间的某个电压值，而非通路 2 的电压值，这就是 ADC 采样的串扰效应（Cross Talking）。同理，在对于具有多路输出通道的 DAC，串扰是指一路 DAC 输出更新时，在另一路 DAC 输出端产生的噪声总量。

因此，我们可以看到，MCU 对于 ADC 的设计总是保留少许的独立采样保持器的通道，而绝大部分 A/D 转换都归结到另一个分时复用采样保持器的通道。这样做就是给需要迅速响应的 A/D 转换留出宝贵的采样保持器的资源。而对于温度、湿度、电压等不需要快速响应的模拟量拉大采样时间的间隔，让串扰的电量得到充分释放后就可以精确地读取相应的值。而对于过流保护和电流采样等需要快速响应的模拟量，则安排到独立采样保持器的 A/D 转换通道。

10.4.4　传感器输出阻抗与 ADC 采样速率的匹配

对于 ADC 来说，我们总是希望内部的采样保持电容能在最快的时间充好电，然后准备转换。这就要求 ADC 的输入阻抗越低越好，因为越低的输入阻抗意味着越大的电流和越快的采样时间。但是对于信号源的部分，它希望的情况正好相反。信号源希望输出的阻抗越大越好，因为越小的阻抗对于信号源来说是一个很大的负载，它需要提供更多的电流以维持相应的电压。这样就需要在这两种需求中寻找到一个平衡点，即通常所说的阻抗匹配。换句话说，ADC 的电路最好能做到外部的阻抗恰巧满足在一个采样周期内正好将采样保持电容的电压升高到与信号源电压大致相等的程度。过大的阻抗和过小的阻抗对于整个 ADC 的采样电路都是不利的。

另外，也可以利用电压跟随器来实现，因为电压跟随器的特点正好是输入阻抗很大而输出阻抗很小，但是电压跟随器的引入意味着电路需要增加额外的成本。因此，性能和成本的平衡永远是单片机产品设计的一个课题。

本章末尾有习题读取 ADC 的值，由于该题需要用到调试的方法来看结果，但本书的前后文都没有针对实际的 MCU 叙述如何调试、读取变量的相关内容，而仅以虚拟的方式有所叙述，因此笔者决定将解答的过程直接列出来以飨读者。

下面介绍实验流程，首先是 ADC 输入的硬件连接，即将 VCC 和地分别连接到可调电阻的两端，再把可调电阻的抽头端连接到 AN0 的输入口，也就是实验板的引脚 36。可调电阻可调抽头端的电压从 0 V 变化到 VCC，AN0 的输入电压也就从 0 V 到满量程。连接好后通电检查，如图 10.6 所示。

旋转图中左边的可调电阻，并且在主循环尾部设置断点，然后用调试方式下载到 MCU 中，运行后程序停在断点。整个过程如图 10.7 所示。

然后，在 Window→Debugging→Variables 中查阅 result[0]，如图 10.8 所示。

图 10.6　ADC 输入的硬件连接

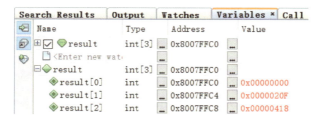

图 10.7　程序断点

Name	Type	Address	Value
☑ result	int[3]	0x8007FFC0	
<Enter new wat			
result	int[3]	0x8007FFC0	
result[0]	int	0x8007FFC0	0x00000000
result[1]	int	0x8007FFC4	0x0000020F
result[2]	int	0x8007FFC8	0x00000418

图 10.8　查阅变量

　　调整可调电阻发现 result[0] 从 000 到 FFF 有一个变化,实现了 12 位的 A/D 转换。

　　以上方法就是利用直接写寄存器的方法在 PIC32MZ2048EFx144 上实行 A/D 转换的过程和实例。但是它有个缺点:如果更换了 MCU,那么以上经验的参考意义就有限了。但是如果采用 Harmony 3 进行设置,那么 Harmony 3 的经验和技巧同样对于实现新 MCU 的 ADC 功能有着重要的参考意义。这也是本书基于 Hamrony 3

对 32 位 MCU 的外设驱动进行介绍的原因。下面我们用中断的方式介绍 Harmony 3 下的 ADC 操作。

10.5　用 Harmony 3 操作 ADC

在嵌入式开发中,开发人员最常用的 A/D 转换方式并不是轮询,而是中断,这样做可以提升程序的性能,很多现成的代码包含大量的 A/D 转换。下面笔者将描述如何在 Harmony 3 下建立新工程并且声明一个 A/D 转换中断。至于配置新建 Harmony 3 工程请参阅 7.4.2 小节。

在 Harmony 3 下,ADC 模块的配置是非常方便的,只需将 ADCHS 模块拖入工程配置页面即可。同时,按照前文所述将 UART2 也拖入工程配置页面,并且与 STDIO 相连接,这样就可以使用 printf 向 UART 输出字符串了,如图 10.9 所示。

拖入后,针对 ADC 模块进行详细设置,单击 Tools→ADC 设置菜单页面,如图 10.10 所示。

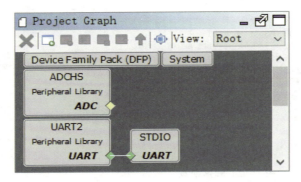

图 10.9　开启 ADC 功能并使用 printf 向 UART 输出的工程配置页面

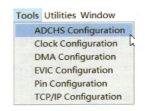

图 10.10　ADC 设置菜单

ADC 的配置图主要包含以下几个方面:时钟选择、A/D 转换通道配置、参考电压选择、触发源选择、是否需要中断、分辨率选择等项目,如图 10.11 所示。

为了方便显示 A/D 转换的结果,我们选择 UART 的物理引脚进行输出,具体细节请参阅第 9 章,如图 10.12 所示。

回到引脚图可以看到其引脚的具体功能分布,引脚 14、61 负责通信,引脚 36 负责 A/D 采样,如图 10.13 所示。

针对 A/D 转换的代码也十分简单,我们注册回调函数,并且在回调函数中添加相应的打印语句即可,如图 10.14 所示。

运行后,如图 10.15 所示。

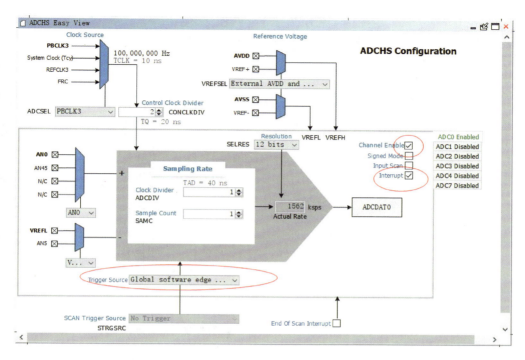

图 10.11　ADC 设置页面

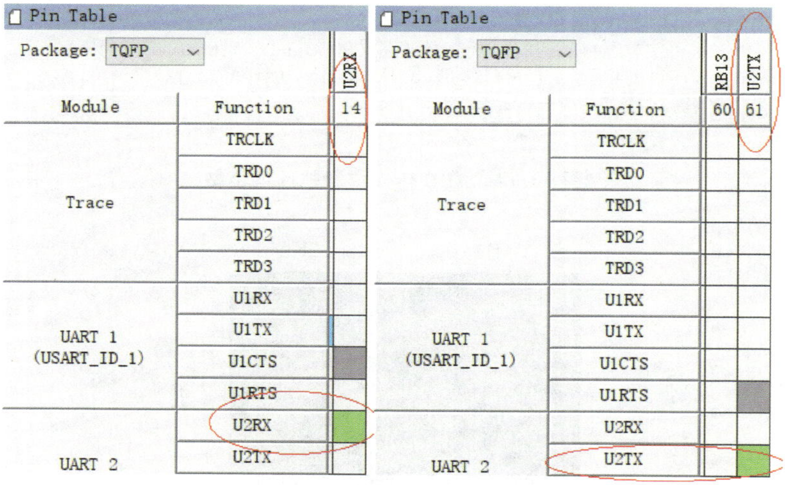

图 10.12　Harmony 3 的引脚配置表(按外设功能分类)

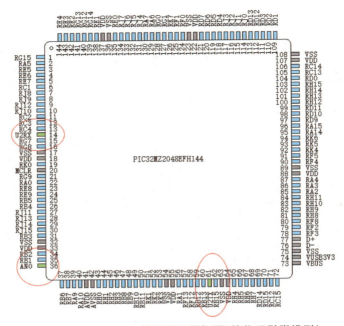

图 10.13　Harmony 3 的引脚配置框图（按物理引脚排列）

```
void adc0callback(ADCHS_CHANNEL_NUM channel, uintptr_t context)
{   printf("%04X\n",ADCHS_ChannelResultGet(0));
}
int main ( void )
{   SYS_Initialize ( NULL );
    ADCHS_CallbackRegister(ADCHS_CH0, adc0callback, NULL);
    while ( true ){ADCHS_GlobalEdgeConversionStart();}
    return ( EXIT_FAILURE );
}
```

图 10.14　ADC 转换中断的回调函数

图 10.15　运行结果

通过 Harmony 3 可以方便地对 ADC 中断进行配置,并得出正确的结果,这大大缩短了客户开发的时间,提升了编程的效率。

本章总结

ADC 的话题是嵌入式工程师经常讨论的。从 MCU 的角度来看,实现 ADC 的功能比较简单,但在 A/D 转换的过程中往往遇到的是转换的性能问题,包括但不限于电压干扰、参考电压选择不当、与其他外设配合不好导致 ADC 测量不准或者速度太慢等。本章还讨论了 ADC 设置的两种方法:用直接编写代码的方法实现轮询 ADC;用 Harmony 3 配置的方法实现中断 ADC。有的客户纠结用内部的 ADC 还是外部的 ADC,以笔者来看,对一般集成在 MCU 内部的 ADC 来说,它的性能如表征精度的积分非线性误差 INL(Integral Non Linear error)和表征匀度的差分非线性误差 DNL(Differential Non Linear error)都不如专用的 ADC。外部 ADC 的种类也比较丰富,适合更加广泛的测控场合。Microchip 公司也有很多相关的 A/D 转换芯片和模拟前端芯片,具体可以找当地办事处的模拟工程师咨询。但是对于一般的应用场合,MCU 内部的 ADC 完全能胜任。另外,本章还讨论了 ADC 采样的抗混叠、闩锁效应、串扰效应等问题。

习 题

1. 编译并运行本章软件,克隆地址如下:

```
git clone https://gitee.com/skylergit/bookdata.git
```

代码子目录:ADC。

2. 尝试运用本书思路找一款 Microchip 公司的 32 位 MCU 用 Harmony 3 工具将 ADC 调整好,并用 printf 打印到 UART。

第 **11** 章

芯片之间的悄悄话：IIC 通信

IIC(有时候也记做 I²C) 即 Inter - Integrated Circuit,它是由飞利浦半导体公司在 20 世纪 80 年代初设计出来的一种简单、双向、二线制、同步串行总线。它主要用于连接整体电路(ICS)。IIC 是一种多向控制总线,也就是说多个芯片可以连接到同一总线下,同时每个芯片都可以作为实时数据传输的控制源。这种方式简化了信号传输总线接口。IIC 连接的这些外围设备可能是串行 EEPROM、显示驱动器、模/数转换器等。常用的通信速率为 100 kb/s、200 kb/s、400 kb/s。

11.1 IIC 的总线拓扑、电气特性、协议简述

11.1.1 IIC 的拓扑结构和电气特性

IIC 为时钟同步的总线。其物理拓扑在一条双线的总线上可以挂接多个设备,如图 11.1 所示。

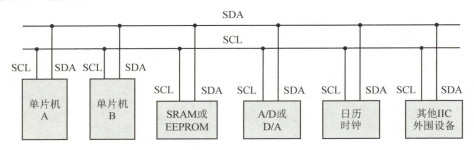

图 11.1 IIC 的总线拓扑

在一条 IIC 总线上,可以用不同的地址设置进行数据通信,并且一般 IIC 总线的输入是漏极开路的,所以要加上拉电阻以调整电平,具体电气结构如图 11.2 所示。

11.1.2 IIC 的协议

首先是启停协议:IIC 的逻辑开始条件是 SCL 为高电平时 SDA 给出下降沿,IIC 逻辑停止条件是 SCL 为高电平时 SDA 给出上升沿,具体如下:一个正常的 IIC 通信的波形如图 11.3 所示。

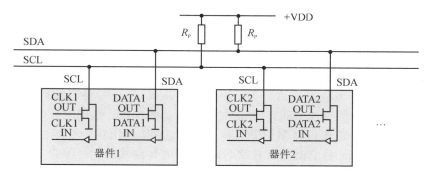

图 11.2　IIC 总线的电气特性

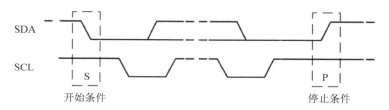

图 11.3　正常的 IIC 通信的波形

在一帧数据的开始先由 SDA 拉出一个下降沿,此时 SCL 是高电平,这个电平组合为 IIC 数据帧的开始条件;反之,SDA 拉出一个上升沿,此时,SCL 也是高电平,这个电平组合为 IIC 的结束条件。

下面介绍 ACK 和 NACK。首先从 ACK 和 NACK 的含义来看：ACK 是 AC-KNOWLEDGE 的前三个字母,含义是"告知收到",这个词在通信协议中常用到。NACK＝NON－ACK,就是"告知没有收到"或者"没有告知收到"。也就是说,ACK 和 NACK 是指从设备向主设备发送是否收到信号的反馈信号。ACK 和 NACK 的电平本质是,ACK 是在 CLK 高电平期间保持低电平,NACK 是在 CLK 高电平期间保持高电平。一个数据接收器(可以是从设备,也可以是主设备)发出 ACK,从电路上看,本质是数据线上的开漏 MOS 导通使得漏极 D 接地短路,从而把 IIC 总线的数据线的电平拉低。当然,如果发出的是 NACK,那么从电路上看,本质是数据线上的开漏 MOS 截止使得漏极 D 对地开路,释放 IIC 总线的数据线,让数据线的电平被上拉电阻和电压置高。可见,数据接收器发出 ACK 应答,该设备就会把 DATA MOS 导通拉低数据线。如果数据接收器发出 NACK 应答,则该设备就会把 DATA MOS 截止释放数据线。由于一个从设备被主设备访问时,其他从设备是没有被寻址的,所以这些设备的 DATA 开漏 MOS 管都是截止的,对数据线是释放的,所以这时数据线的电平只能由数据接收器(从设备或者主机)来控制。

IIC 通信协议就是一个时钟同步的通信协议,它是电路板内芯片与芯片之间通信的常用方式,很多芯片级别的通信都采用 IIC 协议。笔者曾见到过这样一个错误的设计。在一个控制柜上前面板负责控制逻辑和显示,后板支架上的继电器模块负责接收和控制。但是,连接面板和继电器板的连线对应的是 IIC 协议,并且和 220 V 的线混在了一起,后果就是只要一开面板门,后板的继电器就噼里啪啦地乱跳。因此,不同的通信协议对应不同的应用场合,绝对不可以生搬硬套。对于 IIC 通信,我们要理解以下三点:首先,它是一种低速的通信协议,100 kb/s、400 kb/s 是两种最常用的通信速率,高速传输并不适合 IIC 的通信。其次,它是一种时钟同步的通信协议,这意味着它至少需要两条线,一条时钟线和一条数据线。这同时意味着它不适合长距离传输,一般长距离传输多用差分信号。IIC 最佳应用场合是板内芯片对芯片之间的低速通信。最后,它是漏极开路的,这意味着传输线路上必须有上拉电阻保证电平。

11.2　用移植的方法实现芯片之间的 IIC 通信

在真正的项目开发过程中,从头开始设计程序的情况是极少见的,如果有也一定是小项目、边缘项目。真正的核心大项目工作的开展大都是从接手别人的代码或现成的项目开始维护和修改的。这也是笔者为何从本书一开始就从项目管理、代码版本控制的知识开始介绍的原因。因为维护大项目是从解决别人代码的 Bug、在别人的代码上增添需求、在别人的代码上删减功能开始的,掌握了项目管理和版本控制的工具就可以帮助开发人员从容地面对这一挑战。本节我们尝试用移植的方法去完成一段程序。下面了解一下该程序的作用。该程序将 MCU 和 IIC 接口的 EEP(EEP-ROM)连接起来,向 EEP 写入一个字符串,然后再读出来。当写入的字符串和读出的字符串相同时,状态机运行正常,此时点亮一个 LED 灯。

首先,打开一段 IIC 的例程,在 Harmony 3 的路径如下:HarmonyFramework 的 csp\apps\i2c\master\。

如图 11.4 所示,如果发现该目录下是空文件,请回到 csp 的目录,然后版本强制倒回到 v3.7.0 即可,具体方法请参阅 2.3 节 GIT 的操作。

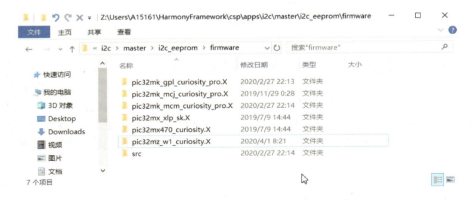

图 11.4　一个标准的 Harmony 3 的实例地址

打开工程 pic32mz_w1_curiosity 之后,右击属性,然后在 Device 下拉列表中选择 PIC32MZ2048EFx144,如图 11.5 所示。

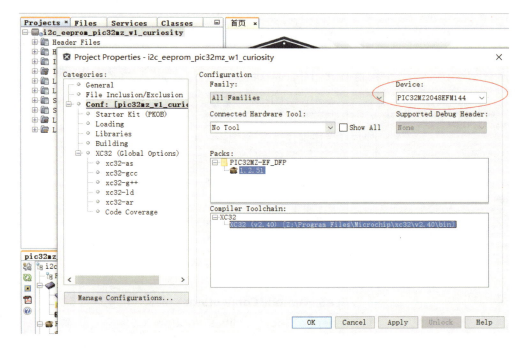

图 11.5　工程属性页面

此时千万不要编译,否则会报无数个错误,原因是在当前状态下工程中调用的所有依赖的代码都是基于 PIC32MZ1025W104132 的,但是编译器却要按照 PIC32MZ2048EFx144 去编译,因此会引发编译错误。在修改 Device 完成后打开 Harmony 3 的配置器,如图 11.6 所示。

图 11.6　Harmony 3 的启动菜单

打开 IIC 引脚配置图,如图 11.7 所示。

我们将 IIC 的逻辑输出口对应到相应的物理引脚上,其原理与 UART 相同,具体配置如图 11.8 所示,这样,我们就把引脚 95、96 设置为 SCL 和 SDA。

在这里将 Available 单击成绿色的小方块。然后单击保存,重新生成代码。Harmony 3 的代码生成按钮如图 11.9 所示。

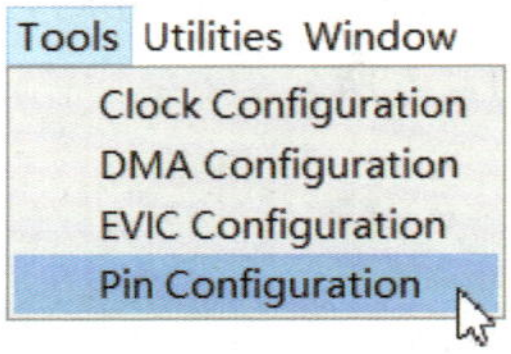

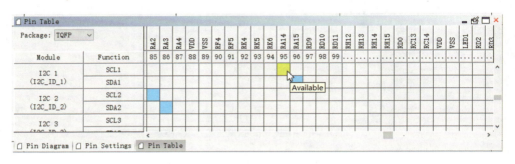

图 11.7　Harmony 3 的引脚配置菜单项

图 11.8　Harmony 3 的引脚配置表(按外设功能分类)

图 11.9　Harmony 3 的代码生成按钮

　　此时,要面临 Merge 的三种方式,默认是手工合并,也就是在生成代码时,旧的代码和新的代码用哪个的问题,一个是用旧代码,另一个是用新代码覆盖旧代码,还有一个是逐条手工合并。此时,我们修改手工合并为用新代码覆盖旧代码,但建议读者熟悉了之后尽量用手工合并的方式,如图 11.10 所示。

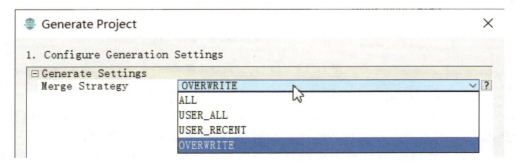

图 11.10　生成代码的不同方式

此时再编译就没有问题了，因为工程中依赖的代码已经被 Harmony 3 修改成 PIC32MZ2048EFx144 芯片了，生成代码之后编译下载运行即可。

如果需要调试代码，则把配置位按照如图 11.11 所示进行修改。

```
/*** DEVCFG0 ***/
#pragma config DEBUG =      ON
#pragma config JTAGEN =     OFF
#pragma config ICESEL =     ICS_PGx2
```

图 11.11　代码的配置位

下载程序，运行即可。

硬件连好后的线路图如图 11.12 所示。

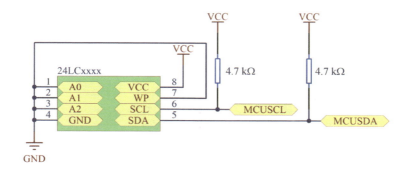

图 11.12　IIC 和 EEP 的连接原理图

实际连接图如图 11.13 所示。

图 11.13　IIC 和 EEP 的实际连接图

小 结

笔者在实际操作过程中大部分时间都花在了 GIT 版本的迁移上，真正通过 Harmony 3 的操作用了不到 4 min 就将一个 IIC 的驱动演示程序从 PIC32MZ1025W104132 芯片改到了 PIC32MZ2048EFx144 芯片上，并且顺利编译，运行结果也正确。通过阅读数据手册、调试修改寄存器是不可能以如此高的效率完成 IIC 的驱动移植工作的，读者可以通过后面的习题进行实战操作；另外，在 Harmony 3 的 MHC 运行、启动时可能会遇到版本不兼容的问题，读者自己可以尝试解决，如果解决不了，后面的章节会介绍具体的解决方法。

11.3　直接配置 SAME51 的 IIC 通信

读者掌握了从现成的 Demo 移植的方法，下面再练习一下从 Harmony 3 直接配置 SAME51J19A 的方法。首先，新建一个工程打开 MHC 并且拖动至图 11.14 所示位置。

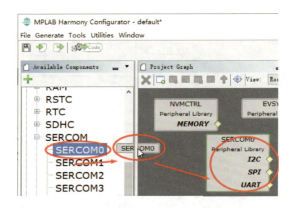

图 11.14　Harmony 3 的工程模块

然后，在 SERCOM0 上选择 IIC 功能，如图 11.15 所示。

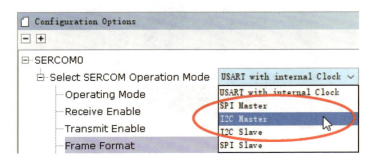

图 11.15　Harmony 3 的配置选项菜单

接着，确定好 SERCOM0 的 I/O 端口，在如图 11.16 所示的 Pin Table 我们发现引脚 13 和引脚 14 可用，将其配置成 IIC 所需的 SERCOM0_PAD1 和 SERCOM0_PAD2。

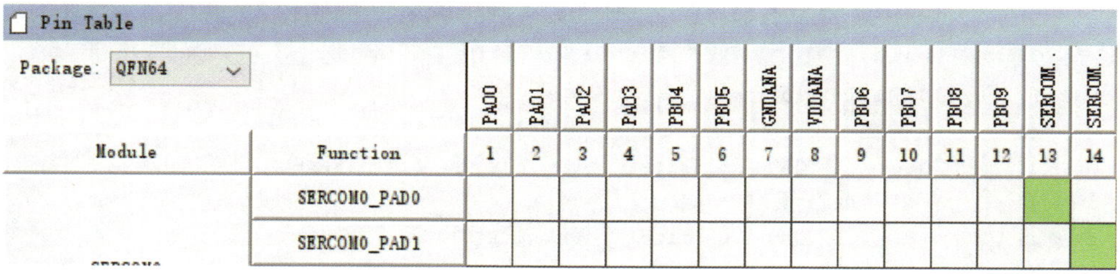

Pin Table														
Package: QFN64 ∨		PAD0	PAD1	PAD2	PAD3	PBO4	PBO5	GNDANA	VDDANA	PBO6	PBO7	PBO8	PBO9	SERCOM..	SERCOM..
Module	Function	1	2	3	4	5	6	7	8	9	10	11	12	13	14
	SERCOM0_PAD0													■	
	SERCOM0_PAD1														■

图 11.16 配置引脚 13、14

生成代码，方法如前文所述，生成后利用最简方法驱动 IIC 访问 EEP，如例 11.1 所示。

例 11.1 IIC 的控制代码。

```
#define XDELAYTIME 320000
#define DevAdd     0x0050
#define AddrHiBit  0x00
#define AddrLoBit  0x00
static uint8_t Tx[] = {AddrHiBit,AddrLoBit,0xE1,0xE2,0xE3,0xE4,0xE5,0xE6};
static uint8_t Rx[sizeof(Tx) - 2];
void delay(unsigned long x)
{   volatile unsigned long i;
    for(i = 0;i <= x;i ++ ) asm("NOP");
}
int main ( void )
{   SYS_Initialize ( NULL );
    while ( true )
    {   SERCOM0_I2C_Write(DevAdd, &Tx[0], sizeof(Tx));
        delay(XDELAYTIME);
        SERCOM0_I2C_Write(DevAdd, &Tx[0], 2);
        delay(XDELAYTIME);
        SERCOM0_I2C_Read(DevAdd, Rx,sizeof(Rx));
        delay(XDELAYTIME);
        delay(XDELAYTIME);
    }
    return ( EXIT_FAILURE );
}
```

我们运行程序时，在 while(true)的第二个 delay 下面设一个断点，然后查看 Rx 的数值，如图 11.17 所示。

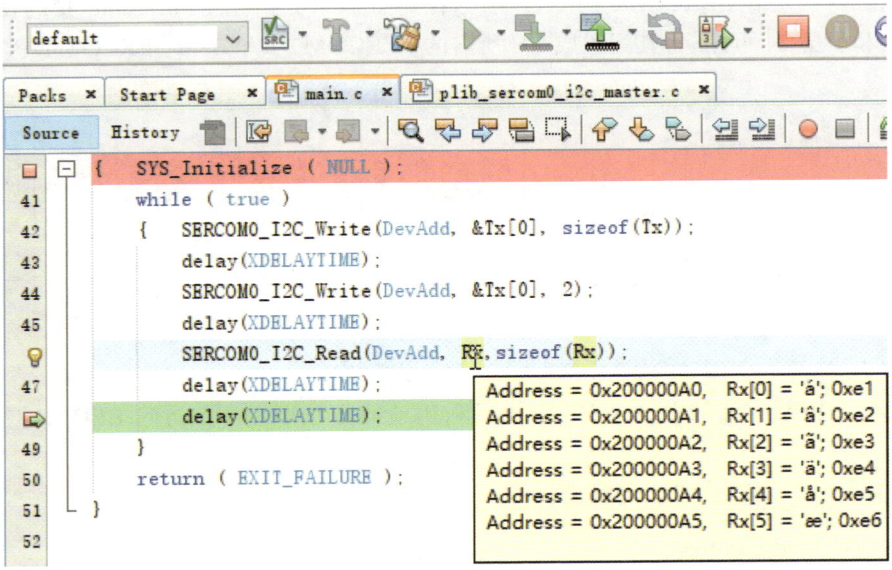

图 11.17　SAME51 的 IIC 读/写代码的调试过程

本章总结

可以看到,我们成功地从 EEPROM 中读出了正确的写入值,在上例中我们利用 delay 对冲了 IIC 标志位的等待机制。但是这不是最科学的方法,而是最快最简单的方法。读者可以以 10 倍的延时时间进行加减测试,等调整到合适的延时之后读/写正常了,再反过来去查阅标志位并检测,从而将代码的效率提升到最优。对于嵌入式驱动的开发要学会简化问题,将最基本且最重要的需求达成之后再去修改优化,这样容易成功,如果引入的变量太多,则会陷入细节陷阱,从而导致主要矛盾茫无头绪。

习　题

1. 编译并运行本章软件,下载地址如下:

```
git clone https://gitee.com/skylergit/bookdata.git
```

代码子目录:IIC。

2. 尝试运用本书思路找一款 Microchip 公司的 32 位 MCU,用 Harmony 3 工具将 IIC 调整好,并且成功读/写任意一款 EEP。

3. 运用本书的思路尝试将 csp 中其他读者感兴趣的外设也移植一番,体会运用 Harmony 3 快速移植工程的效率与乐趣。

第 **12** 章

输入捕捉和输出比较

简单来说,输入捕捉(IC)和输出比较(OC)是一个定时器和 I/O 口的配合操作功能。

输入捕捉一般用来对外部输入的较高频率的信号进行计数和分析。具有此功能的一个引脚配合定时器与外部电平状态发生变化,不妨假设为下降沿,开始计数。当定时器开始计数后引脚又有外部中断进入,不妨假设为上升沿,在中断的作用下,定时器停止工作。再读取一次定时器数值,两次相减,就可求出两次中断的间隔时间,从而实现较为精确的边沿计数等功能。

输出比较需要一个寄存器先存放要定时的数。定时器在内部时钟下开始计数,每一次计数值都会与该寄存器值比较,当等于该寄存器值时引脚就会跳变(输出一高电平或低电平)。输入捕捉和输出比较的应用场合包括:马达相位的测量、霍尔传感器信号的捕捉、PWM 调速信号的捕捉、遥控器信号的接收、PWM 调制信号的输出、特定波形信号的产生等。

12.1 输出比较简述

在描述输出比较之前要说明一点,下面的寄存器如果用 x 代表具体的数值,例如 1,2,3,则下文中的 OCx 的含义就是 OC1,OC2,OC3,…。

输出比较模块主要用于响应选定的时基事件生成单个脉冲或一系列脉冲。下面介绍 PIC32MZ 输出比较模块的三种模式:

第一种是"Initialize OCx Pin low; compare event forces OCx Pin high",也就是 OCx 的初始化引脚为低,当时钟计数条件满足时输出变高,其控制位是 OCM=1。

第二种是"Initialize OCx Pin high; compare event forces OCx Pin low",也就是 OCx 的初始引脚为高,当时钟计数条件满足时将引脚拉低,其控制位是 OCM=2。

第三种是"Compare event toggles OCx Pin",也就是当时钟计数条件满足时进行交替输出,其控制位是 OCM=3。

这三种模式是我们要运行的三种模式,其目的主要是让读者明白输出比较的基本含义,并且实际运行 Demo。对于其他的输出比较模式有兴趣的读者可以参考数据手册。下面我们运行 Harmony 3 的输出比较 Demo,并且将其修改成肉眼可见的脉冲输出。在运行 Demo 以前我们以单端比较模式翻转输出为例,先讲解一下输出比较模式的基本原理,如图 12.1 所示。

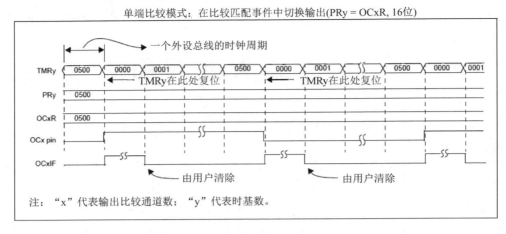

图 12.1　单端比较模式

从图 12.1 可以看出,OCx pin 的输出取决于 TMRy 的运行和 OCxR 的配置,当时钟每次运行到 OCxR 设置的计数时,OCx pin 开始反转。下面打开 Harmony 3 的输出比较例子,在目录:…\HarmonyFramework\csp\apps\ocmp\ocmp_compare_mode\firmware 打开 Demo 之后再打开 Harmony 配置器,具体方法前文"在 Harmony 3 下配置时钟输出界面"已经描述。在运行该 Demo 之前值得一提的是其 PPS 引脚,在本书介绍 UART 和 I/O 口的章节中详细描述了 PPS 的含义,读者可以参阅,其中 OCx 的引脚也是符合 PPS 配置的含义,换句话说,OCx 这个逻辑引脚可以定义为不同的物理引脚,Harmony 3 中的配置器在 Tools→Pin Settings→Pin Diagram 中,如图 12.2 所示。

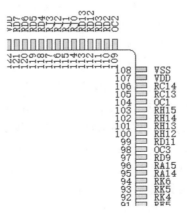

图 12.2　Harmony 3 的部分引脚配置图(按物理引脚排列)

可以看到,绿色的部分将物理引脚 98,104 和 109 分别定义成了 OC3、OC1 和 OC2,其代表了三种不同的输出比较方式,分别是低变高、高变低和高低交替脉冲输出。由于 Demo 的脉冲输出是 1.6 kHz 左右,这样的速度肉眼是无法分辨的,本书将 Demo 略加修改,使其变为 300 ms 左右的闪烁频率,这样肉眼就可以分辨了。下面我们着手进行代码的修改:在 TMR2_Initialize() 函数中找到代码,如例 12.1 所示。

例 12.1　设置周期。

```
/ * Set period * /
PR2 = 30000U;
```

该代码设置 Timer2 的计数周期,首先将其变成 PR2＝0xFFFF;并且在其前边加入代码,如例 12.2 所示。

例 12.2　设置分频比。

```
T2CONbits.TCKPS0 = 1;
T2CONbits.TCKPS1 = 1;
T2CONbits.TCKPS2 = 1;
```

这样,Timer2 的时钟就被分频成 300 多毫秒的周期了,将这个物理引脚接入一个 LED 灯,可以看到它开始不断闪烁,这样就可以观察输出比较方式输出的脉冲了。具体线路原理图如图 12.3 所示。

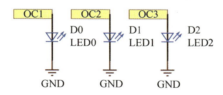

图 12.3　输出比较接线原理图

12.2　输出比较 PWM 模式

PIC32MZEF 系列单片机的 PWM 控制是由 OC 输出比较引脚完成的,可以用于调光、调压等场合。下面介绍利用 Harmony 3 来生成简单的 PWM 调光模式,并且用面包板的一个 LED 灯来展示 PWM 调光的输出结果。其中,引脚 31 为 AN3 的输入口,负责截取 R1 可调电阻的电压;引脚 11 是 OC1 的输入引脚,负责输出比较 PWM 口的输出。

值得一提的是,PWM 从单片机的引脚直接输出的驱动电流是较弱的,如果是功率小的 LED 灯珠,一般只需要几十毫安电流,这种情况下还勉强够用,但将 PWM 口的输出电流直接灌入 LED 也并非是规范的做法。如果是功率大的 LED 灯珠,当其驱动电流达到上百毫安甚至几百毫安时,可以考虑引入相应的放大电路再进行相关操作,请读者参阅 I/O 口的章节,这里就不再赘述了。实验如图 12.4 所示。

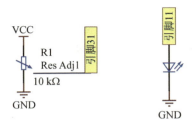

图 12.4　输出比较 PWM 原理图并且用可调电阻输入

新建 Harmony 3 工程的步骤前文已述,这里不再赘述。下面我们来看看 PPS 引脚选择,如图 12.5 所示。

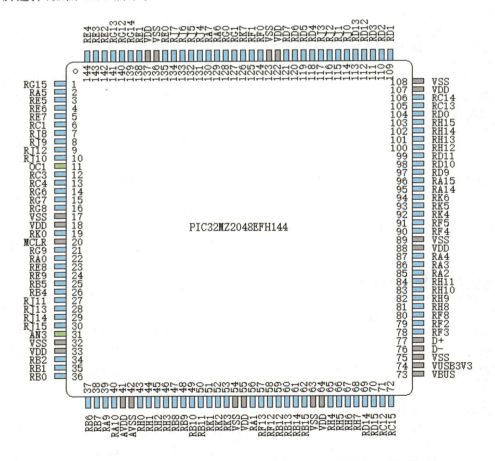

图 12.5　Harmony 3 PIC32MZ2048EFH144 的引脚配置图(按物理引脚排列)

从图 12.5 可以看出,引脚 31 设置为 AN3 的输入口,引脚 11 设置为 OC1 的输出口,这样就完成了物理外设的设置。

12.3　输入捕捉简述

PIC32MZ 的输入捕捉是通过定时器和外部引脚相配合,对从外部引脚灌入的信号进行计数测量。输入捕获模块在需要频率(周期)和脉冲测量的应用中很有用。当 ICx 引脚发生电平跳变的事件时,输入捕获模块将捕获所选时基寄存器的 16 位或 32 位的计数值。本次 Demo 的输入捕捉的脉冲由输出比较 OC 灌进来,做一个自环系统。下面根据时序图大致描述一下输入捕捉的过程,如图 12.6 所示。

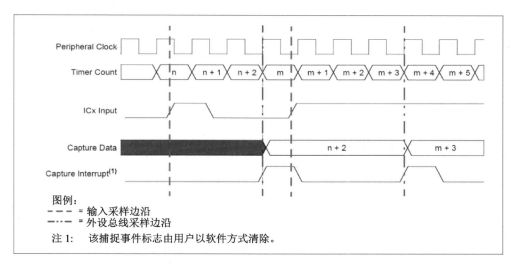

图 12.6　输入捕捉时序图

启动一个 Timer 作为计数的时基,当 ICx 输入引脚发生电平变化也就是输入采样边沿发生变化时,开始计数,等到下一个边沿发生变化时,计数结束,从而得出两个边沿之间的计数值。下面分析一下 Harmony 3 的输入捕捉的 Demo。打开基于 PIC32MZ2048EFx144 芯片的输入捕捉的 Demo,其路径如下:

…\HarmonyFramework\csp\apps\icap\icap_capture_mode\firmware

在 main.c 的主函数中有三个主要函数:

- OCMP3_Enable(),该函数的作用是从输出比较的引脚发出 Toggle 的波形,让输入引脚去捕捉。
- ICAP1_Enable(),该函数的作用是从输入的引脚接收 Toggle 波形,并且进行计数捕捉。
- TMR2_Start(),该函数的作用是使能计时器,该计时器是输入捕捉和输出比较的时基。

另外，该 Demo 还使用串口对计数器接收到的数据进行显示。其原理图如图 12.7 所示。

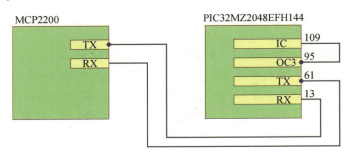

图 12.7　MCP2200 和 MCU 的连接

将 MCP2200 与计算机连接，此时，由引脚 95 的 OC3 发出的 Toggle 脉冲就被引脚 109 的输入捕捉进行捕捉测量，从而实现测量波形个数的功能。

本章总结

输入捕捉和输出比较是 MCU 定时器模块的两种重要功能，主要用于精确测量外部信号或生成特定时序信号。

输入捕捉（Input Capture，IC）常用于精确测量外部信号的脉宽、周期或频率。当外部信号（如 PWM、脉冲、编码器信号）触发指定边沿（上升沿/下降沿）时，定时器自动记录当前计数值（时间戳）。它的工作原理是通过配置触发边沿（上升沿、下降沿或双边沿）信号触发定时器，然后把计数值锁存到输入捕捉寄存器，通过计算时间差（两次捕捉的差值）以确定脉宽或周期。它的典型应用是测量 PWM 占空比、频率（如遥控器信号）、编码器信号解码（计算转速）、超声波测距（计算回波时间）等。

输出比较（Output Compare，OC）常用于精确生成 PWM、方波或单脉冲信号。它通过比较定时器计数值和预设值去控制输出引脚电平变化。它的工作原理是通过设置比较值去决定信号翻转的时间点。当定时器计数不断累加到预设的时间点时，触发中断从而进行特定操作，例如翻转输出引脚电平（生成 PWM 或定时信号）。它的典型应用是生成 PWM（控制电机、LED 亮度），产生精确延时或定时触发信号，驱动蜂鸣器、舵机等外设。

简言之，输入捕捉→测量时间（外部信号分析）；输出比较→生成信号（PWM、定时控制）。两者通常基于同一个定时器硬件，在嵌入式系统中广泛应用于电机控制、传感器信号处理、通信时序管理等场景。

习　题

1. 编译并运行本章软件，克隆地址如下：

```
git clone https://gitee.com/skylergit/bookdata.git
```

输入捕捉代码子目录：IC。

输出比较代码子目录：OC。

输出比较脉宽调制代码子目录：OCPWM。

2. 尝试运用本书思路找一款 Microchip 公司的 32 位 MCU，用 Harmony 3 工具将 IC、OC、OCPWM 调整好，并且利用 IC 尝试解码一个 NEC 码的遥控器。

第 **13** 章

嵌入式的闹钟:定时中断

定时中断是嵌入式开发的一个重要内容,多数的项目和工程在开发过程中都会遇到定时中断的情况,在了解定时中断之前先要了解什么是中断。中断是单片机实时处理外部事件的一种内部机制。当某种外部事件发生时,单片机的中断系统将迫使 CPU 暂停正在执行的程序,转而去处理中断事件;中断处理完毕又返回被中断的程序处,继续执行下去。定时中断则是单片机最常用的一种中断形式。

13.1　利用 Harmony 3 方便地配置中断

单片机在自主运行时一般是在执行一个无限循环程序,在没有外界干预(输入信号)时它基本处于一个封闭状态。例如一个电子时钟,它会按时、分、秒的规律自主运行,并通过输出设备(如液晶显示屏)把时间显示出来。在不需要对它进行调校时它不需要外部干预,自主封闭地运行。如果这个时钟足够准确而又不掉电,则它可能一直处于这种封闭运行状态。但事情往往不会如此简单,在时钟刚刚上电或时钟需要重新校准,甚至时钟被带到不同时区时,就需要重新对时钟进行调校,这时就要求时钟必须具有调校功能。单片机系统往往不是一个单纯的封闭系统,有时它恰恰需要外部的干预,这是一个 I/O 口按键外部中断的例子。另外,时钟按照分秒运行本身也是基于精确的时钟溢出中断。中断分内部中断和外部中断两种,这里我们讨论外部中断。

Harmony 3 的外部中断是怎样定义和设置的呢?对于一个中断的中断源的配置,如图 13.1 所示。

在这里可以选择中断使能,配置中断的优先级以及配置中断的句柄名称。当代码生成完毕后,中断的硬件服务程序的入口在 interrupt.c 里边,如图 13.2 所示。

此时在这里挂上断点,如果外部中断条件满足信号发生,就可以进入终端服务程序了。在这里笔者多说一句,在嵌入式开发中有时看似软件导致的故障其真正原因并非是由软件造成的。笔者在调试 USB 驱动时就发现中断总是进不去,以为是中断配置设置问题导致的,经反复核查初始化的寄存器配置,最后排查的结果竟然是 VBUS 的供电不足导致 VBUS 电压不够,从而导致中断进不去。所以,在硬件中断的软件调试中,一是要满足其外部硬件发生条件,二是初始化设置要正确,这二者均要注意。

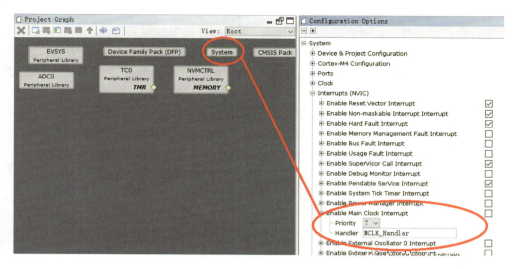

图 13.1　Harmony 3 工程模块图

```
67    void I2C1_MASTER_InterruptHandler ( void );
68    void DRV_USBHS_InterruptHandler ( void );
69    void DRV_USBHS_DMAInterruptHandler ( void );
70    void GLCD_Interrupt_Handler ( void );
71
72
73
74    /* All the handlers are defined here.  Each will call its PLIB-specific function. */
75    void __ISR(_CORE_TIMER_VECTOR, ipl1AUTO) CORE_TIMER_Handler (void)
76    {
77        CORE_TIMER_InterruptHandler();
78    }
79
80    void __ISR(_UART1_FAULT_VECTOR, ipl1AUTO) UART1_FAULT_Handler (void)
81    {
82        UART1_FAULT_InterruptHandler();
83    }
```

图 13.2　中断句柄代码

13.2　利用 Harmony 3 生成一个简单的定时中断程序

用 Harmony 3 生成一个定时中断的程序需要考虑注意以下几点：首先要确定时钟源和分频比。换句话说，要确定 Timer 的时钟源是外部时钟还是内部时钟，需要多少分频。然后,需要对时钟的寄存器进行初始化操作,并且确定中断的定时时间,再通过合理的分频和时钟溢出值进行配合,从而达到要求的中断时间。最后,将中断服务程序做好。Harmony 3 免除了读者通过阅读详细的数据手册来配置寄存器的烦恼,通过简单的鼠标点选和代码生成即可完成时钟计时器的设置。下面我们设置一个任务,利用 Timer 做一个间隔 1 s 闪烁的 LED 灯控制器。

首先,通过阅读数据手册得知,Timer1 和 RTCC 的时钟源都是 Secondary Oscillator,也就是辅助时钟,一般是 32 768 Hz,从而得到较为精确的秒时计。从 Timer2 开始,可以使用内部的快速时钟源,由于本实验板没有连接晶振,所以我们选择 Timer2 为实验对象,从而方便使用内部 FRC 作为时钟源。打开 Hamrony 3 配置器的时钟输出界面,如图 13.3 所示。

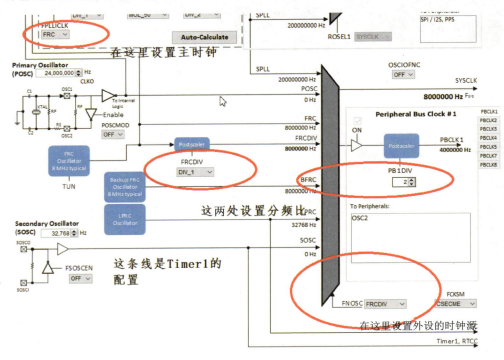

图 13.3　Harmony 3 时钟配置图

我们通过图 13.3 中画圈的几处设置点可以方便地设置 Timer2 的时钟源和分频比。设置好后打开 Harmony 3 的主设置界面,也就是说,当生成完一个新的工程后,打开 MHC 配置器,其工程图形配置界面如图 13.4 所示。

打开 Available Components→Peripherals→TMR→TMR2,如图 13.5 所示。

我们将 TMR2 移动到 Project Graph 窗口,如图 13.6 所示。

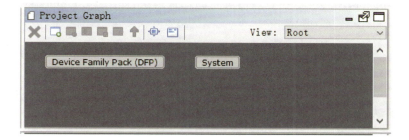

图 13.4　Harmony 3 工程模块图(1)

图 13.5　Harmony 3 可选组件

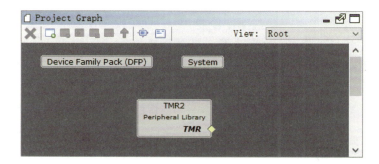

图 13.6　Harmony 3 工程模块图(2)

然后单击 TMR2 方块，在右边出现它的配置选项，如图 13.7 所示。

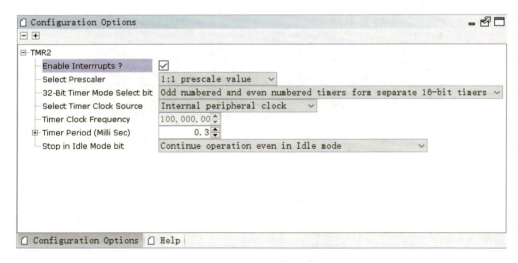

图 13.7　Harmony 3 功能模块配置选项(1)

在这里可以看到它有一些配置选项，例如：我是否需要中断？时钟源的分频比是多少？用 32 位还是 16 位的计数模式？其中最重要的就是 Timer Period(Milli Sec)这个选项。这就是时钟中断的溢出时间设置，也就是中断的间隔。它和时钟源、分频比相互配合，但是最终都是要落实到这个溢出时间的。可以说，我们对 Timer2 的几乎所有操作都是为了得到这个正确的结果。如果没有 Harmony 3 的配置功能，自己通过翻阅数据手册来生成正确的溢出中断时间，将是一个非常耗费精力的工作。我们将 Timer Period 设置成 1 000 ms，也就是 1 s，如果此时我们发现它无法设置成 1 000，那么就是因为它的分频和溢出时间超过了最大值，此时，我们需要检查时钟源配置，如图 13.8 所示。

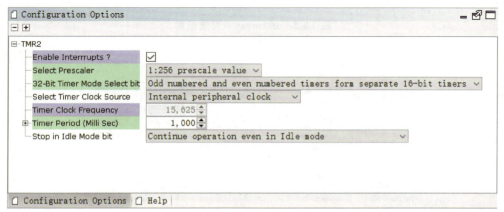

图 13.8　Harmony 3 功能模块配置选项(2)

设置好后,需要调试代码,还需要设置代码调试位和调试口序号,单击 Project Graph 的 System 项,然后对其配置位进行设置,如图 13.9 所示。

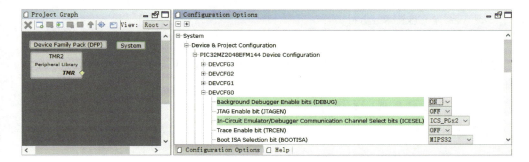

图 13.9　Harmony 3 功能模块配置选项(3)

完成后,单击生成代码,如图 13.10 所示。

图 13.10　Harmony 3 的代码生成按钮

然后保存配置,单击 Save As 按钮,如图 13.11 所示。

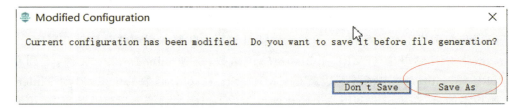

图 13.11　是否将修改的配置存盘

保存后,单击右上角的"×"关闭窗口,然后单击生成代码即可。代码生成完毕进入 Main.c,代码如例 13.1 所示。

例 13.1　生成的代码 main.c。

```
int main ( void )
{
    /* Initialize all modules */
    SYS_Initialize ( NULL );
    while ( true )
    {
        /* Maintain state machines of all polled MPLAB Harmony modules. */
```

```
        SYS_Tasks ( );
    }
    /* Execution should not come here during normal operation */
    return ( EXIT_FAILURE );
}
```

此时，我们找到"SYS_Initialize（NULL）;"按住 Ctrl 键单击这个函数进入这个函数的定义函数，如例 13.2 所示。

例 13.2 生成的代码系统初始化。

```
void SYS_Initialize ( void * data )
{
    /* Start out with interrupts disabled before configuring any modules */
    __builtin_disable_interrupts();
    CLK_Initialize();
    /* Configure Prefetch, Wait States and ECC */
    PRECONbits.PREFEN = 3;
    PRECONbits.PFMWS = 2;
    CFGCONbits.ECCCON = 3;
    GPIO_Initialize();
    TMR2_Initialize();
    EVIC_Initialize();
}
```

可以看到，系统初始化函数包含了所有的配置功能的初始化代码，Harmony 3 已经帮我们做好了初始配置，下面的工作就是编写中断服务程序并且启动 TMR2。

按住 Ctrl 键单击"TMR2_Initialize();"函数，跳到 plib_tmr2.c 文件，看到在 TMR2_Initialize(void) 函数下边就是 TMR2_Start(void) 函数的定义，启动 Timer2 的操作很简单，在主函数调用这个函数即可。为了以阴影强调显示修改的部分，笔者将代码修改抓图，如图 13.12 所示。

```
int main ( void )
{
    /* Initialize all modules */
    SYS_Initialize ( NULL );
    TMR2_Start();
```

图 13.12　很多 Harmony 3 生成的驱动都有类似"使能""开始"之类的函数

注意：有个小技巧与读者分享一下，很多 Harmony 3 生成的驱动都有类似"使能""开始"之类的函数，而且它一般会被安排在外设库文件的初始化函数前后。外设的初始化函数是自动生成之后调用的，而"使能""开始"这类函数却不会自动调用，它需要手动调用。我们可以在系统初始化函数中找到相应的外设初始化函数,按下 Ctrl 键之后就跳转到它的定义区域,在上下文中大概率会发现"使能""开始"之类的函数,复制到主函数然后调用即可。

进入中断处理函数,如图 13.13 所示。

```
/* All the handlers are defined here.  Each will call its PLIB-specific function. */
void __ISR(_TIMER_2_VECTOR, ipl1AUTO) TIMER_2_Handler (void)
{
    TRISDbits. TRISD1=0;
    LATDbits. LATD1=~LATDbits. LATD1;
    TIMER_2_InterruptHandler ();
}
```

图 13.13　中断处理函数

阴影部分为添加的代码,其含义就是启动 TMR2,并且在中断服务程序当中操作 I/O 口翻转。需要说明的是,如果按照规范的写法,应当把中断服务程序进行回调函数的注册,然后将 I/O 口翻转的代码放置到回调函数中。

13.3　直接写一个简单的定时中断程序

我们通过对 Harmony 3 的代码分析可以看到,Timer2 需要经过以下几个步骤的设置,在这里笔者省略了时钟配置的部分,是为了通过以下代码给读者展示出一个基本的中断程序需要的配置要素。

首先,"void __ISR(_TIMER_2_VECTOR,ipl1AUTO)TIMER_2_Handler (void)"语句是中断的书写形式,其需要"#include <sys/attribs. h>"作为支撑。然后,需要设置中断的优先级,如:"IPC2SET = 0x400 | 0x0;"。接下来对 TMR2 的单元进行初始化设置:用 T2CONCLR 进行初始化设置。具体包括 T2CONSET 对分频、选择位等进行设置,TMR2 对中断计数器进行设置,PR2 对时钟周期进行设置,IEC0SET 对使能中断进行设置,然后令"T2CONSET = _T2CON_ON_ MASK;"可以直接打开 TMR2,从而启动时钟。我们新建一个工程,然后设置一个 main. c 程序,写入代码如例 13.3 所示。

例 13.3　生成的代码如下:

```
# pragma configDEBUG = ON
# pragma config ICESEL = ICS_PGx2
# include <xc. h>
# include <sys/attribs. h>
void __ISR(_TIMER_2_VECTOR, ipl1AUTO) TIMER_2_Handler (void)
{    LATDbits. LATD1        =    ~LATDbits. LATD1;
```

```
        IFS0CLR = _IFS0_T2IF_MASK;
    }
    void EVIC_Initialize( void )
    {   INTCONSET = _INTCON_MVEC_MASK;
        IPC2SET = 0x400 | 0x0;
    }
    void TMR2_Initialize(void)
    {   T2CONCLR = _T2CON_ON_MASK;
        T2CONSET = 0x70;
        TMR2 = 0x0;
        PR2 = 15625U;
        IEC0SET = _IEC0_T2IE_MASK;
    }
    void main(void)
    {   __builtin_disable_interrupts();
        TMR2_Initialize();
        EVIC_Initialize();
        __builtin_enable_interrupts();
        T2CONSET = _T2CON_ON_MASK;  // TMR2 start.
        TRISDbits.TRISD1   = 0;
        while(1);
        return;
    }
```

以上代码可以直接运行，RD1 可以进行闪烁。通过以上代码，我们可以梳理出启动一个中断的大致流程：首先关闭全局中断，然后初始化中断对象的设置寄存器，设置其分频、优先级等参数，再打开全局中断，最后打开分中断即可。

本章总结

MCU 的定时器（Timer）是嵌入式系统中的核心外设，用于时间管理、信号生成、测量和事件控制。不同定时器（基本定时器、通用定时器、高级定时器）功能有所差异，但核心用途可归纳如下：首先是基础计时功能，包括：延时控制，它替代软件延时（如 delay_ms()），提高 CPU 效率；任务调度（如 RTOS 的时间片轮询）；系统时钟基准，提供时间戳（如记录事件发生时间）和为其他外设（ADC、DAC、通信接口）提供同步时钟。其次是信号生成，很多 PWM（脉宽调制）是用 Timer 作为时基实现的，从而完成驱动电机（调节转速）、LED（调光）、舵机（控制角度）。另外，通过配合输出比较（OC）或 PWM 模式可以实现方波/脉冲输出，从而生成固定频率的时钟信号（如蜂鸣器驱动）和触发外部设备（如 ADC 采样启动信号）。再次是信号测量与分析，常配合输入捕捉（IC）完成，例如测量脉冲宽度、频率（如红外遥控信号、编码器转速）。超声波测距（计算回波时间）。当 Timer 在计数器模式下也可以统计外部事件次数（如光电编码器脉冲计数）和实现频率计功能（通过外部信号触发计数）。最后笔者要说明的是定时触发与中断是 MCU 中最常用的场景，定时中断可以周期性执行任务（如每 1 ms 采集一次传感器数据）。有些看门狗也采用定时器。在某些面向对象的 MCU 编程中，Timer 也用于事件触发，从而实现与其他外设联动（如定时触发 ADC/DMA 传输）。在某些特殊场景中，Timer 也有一些高级应用，例如生成/解码特定时序（如红外 NEC 协议、单总线协议），在休眠模式下唤醒 MCU（RTC 定时唤醒）等。

　　MCU 定时器的核心作用是"时间管理"，定时器的灵活配置使其成为嵌入式系统设计中不可或缺的模块，广泛应用于工业控制、消费电子、物联网等领域。

习　题

1. 编译并运行本节软件，克隆地址如下：

```
git clone https://gitee.com/skylergit/bookdata.git
```

代码子目录：Timer2。

2. 尝试运用本书思路找一款 Microchip 公司的 32 位 MCU，用 Harmony 3 工具将 Timer 调整好，并且做一个 500 ms 延时的 LED 闪烁灯。

第 **14** 章

嵌入式的宠物：看门狗

看门狗（WDT）是一种有条件复位 MCU 的机制，在嵌入式软件开发过程中，偶尔会遇到无法预知的软件 Bug 或者硬件干扰导致的软件异常。这种异常有可能导致程序代码运行到一些无法预知的地方进入死循环，从而导致程序运行失败。用看门狗可以解决这个问题，当程序运行到无法预知的死循环中，看门狗可以强行使 MCU 复位从而恢复正常。但是看门狗是嵌入式开发中一个比较有争议的话题，对于看门狗有两派不同的意见，有的人认为看门狗提升了软件系统的鲁棒性，而有的人认为对于嵌入式开发的代码要排除一切可能的故障，从而提升系统的稳定性，反对轻易地利用看门狗去复位系统。这两种看法都有一定的合理性，但是在实际的市场应用中，看门狗还是得到了广泛应用。本章介绍在 Harmony 3 下如何方便地设置看门狗。

看门狗在实际应用中分为两种类型，超时狗和窗口狗。超时狗的使用方法是在整个超时周期内都可以喂狗，而窗口狗在某个特定的窗口周期内有效，其他时间喂狗无效。在 MCU 的软件设计中，让 MCU 死等的情况要利用程序的算法进行改善。

14.1　用 Harmony 3 写一个简单的看门狗程序

本代码的设计需求：在面包板上设置一个 LED 灯，在初始化阶段让 LED 灯快速闪烁，然后进入 While 主循环慢速闪烁。在程序初始化的过程中我们启动看门狗，在快速闪烁的过程中我们启动看门狗清零程序，从而让看门狗不会启动。在主循环中我们不去启动看门狗清零程序，从而触发看门狗的复位，此时，程序启动的效果就是 LED 灯一会儿快速闪烁（重启），一会儿慢速闪烁（运行）。

用 Harmony 3 可以方便地设置看门狗。看门狗的设置步骤如下：首先需要设置计数时钟源，设置完毕后还要设置看门狗使能并且打开计数时钟源的分频，然后调用 API 使能看门狗即可。

打开 Hamrony 3 配置器的看门狗设置如下：

首先，在 Available Components 界面中找到 CORE TIMER 组件，如图 14.1 所示。

然后将其拖动到 Project Graph 容器中，打开 Harmony 3 功能模块配置选项，在 Project Graph 窗口单击 CORE TIMER 组件，然后在配置页面勾选使能中断模式和 Generate Periodic interrupt，如图 14.2 所示。

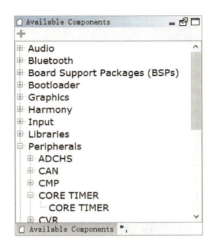

图 14.1　Harmony 3 可选组件

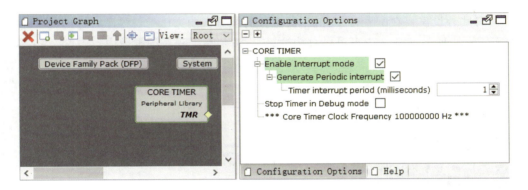

图 14.2　Harmony 3 功能模块配置选项

接着在 GPIO 的物理引脚选择图上将该引脚改成 GPIO，如图 14.3 所示。

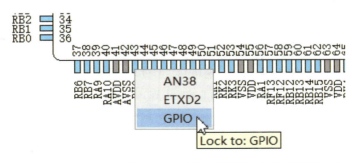

图 14.3　在 Harmony 3 的引脚配置图（按物理引脚排列）中将引脚改成 GPIO

然后设置好 LED 的 GPIO 属性和分配它的 PPS，我们选取引脚 43 为 GPIO，然后在引脚表中将 NAME 改成 LED0，如图 14.4 所示。

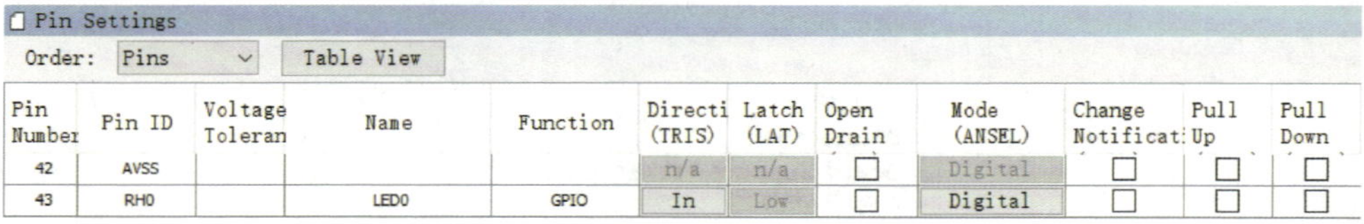

图 14.4　Harmony 3 的引脚配置表中配置引脚(具体功能详细设置)

最后回到物理引脚页面,发现修改已经生效,名称已经改好了,如图 14.5 所示。

图 14.5　引脚修改已生效

有些外设需要在配置位中开启,配置位的设置在前文已经说过了,需要再提一句的是,它在 Harmony 3 中也可以直接设置,方法是在工程对话框图中单击 System 模块,然后进入配置位设置页面对相应的配置位进行设置,如图 14.6 所示。

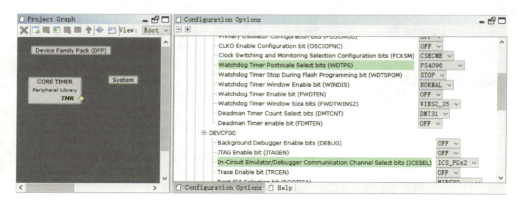

图 14.6　Harmony 3 工程模块图配置位设置页面

将看门狗定时器预分频定为 PS4096,并且将仿真器的通道选择定义为 ICS_PGx2 即可。接下来我们再使能 WDT,如图 14.7 所示。

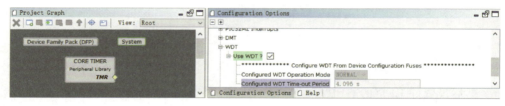

图 14.7　Harmony 3 工程模块图

　　下面生成代码，并且进入代码修改页面。在生成的 Main. c 文件中，调用"LED0_OutputEnable();"函数来把 LED0 的端口设置成为输出，调用"WDT_Enable();"函数来启动看门狗，调用"CORETIMER_Start();"函数启动内核定时器帮助看门狗进行定时。

　　然后我们在"While(true)"之前写一个"StartFlag()"函数来快速闪烁 LED 灯，在"While(true)"里边调用"LED0_Toggle();"和"CORETIMER_DelayMs(1000);"函数来慢速闪烁 LED 灯，在"StartFlag()"函数调用"WDT_Clear();"函数来对看门狗计数器进行清零。

　　最后，在"While(true)"中我们不调用"WDT_Clear();"函数，从而引发看门狗启动事件重启 MCU。

14.2　欠压复位 BOR 简述

　　下面介绍一个与看门狗功能类似的外设欠压复位（以下称为 BOR）。我们在针对 MCU 研发的过程中，往往有着干净的电源、稳定的复位，但是这在量产的产品中往往是缺乏的甚至是奢侈的。上述情况在复杂的电磁环境和恶劣场合中表现更加明显，例如汽车、工业应用的产品。对于某些实时性要求不高的控制场合，例如冷库温控、车灯启动等场合，允许 MCU 在启动时经过一两次复位而达到稳定的运行。但是，电源电压在上升过程中往往会发生抖动，这种抖动在接近 MCU 上电复位的电压阈值时有可能给 MCU 带来灾难性的后果。换句话说，对于这些场合，慢点启动没关系，能够稳定运行就好。这就是我们必须关注 BOR 设置的原因。

　　在英文中 Brown 有着中间地带的意思，实际编程中我们在针对 MCU 编程时往往考虑的都是布尔型的状况，例如：通电、断电、逻辑 0、逻辑 1，有信号、没信号，高电平、低电平等。但是，任何电器的运行都不是离散的，而是连续的。因此，在量产的过程中我们要考虑中间地带的情形。比如对于某些 MCU，它的内核（core）电压是不一样的。刷写 Flash 和保持 MCU 内核有时需要不同的电压。以 SAME51 为例，MCU 内核需要的电压为 1.2 V，在这个电压下，内核是可以运行的，但是外设因为供电不足的问题会引起故障。在电路电压上升的过程中这种故障有时是致命的，笔者在支持某互联网大厂的过程中就遇到过 BOR 引起的 Flash 被改写、系统不断电就无法复位的情况。BOR 使用会消耗几百微安的电流，所以某些客户的产品采用电池供电时会关掉 BOR 以改善功耗，也有些客户使用外挂的芯片提供类似功能。做 MCU 开发的工程师脑子里需要有 BOR 和 POR 的概念，也就是欠压复位和上电复位。其中，POR 要考虑时序和陡度。笔者还曾经听说过，因模拟 VDD 与数字 VDD 分开供电时陡度不一致而导致系统故障。

　　因此，BOR 是单片机可靠性的一项重要功能，它不仅可以解决电源上下电时电压噪声导致 MCU 运行异常的问题，而且可以解决因为电流不足导致电压被拉低而引发 MCU 运行异常的问题。以上问题统称为单片机的"电量不足"。许多单片机具有保护电路。它可检测电源电压何时低于此水平,并将设备置于复位状态,以确保在电源恢复时正确启动。与 BOR 类似的功能有低电压检测(LVD),或者欠压检测(BOD)。后者更复杂,增加了对多个电压电平的检测,可以在触发复位之前产生中断从而记录现场。之所以把 BOR 与看门狗放在一起叙述,是因为它们起的作用类似,都是保证程序通过复位达到稳定运行的状态。对于没有 BOR 或者类似配置的单片机来说,很有可能是它已经内置并且打开了相应的位,否则,最好加一个外部电压检测复位芯片。同样以 SAME51 为例,描述如何打开 BOR。在 SAME51 中它称为 BOD33,起到类似的作用。我们可以通过代码来设置,也可以直接在配置位中设置。不过,对于这款 MCU,建议以代码方式设置,如例 14.1 所示。

例 14.1 针对 SAME51 的 BOD 的软件设置方法。

```
volatile uint32_t i;
i   =   SUPC_REGS ->SUPC_BOD33;        //读取当前配置位
i   =   i | 0x02;                       //软件设置 BOD,具体位参考数据手册
SUPC_REGS ->SUPC_BOD33 = i;             //将 BOD33 的设置到真正的物理寄存器
```

14.3 熔丝位(配置位)

虽然本节内容已经在前文叙述过了,但是值得再次强化一下认识。我们在针对 MCU 研发的过程中,需要知道 MCU 的很多启动配置。例如,它是需要内部晶振还是外部晶振?如果是外部晶振如何进行分频?需不需要内部狗?如何设置芯片的内部标识 ID?这些初始化的配置需要由 MCU 的熔丝位(配置位)来完成。这些配置对于 PIC 系列和 SAM 系列的单片机是不一样的。在 PIC 系列中,我们可以直接在 IDE 中进行设置,然后将设置配置位的代码复制到代码中即可。配置位的设置菜单如图 14.8 所示。

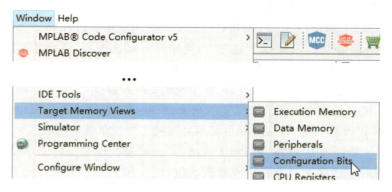

图 14.8 配置位的设置菜单

一般在 PIC 中常用的配置是选择 Debug 功能的开关、选择调试口、选择内部晶振还是外部晶振以及分频、选择是否开启看门狗、选择主晶振的类型是无源晶振还是

有源时钟或者内部 RC 振荡器，等等。选择好后单击 General Source Code to Output 按钮，会生成如例 14.2 所示的代码，然后将其粘贴到 ♯include＜xc.h＞的前边即可，如图 14.9 所示。

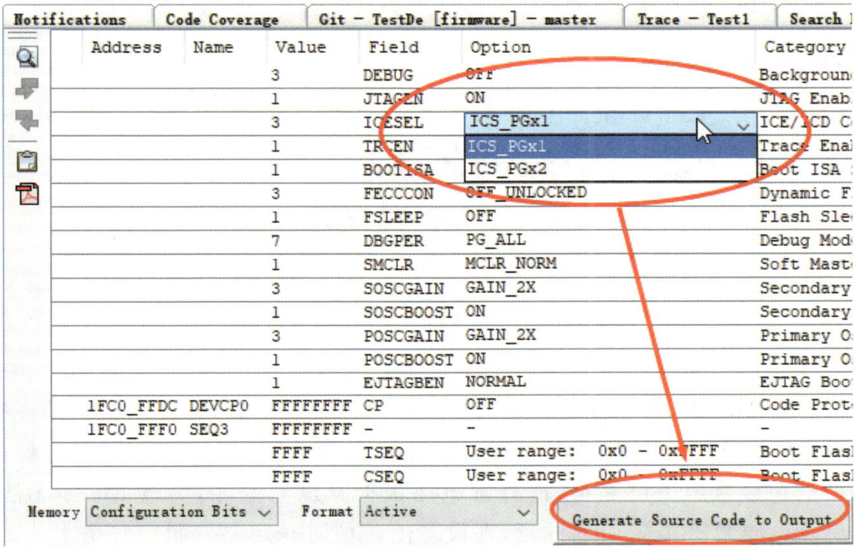

图 14.9　设置配置位

例 14.2　生成的熔丝位的设置代码如下：

```
♯pragma config FDMTEN = ON
// DEVCFG0
♯pragma configDEBUG = OFF
♯pragma config JTAGEN = ON
♯pragma config ICESEL = ICS_PGx1
♯pragma config TRCEN = ON
♯pragma config BOOTISA = MIPS32
♯pragma config FECCCON = OFF_UNLOCKED
```

14.4　PIC 的配置位和 SAM 的熔丝位的区别

在 IDE 中，与 PIC 系列的配置位不同，SAM 系列单片机在打开配置位窗口之前需要读取熔丝位然后才能设置。读取步骤与 PIC 类似，否则会出现以下警告窗口，如图 14.10 所示。而 PIC 的配置位可以直接进行设置，不需要进行读取。

如何读取 Memory 呢？前文已经介绍过了，下面我们重复一下。首先将开发板和计算机连接好，然后单击读取按钮即可。另外，旁边的小三角也可以实现不同的读

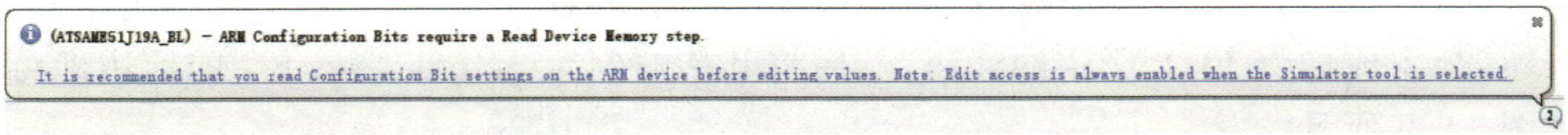

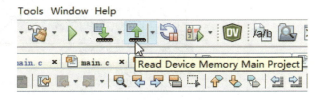

ⓘ (ATSAME51J19A_BL) — ARM Configuration Bits require a Read Device Memory step.

It is recommended that you read Configuration Bit settings on the ARM device before editing values. Note: Edit access is always enabled when the Simulator tool is selected.

图 14.10　SAM 系列如果不读取 MCU 就设置配置位,则会失败并出现警告条

取选项,如图 14.11 所示。

图 14.11　SAM 系列读取 MCU 按钮

读取完毕即可按照与 PIC 类似的方法进行熔丝位的配置了,笔者不再赘述。这里再分享一个小故事,多年前笔者开发 Mega 系列单片机时,曾发生过因熔丝位设置不当导致 MCU 无法启动的情况。当时电路板上默认用的是内部振荡器,但是因为不慎将熔丝位设置成外部晶振,而外部电路板上又没有晶振,导致 MCU 无法启动,带来了麻烦。这点亦需要引起注意,在设置熔丝位时一定要弄明白它是干什么的,不要盲目设置。

本章总结

笔者发现本章的内容在实际生产过程中要么被忽视,要么被极端重视。原因很简单,因为如果时钟、电源、复位、EMI、EMC、软件鲁棒性、系统容错性做得非常好,则加不加看门狗不影响生产,但一般会把 BOR、BOD 这些位打开;否则,需要添加上电复位电路进行补偿。笔者在实际技术支持过程中多次遇到生产线上汇报生产一批产品偶发几个无法工作的情况,这多半是复位电路没有处理好,导致 MCU 进入了混乱和失序的状态。一般来讲,把 BOD、BOR 这些位打开即可,这在研发过程中往往被忽视,但是在生产过程中必须重视。

习　题

1. 编译并运行本章软件,克隆地址如下:

git clone https://gitee.com/skylergit/bookdata.git

代码子目录:WDT。

2. 在 SAME51 上运行软件配置 BOD33 位的代码。

第 **15** 章

嵌入式的笔记本：Flash 读/写

快闪存储器(Flash Memory)，是一种电可清除存储器，它允许在操作中被多次擦/写。这种技术主要用于一般性数据存储，以及在计算机与其他数字产品间交换传输数据，如储存卡与 U 盘。闪存是一种特殊的、以块擦除的 EPROM。早期的闪存一次抹除，就会清除掉整颗芯片上的数据，目前大部分的 MCU 单片机都运用了分区块闪存技术，从而实现了对目标代码的可编辑功能。在单片机的内部 Flash 闪存的资源不一定都被程序代码所占用，这样其余的部分就可以用来存储数据或者进行自身更新，从而实现更新程序代码的功能(也就是我们常说的 BootLoader)。以上这些都涉及 Flash 的读/写功能。对于数据的保存分两种情况：Flash、EEPROM、硬盘等可读/写存储器都是掉电之后可以保存数据的；DDR、PSRAM 等存储设备都是掉电后数据丢失的。对于掉电后可以保存数据的存储介质，统称为 NVM(非易失性存储器)。对于 NVM，在嵌入式系统中常用两种保存方式：一种是 EEPROM(电可擦除存储器)，另一种是 Flash(闪存存储器)。这两者存储机制不同，导致两者的可靠性和稳定性也不同。一般来说，需要擦/写次数多、稳定性高的场合一般用 EEPROM；存储量大、擦/写次数少的场合用 Flash。另外，有些应用场合要求大量反复读/写，同时又要求掉电非易失，则可以用铁电存储器或者 NVRAM 等方案。Microchip 公司也有部分 NVRAM 的产品，感兴趣读者可以联系 Microchip 公司当地的工程师咨询。

15.1 用 Harmony 3 写一个简单的闪存读/写程序

本代码的设计需求：在面包板上设置一个 LED 灯，在程序启动时初始化阶段让 LED 灯熄灭，然后进入 Flash 闪存读/写程序。在程序初始化的过程中，先向目标 Flash 写入一个字符串 HelloWorld，然后再从 Flash 闪存中同样的地址读出字符串，如果读出的字符串与写入的字符串匹配，则点亮 LED 灯；否则 LED 灯保持熄灭状态。

用 Harmony 3 可以方便地设置 Flash 读/写，启动 Hamrony 3 配置器，然后打开闪存读/写设置模块，具体方法如下：在 Available Components 外设下拉条目中找到 NVM 组件，然后将其拖动到 Project Graph 容器中，如图 15.1 所示。

拖动后在工程模块图中出现 NVM 模块，单击后可以进行设置，如图 15.2 所示。

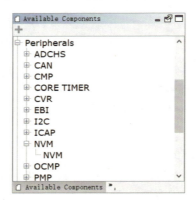

图 15.1　Harmony 3 可选组件

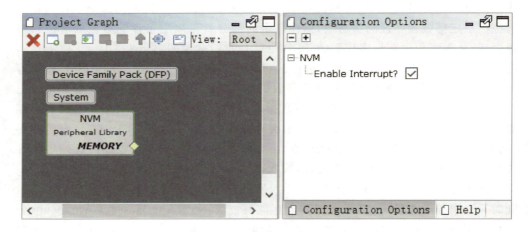

图 15.2　Harmony 3 工程模块图

15.2　理解 Flash 的读/写机制

在讲解针对 Flash 的操作之前，需要先理解 Flash 的读/写机制。与硬盘、EEP-ROM 等非易失性存储器（NVM）不大一样，在向 Flash 器件进行写入操作时，由于物理特性的限制，它只能将逻辑 1 写成逻辑 0，而不能将逻辑 0 写成逻辑 1，因此，在对 Flash 写入时，为了保证写入的数据正确，需要先有一个"擦除"的动作，将一整片 Flash 区域全部擦除成 0xFF，然后再写入，数据就正确了。因此，对于 Flash 一般不能实现按照 Byte 进行随机写入，而是对一整片区域写入，这与能够支持随机读/写的 NVM 设备是不同的。即使有些 API 封装了类似 ByteWrite 的函数，它也是将整片 Flash 读取出来，然后擦除之后再整片地写回去，只是写回去时仅仅改了一个 Byte 而已。

15.3　volatile 的奥妙

在读者利用 C 语言进行 NVM 读/写操作之前一定要搞清楚 volatile 的概念。因为 NVM 读/写速度比 CPU 和高速缓存慢，如果对数据不加以限制，很容易在 NVM 读/写中发生不可预知的错误。volatile 牵涉到优化、调试、运行诸多方面的知识。可以这么说，一个有经验的嵌入式工程师一定会对 volatile 有深刻的认识。我们知道，数据在处理机中有不同的存储位置，有的存在内存中，有的存在寄存器中，有的存在外设中，而不同的存储位置往往代表不同的处理速度和性能，例如，寄存器型的变量处理速度非常快，但是数量较小，一般是几字节到几十字节；而 RAM 型的变量数量较大，一般是几百字节到几百 K 字节，处理速度相对较慢。因此，在函数中定义一个变量，如果不加 volatile，则有可能被编译器优化成寄存器型的变量，而寄存器型的变量有可能无法在 Debug 时正常地显示；但是，如果加了 volatile 修饰词，它会告诉编译器，请不要优化这个变量，这样，在 Debug 时它每次访问都会小心地从 RAM 中进行读/写，那么 Debug 就能正常显示这个变量了。

volatile 和 coherent 都是起类似作用的修饰词，一个告诉系统不要优化这个变量，另一个告诉系统不要把它放在高速缓存。在实际应用中，常变的变量经常会用 volatile 进行修饰，有些特殊功能寄存器映射的变量，例如 I/O 口由于也是常变的，所以也会用 volatile 进行修饰。在编译设置中也可以对程序的优化等级进行调整，此为后话。

15.4　NVM 的读/写、调用和调试方法

在针对 NVM 进行相关的读/写操作时，往往需要将 Flash 的代码读出并做比较。先把写入 Flash 的代码运行一下，然后再与没有写入 Flash 的代码进行比较，就知道 NVM 是否成功地写入了。

在 Harmony 3 对于 NVM 的读/写中，生成代码后就可以对 NVM 的读/写函数进行调用了，如例 15.1 所示。

例 15.1　NVM 利用 Harmony 3 生成后具体读/写调用的例子。

```
# define READ_WRITE_SIZE (NVM_FLASH_PAGESIZE)
# define BUFFER_SIZE     (READ_WRITE_SIZE / sizeof(uint32_t))
# define APP_FLASH_ADDRESS (NVM_FLASH_START_ADDRESS + (NVM_FLASH_SIZE / 2))
# include <stddef.h>                     // Defines NULL
# include <stdbool.h>                    // Defines true
# include <stdlib.h>                     // Defines EXIT_FAILURE
# include "definitions.h"                // SYS function prototypes
static volatile bool xferDone = false;
```

```
static void eventHandler(uintptr_t context){xferDone = true;}
int arr[10] = {55};
uint32_t  writeData[BUFFER_SIZE] = {0xFFFFFFFF};
volatile uint32_t readData[BUFFER_SIZE] = {0x00};
unsigned char chout[BUFFER_SIZE];
int main ( void )
{   volatile unsigned char ch[] = "HelloWorld!";
    uint32_t i,address = APP_FLASH_ADDRESS;
    uint8_t * writePtr = (uint8_t *)writeData;
    memcpy(writeData,ch,sizeof(ch));
    for(i=0;i<BUFFER_SIZE;i++)     {readData[i]  = 0xFF;}
    SYS_Initialize ( NULL );
    NVM_CallbackRegister(eventHandler, (uintptr_t)NULL);
    while(NVM_IsBusy() == true);
    NVM_PageErase(address);
    while(xferDone == false);
    xferDone = false;
    for (i = 0; i < READ_WRITE_SIZE; i += NVM_FLASH_ROWSIZE)
    {   /* Program a row of data */
        NVM_RowWrite((uint32_t *)writePtr, address);
        while(xferDone == false);
        xferDone = false;
        writePtr += NVM_FLASH_ROWSIZE;
        address  += NVM_FLASH_ROWSIZE;
    }
    NVM_Read(readData, sizeof(writeData), APP_FLASH_ADDRESS);
    memcpy(chout, writeData,sizeof(ch));
    return ( EXIT_FAILURE );
}
```

在本例中,"NVM_PageErase(address);"负责将 Flash 的存储区块擦除掉,
"NVM_RowWrite((uint32_t *)writePtr,address);"把 writePtr 缓冲区的内容写
入以 address 开头的区域中,"NVM_Read(readData,sizeof(writeData),APP_
FLASH_ADDRESS);"负责将"APP_FLASH_ADDRESS"地址开头的数据读出到
"readData"句柄。读者可以下载该例程进行实验。

本章总结

MCU 的 Flash 存储器主要用于存储程序代码和用户数据,其读/写操作在嵌入
式系统中具有重要作用,主要用途如下:一是存储固件代码,Flash 是 MCU 的非易失

性存储器,用于存放编译后的程序(如.bin 或.hex 文件),Bootloader 支持固件更新 (通过 UART、USB、OTA 等方式写入新程序),中断向量表存储 MCU 启动时的中断服务程序(ISR)入口地址。程序运行时通常只读,避免运行时修改导致异常。二是数据存储,例如系统配置参数,如 Wi-Fi/蓝牙模块的 MAC 地址、校准数据、IP 地址等;用户设置,如 LCD 背光亮度、语言选项、设备 ID 等;运行日志与历史记录,黑匣子数据,设备运行状态(如故障日志、传感器历史数据);事件记录,如工业设备的操作日志、电量统计等。三是 EEPROM 模拟,部分 MCU 无独立 EEPROM,可使用 Flash 模拟 EEPROM(需磨损均衡算法)。四是固件升级,远程升级(OTA)等应用, 它通过无线通信(Wi-Fi/蓝牙)更新固件,新固件写入 Flash 备用区,校验后替换旧程序。Microchip 公司的 dsPIC 系列有双 Bank(双备份)机制:Bank1 运行当前固件, Bank2 存储新固件,升级失败可回滚。五是 Flash 操作的一些高级应用,例如动态数据管理,临时存储待处理数据(如未上传的传感器数据);标记固件状态(如是否首次启动、升级状态);存储加密密钥、证书等敏感信息(需写保护);某些 MCU 需通过 Flash 存储 FPGA 的比特流文件。

不同于 EEPROM,Flash 操作注意写入前需擦除:Flash 只能按页(Page)或扇区 (Sector)擦除,不能单字节修改。它的寿命也比 EEPROM 要短,Flash 有擦/写次数限制(通常 10 000~100 000 次),频繁写入需优化存储策略。Flash 的写入速度较慢,它比 RAM 慢得多,高速数据存储建议结合 RAM 缓存。这里特别强调的是, Flash 写入受中断的影响很大,某些 MCU 在 Flash 写入时会暂停 CPU 执行(需关闭中断)。

Flash 是 MCU 的核心存储介质,合理使用可提升系统灵活性和可靠性,但需注意寿命、速度和安全性问题。

习　题

1. 编译并运行本章软件,克隆地址如下:

git clone https://gitee.com/skylergit/bookdata.git

代码子目录:NVM。

2. 重新建立一个工程,并且实现 NVM 的读/写功能。

第 **16** 章

汽车开发的最爱：CAN 总线

CAN 是 Controller Area Network 的缩写，是 ISO 国际标准化的串行通信协议。在汽车产业中，出于对安全性、舒适性、方便性、低功耗、低成本的要求，各种各样的电子控制系统被开发出来。这些系统之间通信所用的数据类型及对可靠性的要求不尽相同，由多条总线构成的情况很多，线束的数量也随之增加。为适应"减少线束的数量"和"通过多个 LAN 进行大量数据的高速通信"的需要，1986 年德国电气商博世公司开发出面向汽车的 CAN 通信协议。此后，CAN 通过 ISO 11898 及 ISO 11519 进行了标准化，在欧洲已是汽车网络的标准协议。CAN 的高性能和可靠性已被认同，并广泛应用于工业自动化、船舶、医疗设备、工业设备等方面。现场总线是当今自动化领域技术发展的热点之一，被誉为自动化领域的计算机局域网。CAN 的出现为分布式控制系统实现各节点之间实时、可靠的数据通信提供了强有力的技术支持。

16.1 CAN 总线的基本特性

CAN 有如下基本特性：
- 总线的访问采用基于优先权的多主机方式；
- 非破坏性的基于线路竞争的仲裁机制；
- 利用接收滤波对帧实现了多点传送；
- 支持远程数据的请求；
- 配置灵活；
- 数据在整个系统范围内具有一致性；
- 有检错和出错通报功能；
- 仲裁失败，或传输期间故障损坏的帧能自动重发；
- 能区分节点的临时故障和永久性故障，并且能自动断开故障节点。

16.2 基本的 CAN 通信所需要的器件和连接方式

CAN 总线的物理拓扑一般包括如下组件：处理器、CAN 控制器、CAN 收发器、端接电阻、CAN 设备等。一般来说，带 CAN 功能的处理器会集成 CAN 控制器，很少集成 CAN 收发器。如果要组建 CAN 网络则需另外连接 CAN 收发器。下面画一个简单的汽车 CAN 总线控制电路，如图 16.1 所示。

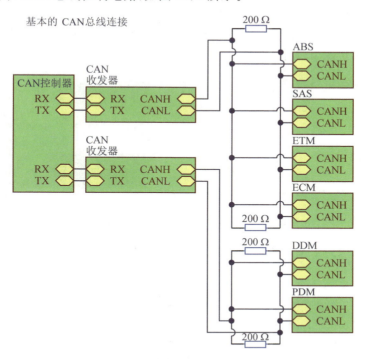

图 16.1　一个简单的 CAN 总线控制电路

一般来说，MCU 会集成 CAN 控制器，而不会集成 CAN 收发器。简单的 CAN 总线控制电路由 MCU 向 CAN 控制器收发信号，CAN 控制器向 CAN 收发器传递，CAN 收发器将收发信号进行差分处理，然后传递到 CAN 总线或者由 CAN 总线接收数据。下面介绍一款常用的 CAN 收发器：MCP2551。它是 Microchip 公司出品的一款高速 CAN 收发器，具有容错功能，用作 CAN 协议控制器和物理总线之间的接口。MCP2551 为 CAN 协议控制器提供差分发送和接收能力，并与 ISO－11898 标准完全兼容，包括 24 V 要求。它能以高达 1 Mb/s 的速率运行。MCP2551 的引脚图如图 16.2 所示。

下面利用 MCP2551 和 PIC32MZ2048EFx144 搭建一个基础的 CAN 收发系统。本例中所用的开发板可以是前文自制的开发板，也可以是用户购买的标准开发板，本章的关键是掌握用 Harmony 3 迅速搭建 CAN 总线的驱动程序并且调通。

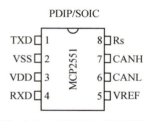

图 16.2　MCP2551 的引脚图

16.3　自制 Demo 板连接和搭建

新建 Harmony 3 的工程后,打开工程模块图,将带有 CAN 功能的模块从外设库中移到工程模块图中,如图 16.3 所示。

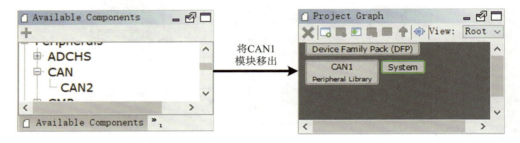

图 16.3　将 CAN 模块移至工程模块图中

在这里可以对 CAN 模块进行设置。对于默认的设置,只需要做如图 16.4 所示的修改即可。

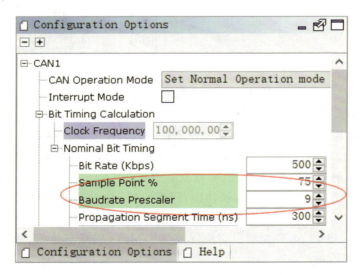

图 16.4　Harmony 3 功能模块配置选项

然后在引脚设置对话框中找到 CAN 模块后分配引脚,如图 16.5 所示。

此时,CAN 引脚就分配完毕了,实际 MCU 与其相关器件连接如图 16.6 所示。

下面以 PIC32 为例介绍控制 CAN 总线需要的代码段。

首先,对 ID 和消息长度进行设置,如例 16.1 所示。

例 16.1　对 CAN 总线的 ID 和数据长度进行设置。

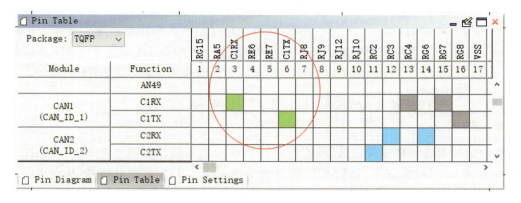

图 16.5　Harmony 3 的引脚配置表（按外设功能分类）

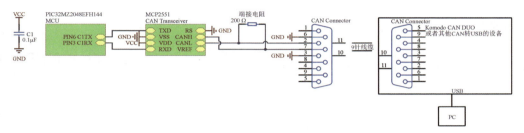

图 16.6　基于 PIC32 和 MCP2551 的基本 CAN 总线的连接

```
messageID = 0x469;
messageLength = 8;
```

然后，在主循环中判断中断标志，如果状态正常则接收，并发送，如例 16.2 所示。

例 16.2　对 CAN 总线进行具体的写操作。

```
if (CAN1_InterruptGet(1, CAN_FIFO_INTERRUPT_RXNEMPTYIF_MASK))
{    status = CAN1_ErrorGet();
    if (status == CAN_ERROR_NONE)
    {    memset(rx_message, 0x00, sizeof(rx_message));
        if(CAN1_MessageReceive(&rx_messageID, &rx_messageLength, rx_message, 0, 1,
&msgAttr) == true)
        {
            for (count = 0; count <8; count ++ )
            {message[count] = rx_message[count] + 1;}
            CAN1_MessageTransmit(messageID, messageLength, message, 0, CAN_MSG_TX_
DATA_FRAME);
        }
    }
}
```

小 结

至此,基于 Harmony 3 的 CAN 总线收发功能的驱动程序就搭建完毕了。可以看到,整个步骤是非常简单的。下面介绍笔者在客户支持过程中关于 CAN 总线的一些与 Harmony 3 相关的知识,例如用 CAN 总线的物理层进行 UART 的通信。

16.4 利用 CAN 的物理层对其他协议进行通信

CAN 总线的鲁棒性很强,使它能够在设备间进行通信且具有较好的抗干扰能力,而且 CAN 收发器可以将 MCU 输出的 TTL 电平信号变成差分信号,从而增强了信号的抗干扰能力。在很多汽车客户中,CAN 收发器是他们存料最多的器件,他们拓展了 CAN 收发器的应用,将 CAN 收发器的 MCU 端接入 UART 的 RX 和 TX 端,从而实现利用 CAN 收发器对 UART 的通信,但是需要对收发的软件做相应的处理。

16.5 用 DUMP 解决 SAME51 工程 CAN 通信失败的例子

笔者负责的一个做车灯的客户,他们利用 SAME51J19A 芯片进行开发,其间需要 CAN 通信的功能,但怎么也调不通。我们在现成的 Demo 库中找到了 SAME54 的芯片号,复制出来后将 device 修改成了 E51,然后将 CAN0_RX 和 CAN0_TX 两只引脚设置好,如图 16.7 所示。

| 33 | PA24 | | CAN0_TX | ∨ | Digital | High Impedance | ∨ | n/a | ☐ | ☐ | NORMAL | ∨ |
| 34 | PA25 | | CAN0_RX | ∨ | Digital | High Impedance | ∨ | n/a | ☐ | ☐ | NORMAL | ∨ |

图 16.7 SAME51 的 CAN 引脚的设置

运行后发现,发送是正常的,但接收总是失败,调试程序发现停在这个条件的外边,如图 16.8 所示。

```
if (CAN0_InterruptGet(CAN_INTERRUPT_RFON_MASK))
{
    CAN0_InterruptClear(CAN_INTERRUPT_RFON_MASK);
```

图 16.8 调试过程中始终没有进入 CAN 中断

于是,很自然地联想到是否中断没有设置好。但是查阅了很多中断也没有解决,耽搁了许久。后来,笔者回到了 E54 的板子,再次测试发现发送和接收均正常,于是怀疑还是移植出了问题。随后,想到了 Hamrony 3 有 Dump 的功能,先将 E54 的 CAN1 模块利用 Dump Selected Components 功能

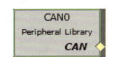

图 16.9 Harmony 3 工程模块图的 CAN 模块

将其配置导出，然后在 E51 上选择 CAN0 模块导出，与 E54 的方法相同，在 E51 上将 CAN0 模块选中的方法如图 16.9 所示。

　　将 CAN 模块的设置以可读的文本方式导出，如图 16.10 所示。图中：Dump Active Components 指的是将所有的模块导出成文本；而 Dump Selected Components 指的是将所选模块导出成文本。我们需要比较的仅是 CAN 模块，所以选择 Dump Selected Components，如果需要比较所有的模块，就可以选择 Dump Active Components。

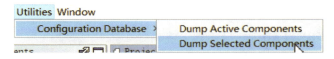

图 16.10　将 CAN 模块的设置以可读的文本方式导出

　　下一步笔者将 E51 的 CAN0 模块和 E54 的 CAN1 模块放在一起，将两个文件进行逐行比较。结果发现有很多不同，如图 16.11 所示。

　　仔细一看，原来是 CAN0 和 CAN1 名称不同，在 SAME54 的 Demo 中我们用了 CAN1 模块，而在 SAME51 中我们用的是 CAN0 模块。比较的目的是看 CAN 模块内部配置的差异而不是名称的不同，所以将名称不同忽略，也就是将两个文件的小写的 can1 和大写的 CAN1 字符串都替换成小写的 can0 和大写的 CAN0，然后再进行比较，发现不同的地方就很少了，如图 16.12 所示。

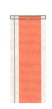

图 16.11　很多不同其实是因为 E51 和 E54 的 CAN 用了不同的口　　**图 16.12　利用 Dump 比较的原则是忽略无关的差异，抓住关键的差异**

仔细研读发现是 Type ID1 和 ID2 两项配置导致的，如图 16.13 所示。

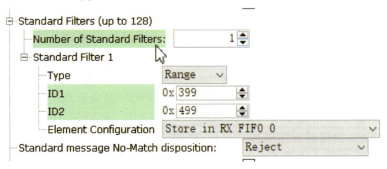

图 16.13　找到了真正的差异

将该项设置好后问题成功解决,CAN0 顺利地进入中断并达成通信。虽然事后看起来是个很简单的问题,但当时的确卡住了很久的时间。很多嵌入式开发的调试过程在成功后发现错误就像窗户纸一捅就破,但的确需要时间、经验、技巧才能完成这一过程。

16.6　10BaseT1S 简介及 Demo 搭建

16.6.1　10BaseT1S 简介

由于 10BaseT1S 和 CAN 总线在应用领域、物理层特性以及数据传输方式上有许多类似之处,虽然其通信标准属于 IEEE 802.3cg,用于局域网通信,但在实际的客户推广过程中它通常用于替代 CAN 总线,并且从物理拓扑和传输介质上它更接近于 CAN 总线,因此笔者把它放在了本章。下面介绍 10BaseT1S 与 CAN 总线的异同点:

首先是相同点。从应用领域上说,两者都常用于汽车、工业自动化等领域,适合嵌入式系统或实时控制应用;都用于低速、中速的数据通信,能够满足一些对实时性有较高要求的场景。从传输介质上看,两者都可以使用双绞线电缆进行数据传输,10BaseT1S 是单对双绞线,而 CAN 总线可以使用两条信号线(CAN_H 和 CAN_L),并且都需要端电阻。此外,两者都支持总线型拓扑,允许多个设备连接在同一物理链路上;从应用的可靠性上看,两者都具有良好的抗噪性、可靠性,适合在恶劣环境中工作,能够确保关键任务的实时通信。

其次是不同点。① 通信协议不同,10BaseT1S 是基于以太网标准的协议(IEEE 802.3cg),用于局域网通信;CAN 总线(Controller Area Network)是一种基于消息优先级的多主协议,常见于汽车和工业应用中,尤其用于控制系统。② 数据速率不同,10BaseT1S 速率可达 10 Mb/s,适合比 CAN 更高的带宽需求;CAN 2.0 的速率为 1 Mb/s,而 CAN FD(Flexible Data-rate)可以提升至 8 Mb/s。③ 物理层严格讲起来也不太一样,10BaseT1S 使用单对双绞线,支持短距离(约 25 m)的点对点或多点通信;CAN 总线通常使用两根信号线(差分信号)进行通信,可以达到更远的距离(几百米)。④ 传输方式不同,10BaseT1S 采用 CSMA/CD(载波侦听多路访问/碰撞检测)机制,多个设备同时传输可能产生碰撞;CAN 总线采用消息优先级仲裁机制,多个节点可以同时发送,但只有优先级最高的消息会成功传输。⑤ 传输范围和设备数量不同,10BaseT1S 适合在较短距离内进行数据通信,通常在汽车内或者工业设备附近;CAN 总线可以支持更远的距离以及更高数量的设备节点连接。⑥ 网络层次不同,10BaseT1S 通常用于支持以太网的更高层协议,如 TCP/IP,因此能与全球互联网连接;CAN 总线通常用于控制器内部的局域通信,不支持直接与互联网连接。

因此,10BaseT1S 提供了更高的带宽,适合需要较大数据传输的应用,但需要更多的协议栈支持。CAN 总线是一种成熟且可靠的实时控制总线,虽然数据速率较低,但其优先级仲裁机制使其在多节点实时通信中非常高效。

16.6.2　10BaseT1S 样例搭建

笔者在服务客户的过程中发现,初学 10BaseT1S 的客户对如何搭建样例不太熟悉,导致这个问题是由于入手搭建 10BaseT1S 的工程师通常对 CAN 总线开发比较熟悉而对以太网开发比较陌生,而 Harmony 3 的例子又没有手把手地告诉客户如何运行样例。下面就跟随笔者步入 10BaseT1S 的世界吧。

10BaseT1S 的开发过程从属于以太网的开发过程,在后边以太网章节中会介绍以太网的通信机制,这是开发以太网相关的工程师要明确了解的,本小节只作简要概述。在工程上应用以太网通信往往是套接字通信,套接字开发过程简单描述如下:

① 创建套接字:在程序中调用函数,创建一个套接字对象,用于网络通信。

② 绑定地址(服务器端):把套接字绑定到特定的 IP 地址和端口,告诉操作系统在哪里接收数据。

③ 监听连接(服务器端):服务器等待客户端请求,监听即将到来的连接。

④ 发起连接(客户端):客户端使用套接字去连接服务器的 IP 和端口。

⑤ 发送和接收数据:建立连接后,客户端和服务器之间可以互相发送和接收数据。

⑥ 关闭套接字:通信结束后,关闭套接字释放资源。

这是一个典型的网络通信流程,服务器等待客户端连接,双方通过套接字交换数据。我们在 HarmonyFramework 目录下可以看到有 net_10base_t1s 子目录,如果没有,可从 github 上拽一个下来,地址为:https://github.com/Microchip-MPLAB-Harmony/net_10base_t1s。

下面我们预备好如下开发板:

• SAME54(Microchip 编号 DM320210)好奇板两块:

https://www.microchip.com/DM320210

• LAN8670 - RMII 物理层连接卡(Microchip 编号 EV06P90A)两块:

https://www.microchip.com/EV06P90A

然后按照图 16.14 所示进行连接,8670 卡的 N 端相互对接,P 端相互对接。

接下来我们将程序 net_10base_t1s\apps\tcpip_iperf_lan867x\firmware\tcpip_iperf_lan867x_freertos.X 分别下载到两个开发板上,其中,一个的 IP 地址需要修改成 192.168.100.10,另一个需要修改成 192.168.100.11,它位于 src\config\FreeRTOS\configuration.h 中。

```
#define TCPIP_NETWORK_DEFAULT_IP_ADDRESS_IDX0        "192.168.100.10"
```

这两块板在计算机端通过 USB 转 UART 芯片分别枚举出了两个 UART 端口,如图 16.15 所示。

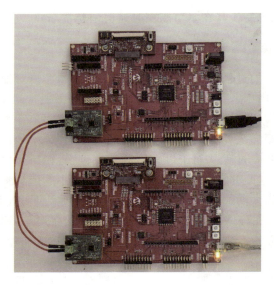

图 16.14　10BaseT1S 的连接

图 16.15　SAME54 开发板可以枚举出 UART 端口

此时,我们用 PuTTY 等串口工具分别打开两块开发板并且进行通信。首先输入 netinfo 命令,如图 16.16 所示。

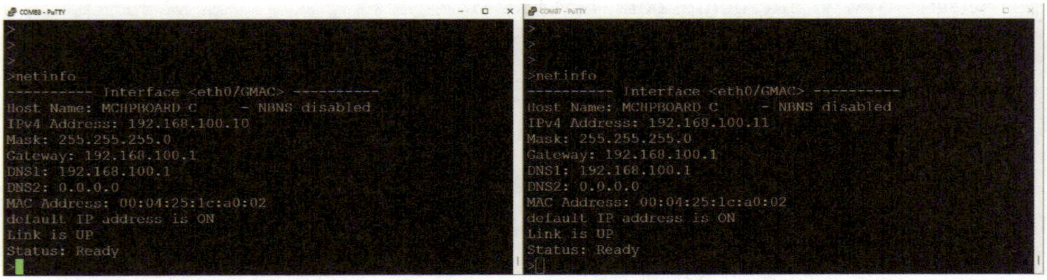

图 16.16　将两块开发板设置成不同的 IP 地址

然后用 iperf 命令对二者进行网络通信测试。下面简单介绍 iperf 命令,iPerf 是一个用于网络性能测量的工具,广泛用于测试网络带宽、吞吐量和其他网络性能指标。它支持多种网络协议和传输方式,是网络工程师和系统管理员进行网络调优和性能诊断的重要工具。iPerf 有很多特点:① 跨平台支持,iPerf 支持多种操作系统,包括 Linux、Windows、macOS 和 Android 等,方便在不同系统间进行网络测试。② 协议支持丰富,它支持多种网络协议,包括 TCP、UDP,以及 SCTP 等,用于不同场景下的网络性能测试。③ 双向测试,iPerf 支持单向和双向测试,可以进行从客户端到服务器的单向(单边)传输,也可以进行双向(全双工)传输的测试。④ 带宽测量,它能够准确测量网络链路的带宽,可以指定传输的数据量或者测试的持续时间。⑤ 多线程传输,iPerf 可以测试多条并发连接的传输性能,模拟实际网络应用中多连接负载的场景。⑥ 延迟、抖动和丢包的测试,iPerf 不仅可以测量带宽,还可以测试延迟(Latency)、抖动(Jitter)和丢包率(Packet Loss),尤其是在 UDP 测试中非常有用。⑦ 带宽限制测试,用户可以在测试中设置最大带宽,以测试网络在特定带宽下的表现。⑧ 支持加密,在一些实现中(如 iPerf 3),支持使用 SSL/TLS 进行加密传输,保证数据的安全性。

本样例程序中对类似 netinfo、iperf、ping 等网络命令进行了简单的支持,可以实现其基本常用的功能。iPerf 采用客户端-服务器模式,用户需要在一台设备上启动 iperf 服务器,在另一台设备上启动 iPerf 客户端,客户端向服务器发起数据传输请求,并测量网络性能。

下面进行实际运行。首先,把 COM88 设置为 server,输入 iperf -s 命令,如图 16.17 所示。

```
>iperf -s

iperf: Starting session instance 0
---------------------------------------------------
iperf: Server listening on TCP port 5001
>
```

图 16.17　在第一块开发板的 5001 端口启动套接字侦听

然后,在另一块作为 Client 端的开发板上连接侦听的 Server 开发板,输入对方的 IP 地址,操作如图 16.18 和图 16.19 所示。

```
>netinfo
---------- Interface <eth0/GMAC> ----------
Host Name: MCHPBOARD_C      - NBNS disabled
IPv4 Address: 192.168.100.11
Mask: 255.255.255.0
Gateway: 192.168.100.1
DNS1: 192.168.100.1
DNS2: 0.0.0.0
MAC Address: 00:04:25:1c:a0:02
default IP address is ON
Link is UP
Status: Ready
>iperf -c 192.168.100.10
```

图 16.18　输入 iperf -c 192.168.100.10 连接 Server

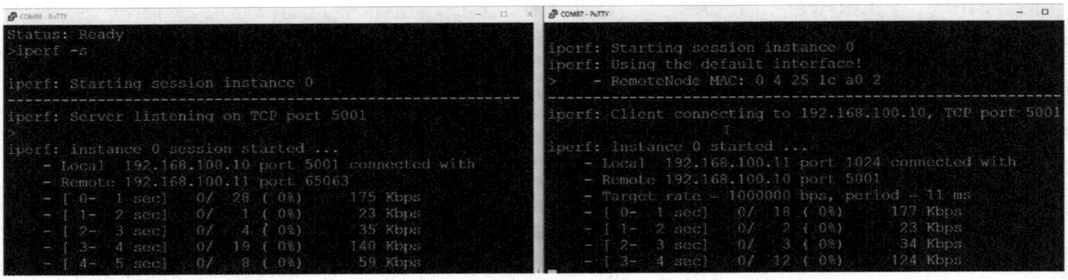

图 16.19　双方成功地收到对方的信息

本章总结

　　Harmony 3 的开发需要多种工具的配合。本章笔者就是用代码管理工具大胆地在 E54 的工程上对 E51 进行移植而不用担心代码被破坏，从而提升了工作效率。用 Dump 功能将隐藏的设置展开成可读也可比较的文本。用比较工具来看模块配置的不同，发现了隐藏的差异；用文字编辑工具来实现对字符串的查找、替换操作，从而屏蔽掉无用的信息。这些经验对于编程老手是一些基本操作，但对于新手以及 Harmony 入门者则有一定的参考价值。另外，本节利用两块 SAME54 的开发板进行了 10BaseT1S 总线的样例搭建，事实上，在工程中我们很少基于零代码进行开发，都是在现有的样例或者前任的工作基础上进行盖楼。因此，样例工程、前序工程的搭建是非常重要的开发步骤，也是新手入行的第一个实质性操作。

　　截至本节，利用 Harmony 3 对 PIC32MZ2048EFx144 和 SAM 系列单片机的基本外设的搭建与配置就结束了，我们总结一下这些不同外设搭建过程中的共同点。首先，要正确地安装、配置好 Harmony 3 这个工具，这样其他的事情就事半功倍了。但是在完成这个工作之前需要深入了解 GIT 这个版本管理工具，并且具备一定软件项目管理的知识，这样才能依照高位单片机开发的流程去工作，同时摆脱 8 位、16 位 MCU 开发过程的思维惯性。然后，处理好单片机开发的两个源：电源和时钟源。在电源方面，笔者希望通过介绍自制简单开发板去帮助读者实际测试围绕芯片本身的各种电参数，包括但不限于 MCU 的电压、电流的规范。此外，笔者在第 8 章 I/O 端口中着重介绍了引脚的电流规范和测试方法，希望读者在日后的开发过程中重视引脚电流。在时钟源方面，笔者介绍了基于 Harmony 3 的时钟配置方法，并在多个外设驱动的配置过程中重复这一点。另外，笔者还着重介绍了一些常用外设的配置方法，包括 UART、IIC、TIMER 等，有的则是直接写出寄存器，有的是用 Harmony 3 去配置。

习　题

1. 编译并运行本章软件，克隆地址如下：

```
git clone https://gitee.com/skylergit/bookdata.git
```

代码子目录：CAN。

2. 独立建立一个工程，并且将 CAN 口调试成功。

3. 按照本章所述内容，通过移植的方法将一款 Demo 程序移植到同家族的不同单片机上，体会移植的过程。

第 **17** 章

Harmony 3 的移植:构建一个 USB 通信实例

本章内容源于笔者在公司内部参加的一个小团队的任务作业。笔者的同事在多年前基于 PIC32MZ2048ECH144 开发了一套 USB 视频系统。这套系统是基于 Harmony 1 平台开发的,笔者的任务是将它移植到 PIC32MZ2048EFx144＋Harmony 3 上,其中主要的任务就是对于配置的移植。与第 11 章中 IIC 的移植不同,这里涉及了协议栈、应用层、中断、I/O 口等复杂的设备驱动,更贴近实际生产。笔者在对 Harmony 3 的技术支持过程中发现这是一个比较常见的需求,下面以此为例将过程进行详细叙述和总结以飨读者。

17.1　Harmony 3 的 USB 设备库的相关知识

首先了解一下 Harmony 3 的 USB 相关库的常识。MPLAB Harmony USB 设备库(简称 USB 设备库)为开发人员提供了多种 USB 设备的框架。可根据所选的 PIC32 或 SAM 系列的 MCU 选择全速(full speed)或高速(high speed)USB 设备,当然选择的 MCU 要能支持这种速率。例如 PIC32MX 系列就只支持全速 USB,而到了 PIC32MZ 系列就可以支持高速 USB 了。

USB 设备库有助于通过标准 USB 设备类规范函数(标准驱动程序)开发相应的 USB 设备。供应商的 USB 设备可以通过其设备层端点实现 USB 的功能。USB 设备库是模块化的,因此允许应用程序开发人员轻松设计 USB 的不同应用。USB 设备库是 Harmony 3 的一部分,安装并附带演示应用程序,这些程序演示了 USB 库的不同使用场景。它也可以修改或更新以生成自定义应用程序。本书后面会详细介绍如何将演示程序移植到用户自己的应用场景中。

Harmony 3 的 USB 设备库还具有以下功能:
- 支持不同的 USB 设备类别(CDC、音频、HID、MSD、打印机和供应商);
- 支持复合设备中同一类的多个实例;
- 支持不同速度下的多种配置;
- 支持全速和高速运行;
- 支持多个 USB 外围设备(允许多个设备堆栈);

- 具有模块化和分层的架构;
- 支持延迟控制转移响应;
- 无阻塞,支持轮询和中断操作;
- 可在 RTOS 应用程序中轻松工作。

17.2　构建 USB 设备的一些硬件的注意事项

17.2.1　振荡器的选择:高速设备往往需要高精度时钟

在前文详细叙述过时钟的有关知识,在构建低速外设时利用单片机内部的振荡器即可。但是单片机内部的振荡器往往是简单的 RC 振荡器,当需要控制超过几十MHz 的高速外设时,内部振荡器就无法提供足够的精度了。也就是说,其 RC 振荡器的基础频率经过倍频、分频等操作后无法作为高速外设的精确时钟源。此时,需要直接利用外部振荡器作为时钟源来进行简单的分频、倍频,而不是利用内部的 RC 振荡器进行复杂的分频、倍频。在 PIC32MZ2048EFx144 单片机上,我们采用了 12 MHz或者 24 MHz 的晶体振荡器作为 USB 的时钟源,由于 USB 设备需要高精度振荡器、电压控制芯片、电流保护芯片等较为复杂的硬件系统,下面笔者将以 Microchip 公司的硬件电路板为对象进行介绍。

首先了解本节所用的 Dmeo 板 DM320007。DM320007 是 Microchip 公司官方的 PIC32 系列学习开发板,其购买链接如下:https://www.microchipdirect.com/product/search/all/DM32007。

DM320007 是一个基于 PIC32MZ 系列芯片的入门套件,可以做以太网、USB 主从 OTG、GPIO 端口相关的实验,还自带板载调试器,无需连接 PICkit4 直接可以下载程序。除此之外,其开发板的相关资料在网站的链接部分都有描述,包括原理图,可以大致了解 USB 的电路部分,在今后自己绘制电路时可以参考。

17.2.2　在 Harmony 3 中配置 USB 的电源控制引脚

做 USB 驱动开发与做普通的嵌入式驱动开发的过程并不一样。USB 这种外设需要复杂的协议作为支持,而普通的嵌入式外设的驱动开发只需要对外设做简单的寄存器配置即可。因此,在做 USB 开发时,我们的主要精力是放在软件上,但是这样容易让我们对硬件的控制和调配关注不足,笔者在实际的开发过程中就犯过这样的错误。

笔者多次强调,工程师平常在嵌入式开发过程中要注意电源和时钟源。电源要注意其驱动能力也就是电流的大小,时钟源要注意其精度和波形形状。在配置 USB的过程也是如此。USB 时钟源需要选择精度较高的 12 MHz 或 24 MHz 晶振或时钟芯片,电源要关注 USB 的 VBUS 控制引脚以及供电电流的大小。举一个实际的例子:一个客户曾经用一块开发板作为 PIC32MZ2048ECH144＋480×272 显示屏幕,直接用 USB 线接到计算机上即可点亮运行。后来项目组希望升级到 800×480 的显示屏幕,他们也是直接将 USB 线接到计算机上,因为没有注意到 USB 供电电流的问题(800×480 的屏幕需要更大的驱动电流,而计算机 USB 口最多能提供 500 mA 的电流),结果这块板子折腾了长达两周屏幕都没有点亮。后来笔者到场支持,外接了一个 9 V 电源立刻搞定。原因是,虽然项目组的人员都精通编程语言和各种图形算法,但是他们没有注意到工程上最容易被忽略的问题。

下面说明 USB 的另一个小问题。对于像 USB 这样具备复杂协议的软件系统,我们往往是利用现成的代码,因为从头开始配置和编写不仅代价太大而且没有意义。那么首先面临的问题就是在哪里找到含有现成的协议的标准 Demo 程序,也就是如何快速找到和运行 Harmony 3 的 Demo 程序。

17.2.3　快速找到和运行 Harmony 3 的 Demo 程序

客户在拿到开发板后第一件事就是想把自己需要的程序烧录进去并运行起来,以方便对该硬件进行评估、测试、修改、引用。此时,面临以下几个问题:程序代码在哪里? 硬件如何搭建(包括供电、连接)? 开发板上的跳线如何设置才能符合代码需要? 如何进行具体操作? 下面进行详细说明。打开 Harmony 3 的程序目录,如图 17.1 所示。

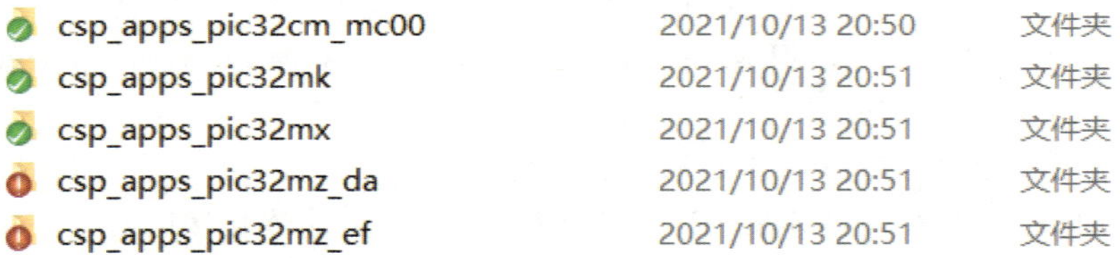

csp_apps_pic32cm_mc00	2021/10/13 20:50	文件夹
csp_apps_pic32mk	2021/10/13 20:51	文件夹
csp_apps_pic32mx	2021/10/13 20:51	文件夹
csp_apps_pic32mz_da	2021/10/13 20:51	文件夹
csp_apps_pic32mz_ef	2021/10/13 20:51	文件夹

图 17.1　Harmony 3 的目录

其中,CSP(Chip Support Package)就是芯片支持包,每一个芯片系列分类在同一个目录下,例如 PIC32MZEF 系列的都在 csp_apps_pic32mz_ef 目录下,包括一系列的 Demo 程序。要着重说明的是,csp 一般包含芯片内部的基础外设的 Demo 程序,例如 UART、IIC、RTCC、NVM 等。我们进入 csp_apps_pic32mz_ef 目录,发现有如图 17.2 所示的目录。

其中,apps 就是 Demo 程序所在的目录,docs 则回答了读者如何搭建硬件环境,如何设置跳线以及如何成功运行 Demo 程序等问题。我们进入 apps 目录,发现有如图 17.3 所示的目录。

这里每一个目录都代表单片机的独立外设,例如 adchs 是高速的数/模转换外设,can 是 can 通信外设,cmp 是比较器外设,coretimer 是内核时钟外设等。进入目录就可以运行这些 Demo 程序了。

apps	2021/9/10 18:56	文件夹	
docs	2021/10/13 20:51	文件夹	
.gitattributes	2021/9/10 18:56	GITATTRIBUTES ...	1 KB
.gitignore	2021/9/10 18:56	GITIGNORE 文件	1 KB
_config.yml	2021/9/10 18:56	YML 文件	4 KB
favicon.ico	2021/9/10 18:56	图标	5 KB
mplab_harmony_license.md	2021/10/13 20:51	MD 文件	21 KB
package.xml	2021/10/13 20:51	XML 文档	1 KB
readme.md	2021/9/10 18:56	MD 文件	11 KB
release_notes.md	2021/10/13 20:51	MD 文件	4 KB

图 17.2　csp 的目录

adchs	2021/9/10 18:56	文件夹
cache	2021/9/10 18:56	文件夹
can	2021/12/1 11:29	文件夹
clock	2021/9/10 18:56	文件夹
cmp	2021/9/10 18:56	文件夹
coretimer	2021/9/10 18:56	文件夹

图 17.3　apps 目录

需要指出的是,这些外设都是比较简单的独立外设。软件无需复杂的控制逻辑,只要寄存器设置一下即可驱动。但有些外设并非简单的寄存器配置就能驱动,例如 USB、IIS、MAC 等外设,驱动它们进行基本操作也要涉及复杂的协议、规范和大量的软件代码。这些外设有一个共同特点:应用层只需符合编码规范即可,用户无须关心寄存器如何进行复杂的配置,例如:USB、AUDIO、TCP/IP、蓝牙等。对于这些外设,我们一般会从应用的角度去查找它的 Demo 程序,而不是通过型号去查找。下面以 USB 的主从通信为例进行说明。

① 打开 HarmonyFramework\usb_apps_dual_role,如图 17.4 所示。

D:\HarmonyFramework\usb_apps_dual_role

图 17.4　usb 的 apps 目录

② 打开工程,如图 17.5 所示。

ial_role > apps > host_msd_device_hid > firmware >

名称	修改日期
pic32mz_ef_curiosity_2_0.X	2021/9/15 21:47
pic32mz_ef_sk.X	2022/2/25 14:41
src	2021/9/15 21:47

图 17.5　Demo 程序的具体目录

③ 在 MPLAB X 中打开工程,如图 17.6 所示。

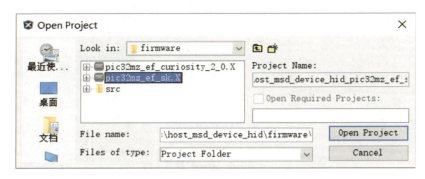

图 17.6　打开工程

④ 打开 MHC,如图 17.7 所示。

图 17.7　MHC 菜单

⑤ 单击 Launch 按钮,如图 17.8 所示。

因为 Harmony 3 框架代码 framework 的开发进度往往与应用程序 apps 的开发进度不一致,所以报出了 framework 框架版本不一致的警告对话框,如图 17.9 所示。

图 17.8　启动 MHC 菜单

图 17.9　框架版本不一致警告

事实上，Harmony 3 库文件的更新速度要比 Demo 程序的更新速度快得多，一般读者打开 Harmony 3 的标准 Demo 程序时大概率会出现这个警告框。这种情况下，我们也可以忽略警告直接打开，然后用新生成的框架代码代替旧的。如果编译能过则一般可运行，相当于我们对目标工程进行了一个升级；如果编译不过则需要将框架代码降级到与 apps 代码相一致的版本。

17.2.4　Harmony 3 的库文件降级到当前工程需要运行程序的版本

我们固然可以把 Harmony 3 库文件目录中的相关 GIT 库逐个降级，但是这里介绍一种更加简洁的方法：利用 Load Manifest 将 Harmony 3 恢复成当前工程需要的支持版本。首先启动 MHC，然后打开 Content Manager，如图 17.10 所示，如果版本不符，会出现警告，如图 17.11 所示。

图 17.10　加载 MHC 的过程

Package Versions Used vs Available

Warning : Local package versions are not compatible with the package versions in Project manifest !

Project Manifest File : harmony-manifest-success.yml
Framework Path : d:\HarmonyFramework

Package Name	Project Manifest	Local Package
core	v3.9.0	v3.9.2
dev_packs	v3.9.0	v3.9.0
gfx	v3.9.2	v3.9.4
csp	v3.9.0	v3.9.1
bsp	v3.9.0	v3.9.0

Tips : Open Content Manager and load manifest file to setup your local package versions for this project.

Continue　　Close MHC

图 17.11　版本不一致的警告

此时，回到 Embedded 打开 Content Manager，如图 17.12 所示。

单击 Local Packages 和 Load Manifest，如图 17.13 和图 17.14 所示。

在 Load Manifest 上查找当前的版本，如图 17.15 所示。

图 17.12　Harmony 3 的容器管理菜单

图 17.13　Local Packages 菜单

图 17.14　Load Manifest 链接

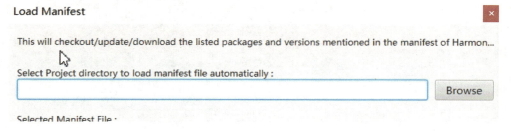

图 17.15　Load Manifest 文件或者目录的路径

　　我们需要加载含有 Harmony 配置的 xml 文件，或者.mhc 目录，或者 yml 文件，不同 Harmony 版本需要的配置文件格式是不一样的，以当前配置要求为准。利用 Copy Paths 工具复制工程路径，该功能插件安装方法在本章后面有详细介绍，这里暂不赘述,菜单如图 17.16 所示。

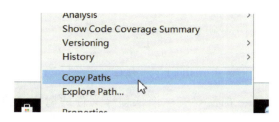

图 17.16　复制工程路径

Copy Paths 的方法可以在操作系统浏览器或者资源管理器地址栏贴出复制的工程路径,从而降低因为路径错误引发的麻烦,如图 17.17 所示。

\HarmonyProjects\MyProject_4\firmware\

图 17.17　资源管理器地址栏

我们以 yml 文件为例,如图 17.18 所示。

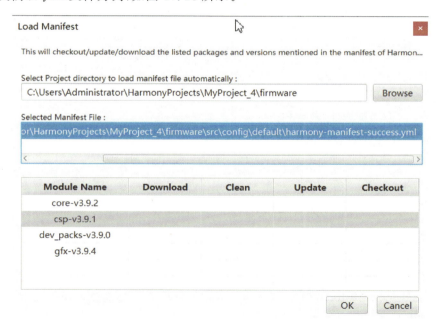

图 17.18　装载 yml 文件

可以看到,Load 上述 yml 文件之后版本就恢复与工程配置相同的版本了,此时,还可能会发生:PlugIn 的版本冲突,会出现如图 17.19 所示的错误。

这是因为 Harmony 在调整版本中配置的插件与当前库文件发生了冲突。

图 17.19　插件冲突

Harmony 的每一个 Demo 都需要有一个依赖库文件的版本,这些版本有时是冲突的。有时,虽然没有这个对话框,但是生成代码会发生严重的错误,导致无法编译,这些隐含的情形都是插件错误引起的。它的解决方法如下:打开 PlugIn 的操作界面,查阅版本为 3.5.0,此时选择 Plug 插件,然后单击 Uninstall 卸载,如图 17.20 所示。

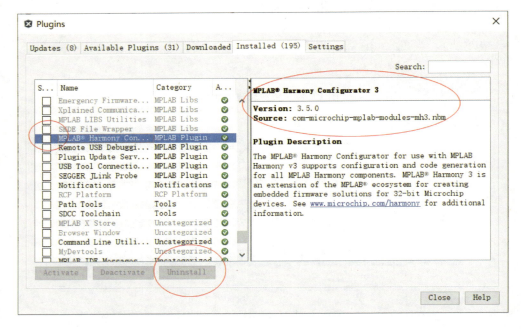

图 17.20　卸载 MHC

　　然后转到 plugin 的目录,在～\HarmonyFramework\MPLAB X-plugin 下打开 GIT,注意该目录是基于 GitHub 而非 Gitee,如图 17.21 所示。

　　注意:虽然大部分 Harmony 3 的代码在 Gitee 下均可下载,但是仍然有少部分代码只存在于 GitHub 上,例如 PlugIn。不过一般这类代码或者文件体量都不大,即使用 GitHub 直接下载也不会花费太久的时间。

　　接下来将 PlugIn 切换成新的版本再重新安装插件即可。这一点在切换版本时往往被忽视。但是它会引起 IDE 打开相关工程的错误,如图 17.22 所示。

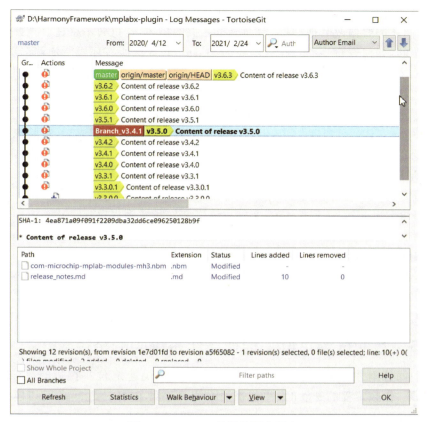

图 17.21　MHC 的插件历史版本

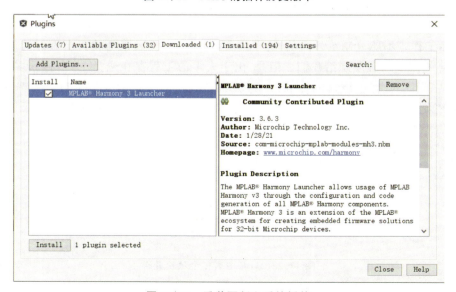

图 17.22　重装更新之后的插件

在后面的章节开发 Arial 图形界面时同样需要将这个插件降级才能正常开发。另外,我们还需要修改其他插件,后面会有相关的描述,这里暂不赘述。至此,有些读者可能要问,如何查看当前工程所需要的 Harmony 3 的所有环境所依赖选项的版本呢? 上例中的 Copy Path 工具如何安装呢? 这些问题将在 17.2.5 小节中回答。

小 结

降级环境需要做到核查以下几个部分,但不是都需要,大部分只需要降级 MHC 和 Harmony 3 代码库就足够了,但是如果都做到了降级肯定能成功,它是充分条件,不是必要条件:

- MHC:　　　　　负责 Harmony 3 的工程配置和代码生成;
- PLUGIN:　　　负责 Harmony 3 的环境配置;
- Harmony 3:　　Harmony 3 的主体库文件和样例程序;
- 代码库:　　　　Harmony 3 的工程配置和代码生成;
- IDE:　　　　　Harmony 3 的集成开发环境;
- XC32:　　　　Harmony 3 的工程的编译器;
- DFP:　　　　　Device Family Package,编译器的芯片家族支持包;
- CMSIS:　　　Cortex 内核家族的软件接口标准。

17.2.5　方便快速定位工程在操作系统中的路径

我们回答刚才的问题:当工程比较多时,如何快速定位? 在进行图形、网络、USB、蓝牙、音频工程的开发时,往往需要在操作系统和 IDE 之间来回切换,查阅文件、版本管理。某客户同时开了几个类似的工程:一是 Harmony 3 的 Demo 工程;二是 Microchip 工程师帮客户修改的符合其实际需求的型号,并且驱动开发完成的工程;三是自己的实际开发的工程;四是自己的测试工程。按照该客户公司的规定,这个实际工程是不能复制给外人的,为了方便我们核对 Bug,他会将自己做好的能体现该 Bug 的测试工程复制给我们。但是,由于太多的工程存在磁盘上,名目繁多,结果该客户一不小心将不该复制给我们的代码也复制了,差点给我们双方都带来麻烦。如何在操作系统中快速定位自己当前编译的工程是他迫切想解决的问题。下面我们来介绍解决方法,如图 17.23 所示。

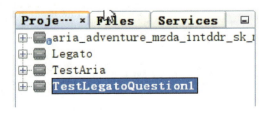

图 17.23　IDE 中有多个项目并存

我们假设在图 17.23 中，需要复制 TestLegatoQuestion1 项目中的部分文件，如何快速打开工程所在的目录呢？首先单击 Tools→Plugins，如图 17.24 所示。

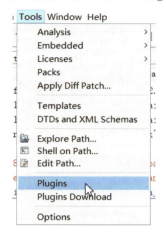

图 17.24　插件安装和管理菜单

然后单击允许添加的插件页面，有个 Path Tools 工具，如图 17.25 所示。

图 17.25　允许添加的插件

安装并重新启动后右击工程，则会发现有一个 Copy Paths 的工具条，单击后，该工程可以复制工程的路径到剪贴板中，如图 17.26 所示。

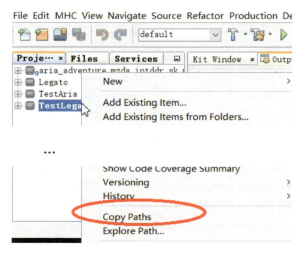

图 17.26　在工程中右击就有 Copy Paths 功能了

最后在操作系统的地址栏输入剪贴板的路径,按回车键后即可方便地跳转到这个目录了,如图 17.27 所示。

图 17.27　在操作系统的地址栏粘贴,按回车键即可跳转

下面介绍如何查看 Harmony 3 app 所需要的依赖环境。

17.2.6　查看 Harmony 3 的依赖环境

Harmony 3 的配置文件都存在 harmony-manifest-success.yml 文件中,我们找到这个文件后用文本编辑打开,即可看到这个文件的一些信息,其中包含了这个工程所需依赖的全部环境的版本号码,如图 17.28 所示。

图 17.28　yml 文件中包含的版本信息

我们可以看到,这个工程所需的各个库的支持版本。需再次强调的是,我们在实际工作中往往会忽视 plugin_version 的版本,这一定要正确,否则出现一个 Java 错误会让人觉得没头没脑的。诚然,对于某些很老旧的工程,其配置文件是在 prj 文件中,它并没有如图 17.28 所示的信息,如果这样,可以用 git 查看一下 prj 文件的 log 信息,根据它最后一次更新的时间来大致确定一下 MHC 版本的时间。

17.2.7　查看 USB 电源引脚配置

经过上文叙述的操作,我们才能比较正常地打开工程所需的一些配置,如图 17.29 所示。

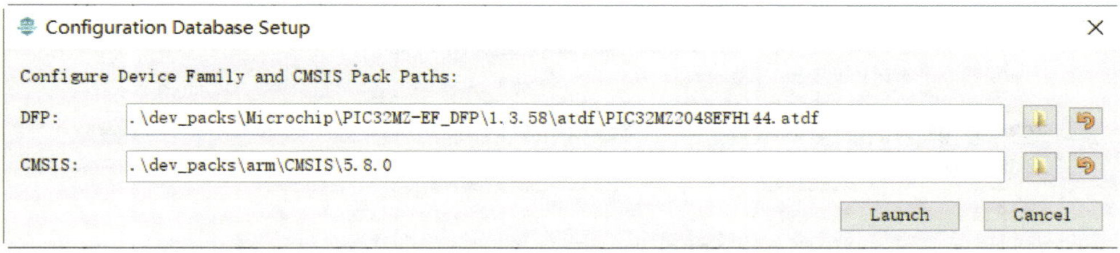

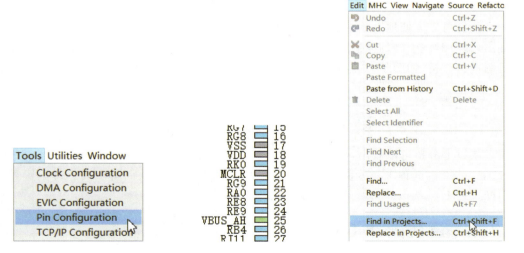

图 17.29　加载 MHC

然后回到熟悉的界面,如图 17.30 所示。

从工程实际来看,客户在使用该工具时一般分为两种情况,一是由客户从零开始进行配置,二是客户依据现有的例子进行改动。从本小节开始,几乎都是依赖现成的 Demo,这就牵涉到环境配置、代码阅读、工程移植、项目管理的方法。那么如何查看 USB 电源控制引脚的控制逻辑呢? 首先打开引脚配置图,如图 17.31 所示。

在图 17.31 中,VBUS_AH 是电源控制引脚,以后查阅其他控制引脚的逻辑也可以采用类似方法,记下这个标号,然后在 IDE 中进行全盘查找,如图 17.32 所示。

图 17.30　引脚配置菜单　图 17.31　Harmony 3 的引脚配置图　图 17.32　全工程查找菜单

接下来选择全工程查找字符串,并匹配大小写和整个字符串,如图 17.33 所示。最后结果输出,如图 17.34 所示。

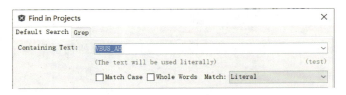

图 17.33　全工程查找对话框

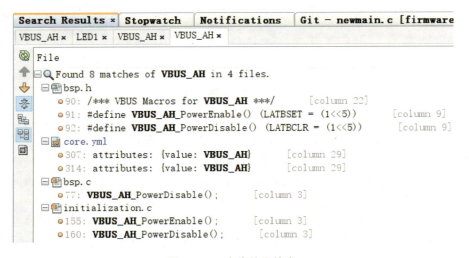

图 17.34　查找结果输出

我们可以方便地看到初始化文件中对于 VBUS 电源的控制逻辑。此时,结合原理图,即可对该引脚的控制逻辑进行分析。此外,对于其初始状态,可以通过引脚配置图进行分析,如图 17.35 所示。

25	RB5		VBUS_AH	VBUS_AH	∨	Out	Low	□	Digital

图 17.35　Harmony 3 的引脚配置栏(具体功能详细设置)

从以上分析可以看出,该引脚配置成数字输出口,并且起始条件为低电平。对于 Harmony 3 的其他 Demo 例子也可以用类似方法进行分析,从而得出其通过配置界面配置的 I/O 端口的初始条件,以便移植代码时进行复制。

17.3　查找搭建 USB 主从通信实例的文档

对复杂的嵌入式系统进行开发,一般是先找到一个开发板,然后找到与自己需求相近的 Demo 程序,再将 Demo 程序下载到开发板上,配置好跳线,测试一下标准的 Demo 程序,熟悉其功能,做到了然于胸。接下来比较该 Demo 程序与自己的需求有什么异同,相同的部分进行移植、复制的工作,相异的部分进行功能的开发、移植、调整、测试，最后整合在一起进行联合测试，通过后即可上线生产。

　　从以上步骤可以看出，调试、运行、测试一个高质量的 Demo 对于推进工程的进度是非常重要的。这就意味着复杂嵌入式系统的开发工程师所具有的知识面也是一个很重要的点，下面结合 USB 的例子简述如何运行一个标准的 Demo。回到 5.21 节，我们购买或借到对应的开发板，在 Harmony 3 的对应开发目录中可以看到有个文档目录，如图 17.36 所示，需要指出的是并非所有的 app 都有相应的文档，尤其是 SAM 系列的开发板，但是会随着新版软件不断发布而不断更新。

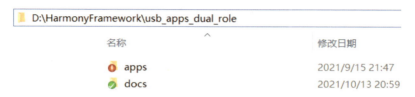

图 17.36　USB 的样例程序按照功能分类的目录

　　我们可以看到，在该目录中有个 docs 目录，进入 docs 目录可以发现一些非常有价值的文档，包括如何配置硬件板卡，如何设置通信的波特率，如何运行 Demo 等。我们打开一个文档具体看一下，如图 17.37 所示。

名称	修改日期	类型
apps	2021/9/15 21:47	文件夹
assets	2021/9/15 21:47	文件夹
favicon.ico	2021/9/15 21:47	图标
index.html	2021/9/15 21:47	HTML 文件
mplab_harmony_license.html	2021/10/13 20:59	HTML 文件
release_notes.html	2021/10/13 20:59	HTML 文件
release_notes.md	2021/10/13 20:59	MD 文件

图 17.37　样例程序的具体目录

　　其中 index.html 就是如何运行该 Demo 的说明书，按照这个说明书就可以运行 Demo 了。该文档包含了读者运行 Demo 的一些具体步骤，读者可以按照自己的需求查阅、测试和运行所需的 Demo 程序。当运行完毕后，读者即可对 USB 主从通信这个例子有大致的了解，知道这个 Demo 程序与自己的需求差距有多大。当通过了这一步，成功运行了 Demo 之后马上又会产生下一个问题，如何将 Demo 程序的系统配置方便地复制或者说移植到自己建立的工程中？下面，我们将讨论这个问题。

17.4　将 Demo 程序中的配置快速移植到自己的工程中

　　在 Harmony 3 的开发中，自己从头开发的情况并不多，除非是一些简单的外设和图形应用。尤其对于诸如 USB、以太网、蓝牙、BootLoader 等功能，我们都是利用现有的工程代码,那么问题就来了,在移植代码,特别是 Harmony 3 的代码移植过程中,有没有什么方法与技巧能够快速地将标准的代码移植到自己的代码中? 答案是肯定的,我们在移植 Hamrony 3 的过程中有两点需要注意,首先是分析配置移植的差异点,包括 Dmeo 与实际开发板中外设的差异导致的配置的不同,功能需求的差异导致的配置的不同,主芯片的更迭导致的配置的不同,等等。其次是分析软件版本导致的差异点,包括 IDE 环境的版本差异、编译器版本不同导致的差异、Harmony 3 库更新导致的差异等。当这些都解决并且版本的差异也都统一后,移植就比较方便了。下面举例来说明如何进行快速的软件移植操作。

17.4.1　用一个实例来实际测试移植过程

首先,用 Harmony 3 的自动生成工具生成基础功能,并且假设读者已经在这个工程上进行了一部分工作,例如 UART 通信、控制 GPIO 口等。然后,按照上述的过程实际移植一个 USB 的功能。前文已经叙述过如何生成一个工程,此处就不再赘述了。下面展示如何进行移植,我们假设这个工程位于:C:\Users\Username\HarmonyProjects\MyProject\firmware\Test2.X(下文简称 Test2.X),同样可以打开 Harmony 3 的 Demo 工程。

D:\HarmonyFramework\usb_apps_dual_role\apps\host_msd_device_hid\firmware\pic32mz_ef_sk.X(简称 pic32mz_ef_sk.X),也就是说,Test2 是自己需要被移植的工程,pic32mz_ef_sk 是标准的 Demo 工程,这两个工程不可以在同一个 IDE 下打开,除非你安装两个不同版本的 IDE,且你的计算机资源够用,你可以交替打开这两个工程,但是那样非常消耗你计算机的内存。

17.4.2　移植固定的引脚配置

1. 在移植的源工程 pic32mz_ef_sk.X 中进行的操作

首先,记录 Demo 工程的引脚设置,也就是 Pin Diagram,在这之前同样我们假设该项目位于如下地址,如图 17.38～图 17.41 所示。

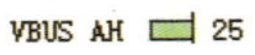

图 17.38　VBUS 引脚 　　图 17.39　BSP 的三个指示灯引脚 　　图 17.40　BSP 的三个输入开关引脚 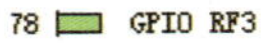　　图 17.41　一个普通的 GPIO

图 17.38～图 17.41 说明,在 Pin Diagram 图中有 8 个引脚被设置了。要结合原理图查阅这 8 个引脚是做什么用的,并将其记录下来。然后在引脚设置中查阅到该引脚的设置,例如是输入还是输出,如果是输出则其初始电平是高还是低,等等。pic32mz_ef_sk.X 的引脚功能设置如图 17.42～图 17.45 所示。

| 25 | RB5 | | VBUS_AH | VBUS_AH | Out | Low | ☐ | Digital | ☐ | ☐ | ☐ |

图 17.42　Harmony 3 的引脚配置栏(具体功能详细设置)VBUS

43	RH0		LED1	LED_AH	Out	Low	☐	Digital	☐	☐	☐
44	RH1		LED2	LED_AH	Out	Low	☐	Digital	☐	☐	☐
45	RH2	5V	LED3	LED_AH	Out	Low	☐	Digital	☐	☐	☐

图 17.43　Harmony 3 的引脚配置栏(具体功能详细设置)LED 灯

59	RB12		SWITCH1	SWITCH_AL	In	Low	☐	Digital	☐	☑	☐
60	RB13		SWITCH2	SWITCH_AL	In	Low	☐	Digital	☐	☑	☐
61	RB14		SWITCH3	SWITCH_AL	In	Low	☐	Digital	☐	☑	☐

图 17.44　Harmony 3 的引脚配置栏(具体功能详细设置)输入开关

| 78 | RF3 | 5V | GPIO_RF3 | GPIO | In | Low | ☐ | Digital | ☐ | ☐ | ☐ |

图 17.45　Harmony 3 的引脚配置栏(具体功能详细设置)普通 I/O

我们可以按照标号去查阅它在代码中的控制逻辑,单击 Edit→Find in Projects,如图 17.46 所示。

图 17.46　全局查找菜单

在菜单中查找 VBUS_AH,如图 17.47 所示。

图 17.47　查找字符串

然后查阅该引脚在代码中的控制逻辑，如图 17.48 所示。

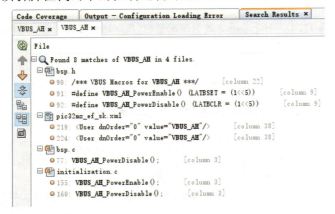

图 17.48　VBUS 的控制逻辑被找到了

图 17.48 为在 pic32mz_ef_sk.X 中查找的 VBUS_AH 的控制逻辑，以此为例，其他引脚的控制逻辑类似。

2. 在移植的目标工程 Test2.X 中进行的操作

下面再打开需要被移植的工程 Test2.X，并且打开 Pin Diagram。修改之前和修改之后的对比图如图 17.49 和图 17.50 所示。

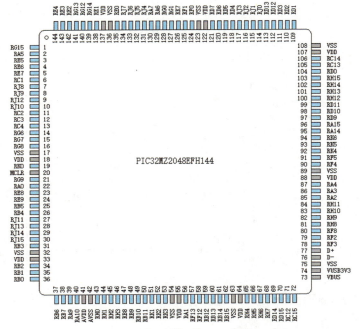

图 17.49　Harmony 3 的引脚配置框图（按物理引脚排列）修改前

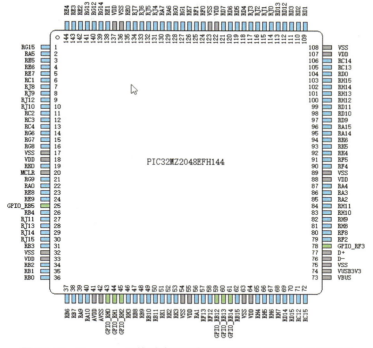

图 17.50　Harmony 3 的引脚配置框图(按物理引脚排列)修改后

以上步骤只是指定了这些引脚的属性为 GPIO,修改后按照 Demo 的对应引脚进行排列,但是这些 GPIO 引脚具体是输入还是输出,它们的名称叫什么,还需要在引脚设置中进行修改,修改之后,如图 17.51～图 17.54 所示。

| 25 | RB5 | | VBUS_AH | VBUS_AH | Out | Low | ☐ | Digital | ☐ | ☐ | ☐ |

图 17.51　Harmony 3 的引脚配置栏(具体功能详细设置)VBUS

43	RH0		LED1	LED_AH	Out	Low	☐	Digital	☐	☐	☐
44	RH1		LED2	LED_AH	Out	Low	☐	Digital	☐	☐	☐
45	RH2	5V	LED3	LED_AH	Out	Low	☐	Digital	☐	☐	☐

图 17.52　Harmony 3 的引脚配置栏(具体功能详细设置)LED

59	RB12		SWITCH1	SWITCH_AL	In	Low	☐	Digital	☐	☑	☐
60	RB13		SWITCH2	SWITCH_AL	In	Low	☐	Digital	☐	☑	☐
61	RB14		SWITCH3	SWITCH_AL	In	Low	☐	Digital	☐	☑	☐

图 17.53　Harmony 3 的引脚配置栏(具体功能详细设置)输入开关

| 78 | RF3 | 5V | GPIO_RF3 | GPIO | In | Low | ☐ | Digital | ☐ | ☐ | ☐ |

图 17.54　Harmony 3 的引脚配置栏(具体功能详细设置)普通 I/O

这样,我们就完成了引脚设置的初始化,其他引脚的控制逻辑也要按照类似于 VBUS_AH 的具体的控制逻辑去控制 Test2.X 的对应引脚。

17.4.3　移植时钟的配置

1. 在移植的源工程 pic32mz_ef_sk.X 中进行的操作

回到 Dmeo 工程并打开时钟配置页面,如图 17.55 所示。

然后记录时钟参数,如图 17.56 所示。

在图 17.56 中,我们主要注意以下技巧:

(1) 主时钟源的频率要与被移植程序一致的问题

往往高速外设的时钟源要求较高,在这里我们推

图 17.55　启动时钟配置菜单

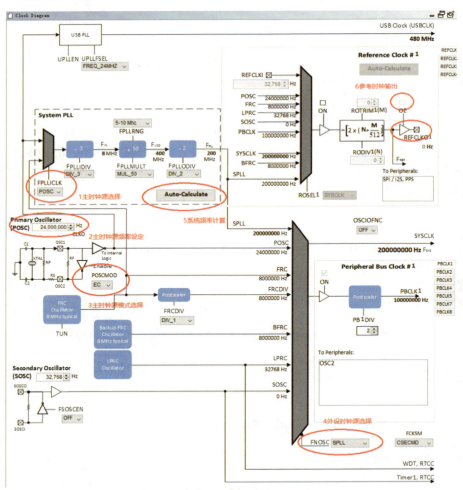

图 17.56　被记录的时钟参数

荐使用 Microchip 公司生产的有源振荡器。确定了时钟源后就要看看主频设置是否一致，建议如果没有特别的原因最好将需要移植的工程的时钟主频和 Demo 程序设置一致，这样代码内部的时钟设置细节就可以原样复制，否则需要挨个去核对设置细节，增加了工作量。尤其是 USB 设备，它的主频需要 12 MHz 或者 24 MHz 的时钟源。

（2）时钟模式需要与时钟类型对应起来

笔者在实际工作中发现初学者往往忽略了这一点导致错误。EC 是指扩展时钟，一般用于有源晶振。HS 是指高速振荡器，往往用于高速的无源晶振。

（3）检测时钟是否正确

设置好时钟后，如果有时钟输出引脚，则可以将其输出，然后用示波器检查输出波形，从而判断钟源的设置是否正确。具体方法前文已经叙述过了，此处不再赘述。

（4）利用技巧快速核对

可以将比较的时钟输出图与被比较的时钟输出图用图片比较工具进行图形化的比较，这样可以一目了然地看出其中的差异。对于其他的设置也是类似。比较结果如图 17.57 所示，注意抓图时要用同样的尺寸进行。

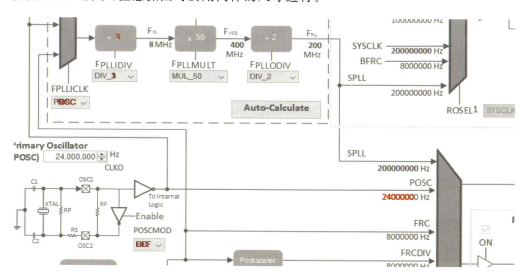

图 17.57　利用图片比较工具来查看两个工程配置的不同

从图 17.57 中，我们可以看到 FPLLICLK、POSCMOD、FPLLIDIV 等设置不同，需要核对和注意。

2. 在移植的目标工程 Test2. X 中进行的操作

把时钟之间的差异记录下来后，打开移植的目标工程 Test2. X，然后将其设置逐步完成即可。

17.4.4　移植 Harmony 3 的 MHC 中的模块

这是整个 Harmony 3 移植的重点。本书在这里介绍几个经验和技巧。在这之前笔者着重强调的是移植模块不能生搬硬套，尤其是移植有差异点的模块时最好要在理解的基础上进行，否则一旦出现问题就会不知所措。

如果有条件要分步移植，那么可以移植一部分、测试一部分，一旦成功就提交到 GIT，这样做往往事半功倍。下面介绍三种配置模块的移植方式，各有优劣，请读者根据实际工作情况进行选择。

1. 通过导入/导出的方式进行配置模块的移植

首先谈谈 Harmony 3 的存档格式。目前最新版本的 Harmony 3 的配置工具存档是 yml 文件，这是一种可以阅读的文本文件。它在硬盘上的存储结构是一个 .yml 文件的格式，针对模块的任何修改都会最终存储到这个 yml 文件中去。但是，它包含的信息过于具体，甚至该模块的横纵坐标位置都事无巨细地存储下来。巨量无用的冗余信息对移植是不利的，我们只须知道在该模块中有什么设置与当前的设置不一样即可。因此，针对 yml 进行文本比较虽可达成目的，但效率太低，它比较适合事无巨细地强行导入/导出方式的移植，而在非理解差异点的基础上须手动移植。下面我们详细叙述一下该方法的具体实现。首先假设需要移植一个 USB Device Layer 模块到新工程中，可以用以下方式：在需要被复制的工程中找到这个模块并且选中它，如图 17.58 所示。

选中后右击，此时会出现导出菜单选项，如图 17.59 所示。

图 17.58　Harmony 3 工程
模块图中的具体模块

图 17.59　在 Harmony 3 工程
模块图中的模块上右击

将该模块导出到 yml 文件中，如图 17.60 所示。

图 17.60　导出该模块的配置

单击保存,则该模块以及它所涵盖的所有设置都被导出到一个地方,具体就是一个 export.mhc 目录和一个 yml 文件,如图 17.61 所示。

打开该目录发现有个文件,如图 17.62 所示。

然后选择需要被移植的工程,也就是我们的目标工程,打开 MHC 并单击 Import 菜单,如图 17.63 所示。

图 17.61　导出的结果　　　　**图 17.62　配置文件**　　　　**图 17.63　导入菜单**

再选中刚才导出的那个文件,如图 17.64 所示。

图 17.64　选择需要导入的文件

至此,完成了该模块的移植操作。另外,如果对所有模块进行全体移植,或者需要移植多个模块,则在导出时可以不选择单个模块,而是用 MHC 菜单上的导出模块菜单可全部导出或者导出多个模块,如图 17.65 所示。

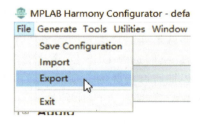

图 17.65　导出多个模块

单击后就可以选中导出多个模块了,如图 17.66 所示。

以上方法的优点是快捷高效,但也有缺点:一是,它无法让使用者深入思考具体的配置选项。在移植过程中哪些是需要保留的,哪些是需要修改的,这些差异的配置选项在编程中需要格外注意,而这种方法却忽略了。二是,这个功能在旧版的 MHC 上并不完善,如果使用者在非常老旧的版本上进行 MHC 开发,则无法正确地导出数据。

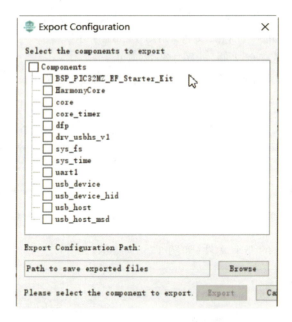

图 17.66　选中需要导出的模块

2. 通过 Dump 转存的方式导出配置文本进行比较

本小节内容在前文 CAN 总线章节已经叙述过了,请读者参阅前文。不同于方法 1,该方法可以让我们细致地了解每个模块的差异,从而更加深入地理解工程的配置信息。而此方法适用于一个比较成熟的工程与样例工程之间的移植,因为它对于被移植工程的配置文件是"无损"的,并且对模块的配置选项也有更具体的了解。

3. 通过展开配置图的方式进行比较

在针对 Harmony 3 进行设置时,所有设置都是基于图形化界面,我们针对配置图可以进行全部设置,那么将配置图导出不就可以方便地进行比较了吗?是的,但是这其中包含了一个小问题,那就是如何将配置图完全展开?方法其实也很简单,单击配置图上的一个小按钮即可。我们选中 USB Device Layer 这个模块,发现配置图中有很多折叠的选项,我们希望把所有折叠的选项展开后再进行配置图的比较,以方便后续的移植工作,此时单击配置图上方的加号按钮便可展开所有的配置图,如图 17.67 所示。

需要着重指出的是,有些模块的配置项目非常多,从而导致配置图片非常长,这样就需要具备滚动抓图功能的工具进行抓图,例如 FastStone。展开之后就可以进行抓图,然后利用图形比较工具进行配置图的直接比较,发现差异点进行移植。

小　结

移植 MHC 配置有三种方法:导入法、Dump 法、比图法。其中,导入法操作简单,但是无法理解;Dump 法操作比导入法难一些,但是理解起来比导入法简单一些;

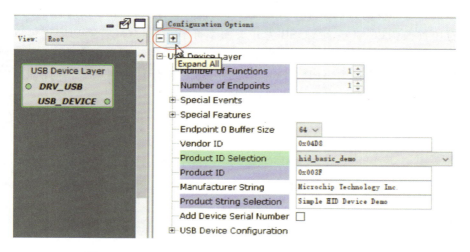

图 17.67　Harmony 3 功能模块配置展开所有的配置选项

比图法操作最麻烦，需要借助滚动抓图工具才能实现，但它直观地展现出了配置的差异，理解起来最简单。具体用哪种方法读者可以自行选择。

17.4.5　快速移植 Harmony 3 样例程序的代码

笔者在针对 Harmony 1,2,3 的技术支持工作中发现了一个问题，很多利用 Harmony 3 的开发者对于移植 Harmony 3 的 Demo 代码比较头疼，觉得 Demo 过于复杂，无法有效移植，有的客户甚至因此放弃使用 Harmony 3 的方案。

其实只要掌握了技巧就会发现移植 Harmony 3 的代码并不像想象中那么困难。下面首先介绍需要理解的 Harmony 3 代码的结构。对于要移植的用户来说，它主要分成以下几个部分：状态机、用户数据结构、中断以及回调函数。可以说，理解了这几个部分就可以非常顺畅地进行 Harmony 3 的代码移植工作了。

同样，以 Test2.X 这个工程为例进行代码移植。经过前文的描述我们已经完成了该工程的时钟、引脚、模块配置的移植，下面展示如何把 pic32mz_ef_sk.X 的应用层代码移植到 Test2.x 上去。首先把 pic32mz_ef_sk.X 的 app 部分找出来，包括 app.c 和 app.h，然后将其改名为 appusb.c 和 appusb.h，并且加入 Test2.X 中，如图 17.68 所示。

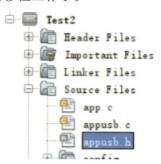

图 17.68　将 app 改名之后贴到新的工程

此时，有很多代码是冲突的，下面我们将用技巧快速地解决这些明显的冲突，并且达到快速运行、快速移植的目标。我们发现 Test2.X 工程与 pic32mz_ef_sk.X 有很多函数名是冲突的,例如:APP_Initialize,这就需要将 appusb 中所有以 APP_开头的字符串修改为以 APP_MYUSB 为开头的字符串,利用全局替换功能就可以方便地完成。将 appusb.c 和 appusb.h 中的所有代码分别复制到记事本中,然后将所有以 APP_的字符串替换为 APP_MYUSB 的字符串,再分别复制回来,如此即可解决这第一个冲突,如图 17.69 和图 17.70 所示。

```
void APP_MYUSBTasks ( void )
{
    static int8_t    vector = 0;
```

图 17.69　将 APP_USBTasks 改成 APP_MYUSBTasks 从而消除编译重名错误

```
case APP_MYUSBSTATE_INIT:
{
```

图 17.70　对状态机也做同样处理

解决了 APP_函数名和标号的冲突,还需要解决 appData 的冲突,同理,将所有的 appData 修改为 appMyUsbData 即可解决这些冲突,修改完成之后将"#include "app.h""修改为"#include "appusb.h"",从而解决调用的冲突。做完这几步后,编译发现还有几处小错误,都是非常好改的,也是由 Harmony 3 版本变迁引起的。对于这些错误,有经验的嵌入式工程师都可以比较轻松地修改掉,不具有普遍性,本书就不赘述了。

阅读本书主要学习的是工作方法和战略战术,而不是生搬硬套已有的步骤。经过努力,终于将一个原本只有 UART 功能 Test2.X 工程成功地加入 USB 主从通信的功能。下面了解一下与 USB 有关的 coherent 的概念。

17.4.6　coherent 的概念

在针对 USB 进行数据操作之前首先介绍 coherent 的概念。要理解 coherent 就要先理解缓存。处理机在进行数据访问时,CPU 的寄存器与内存的数据处理能力是不一样的,CPU 处理得快而内存处理得慢。为了提升整体处理机的处理能力,需要 CPU 在处理存储数据时使用缓存,从而提升整体处理数据的速度。但是,缓存也有问题,当数据在高速变化又有多个外设并行访问时,有可能导致取得的缓存数据并不是真实的数据。此时我们有两种办法:一种比较粗放,就是直接禁止 Cache 缓存,但是这会带来处理机性能的大幅度损失;另一种就是对于比较容易发生访问冲突的数据加上 coherent 标记,例如"unsigned int __attribute__((coherent)) buffer [1024];"这样,该数据在处理时就不会放到 Cache 里,而每次都从真正的内存中小心地读取。其操作有点类似 volatile。一般针对于 DMA 和 USB 等高速数据读取的相关操作,我们将其定义为 coherent 变量,从而避免因为 CPU 和 Cache 引起缓存同步的问题。

PIC32MZ 系列的默认缓存策略是使用写分配写回。该策略最易于硬件实现，消耗的系统总线资源和功率最少。将此缓存策略与对共享数据使用未缓存内存相结合是最简单的缓存管理方法，如图 17.71 所示。

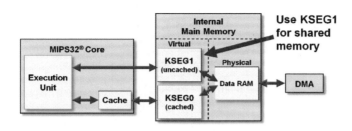

图 17.71　PIC32M 系列单片机的内存与缓存的关系

通过将共享数据分配给未缓存的内存段（KSEG1），可以强制取消缓存特定变量或缓冲区。内核使用虚拟地址访问主内存。虚拟 KSEG 内存段共享相同的物理地址。DMA 总是使用物理地址。可以使用 coherent 属性创建静态变量，这会将变量或数组分配给未缓存的 KSEG1 内存段。coherent 变量属性导致编译器/链接器将变量放入分配给 KSEG1 区域而不是 KSEG0 区域的唯一部分（这是一级缓存设备的默认值）。这意味着通过未缓存地址访问变量。__pic32_alloc_coherent（size_t）和__pic32_free_coherent（void＊）函数是 XC32 C 编译器程序函数，可用于从未缓存的kseg1_data_mem 区域分配和释放内存。可以使用这些函数为 DMA 共享的局部变量分配未缓存缓冲区。这些函数调用标准的 malloc()/free() 函数，但它们使用的指针从 kseg0 转换为 kseg1。理解了 coherent 的概念也就理解了内存和 CPU 的高速缓存的概念，在客户的工程实践中，有很多奇怪的关于高速数据访问的 Bug 是由缓存的使用引起的，因此，有经验的程序员在处理这类问题时往往先把这里处理好，这在 USB 开发中是很重要的。

本章总结

针对 Harmony 3 的移植，第一步是核对引脚的控制逻辑，哪个引脚控制什么外设，如果是输出端口，初始时是高还是低；如果是输入端口，应该给什么电平或者什么信号，核对好之后在引脚配置图中进行配置。第二步是按照模块逐个核对有哪些不同，例如 UART 模块、CAN 模块等，如果有不同则进行相应的设置；如果相同则可以直接移植。第三步是处理中断处理和回调函数注册，这也十分重要，它可以帮助我们搞清楚代码结构，从而避免编程中的麻烦。第四步是针对 app 和应用层进行改动，改动的原则是不破坏原来的 Harmony 结构，只是将原来的代码结构平移到被移植的工程中，遇到有冲突的地方修改冲突，遇到因版本变迁而引起的错误手工修改即可。

移植完毕后即可根据自己的需求重新设置状态机和相应的代码。下面附打油诗一首,作为本章总结,希望读者能从 Harmony 3 的代码移植过程中感受到乐趣。

七律　移植 Harmony 3 的方法

核对引脚和时钟,

驱动模块找不同;

应用调用名称换,

编译错误得改完;

中断查找标志位,

轮询检测状态机;

回调注册非常好,

应用修改少不了。

习　题

1. 编译并运行本节软件,克隆地址如下:

```
git clone  https://gitee.com/skylergit/bookdata.git
```

代码子目录:USB。

2. 按照本章的思路找一个 USB 的 Harmony 3 的模块,并将它移植到同族不同型号的芯片中,体会 USB 的移植过程。

第 **18** 章

MinGW 搭建及样例裁剪举例：以太网通信

在项目立项之前笔者需要针对客户的实际需求在公司的内部资源中找到最合适的 Demo 板进行实验和调试，它最好能与客户的实际需求达到最大限度的贴合，这样可以增加项目的成功概率。那么，我们就需要针对目前已经有的 Demo 样例进行裁剪和修改，其原则是快速高效，以最短的时间更多地实现客户的需求。下面笔者将以以太网为例介绍基于 Harmony 3 样例的快速修改。

18.1 以太网的基本知识

首先介绍以太网的基本知识。以太网是现实世界中最普遍的一种计算机网络。以太网有两类：第一类是经典以太网，第二类是交换式以太网。后者使用了一种称为交换机的设备连接不同的计算机。经典以太网是以太网的原始形式，运行速率为 3～10 Mb/s；而交换式以太网正是广泛应用的以太网，可运行在 100、1 000 和 10 000 Mb/s 的高速率，分别以快速以太网、千兆以太网和万兆以太网的形式呈现。

在市场上，笔者发现很多客户对于 Microchip 公司的第一印象是它是一家做 MCU 的公司，以 PIC 单片机为主要产品。其实，目前的 Microchip 公司有非常长的产品线，其中以太网相关产品也非常丰富，包括 PHY 芯片、交换机芯片、总线芯片、数据中心芯片等产品，具体可以咨询 Microchip 公司当地办事处的网络产品工程师。

如前文所述，嵌入式技术的发展总是略微迟于又紧紧跟随 PC 技术的发展。在 21 世纪 10 年代以来，网络接入的方法从依赖计算机和网卡才能接入变成单片机等嵌入式产品也可以接入互联网，这就开启了一个新的时代，即万物互联的物联网时代。试想如果一个灯泡接入互联网也必须用一台计算机加网卡才能完成，那么谁还有动力将灯泡接入互联网呢？反之，如果给一个灯泡加上一个十几块钱的芯片就可以接入互联网实现语音控制、远程唤醒、定时开关等操作，并且根据市场需求售价可加价几十甚至上百元，那么有哪个厂商不愿意做这件事情呢？

嵌入式互联网和 PC 互联网对待联网硬件的观点有很大不同。对于 PC 互联网而言，硬件接口非常稳定、标准，因此在整个互联网体系中网络接口的硬件并不是项目关注的主要矛盾。做 PC 互联网的人也不太关心系统连接网络的成本，他们一般也不知道是自己的应用程序是通过什么芯片，哪家网卡联网的，甚至不知道自己的应用程序运行在哪台服务器上连接网络。然而，这一切并不影响他们完成自己的需求。相反，互联网的软件、应用、架构、中间件、数据库、图形工具则是主要矛盾，他们精通这些内容并且主要的工作内容也聚焦于此。

而对于嵌入式的互联网来说，联网的接口成本和驱动是非常重要的事情，但在软件应用层的需求却相对简单，基本上是将数据通过 TCP/IP 接口进行收发或者完成相应的数据协议。同样是将数据通过 IoT 送入云端，你用的成本是 20 元钱，我用的成本是 80 元钱，仅这一点就可能导致我的项目完全失败。因此，与 PC 互联网不同，嵌入式互联网对于联网硬件的选择是非常关注的。

低成本连接网络这件事情的意义不仅在于省下接入的成本，而且在于开启了一个全新的市场和时代，如果没有这项技术，那么很多伟大的公司将不复存在。凯文凯利在他的《必然》中写道："过去 30 年已经开创出了不可思议的起跑线——可以建造真正伟大事务的坚固平台。但即将到来的将会不同，将会超越现在，将会成为他物。而最酷的东西尚未发明出来。今天确实是一片广袤的处女地。我们都正在'形成'。这在人类历史上，是绝无仅有的最佳开始时机，我们没有迟到。"笔者认为，发明一个有价值的新东西能开启一个时代，而降低一个有价值东西的成本也同样能开启一个时代。这是当下中国制造的优势，它以完善的供应链体系和强大的基础设施将制造业的成本压到鲜有人竞争的情形，从而开启了中国制造的时代。

言归正传，本章将不仅叙述如何移植和配置 Harmony 3 的网络接口、网络参数，而且还致力于帮助读者完成一个低成本的单片机与 PC 之间的网络通信一体化的最简实验，让读者能够真正享受到数据联网带来的乐趣，并为将来的工作和学习打下基础。

18.2 建一个简单的以太网通信链路需要的资源

一个最简单的以太网通信链路至少需要两个节点，也就是收和发。不同于 UART 通信，以太网通信最常用的是基于以太网 TCP/IP 套接字（Socket）连接方法，这需要明确一个概念：TCP/IP 通信需要一个 Server 和一个 Client。Server 是一个不间断运行的服务程序，而 Client 是需要主动去连接 Server 的，Server 就像一个高冷的女神，它不会去主动连接 Client，只会侦听（listening）也就是等待 Client 去主动地与它对话，并且选择是否与它建立通信。如果读者自己设计一个嵌入式以太网系统，那么该如何去选择是 Server 端还是 Client 端呢？

笔者通过长期的工作实践总结了一些规律供大家参考。如果系统是一个长期运行的系统，并且负责数据采集，则可以采用 Server 端。如果系统是一个间歇性运行的系统，并且负责上报数据，则采用 Client 端。如果系统需要下端进行设置，则采用 Server 端。如果系统需要根据现场情况对其他设备进行设置，则采用 Client 端。如果设备需要低功耗运行，则采用 Client 端。如果设备需要经常性地维护和保养，则采用 Client 端。诚然凡事不可绝对，以上总结和归纳，仅是一个参考，不可生搬硬套。下面以客户的实际需求为线索开始搭建一个嵌入式 TCP/IP 通信系统。

18.3　在 PC 上搭建一个 TCP/IP 通信系统

在嵌入式系统中的时钟、电源、外设、通信等嵌入式开发中，重要的需求在仿真的状态下都不能轻易地满足运行条件。但是，对于 TCP/IP 通信来说，在进行嵌入式的操作之前一般会在计算机上把仿真的软逻辑部分先跑通，这样我们就可以专心地调整物理层和驱动层的代码，从而不用担心逻辑操作是否有误。那么如何在建立嵌入式网络操作之前先跑通 TCP/IP 部分的逻辑层呢？首先在计算机上搭建一个 TCP/IP 套接字通信的实例，然后进行一个简单 TCP/IP 的 Socket 连接，并且设置计算机配置硬件外设。在计算机上建立 TCP/IP 的 Socket 连接有很多工具可选，典型的有 Visual Studio、Python、MinGW、Delphi 等，这里以免费的 MinGW 为例进行介绍。

安装一个 MinGW 工具，该工具是 GCC 支持 Windows 64 位和 32 位操作系统本机二进制文件的完整运行环境，也是 GNU 编译器集合（GCC）的本机 Windows 运行环境。它具有可自由发布的导入库和头文件，用于构建本机 Windows 应用程序；它包括对 MSVC 运行时的扩展，也支持 C99 功能。MinGW 的所有软件都将在 64 位 Windows 平台上运行。下面进行具体操作。

首先找到 MinGW 的安装地址，这个地址也许会随着时间的变化而更改，请读者在实际使用时灵活掌握。另外，目前很多客户也利用 Python 来进行上位机代码的编写，Python 的安装方法将在下文中有所描述，这里就不赘述了。本书力求向读者介绍尽量多种的工具和技巧。我们先进入以下网址：

https://sourceforge.net/projects/mingw/

在该网址下有个下载的地址，将文件下载后得到一个安装工具，该安装工具是在线版本，如图 18.1 所示。

图 18.1　MinGW 的下载界面

单击 Install 按钮，如图 18.2 所示。

由于很多资料需要从网上下载，因此安装过程比较长，如图 18.3 所示。

选择默认选项，然后单击 Next 按钮即可，打开插件选择安装的窗口，如图 18.4 所示。

图 18.2　MinGW 的安装

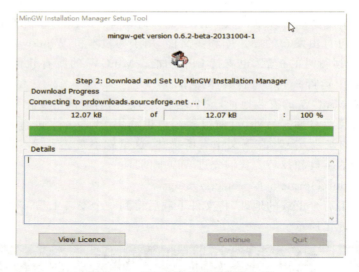

图 18.3　从网上下载控件然后安装

　　在该界面上可将所有的复选框都选上,当然,FORTRAN 和 Obj－C 也可以不选,然后单击,应用改变,如图 18.5 所示。

　　如图 18.6 所示,进入下载界面后,用户可以选择对已安装的包进行修改,也可以选择安装新的包。

　　单击确定后,将进入实际的下载安装界面,这个过程比较漫长,根据网速和硬盘速度的不同,其安装时间也不一样,如图 18.7 所示。

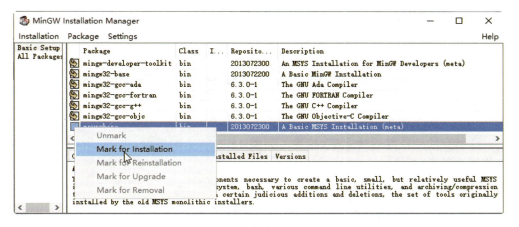

图 18.4　选择安装的插件

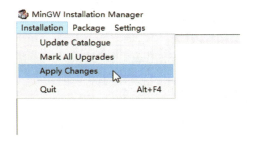

图 18.5　应用改变

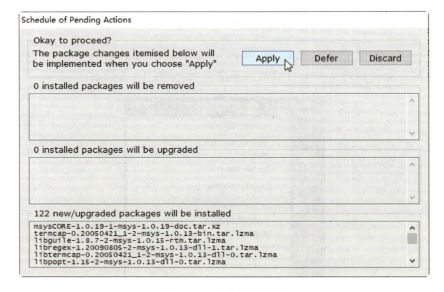

图 18.6　插件下载界面

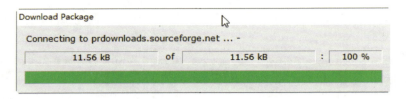

图 18.7　下载安装

待所有的插件都安装完毕,则进入如图 18.8 所示的界面,单击 Close 按钮即可以关闭该界面。

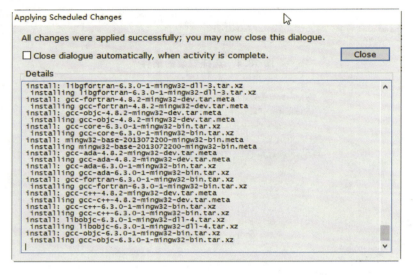

图 18.8　安装完毕

安装完毕,如果是默认的路径,则在 C 盘下有个目录 C:\MinGW,我们要将 MinGW 的所有可执行文件的目录加入环境变量,如图 18.9 所示。

图 18.9　在右键快捷菜单中单击"属性"

　　然后选择"高级系统设置"选项，在这里可以修改全局命令的路径声明，如图 18.10 所示。

　　单击后，在"系统属性"界面单击"高级"选项卡，然后再单击"环境变量"按钮，如图 18.11 所示。

图 18.10　"高级系统设置"选项　　　　图 18.11　单击"环境变量"按钮

　　在"环境变量"中的用户变量的 Path 路径声明中填入 MinGW 的路径，如图 18.12 所示。

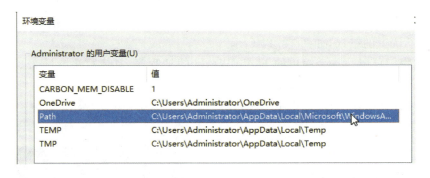

图 18.12　声明环境变量

　　环境变量（environment variables）一般是在操作系统中指定操作系统运行环境的一些参数，例如临时文件夹和系统文件夹的位置。它在操作系统中具有特定名字，包含了一个或多个应用程序将使用到的信息。例如 Windows 和 DOS 操作系统中的

Path 环境变量,当系统运行一个程序而没有告诉它程序所在的完整路径时,系统除了在当前目录下面寻找此程序外,还到 Path 中指定的路径去找。用户可以通过设置环境变量来更方便地运行进程,也可以对现有的环境变量进行编辑,从而实现相同的操作,如图 18.13 所示。

图 18.13　编辑环境变量

単击"确定"按钮,这样环境变量的路径值就设定好了。注意,设置好环境变量后要重新启动命令行窗口这样环境变量才可以生效。启动命令行窗口,输入 gcc 命令然后按"回车"键,如果出现如下提示"文件找不到",说明环境变量已经生效了。由于没有向 gcc 指定编译文件,因此 gcc 告诉我们出现了没有文件输入的错误,而不是gcc 命令不认识的错误,如图 18.14 所示。

此时我们可以写一个简单的 Hello World 的 C 程序,具体写法参见 2.2.7 小节。写完之后命名为 test.c,然后通过 gcc test.c 命令会生成一个 a.exe 的文件,运行这个可执行文件可以看到打印出来的 Hello World 字符串,如图 18.15 所示。

图 18.14　gcc 安装完毕　　　　　**图 18.15　编译一个 test.c**

这是我们安装一个新的编译系统或者学习一门新的编程语言通常做的第一件事情。这件事情的完成标志着编译器已经安装好了。下面我们将介绍如何编译和运行TCP/IP 通信程序。样例代码已经在本章附加例程中，在这里不详细叙述代码细节。下面按照两种方式运行代码：一种是按照 GCC 的编译命令去编译代码，另一种是按照 makefile 方式去编译代码。MinGW 的 make 文件在 msys 的目录中，因此要访问make 命令必须将该目录写入环境变量，如图 18.16 所示。

图 18.16　make 文件的路径

复制该目录的全路径，将其加入环境变量中，具体操作如图 18.17 所示。

图 18.17　编辑环境变量

下面概述编译这两个文件的方法：

第一种方法如图 18.18 所示，是用 gcc 命令直接编译，其思路很简单，就是把myc.c 和 mys.c 用 gcc 命令直接编译成可执行的文件，注意"－o"是小写英文字母，而不是数字零，它的意思是 Output；"－l" 是小写英文字母，而不是数字 1，它的意思是 Lib，也就是指定链接库。

图 18.18　直接编译带 Socket 库的可执行文件，服务端和客户端

编译完成后，将生成 myc.exe 和 mys.exe 两个可执行文件，其中：myc.exe 是客户端，负责连接服务器；mys.exe 是服务端，负责侦听。

第二种方法如图 18.19 所示，是在两个文件的目录下写一个 Makefile 文件。
在 Makefile 中写入如图 18.20 所示的语句，告诉系统该如何编译这些文件。

图 18.19　编写 Makefile

注意,gcc 和 del 开头的语句需要按 Tab 键缩进,否则系统会报错。写好后回到系统目录,执行 make 命令,如图 18.21 所示。

图 18.20　Makefile 的具体内容

图 18.21　编译这个小工程

编译完成后,系统将生成 myc.exe 和 mys.exe,其中:myc.exe 是客户端,负责连接服务器;mys.exe 是服务端,负责侦听。

这里需要说明的是,对于 TCP/IP 的 Socket 来说,有两个参数需要设置:一个是服务器的 IP 地址,另一个是端口。每个服务器可以同事侦听多个端口,但是每个客户端只能连接一个服务器的一个端口。一般我们在同一台计算机上运行服务端和客户端程序时,客户端可以连接 127.0.0.1 这个 IP 地址,也可以连接本机真正的 IP 地址,有时候在 http 访问中也可以连接 localhost 这个地址访问本地页面。我们首先运行服务端程序,如图 18.22 所示。

此时,系统已经成功地在侦听等待连接,我们再启动一个命令行窗口,然后连接这个服务程序,可以输入 127.0.0.1,也可以输入有网络连接的本机真正的 IP 地址。输入 127.0.0.1,如图 18.23 所示。输入本机真正的 IP 地址,如图 18.24 所示。

图 18.22　服务端程序启动

此时,由系统的服务端程序成功下发一条信息,也就是系统时间,客户端程序收到后将其打印在屏幕上,然后退出,从而完成了一次 TCP/IP 的连接。下面介绍如何查阅本机的 IP 地址,这是用本机真正的 IP 地址进行联网的一个前序步骤。查阅本机地址有以下两种方法。

图 18.23　客户端启动

图 18.24　服务端应答

1. 在网卡的配置页面上查看

打开控制面板，找到网络连接页面，在网络连接页面上看到网卡，并且在网卡下双击打开，打开之后进入网卡的状态页面，在页面上有详细信息，单击后可以看到 IP 地址，如图 18.25 所示。

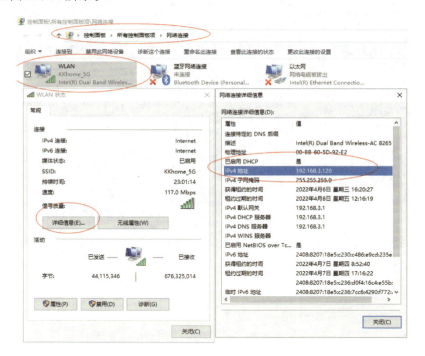

图 18.25　从 Windows 操作系统对话框中查阅 IP 地址

另外，在调配嵌入式网络程序之前，首先要保证上位机的网络环境是通畅的，这就牵涉到上位机软件环境的设置问题。进入网络连接设置页面后找到有线网对应的网卡并双击，可以打开网卡属性页面，对 IPV4 的 IP 地址进行设置，保证通信的服务端和客户端处于同一个网段。

2. 在命令行模式下输入命令 ipconfig

打开命令行对话框,输入 ipconfig 命令,可以看到活动网卡的信息。其中包含 IP 地址,如图 18.26 所示。

图 18.26   通过命令行方式查看本机 IP 地址

下面介绍调整嵌入式与 PC 之间通信的过程,其实通过以上的叙述,读者已经掌握了如下的技能:在本机搭建一个基本的 GCC 编译系统,并且能够运行基础的 TCP/IP 代码。对于一般的嵌入式网络开发人员而言,建立通信仅仅是万里长征的第一步,后面协议栈的调整、通信命令的编制、相应任务的分配和规划才是软件工作的大头。但是,这些内容基本上与硬件无关。在嵌入式软件开发的过程中,“与硬件无关”是嵌入式软件开发人员的一个重要技能。尤其在网络通信开发的过程中,当软件的协议栈开发完成、通信命令编制完成、相应任务的开发也完成之后,再将硬件与软件结合起来进行联调,这样工作将事半功倍;否则,一旦 Bug 出现就不知道是软件的问题还是硬件的问题了。

18.4　用 PIC32 和 PC 搭建一个 TCP/IP 通信系统

事实上，真正的 TCP/IP 连接有很多方式，例如无线 Wi-Fi 网络连接，有线网络连接，3G、4G、5G 网络连接等。这些不同连接方式的物理层是不一样的，但是对于 TCP/IP 通信链路层来说，它们在用户层都是一致的，本节着重介绍一种利用网线直连的方式来进行的 TCP/IP 通信，掌握这种方式，其他的方式就可以举一反三了。与第 8 章所用开发板一样，这里仍然用 DM320007 进行开发，板子的购买链接请参阅 17.2.1 小节，这里不再赘述。我们将 Harmony 3 的工程目录打开，路径如下：

HarmonyFramework\net_apps_pic32mz\apps\TCP/IP_tcp_client\firmware

18.4.1　更换旧版本编译器和 DFP

这里插入一个知识点，在新安装的环境编译器编译该工程时发现编译错误，把这个编译错误的英文翻译过来的大致意思是 IPV6_ADDR_STRUCT 结构体格式不正确，如图 18.27 所示。

图 18.27　当编译器版本不正确时往往会出现一些奇怪的编译错误

但原因却不是这个结构体的问题，而是在装载工程时对应的编译器不正确，在开发这个 Demo 工程时，使用的编译器是 2.41 版本，但是随着编译器的更新，新版本的编译器有一些细节未向下兼容。解决这个问题的办法有两个：一个是查出该错误并解决之，另一个是将编译器的版本降级到 2.41。这里采取降级编译器版本的方法。

首先找到编译器下载页面：https://www.microchip.com/xc32。

然后在页面底部单击如图 18.28 所示的按钮，即可以跳转到旧版编译器的下载页面，找到 xc32 的 V2.41 版本编译器。下载安装过程如前文所述，在此不再赘述。安装好后单击工程属性页面，如图 18.29 所示。

Go to Downloads Archive

图 18.28　旧版编译器的下载按钮

这里可以切换新旧版本的编译器，单击 2.41 版本编译器，然后单击"确定"按钮，更换旧版的编译器。

另外，还有一个知识点：如果 DFP 没有正确地下载安装也会影响程序的编译。DFP 的意思是 Device Family Package，也就是芯片型号家族对应的支持包。如果该支持包型号不正确，则会引起相应的依赖文件的编译错误。这种由环境引起的编译

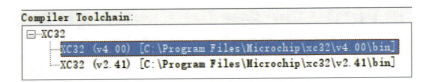

图 18.29 切换新旧版本编译器的方法

错误往往不易在代码层面被发现或解决,所以在打开工程之后需要先检查其依赖环境是否匹配。具体步骤如下:

① 检查到 DFP 错误,如图 18.30 所示,此时单击下面的 Resolve DFP for configuration:pic32mz_ef_sk。

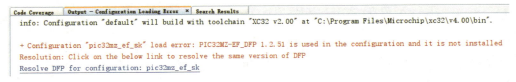

图 18.30 如果 DFP 不匹配则会出现警告并且如果没下载该版本 DFP 则会有提示

② 单击之后会联网安装,安装成功后会有切换 DFP 的提示,如图 18.31 所示。

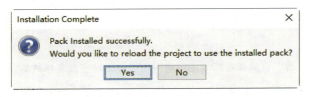

图 18.31 安装完毕 DFP 后系统会提示切换

③ 在 DFP 的 Packs 窗口可以看到 DFP 已经切换完成,如图 18.32 所示。

图 18.32 切换 DFP 成功之后显示已经切换

经过以上步骤,环境已经调配完毕,下面编译下载该工程。

18.4.2 在 Harmony 3 框架下直接移植用户需求

本小节介绍如何将 Harmony 3 原本的代码直接修改成我们需要的项目。这里的项目需求是在 Harmony 3 的 TCP/IP 之 Server and Client 项目上进行调试,将该工程修改成在正常情况下需要用 Client 进行数据上报,而在特殊情况下需要用

PIC32 作为 Server 进行配置的一个样例。

　　该项目需求的假设其实是基于一个真实的来自客户的案例。当时客户问了我这样一个问题："既然 Socket 可以进行 Server 和 Client 的双向通信，那么我能否直接用 Client 对本机进行设置呢？"回答是可以，但是有个问题：假设下位机 PIC32 的 IP 地址是 192.168.100.10，上位机 Server 的 IP 地址是 192.168.100.100，此时 Client 是可以正常地进行 Socket 连接。但是如果 Server 不慎将 Client 的 IP 地址设置成192.168.200.10，此时就会发生一个情况，如果下位机 MCU 没有其他手段（例如拨码开关或者强制按钮等额外硬件），而只有 Socket 进行通信设置，那么由于 IP 地址设置错误而无法进行通信。同时，如果要进行通信则首先要将 IP 地址设置正确，此时上位机和下位机就会发生"死锁"。而如果将下位机在设置状态设置成 Server 就不会有这个问题，因为上位机的 IP 地址修改是非常方便的，它可以随意地切换从而避免这种"死锁"的发生。所以，不是说不可以，而是不完善。一个良好的机制可以避免很多错误的发生，而一个不好的机制会降低系统的安全性和稳定性。这就是一般对下位机进行 TCP/IP 的设置操作往往是把下位机当成 Server 来处理的原因。

　　下面将该例直接修改成下位机运行在 Client 端时获取和上报数据，运行在 Server 端时动态修改自己 IP 地址的例子。

18.4.3　将一个工程添加到 MPLAB 自带的 GIT 库中

　　首先介绍如何将 MPLAB 自带的 GIT 应用起来。我们先将 TCP Client Server 这个 Dmeo 复制到一个我们自己建立的工程目录下，然后将带 .X 的路径按 Ctrl＋C 复制下来，如图 18.33 所示。

图 18.33　笔者一般打开 Harmony 3 工程时先复制 .X 的路径

　　再在 OpenProject 菜单中按 Ctrl＋V 粘贴，这样可以方便地打开工程，从而避免烦琐的选择过程，如图 18.34 所示。

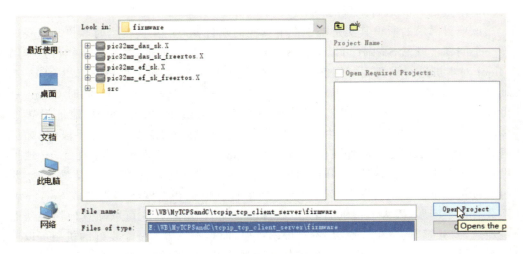

图 18.34　然后回到 IDE 打开工程

将一个工程添加到 MPLAB IDE 自带的 GIT,这样做有个好处:它可以方便地对代码进行直接的版本管理,而不用进行烦琐的 GIT 安装工作,降低了代码管理的门槛。

笔者在客户技术支持过程中发现,很多客户的项目工程比较凌乱,相似的目录名称繁多,有时如果你利用 OpenProject 的 LookIn 窗口去查找时容易找乱,把不该修改的工程修改了,这样可能会付出惨痛的代价。这里讲一个真实的案例,有个客户由于疏忽,打开了已修改完毕的项目进行了实验修改,导致原本已修改并调配好的工程又被改乱了。同时又因为时间比较紧张,他又没有进行代码管理和备份,导致代码无法恢复,从而错过了演示环节而导致项目完全失败。

我们打开工程之后,右击项目工程属性,如图 18.35 所示。

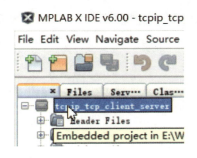

图 18.35　右击工程

在菜单的下半部分单击 Versioning → Initialize Git Repository,如图 18.36 所示。

此时,该项目就处于 GIT 的管理之下了。我们对其进行比较、查阅、版本回溯、

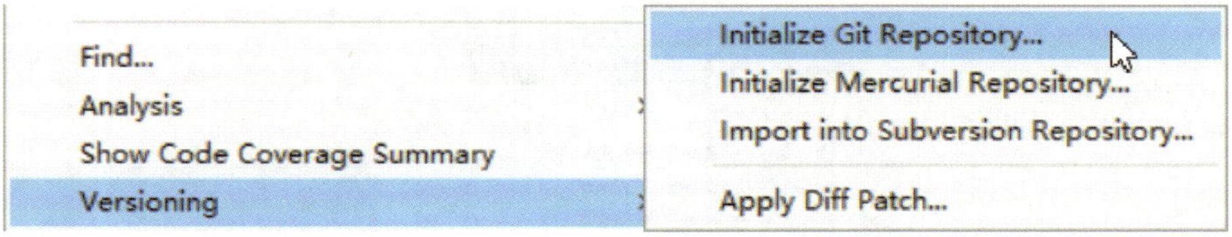

图 18.36　版本管理初始化

提交等基本操作，其功能基本可以满足我们日常开发的全部需求了。其操作步骤前文已经叙述，这里不再赘述。

18.4.4　Harmony 3 的 Demo 代码逻辑架构

将工程纳入版本管理之后，我们对 Demo 进行分析。Harmony 3 的样例工程基本上遵循这样一个规律：驱动分类存放；初始化在统一的函数；代码的运行流程由状态机控制；状态的转换一般由状态机控制变量完成；代码的框架逻辑由 Task 任务来完成；中断利用回调函数完成。

下面逐个介绍以上几个主要规律，理解了便可以方便地对代码进行修改了。

1. 驱动分类存放

Harmony 3 的驱动代码是按照 MCU 的外设进行排布的，基本上每一个外设都有一个独立的目录。它的驱动分别由 .c 文件和 .h 文件保存。.c 文件一般包含了外设的初始化操作、外设的基本功能、外设的基础驱动、回调函数的注册等功能。对于该文件一般不做任何修改，没有特殊情况最好由 Harmony 3 直接生成。可以看到在 peripheral 目录下，有需要的外设驱动，如图 18.37 所示。

2. 初始化在统一的函数

下面介绍代码的初始化，在 Hamrony 3 生成的代码中，大部分外设的初始化操作在初始化函数内完成，如图 18.38 所示。

在 SYS_Initialize 函数中完成了几乎所有外设的初始化。该操作不包括状态机以及应用层的操作初始化，只保证了 MCU 的各个外设都处于待命状态，至于是否需要开始由用户层的命令来决定。在后面的章节我们会叙述如何将 Harmony 的代码移植到其他工程，此时初始化的操作是必须要完成的步骤。

3. 代码的运行流程由状态机控制

代码的运行流程是如何由状态机控制的呢？状态机（State Machine）是有限状态自动机的简称，是现实事物运行规则抽象而成的一个数学模型。简单来说，状态机主要是用来描述事物或者事物间的状态以及转换的。下面我们结合 TCP/IP 的 Demo 程序举例说明状态机是如何应用的，状态机的例子引出了状态机中几个要素：状态、动作、事件、转换。

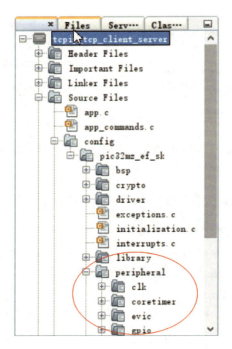

图 18.37　外设驱动分类存放

```
int main ( void )
{   /* Initialize all modules */
    SYS_Initialize ( NULL );
    while ( true )
    {   /* Maintain state machines of all polled MPLAB Harmony modules. */
        SYS_Tasks ( );
    }
    /* Execution should not come here during normal operation */
    return ( EXIT_FAILURE );
}
```

图 18.38　初始化都在 SYS_Initialize 函数

　　状态就是事物所有可能处于的状况和形态。如门有开、关两个状态；一些昆虫有卵、幼虫、蛹和成虫四个状态等。这里所讲的状态机指的是有限状态机，也就是事物的状态变化经过有限的动作就可以完成。例如对于门来说，open 和 close 是动作，我们一般是通过调用函数来实现，例如：open()和 close()两个函数分别表示开门和关门。事件就是动作产生后对相应事物发生的变化所进行的处理，我们一般在高级语言中将事件理解为响应函数或者回调（CallBack）函数，对应的语句应该是"void DoorWasClosed(){};"或"void DoorWasOpened(){};"，我们可在对应的花括号中加入自己需要完成的代码。

总结一下：状态机编程要弄清楚三个事情：状态一般是标号，表征事物变化的形态和状况。动作一般是函数，它执行相应的动作。事件一般是回调，它提供特定事件产生后需要执行动作的函数容器。转换通常依赖对标号的修改完成，这种修改有时候是显性的，即在状态的动作函数中完成；有时候是隐性的，即在中断或者其他函数中完成。

4. 状态的转换一般由状态机控制变量完成

下面分析 TCP/IP Server Client 的状态机变化的过程。我们查阅到 app.h 中针对应用层有如下状态机：应用初始化状态、应用等待 TCP/IP 地址状态（包含了初始化 TCP/IP 等待 IP）、等待 TCP/IP 命令、等待 TCP/IP 开启服务、等待 TCP/IP 的 DNS、等待 TCP/IP 的 Socket 连接、TCP/IP 服务端连接、TCP/IP 等待响应、TCP/IP 关闭连接、错误处理等。在 TCP 状态转换时，我们发现有个变量非常活跃，它就是 appData.state；给它赋予不同的状态值它就控制了状态的变化。在不同的程序中它有不同的定义但是基本的类型是相同的，理解了它的作用即可举一反三。下面我们进行 Demo 程序的修改。

在 Demo 例子上进行修改，最简洁的办法就是在这些状态机上，将我们的需求增添成一个新的状态机，从而利用之前状态机已有的过程和服务。

5. 代码的框架逻辑由 Task 任务来完成

我们在 PC 中往往会遇到这样一个情况，一个程序运行的好好的，突然卡住了，我们打开任务管理器，找到这个"进程"（process）把它结束掉，然后重新启动这个进程就又好了。在高位单片机的开发过程中有时也会借用这个概念。但如果是不带操作系统的单片机，它的任务与任务之间则是单线程运行的（也就是说，只有运行完了上一个任务才能运行下一个任务），而且在 MCU 运行期间没有强制结束运行失败任务的概念，一个任务的失败意味着整个单片机需要重启。对于 Harmony 3 代码中的 Task，可以理解为具有相似功能的代码，例如通信任务、图形任务、网络任务、蓝牙任务等，每一个任务都有独立的功能，却统统放在大循环里统一执行。这对于我们移植代码是很有帮助的，它使得具有相似功能的代码段有统一的分类。

6. 中断利用回调函数完成

下面介绍中断和回调函数。在 Demo 程序中，中断是 Harmony 3 中非常重要的概念，因为它往往是衡量外设是否正常运行的一个标志。例如前文描述的关于 USB 的中断就是 USB 外设能否正常运行的一个标志，我们往往在中断回调函数中插入标志性的事件例子（如一个反转的 I/O 口）去检测 MCU 的某一个外设是否被正常的激活和运行。在正常的嵌入式程序中，我们一般在中断服务程序中直接编写代码。那么为什么需要将回调函数这个麻烦加入 Harmony 3 的代码结构中呢？原因是中断服务程序和硬件驱动紧密相关，它一般由 Harmony 3 直接生成。如果直接在中断服务程序中编写用户自己的代码，在生成代码的过程中必然会发生冲突，从而增加程序员的麻烦,也不利于库的升级。用回调函数的方式可以将用户层代码和驱动层代码彻底分开,避免在自动代码生成的过程中与用户代码发生冲突。

18.4.5 将自己的需求加到 Harmony 3 的 Demo 中

首先明确需求,上文我们已经做好了一套 TCP/IP 的上位机系统,并且编译成功,运行正常。这时需要将下位机的 Server 和上位机的 Client 程序进行对接实现对下位机的设置,然后下位机通过按键或者重启的方式切换成 Client,连接上位机的 Server 进行数据的交互。当 MCU 为 Server 时,PC 向其发送一个小写字母,由 MCU 转换成大写字母然后发回。当 MCU 为 Client 时,MCU 向 PC 发送一个小写字母,由 PC 的 Server 端转换成大写字母然后发回。这样,我们就完成了单字母的 Socket 的 Server 和 Client 的交互需求。在利用现成的代码加入自己的需求时,有一个判断的原则,就是自己写的代码越少越好。因为自己的代码写得少,意味着两件事情:一是原先的代码框架找得比较妥帖,最大化地符合自己的需求;二是自己对代码框架的理解比较深入,也比较熟悉,所以才能像庖丁解牛一样,精准地找到需要修改的地方,以最少的修改代价来达成自己的需求。笔者以前工作中曾经遇到过一位高手,在成千上万条的代码中仅修改了一个字符就解决了困扰团队 2 个多月的时隐时现的一个 Bug。通过阅读示例文档发现,MCU 作为 Server 端的功能与自己的需求是吻合的,所以 MCU 作为 Server 时无须改动,只改动 PC 端的代码即可。下面我们首先罗列出 PC 端程序与我们的目标需求之间的差异,如表 18.1 所列。

表 18.1 需求差异

任务需求	PC 端程序	MCU 端 Demo
建立 Socket	有	有
Server 端侦听	有	有
Client 端发送单字节	有	无
Client 端接收单字节	有	有
Server 端接收单字节	无	有
Server 端发送单字节	有	有

从表格中可以看出,针对 PC 端我们需要改动发送单字节的收发,Client 端大部分可以沿用。对 MCU 的 Demo 程序,我们主要改动 Client 端的收发。由于 PC 端的程序比较简单,其 API 也都很常用,本书就不赘述了。下面主要介绍基于 MCU 的 Client 端。我们对代码进行分析,发现其状态机流转过程,总结如图 18.39 所示。

该任务需要完成的需求是:如果没有接收到 URL,之后状态机额外检测是否接收到了连接端口的命令。如果收到了连接命令,则直接打开客户端,然后转向下一个等待连接的状态机;否则进入等待命令的状态。修改后的流程图如图 18.40 所示。

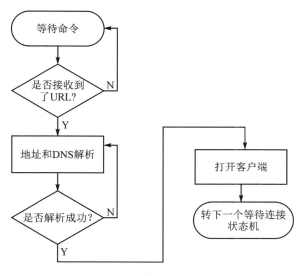

图 18.39　MCU 的 Client 端的流程图

在图 18.40 状态机的流程图中，我们可以看到，当命令完成后，直接输入 IP 地址和端口，即可打开客户端。这样，我们就在原来的状态机上成功添加了自己的需求，

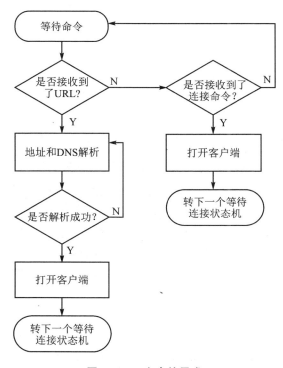

图 18.40　客户的需求

并且最大化地保留了原来代码的部分。

下面介绍增加一个状态机的过程，具体步骤如下：

① 添加状态标号。

首先，需要在状态机声明中添加一条新的状态机，一般在类似 APP_STATES 的一个联合体中声明，我们添加一条自己需要的状态机即可，如图 18.41 所示。

```
APP_TCPIP_WAIT_FOR_RESPONSE_SEND,          APP_TCPIP_CLOSING_CONNECTION,
APP_TCPIP_CLOSING_CONNECTION,              APP_TCPIP_ERROR,
APP_TCPIP_ERROR,                           } APP_STATES;
} APP_STATES;
```

图 18.41 添加状态机，左图为添加之后的，右图为添加之前的

此时，编译是能通过的。

② 添加状态标号的判断条件。

下面在状态机的运行部分添加关于这条状态机的判断条件，在几乎所有 Microchip Harmony 的状态机控制中，都是如此操作的。在 Switch(appData. clientState) 中有不同状态机的运行代码，在下面的 case 条件中加入这个状态即可，在这个 case 下我们需要添加的代码就是当状态机跑进这个状态后需要的动作，也就是相应的处理函数，如图 18.42 所示。

```
case APP_TCPIP_WAIT_FOR_RESPONSE_SEND:
```

图 18.42 添加状态机的判断条件

③ 添加状态机的进入语句。

最后，我们加入针对这个状态机的进入条件即可，换句话说，当执行完这条语句后就进入了这个状态，如图 18.43 所示。

```
appData.clientState = APP_TCPIP_WAIT_FOR_CONNECTION_SEND;
```

图 18.43 进入这个状态机(状态)

经过以上三个步骤就完成了对基本状态机的增加过程。针对直接修改的 Demo，状态机的处理是主要的过程，也是需要着重理解的知识。读者可以比较本书代码和 Harmony 3 的标准 Demo 代码来详细了解整个过程。比较过程如下：首先下载本章的内容，再下载 Harmony 3 TCP/IP client server 的内容，然后进行比较即可。经过比较可以熟悉状态机的添加过程，从而完成在 Demo 程序上直接修改自己的需求。

本章总结

本章描述了笔者曾经拜访过的客户的真实需求。该客户需要一个简单的基于 TCP/IP 套接字的主从、双向、多字节类 MODBUS 通信系统。笔者发现 Harmony 3

的样例 Demo 与基于 Server Client 的 Demo 的需求非常贴近客户，但是基于 Client 的样例和客户的需求仍有差距，它是类似一个 HTTP 的访问协议的包头解析系统。于是笔者经过很短的时间完成了上位机的 Server 和 Client 样例，并且将下位机的 Client 程序经过很短的时间调试成功，最终让客户有了更好的 Demo 体验，增加了项目成功的概率。

习　题

1. 按照本章的思路找一个具体 Harmony 3 的实例进行剪裁。
2. 安装 MinGW 并且完成一个类 MODBUS 的 TCP/IP 协议。
3. 编译并运行 18.4 节的软件，克隆地址如下：

```
git clone https://gitee.com/skylergit/bookdata.git
```

代码子目录：tcpip_tcp_client_server。

第 **19** 章

移花接木:外设驱动的切换

本章所展示的知识点也是从客户的实际需求中来的。客户的需求是:如何将一个 IIS 音频 Codec 从 AK4954 迅速切换到 WM8908? 事实上,在笔者日常的技术支持工作中,项目开始的工作大多是更换不同的外设并且将其调通。下面的例子是北京的一个音箱生产厂研发部的测试项目。我们在 Harmony 3 的 Dmeo 工程中 MCU 的外设 Codec 是一种类型,但是客户使用的是一个类似的外设。我们将该需求简化一下:假设笔者服务的这个客户使用的 Codec 是 WM8908;但 Harmony 3 的 Dmeo 中现存的样例为 AK4954,那么如何快速地切换相应的外设呢? 下面笔者将详细叙述。

19.1 在新旧外设更换之前应该分析的内容

在新旧外设更换之前要确定以下几个部分:

➢ 外设的电源控制

也就是如何供电,有没有待机或休眠的引脚控制逻辑,有没有上电时序的引脚控制逻辑,电源的电压和电流的质量是否符合其外设的需求。

➢ 外设的时钟源

分析外设是否需要外部输入时钟脉冲,如果需要,则要确定它的精度是否符合要求,并且测量一下时钟的质量。

➢ 外设的通信方式

做嵌入式开发一定要区分通信方式的使用场合。通信,一些是用于板内的,也就是尽量不通过插座和线缆进行通信的方式,例如 IIC、SPI 等;另一些是用于板间的,例如 UART、USB 等;还有一些是用于设备间的,例如 CAN、以太网等。

在非必要的情况下最好遵循这些通信协议所运行的平台。笔者曾参与过的一个项目,其中有一个测控系统通过一条很长的线缆连接两台设备,一台是显示设备,另一台是控制设备,而这条线采用的通信协议是 IIC,但是只要设备带电一开门,IIC 的通信就受到干扰,继电器就乱跳,后来改用 CAN 总线就没有这个情况了。

在新旧外设之间界定好通信方式后就要查看主 MCU 的通信引脚是否一致。在查阅了两源(电源、时钟源)一通(通信)之后,基本上就对外设的控制逻辑大体确定了。

➤ 具体的控制引脚

在电源和时钟源通信方式都界定好后，再看其他的控制逻辑引脚，例如开关引脚、使能引脚、I/O 引脚、A/D 引脚、片选引脚、地址线等。笔者在实际工作中，当外设的控制出问题时，就是按照这个顺序进行排查的，先查电源、供电使能、休眠控制；然后查时钟源，看时钟源的信号和质量；再排查通信波形；最后看控制逻辑、使能、片选、地址等。对于非模拟类的控制逻辑电路，按照这个顺序排查一般解决问题都八九不离十。

下面来分析一个具体的例子：打开 Harmony 3 的 audio_tone 的 Demo 程序，同时打开它的说明文档。这个 Demo 是基于 PIC32＋AK4954 的，但客户需要的是 Codec 的 WM8904，如何在 Harmony 3 的框架下最快地更换该驱动？标准的 Demo 程序所支持的音频板如图 19.1 所示。

图 19.1　Demo 程序所需音频板

从图 19.1 中可以看出，该 Demo 使用的 Codec 解码板是 AK4954。假设我们没有 AK4954，只有 WM8904 音频解码板，连接如图 19.2 所示。

下面详解如何以最快的速度将修改驱动之后的 Demo 运行起来。打开 Harmony 3 的标准 Dmeo，路径如下：

HarmonyFramework\audio\apps\audio_tone\firmware\audio_tone_pic32mz_ef_btadk_ak4954.X

编译之后发现有错误，从而引出编译器向下兼容的问题。

图 19.2　更换音频解码板

19.2　解决 Harmony 3 中某些 Demo 程序编译器向下不兼容的问题

此时，笔者使用的环境是 IDE 的 6.00 版本加上 XC32 的 4.00 版本。打开之后编译发现错误，如图 19.3 所示。

```
"C:\Program Files\Microchip\xc32\v4.00\bin\xc32-gcc.exe"     -g -x c -c -mprocessor=32MZ2048EFH144  -ffunction-sections -O1 -fno-common -I"../src/a
../src/config/pic32mz_ef_btadk_ak4954/audio/peripheral/i2s/plib_i2s1.c: In function 'I2S1_RefClockSet':
../src/config/pic32mz_ef_btadk_ak4954/audio/peripheral/i2s/plib_i2s1.c:145:25: error: implicit declaration of function 'min' [-Werror=implicit-fun
nbproject/Makefile-pic32mz_ef_btadk_ak4954.mk:262: recipe for target 'build/pic32mz_ef_btadk_ak4954/production/_ext/1076651782/plib_i2s1.o' failed
     uint32_t minError = min(error_m1, error_0);
"C:\Program Files\Microchip\xc32\v4.00\bin\xc32-gcc.exe"     -g -x c -c -mprocessor=32MZ2048EFH144  -ffunction-sections -O1 -fno-common -I"../src/a

nbproject/Makefile-pic32mz_ef_btadk_ak4954.mk:250: recipe for target 'build/pic32mz_ef_btadk_ak4954/production/_ext/1816811105/drv_ak4954.o' faile
cc1.exe: all warnings being treated as errors
make[2]: *** [build/pic32mz_ef_btadk_ak4954/production/_ext/1076651782/plib_i2s1.o] Error 255
make[2]: *** Waiting for unfinished jobs....
../src/config/pic32mz_ef_btadk_ak4954/audio/driver/codec/ak4954/drv_ak4954.c: In function '_convertGainToMGain':
../src/config/pic32mz_ef_btadk_ak4954/audio/driver/codec/ak4954/drv_ak4954.c:1907:14: error: '<<' in boolean context, did you mean '<' ? [-Werror=
     if (gain << 6)
            ~~~~~^~~~~
```

图 19.3　由于编译器向下兼容问题引起的错误

这个错误是由编译器升级却又没有向下兼容引起的，解决的方法有两个，既可以将编译器降级到 2.41 版本，也可以具体解决这个小错误。本书使用降级编译器到 V2.41 的方法解决了这个错误，编译成功，然后以新版本的 MHC 生成新的代码，再使用 V4.00 修正 V2.41 的小错误，之后用 V4.00 去编译。用 V2.41 编译成功后我们需要重新配置和生成代码，此时，打开 MHC，发现 MHC 也有版本不兼容的问题，出现如图 19.4 所示的界面。

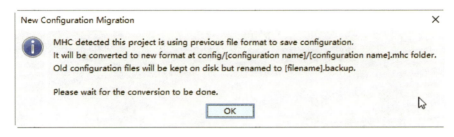

图 19.4　MHC 向下兼容问题引起的警告

单击 OK 按钮确定后，等待 MHC 升级它的数据库，升级后出现成功提示，如图 19.5 所示。

打开 Project Graph 可以看到 Codec 是 AK4954，如图 19.6 所示。

图 19.5　升级成功

图 19.6　AK4954 的 Harmony 3 工程模块图

在更换驱动之前需要界定一个问题：目前的 MHC 生成的代码在当前的编译器下是否能正常编译？ 我们先按照新版本 MHC 的配置重新生成代码，如图 19.7 所示。

图 19.7　以 OVERWRITE 方式生成代码

等代码生成结束后再编译一次，此时我们使用的编译器是 V2.41，在生成代码之前是能够编译成功的,但用新版本 MHC 生成代码之后却发现编译失败了。出现这个问题是由于我们用新版 MHC 生成了代码,但它是在比较新的编译器上开发的,而我们将工程重新生成后它的代码库都是基于新的编译器的,因此用旧的编译器自然会出现问题,如图 19.8 所示。

```
build/pic32mz_ef_btadk_ak4954/production/_ext/1816811105/drv_ak4954.o: In function `_DRV_AK4954_ControlRegisterReSet':
d:/harmonyframework/audio/apps/audio_tone/firmware/src/config/pic32mz_ef_btadk_ak4954/audio/driver/codec/ak4954/drv_a
collect2.exe: error: ld returned 255 exit status
make[2]: *** [dist/pic32mz_ef_btadk_ak4954/production/audio_tone_pic32mz_ef_btadk_ak4954.X.production.hex] Error 255
make[1]: *** [.build-conf] Error 2
make: *** [.build-impl] Error 2

BUILD FAILED (exit value 2, total time: 7s)
```

图 19.8　新 MHC 生成的代码用旧版编译器也不能编过

此时,我们将编译器再切换到 V4.00,编译之后也发现错误,如图 19.9 所示。

```
../src/config/pic32mz_ef_btadk_ak4954/audio/periph
../src/config/pic32mz_ef_btadk_ak4954/audio/periph
        uint32_t minError = min(error_m1, error_0);
```

图 19.9　V4.00 出现的编译错误

此时,我们面临两个选择:如果用 V2.41,则_DRV_AK4954_ControlRegisterReSet 这个函数未定义;如果用 V4.00,则 min 这个宏未定义,这又出现了一个客户经常询问的问题:是代码适应环境还是环境适应代码?

19.2.1　代码与环境的适应关系

笔者在长期的工作中总结出一个经验分享给读者:对于修改少的工程、验证性的工程、临时性的工程、需要紧急出结果的工程,我们按照工程本身的需求去配置环境,让环境尽量符合工程的要求;对于需求修改复杂、实现周期漫长、不需要紧急出结果的项目,则尽量去修改工程以适应新的开发环境,毕竟新的开发环境修改了更多的Bug,完善了更多的功能。这个经验需要根据实际情况灵活运用。在上面的例子中我们发现,修改和补充 min 这个宏比较容易,而且,如果使用用新的驱动,用 V4.00 也比较方便,所以,我们将编译器切换到 V2.41 后,按住 Ctrl 键单击 min,在 stdlib.h选项卡下发现了 min 的定义,如图 19.10 所示。

然后我们将编译器再切换到 V4.00,将以上代码复制到文件头,如图 19.11所示。

用 V4.00 编译器再次编译,发现这个错误已经被修改,其错误提示与 V2.41 已经一样了。经过分析发现,这个错误是新版本的 MHC 对 AK4954 驱动生成错误代码,如果利用 WM8904 或许就没有这个错误了,我们可以先忽略这个编译错误,继续

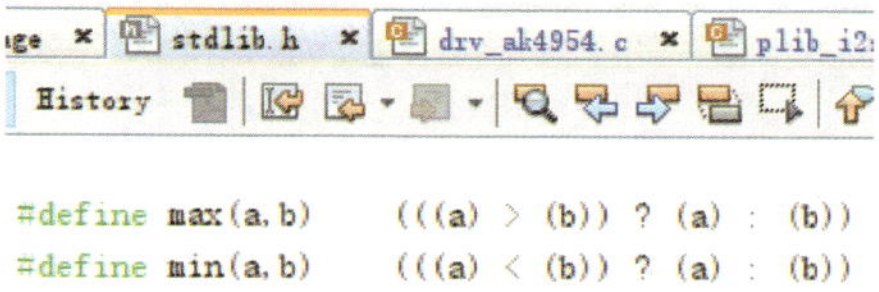

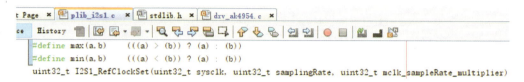

图 19.10　发现了 min 宏的定义

图 19.11　将缺失的定义完成

我们的工作,当然,如果想修改掉这个错误,也可以利用版本比较的方法去查找它究竟错在哪里,但是,对工程项目,我们往往需要修改的是我们需求内的代码。下面打开 Available Components 可以看到有现成的 WM8904 的 Codec 驱动,比较二者,如图 19.12 所示。

图 19.12　不同驱动的 Harmony 3 功能模块配置选项比较

按照 AK4954 的驱动配置好 WM8904 的配置,然后删除 AK4954 的配置模块,并且用 WM8904 的配置模块代替之,再进行编译,如果用 V4.00 进行编译并且按照前文叙述将 min 宏定义从 V2.41 中搬过来声明一下,编译之后发现了新的错误,如图 19.13 所示。

这种情况又引出了下面这个新的问题——函数定义丢失了。

19.2.2　丢失函数定义的处理方法

当新版 MHC 配新版编译器编译时,有时会丢失某些函数的定义,笔者在使用 Harmony 3 的过程中发现这个问题也是由 MHC 向下兼容问题引起的。如图 19.13 所示,由于新版的 MHC 未针对所有的 MCU 的所有功能均做测试,所以可能引发丢文件的问题。解决这个问题可以用以下两种方法:第一种在前文叙述过了,就是将

图 19.13　定义丢失了

MHC 降级的办法。这虽然可以解决该问题,但是要确定好 MHC 的版本。另外,也可采用 GIT 将丢失的文件补回来再填进工程。笔者根据实际情况采用第二种方法,即不用更改 MHC 版本也可以修改错误。下面本书进行详细描述。我们通过对错误的分析发现是丢失了有关 DMA 的相关文件,我们首先将丢失文件的相关函数记录下来,然后将版本倒回编译成功的版本。这样,这些函数就可以找到它的定义场所,然后我们再将版本更新到失败的文件,进行对比,这样就可以知道哪些文件生成失败了,具体步骤如下:

① 将版本更新到能编译成功的版本,如图 19.14 所示。

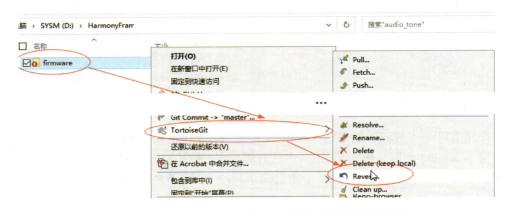

图 19.14　用 Revert 方法将工程恢复成编译成功的版本

② 利用 GIT 详细查看哪些文件被修改了,如图 19.15 所示。

单击 OK 按钮将所有文件恢复成初始状态,再打开工程,确定编译可以成功之后,找到那些函数的定义之处,经过查找发现,这些函数定义在 system 目录下的 dma 子目录里的 sys_dma.c 文件,如图 19.16 所示。

配合 GIT 将这些文件恢复从而解决该问题。在这里还有个重要的知识点:图形化的 GIT 工具在 revert 时对于新生成的文件采用默认选项是不会被删除的,而这些

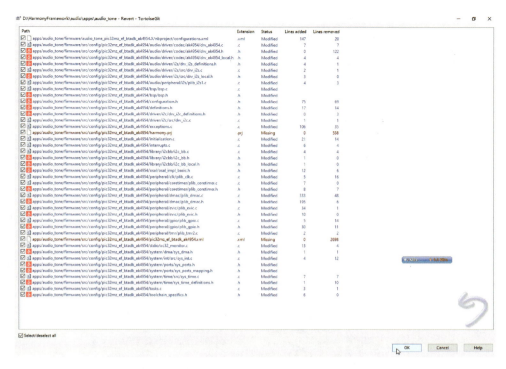

图 19.15　Revert 操作的过程，具体选择那些文件被覆盖

新生成的文件有时会影响 MHC 的配置。如果要彻底生成一模一样的工程，则可以先删除 firmware 文件，再执行 revert，或者执行完 revert 再执行 clean up 菜单，这样就可以生成完全相同的工程了。当然，对于 GIT 命令行比较熟悉的同学也可以用 GIT 的 reset 命令行

图 19.16　找到了丢失的文件

加上 git clean - fx 和- fd 去彻底恢复工程。以上讲解的都是 MHC 有 Bug 的情况下的解决方案，但是，有些时候 MHC 如果被不慎破坏掉了，那么只须将 MHC 恢复后就可以解决这些问题了。

19.2.3　确定适合较旧工程的 MHC 版本

笔者补充分享一个经验。在以前的章节中，我们讨论了使用 yml 文件中的信息去界定 MHC 的版本。但是，某些比较老旧的工程代码，并没有 yml 文件，只有一个 harmony. prj 文件，打开该文件，里边并没有相应的信息，该如何界定适合它的 MHC 版本呢？在这种情况下，可以大致确定一下它所使用的 MHC 的版本。首先在 har-mony. prj 下用 GIT 打开它的 log 文件，看看它的修改历史，然后找到它最后一次修改提交时所在的日期，如图 19.17 所示。

图 19.17 利用 log 查看 MHC 的修订日期

我们的目的是利用 log 查看 MHC 的修订日期，在对话框中我们看到了相关的提交日期，如图 19.18 所示。

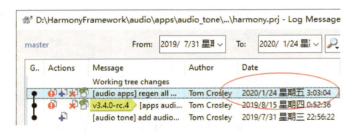

图 19.18 具体日期

图 19.18 中显示，文件最后一次修改是 2020 年 1 月 24 日提交的，那么我们将 MHC 更新到附近稍前一点的时间大概率会成功地打开该文件。经过上述操作后，我们成功地将 WM8904 的 Codec 移植到了项目中，并且成功地实现了其功能，从而实现了外设驱动的切换。

本章总结

本节展示的其实都是一些具体问题和解决办法，本章的写作灵感来源于客户，当时客户拿到了我们的 Demo 板，两周多的时间都在与系统、环境、编译、调错打交道，根本无法去实现需求。后来笔者发现，客户不会使用 GIT，也不大理解版本管理的必要性。于是，笔者进行一段时间的培训和共同工作，不仅让客户熟悉了 Harmony 3 的工具，而且让客户精通了 GIT 的操作。在项目后期该客户反馈说，今后他再也离不开 GIT 了。所以，如果要灵活地利用 Harmony 3 进行开发，必须先熟练掌握和应用 GIT。

习　题

1. 编译并运行本节软件，克隆地址如下：

```
git clone  https://gitee.com/skylergit/bookdata.git
```

代码子目录：audio。

2. 按照本章的思路找一个具体 Harmony 3 的模块切换一下驱动。

第 **20** 章

Harmony 3 代码"剥离"

本章介绍利用 PIC32MZ 搭建一个独立工程的蓝牙数据传输系统。

在笔者进行技术支持过程中,有一个针对 Harmony 3 的常见需求,就是将 Harmony 3 的代码剥离出来,添加到一个独立的工程中。笔者实际服务的某车灯生产厂商,他们使用 MCAL(汽车软件开发平台的一个关于 MCU 的硬件抽象层)作为标准开发平台,MCAL 有严格的接口参数标准,这导致他们不能直接使用 Harmony 3 的代码作为框架代码。由于客户针对项目的时间非常紧张,因此他们又有快速建立驱动、增加开发效率的需求。这样,就面临一个问题:将 Harmony 3 生成的代码,例如时钟配置、UART 驱动、CAN 总线驱动调试成功后,须快速剥离出来,然后加入到 MCAL 的独立工程中,并且快速移植成功。这样,开发速度应该远快于开发人员自行通过阅读数据手册摸索开发,否则就没有工程上的意义了。在这个项目中,笔者和客户经过共同工作,归纳出了部分 Harmony 3 的剥离方法以飨读者。

20.1 剥离代码之前需要验证的问题

在剥离 Harmony 3 的过程中,我们面临最大的问题是剥离代码的工程和移植代码的工程的配置是否相同,包括但不限于熔丝位配置、时钟配置、端口功能配置、工程环境配置、中断配置、DMA 配置等。

只有剥离代码和被移植代码的上述配置完全相同,基于这些配置下的代码才能更大概率地实现互换,移植前和移植后的代码才不会出现"排异反应"。这就要求我们要熟悉 Harmony 3,并且对上述配置需求进行快速而准确的设置。这些操作可以总结为外部配置引入的过程。我们大致地回顾和总结一下 Harmony 3 的这些配置的概念、修改方法和操作页面。这里仅列出以下几点(其他相关的配置需要读者自行总结):

1. 熔丝位(配置位)

一般我们对 MCU 的初始条件需要有一个统一的配置,这些配置的操作位称为熔丝位或者配置位。我们将系统的时钟源设置、系统时钟的分频、看门狗等设置放置在熔丝位中,在 Harmony 3 的熔丝位配置一般在 Harmony 3 工程模块图的"系统"中,如图 20.1 所示。

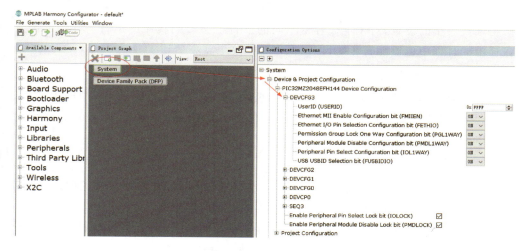

图 20.1　配置位在 Harmony 3 工程模块图中

2. 时钟配置

时钟好比是 MCU 运行的心脏。MCU 所有的运行操作都来源于时钟脉搏的跳动,其每一个外设都可以获得主时钟的分频以维持自身的运行,就好比人体每一个器官的运行都源自心脏跳动带来的血液循环。时钟的配置是一个非常重要的环节,在前文已多次详细叙述,这里不做赘述,如图 20.2 所示。

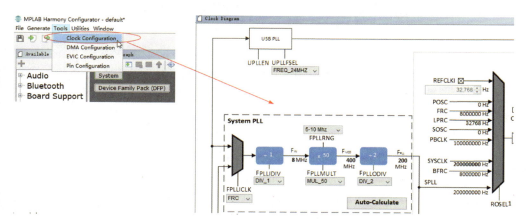

图 20.2　Harmony 3 时钟配置图

3. 工程配置

工程配置在移植的过程中也需要注意。首先是包含路径,它的配置影响头文件的包含关系。我们在移植时需要把包含的头文件寻根溯源找到独立的头文件,只有独立的头文件在移植时才能不产生编译的错误,这在后面会有描述。其次是编译开关,不同的编译开关也许在编译时不会报错,但是在运行时会有天差地别的影响。再次是堆栈大小的设置,对于堆栈容量不同的设置也会影响程序的运行。其他的配置在移植的过程中也可能有影响,但是概率较低这里就不赘述了。

4. DMA 设置

有的时候需要移植 DMA 配置,包括通道、使能、Trigger、优先级、中断使能等。不过,从宏观的角度来看,笔者经历的项目移植 DMA 的情况并不多,主要是外设的驱动以及中断。

5. 中断设置

中断是移植过程中最重要的工作之一,因为 Harmony 3 的中断程序的代码逻辑与普通的嵌入式代码逻辑是有差异的。为了让生成代码与客户代码分离,Harmony 3 的中断服务程序基本上是采用回调函数的方式,而普通的嵌入式代码的中断服务程序一般是直接编写的。具体中断的移植方式在后面有详细介绍。

其他操作这里就不例举了。下面笔者将把一个蓝牙模块通信的 Demo 程序从 Harmony 3 中剥离出来移植到一个简单工程中。首先需要确定被剥离的项目工程和其中需要剥离的功能。在实现这个需求之前我们很自然的想到一个需求,就是同时打开两个 IDE,一个进行对比,另一个做移植开发。我们尝试着通过双击 IDE 的快捷方式去开启,结果发现不管怎么点击都无法打开,那么我们该怎么办呢?

20.2 在一台计算机上同时打开两个 IDE

首先要确定一个事情,就是计算机的资源。笔者用目前最新版本的 IDE V6.00 进行测试,其内存的消耗需要近 1 GB,如果打开两个则需要近 2 GB,打开的工程越多,则内存消耗也相应越大。笔者的计算机内存为 16 GB,完全可以应付。但是如果计算机内存过低,那么打开过多,耗费了内存的应用则可能引起系统运行缓慢,这是个需要注意的问题。

下面介绍同时打开两个 IDE 的步骤:首先找到 IDE 在桌面的图标,如果没有则创建一个即可。然后右击图标,在图标的目标命令行加上一行尾缀-- userdir "e:\ new_MPLAB X",其中 e:\new_MPLAB X 为任意的目录即可,系统根据这个路径创建目录保存中间文件,创建好快捷方式,如图 20.3 所示。

保存后即可同时打开两个 IDE 了,如果用双屏进行开发,则可以一个作参考,另一个实际运行,这样可以提高开发效率。笔者实际用双屏运行的效果如图 20.4 所示。此外,如果安装两个不同版本的 IDE 也可以达到同样的效果。

配置环境搭建好后,即可一步一步进行工作了。我们打开 Harmony 3 的被剥离的工程,路径如下:\HarmonyFramework\bt\apps\data\ble_comm\firmware\ble_pic32mz_ef_c2_bm64.X。

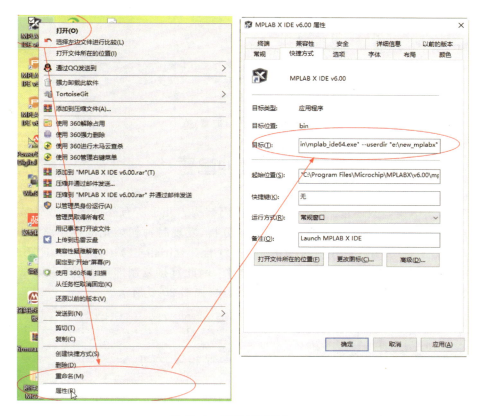

图 20.3　同时打开两个 IDE

图 20.4　用双屏运行和打开两个 IDE 的效果

20.3　从 Harmony 3 剥离熔丝位(配置位)

我们在 Harmony 3 的工程中找到 initialization.c,然后有 ♯pragma config 为开头的定义代码,将这些代码复制到目标工程即可,如图 20.5 所示。

```
57
58      /*** DEVCFG0 ***/
59      #pragma config DEBUG =       OFF
60      #pragma config JTAGEN =      OFF
61      #pragma config ICESEL =      ICS_PGx1
62      #pragma config TRCEN =       OFF
```

图 20.5　熔丝(配置)位

20.4　从 Harmony 3 剥离时钟配置

在前文中我们叙述过 Harmony 3 的代码结构。几乎所有外设的代码都保存在 peripheral 目录下。我们通过对代码结构的分析,发现时钟初始化的调用路径如下: main 函数→"SYS_Initialize（ NULL ）;"→"CLK_Initialize();"打开"CLK_Initialize();"发现,其中均是针对寄存器的直接操作,因此直接复制即可,这样就实现了对时钟配置的剥离。下面我们解释一个编译错误,如图 20.6 所示。

```
make[2]: Entering directory 'C:/Users/Administrator/MPLABXProjects/Test12.X'
"C:\Program Files\Microchip\xc32\v4.00\bin\xc32-gcc.exe"     -g -x c -c -mprocessor=32MZ204
newxc32_newfile.c: In function 'CLK_Initialize':
newxc32_newfile.c:53:5: error: 'SYSKEY' undeclared (first use in this function)
     SYSKEY = 0x00000000;
     ^~~~~~
```

图 20.6　直接将时钟外设代码移植出来之后会出现的错误

该错误是由 SYSKEY 这个寄存器未定义引起的,其原因是我们在做新工程时没有加上包含 xc.h 的头文件。XC 编译器是通过 #include <xc.h>加上工程属性的 Device 设置来最终定位单片机寄存器的详细定义的,如图 20.7 所示。

图 20.7　#include <xc.h>从这里判定它具体包含哪个器件的头文件

而用户新建工程时忘了加上 #include <xc.h>,从而导致系统编译器不知道特殊功能寄存器(SFR)的定义。加上这个头文件的包含引用即可解决。

20.5　从 Harmony 3 剥离中断配置

对于 Harmony 3 的中断配置,剥离起来相对复杂。因为要保持用户层和驱动层的分离,所以 Harmony 3 的代码结构采用的是回调函数的方式;而一般针对 MCU 的工程,客户往往是更加偏好直接在中断服务程序中对中断进行操作。本节将以客户的使用习惯对中断进行剥离。首先我们查找到 Harmony 3 中对中断的定义文件，该文件位于工程→Source Files→config→interrupts. c 中，它保存了系统中断服务程序的定义。注意，我们只搬中断服务程序的框架，也就是说我们不复制中断服务程序中的具体内容，因为这需要在被移植代码中重新定义，例如："CORE_TIMER_InterruptHandler()；"如图 20.8 所示。

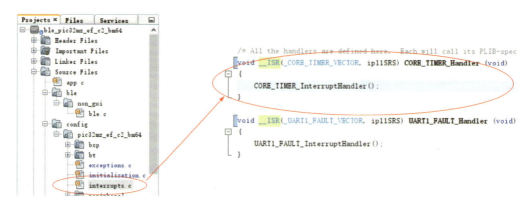

图 20.8　找到中断服务程序

我们将中断服务程序直接搬过去，然后对中断进行配置即可直接进入中断。这里还有一点要注意，就是 __ISR 的宏定义在编译器的 attribs. h 文件中，所以我们必须将 ♯include ＜sys/attribs. h＞添加到文件头。下面我们将指出中断初始化定义的代码段，以方便读者进行搬家的操作。以 CORE_TIMER 为例，首先找到 CORE_TIMER 外设的定义文件夹，它被定义在如下目录：工程→config→peripheral→coretimer→plib_coretimer. c。

找到该文件后，我们一般会发现针对这个外设的两个函数：一个是初始化函数，另一个是启动函数。在这些函数中，一般包含两类代码：一类是寄存器设置代码，另一类是状态机和回调函数、流程控制代码。我们需要移植的是寄存器设置代码，把状态机和流程控制代码忽略掉，这样就可以最大限度地方便移植。如前文所述在 interrup. c 代码中需要搬的只是一个函数的空架子，不需要将"CORE_TIMER_InterruptHandler()；"里边的调用也搬过去，否则就会花费很大的精力，且得不偿失。我们以 coretimer 内核为例向读者展示哪些代码是编译成功且需要被搬家的必要性代码，如图 20.9 所示。

需要说明的是，该代码段只是保证了这个单独外设的中断设置相关代码的移植。但是，对于整个系统的中断设置，例如全局中断开关、中断优先级配置等操作并不在各个外设的初始化函数和启动函数中，所以需要注意。在本例中，中断优先级的操作配置函数如下：工程→config→peripheral→evic→plib_evic. c→"EVIC_Initialize（void）；"。该函数为中断优先级的初始化函数，也需要移植过去，而且不用改动。

原因也很简单，"_builtin_disable_interrupts();"和"__builtin_enable_interrupts();"两个函数编译器认识，不会引发编译错误。当然，不同型号中断总开关的写法可能略有差异，但是基本思想是不变的。

```c
void __ISR(_CORE_TIMER_VECTOR, ipl1SRS) CORE_TIMER_Handler (void){
}
void CORETIMER_Initialize(){
    _CP0_SET_CAUSE(_CP0_GET_CAUSE() | _CP0_CAUSE_DC_MASK);
}
void CORETIMER_Start(){
    _CP0_SET_CAUSE(_CP0_GET_CAUSE() | _CP0_CAUSE_DC_MASK);
    IEC0CLR=0x1;
    _CP0_SET_COUNT(0);
    _CP0_SET_COMPARE(0xFFFFFFFF);
    _CP0_SET_CAUSE(_CP0_GET_CAUSE() & (~_CP0_CAUSE_DC_MASK));
    // Enable Interrupt
    IEC0SET=0x1;
}
```

图 20.9　中断服务程序剥离的必要性代码

20.6　从 Harmony 3 剥离具体外设驱动

在讨论这个问题之前，我们首先要界定一个问题：剥离的外设驱动是否需要保留原来的状态机和回调函数的配置？如果需要保留，则将 plib 目录下的源文件全部移植，将需要的定义、声明也都尽数移植即可。反之，如果外设驱动仅仅是需要将外设打开启动，针对外设的操作也不需要对状态机进行编程，也就是传统的 MCU 的写法。在这种情况下，移植的过程就需要进行甄别，甄别的原则也非常简单，即将关于 MCU 特殊功能寄存器的相关代码移植过去即可。对于逻辑部分的代码则需要自己重新编写。下面将详细描述这两种方法以便读者参考使用。

20.6.1　剥离驱动保留状态机和回调函数的操作

以 UART 为例，我们直接将"工程"→Source Files→config→"配置"→peripheral→plib_uart1.c 移植到目标工程，然后将编译错误一一纠正即可。具体操作如下：首先我们将 plib_uart1.c 移植过去，编译发现了错误，如图 20.10 所示。

```
nbproject/Makefile-default.mk:130: recipe for target 'build/default/production/uart/plib_uart1.o' failed
uart/plib_uart1.c:1:10: fatal error: device.h: No such file or directory
 #include <device.h>
          ~~~~~~~~~~~
```

图 20.10　头文件没有被包含引出编译错误

这个错误是由头文件包含未移植引起的，这样，又引出了剥离过程中如何判定头文件的独立性问题。

20.6.2　剥离过程中判定头文件的独立性

我们在移植头文件的过程中，往往要判定头文件的独立性，也就是说，如果头文件都是一些基于原始类型的定义、声明，那么我们判定该头文件是独立的，或者是可移植的。但是，如果该文件的定义、声明都依赖于非标准的头文件，则该头文件不是独立的，它需要合并移植其他相应的定义头文件之后才可以编译通过。一般在头文件中，如果头文件包含的文件以 std＊＊＊开头，则极有可能是编译器内含的头文件，我们可以用按住 Ctrl 键并单击头文件的方式去查看该头文件以及其中包含的头文件，如图 20.11 所示。

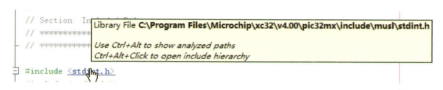

图 20.11　按住 Ctrl 会出现一个小手帮助你跳到它的定义

此外，也可以用按住 Ctrl＋Alt 组合键并单击头文件的方法查看头文件的包含与依赖关系，方便移植。此例头文件的依赖关系，如图 20.12 所示。

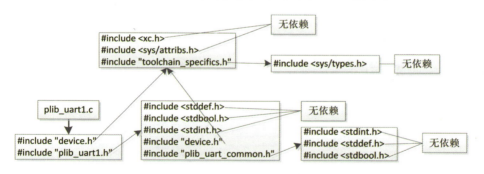

图 20.12　该工程的头文件依赖关系

经过上述操作，我们将该工程的依赖关系列出直至无依赖，我们可以看到，只需要移植 plib_uart_common.h、plib_uart1.h、device.h、toolchain_specifics.h 四个文件即可，我们可以将这四个文件打包放到一个目录下，然后将该目录加入 include 路径，如图 20.13 所示。

我们将这些文件加入之后再编译 plib_uart1.c 就可以顺利通过了，因为 plib_uart1.c 中都是最底层的代码和独立的回调函数。编译成功，如图 20.14 所示。

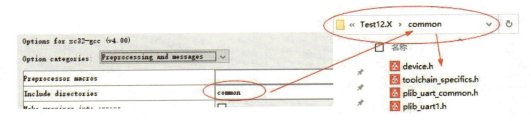

图 20.13　将独立的头文件放置到一个统一的目录

BUILD SUCCESSFUL (total time: 1s)

图 20.14　编译成功

20.6.3　从 Harmony 3 剥离具体外设独立驱动

以上操作完成后,我们可以顺利地使用 plib_uart1.c 中所有的回调函数和对象。但是如果不用针对回调函数和对象进行操作,那么可以不用包含任何头文件,而只要将有关特殊功能寄存器的操作剥离出来即可。例如,如果想做一个简单的 UART 发送的例子,只是需要从本节工程 Harmony 3 的样例中剥离如下代码就可以完成,如图 20.15 所示。

```
#include <xc.h>
void UART1_Initialize_Independent( void )
{   U1MODE = 0x8;
    U1STASET = (_U1STA_UTXEN_MASK | _U1STA_URXEN_MASK | _U1STA_UTXISEL1_MASK );
    U1BRG = 216;
    IEC3CLR = _IEC3_U1EIE_MASK;
    IEC3CLR = _IEC3_U1RXIE_MASK;
    IEC3CLR = _IEC3_U1TXIE_MASK;
    U1MODESET = _U1MODE_ON_MASK;
}
void SendByte_Independent_Demo()
{   U1TXREG='A';
}
```

图 20.15　剥离相对简单的外设驱动

这样做的好处是简洁快速,缺点是缺失了很多保护和逻辑代码,不过一般的应用场合也足以应付了。

20.7　用库文件的方式从 Harmony 3 剥离用户代码和状态机

前面我们叙述过移植状态机的方法,后面在写用户界面编程时也会详细介绍如何把其他 Demo 的用户状态机部分移植到目标工程的方法。基于这个原因,本节就不赘述从源代码的方法去一点点移植用户代码的知识了。下面介绍一种简洁的用静态链接库的方法去移植的过程,这也是笔者负责的某一个真实客户的真实需求。

首先我们要知道静态链接库的概念。大多数高级语言都支持编译、链接的过程。所谓编译一般是指把源代码变成中间二进制代码的过程。而链接一般指把中间的二进制代码整合成符合系统要求的可执行文件的过程。那么,我们的二进制代码的来源就有两个方面:一方面是从源代码编译而来;另一方面就是直接调用现成的二进制文件,将其中有用的部分拿过来直接调用。这个用于链接的二进制文件就是库。库的使用分两种情况:一种是生成可执行文件之前就整合进可执行代码,这种库称为静态链接库;另一种是生成可执行文件之后在文件执行时再行调用,这种调用方式就是动态链接库。一般高级语言,PC 程序,处理能力比较强的处理机因运行操作系统的缘故动态链接库用的比较多。而在处理能力比较弱的场合,例如嵌入式编程,它更多使用的是静态链接库。

20.7.1　制作和使用库文件

下面我们介绍如何建立和调用静态链接库,静态链接库的建立在 MPLAB X 下是有一个建立工程的单独选项的,如图 20.16 所示,首先单击新建工程→选择库工程→选择器件型号→选择编译器→给工程起个名→单击完成即可创建工程。

图 20.16　新建库工程

创建工程成功后,单击源文件目录即可添加源文件,并在该源文件中添加所需的函数或者定义等。这时要注意的是,添加的函数没有主函数了,编译之后在目标目录下也只有.a 文件,而不是 hex 文件,如图 20.17 所示。

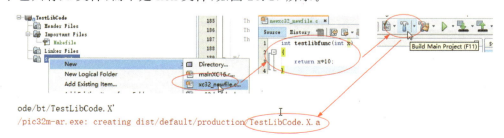

图 20.17　编译库文件

编译完毕后,生成的 TestLibCode.X.a 就是我们需要的库文件。下面介绍如何调用这个库文件。同样,先新建一个工程,步骤如前文所述,采用 simulator 进行测试。然后在库文件添加目录中添加 TestLibCode.X.a,如图 20.18 所示。

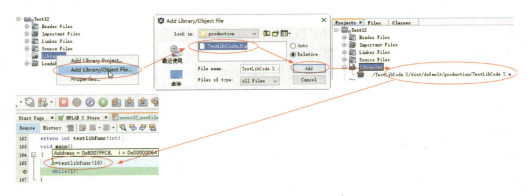

图 20.18 调用库文件

在图 20.18 中,首先将库文件添加进工程,然后利用 extern 进行声明,声明函数的函数名、返回值、参数类型必须与库里的文件名相同。声明完毕后就可以调用了,经过测试,调用的返回值与我们的库文件的结果是相符的。这样,我们就完成了一次库文件的制作和调用。这里要强调一个问题:编译库文件的编译器版本最好与编译工程的编译器版本一致,否则可能会导致链接库无法识别。另外,如上例的需求,假设我们需要将一个现成的工程改编成一个库文件,该如何操作?

20.7.2 库文件与正常工程文件切换的注意事项

我们需要将一个工程文件改编成库文件,方便加入独立工程进行调用,该如何处理?其实,做这种切换非常简单,我们只需要将工程文件从编译独立工程变成编译库文件工程即可。切换的开关如图 20.19 所示,在"工程属性"→Categories→Conf→Building 页面上有个 Configuration type,将 application 改成 library 即可。然后将 void main()函数改个名,编译就可以成功了,此时,我们就可以查找到将该工程编译成的 .a 文件了。

图 20.19 将正常的工程改编成库文件工程

我们可以将编译成的.a文件加入被移植的工程中,如上一步骤所示,然后就可以声明调用样例中的工程了。但是这里需要注意冲突的问题,如果你在库文件中声明了配置位或者熔丝位,那么在被移植的工程中就不能声明同名的配置位了,否则会发生冲突。另外,全局变量、函数名也不能有重名,否则也会发生冲突,这一点需要注意。

本章总结

本节以蓝牙驱动为例展示了 Harmony 3 样例程序的代码剥离过程。Harmony 3 可方便地进行图形化配置,本章的方法可以将它生成的代码剥离之后再移植到不便采用 Harmony 3 的工程中。这来源于客户的真实需求,笔者实际移植的是 SAME51 单片机,为行文连贯,笔者以 PIC 单片机重复了完整的操作。其实在 Harmony 3 的框架下,PIC 和 SAM 在逻辑代码层相差并不大,这也是 Harmony 3 的一个好处。

习　题

1. 编译并运行本节软件,克隆地址如下:

```
git clone https://gitee.com/skylergit/bookdata.git
```

代码子目录:bt。

2. 按照本章的思路找一个具体 Harmony 3 的模块,剥离一个驱动独立运行。

3. 新建一个库文件并且调用它。

4. 将一个可执行文件改编成一个库,然后在另一个工程中调用它,并且解决冲突。

第**21**章

嵌入式开发与 Python

本章讲述 Python 在高位单片机中的应用,包括借助 PIC32 的 BootLoader 引导程序,给读者分享 Python 与 Harmony 3 配合编程的相关知识;完成 PIC32MZ 的命令行烧录和 BootLoader 引导程序解析;Micropython 的移植和人工智能算法的加载。

21.1 客户需求简述

说起来这算是系统集成而非嵌入式开发的范畴,不应出现在写嵌入式开发的书中。但是该问题的产生源于一个客户的真实需求,而且很多客户都对这个问题抱有浓厚兴趣。另外,本章还将举例说明如何利用 Hamrony 3 将标准的 Demo 程序中的 BootLoader 移植到另一个相近的芯片上,这也是值得分享的。在 Harmony 3 之后,Microchip 公司的 32 位单片机开发的主机程序均是采用 Python 为 Host 程序,下面针对上位机的 Python 程序进行一些简单的改动以符合客户的真实需要。首先描述一下客户的需求细节:在生产线上需要借助 BootLoader 和 PICkit 或者 ICD 进行自动烧录,以提升生产效率。换句话说,客户需要利用 PICkit4 进行全自动的出厂预制烧录,而如果客户端的程序需要升级,则依赖于 BootLoader 给分销商进行自动升级。在工厂端要求是只需要连线与供电,除此之外不用按任何按钮和操作即可实现自动升级,从而提升生产效率。笔者需要完成的任务是打通芯片与开发工具之间自动烧录的技术路径,其余的与客户需求相关的任务由客户自己完成。因为 Harmony 的 BootLoader 采用的是 Python 脚本,所以笔者建议利用 Python 来实现这个需求。

21.2 Python 的下载与安装

由于 Python 的环境、安装、入门的书籍和资源可谓汗牛充栋,读者可以轻易地查找到非常合适的资源,因此,在这里笔者仅分享和介绍一些入门资源的链接和简介供读者研习。

首先分享一个网站"菜鸟学院",https://www.runoob.com/,在这里有各个高级语言、数据库等上位机编程语言的入门资料,包括环境的安装,读者可以查阅到其中 Python 篇章中的介绍。然后是 Python 学习大本营 http://www.python.p2hp.com/doc/index.html,其中有很多官方的教程。再就是一个台湾的 Python 资料网 https://pymotw.com/,其中详细叙述了相关的语法。另外,还有一个网站 https://pymbook.readthedocs.io/en/latest/。这些网址都有丰富的资料,读者可以参阅。

我们把 Python 环境搭建好之后将详细介绍使用 Python 脚本进行自动化的升级操作。在这之前有兴趣的读者在该网站也可以查阅到 Python 的基本语法与基础知识,这里也不再重复。请读者安装 PyCharm 之后设置相关的环境变量,使我们在任何目录下均可运行 Python 和 PIP3 的相关命令。这些操作请读者自行完成。

下面介绍利用命令行加上 PICkit 或者 ICD 进行自动烧录的操作步骤。

在介绍自动烧录步骤之前,笔者想起曾经接到好友王超(深圳办公室)的询问,如何脱离 MPLAB IDE 而利用命令行进行代码的编译。笔者思考后,觉得这部分内容值得分享,它与下面的内容亦一脉相承,因此这里将编译的过程大致介绍一下:利用命令行编译之前,第一步要确保代码工程是完好的,它可以在 IDE 里边编译成功。第二步要确定 DFP 和 XC 编译器,以及 MPLAB IDE 均妥善安装,因为命令行需要的文件都包含在上述软件中。第三步需要把 make 命令所在的目录加入系统的环境变量,这在 Windows 和 Linux 下都可以完成,要注意的是在加入之前须保证 make 命令是不被识别的,即在命令行输入 make 之后命令行窗口反馈:"'make' 不是内部或外部命令,也不是可运行的程序或批处理文件",这样做的目的是保证没有其他的 make 命令对 MPLAB IDE 的 make 命令进行干扰。第四步进入 MPLAB IDE 的安装目录下的一个子目录去找到 make 命令,笔者的安装目录为:C:\Program Files\Microchip\MPLABX\v6.20\gnuBins\GnuWin32\bin,不同的安装路径和版本会略有差别,但是大致的意思是一样的。第五步把该目录加入系统的环境变量 Path 路径,再回到命令行的工程,在具有 nbproject 和 Makefile 的目录下运行 make 命令即可完成命令行的编译。它一般在.X 目录的内部,如果需要保证和工程设置的编译效果一致,则可以参考 MPLAB IDE 编译时 output 窗口给出的 make 命令行参数,照抄即可。

21.3　利用 PICkit 或者 ICD 和命令行进行程序烧录

前文描述的方法都是利用 IDE 和 IPE 进行程序的烧录,但是这两个工具都是图形化的操作界面,虽然方便但缺乏灵活性。事实上,在 IDE 和 IPE 的工具箱中提供了利用命令行脚本进行编程的选项。下面我们介绍其步骤:

首先,打开 IDE 的安装路径。笔者是以默认路径安装的,路径如下:

```
C:\Program Files\Microchip\MPLAB X\v6.00\MPLAB_platform\MPLAB_ipe
```

在这个默认的路径下,有文件:icd3cmd.exe,ipecmd.exe,pk3cmd.exe,pm3cmd.exe,realicecmd.exe。这几个文件针对不同的工具有不同的用处,我们以 ipecmd.exe 为例

（该命令兼容所有的开发工具），对于烧录命令行如何查找它的文档和使用手册呢？详细说明文档位于如下路径：

```
C:\Program Files\Microchip\MPLAB X\v6.00\docs\CommandLineReadmes.htm
```

引用该文档的例子，我们发现，烧录用的命令行有两种等价的书写方式如下：

```
java – jar ipecmd.jar – TPPK3 – P18F4550 – M – FHEXCODE.HEX
ipecmd.exe – TPPK3 – P18F4550 – M – FHEXCODE.HEX
```

上一行是 Java 命令行的例子，Java 适合跨平台的操作，在 Linux，Windows，Mac 都可以方便地移植，而 ipecmd.exe 适用于 Windows。下面采用 Python 和 Windows 命令行的方式来进行自动烧录。在这里首先需要将 python 和 ipecmd 两个路径都加入环境变量，其方法也都在前文 TCP/IP 安装 MinGW 时叙述过了，这里不再赘述。环境变量设置好之后，打开命令行运行 python 和 ipecmd 命令，命令行窗口都不返回命令未定义错误。设置完环境变量后，如果设置不生效，可以重启计算机让设置生效。

21.4 利用命令行烧录 HEX 文件

在使用 Python 进行自动脚本烧录之前，需要先确保命令行烧录的过程本身是正确的，否则将其加入 Python 一定是错误的。我们按照前文所述的文档查找到用 ipecmd 烧录的方法以及命令行的相应参数填写好之后运行该命令，这个过程可以先连接好硬件试试。笔者将开发板与开发工具连接好之后运行该命令，结果如图 21.1 所示。

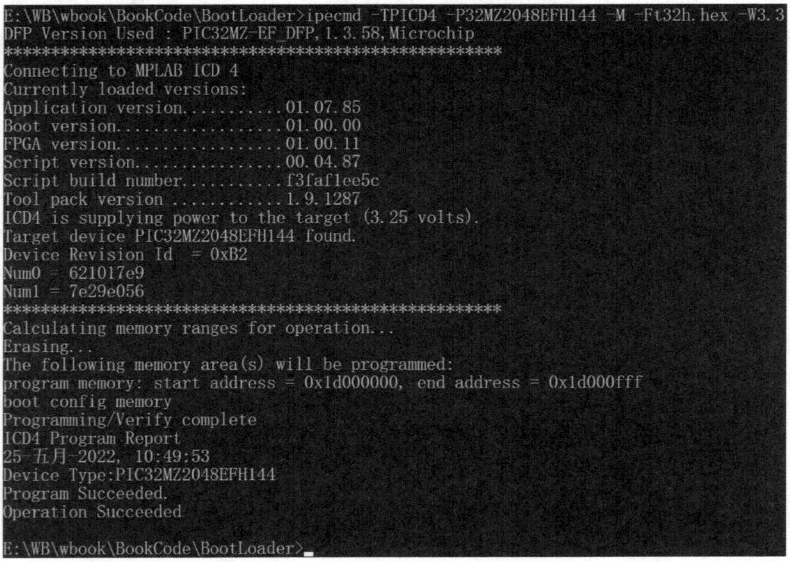

图 21.1 用 IPE 命令行烧录

这里需要注意几点：

➤ 采用命令行烧录时不能打开 IPE、IDE

IDE 等能占用 ICD、PICkit 驱动的进程，可能会引起烧录失败。此外，IDE 运行时不要打开 IPE，IPE 运行时不要打开 IDE。也就是说，系统中仅保留一个占用 PIC-kit 的 USB 驱动的进程。

➤ −p 之后的 device 号一定要严格对应

在 IDE、IPE 烧录时尾缀不必严格对应，经过警告框确认之后是可以强行烧录的，例如 PIC32MZ2048EFH144 和 PIC32MZ2048EFM144 在 IDE 烧录过程中是可以强行互换烧录的，但是命令行不行，它发现 Device ID 不正确就会停止。

➤ 注意系统的供电

在上例中，笔者采用开发工具供电的方式，这样做有个好处就是针对目标板的连接非常方便，只需要连接一个插头即可，否则需要连接两个插头，即一个烧录头和一个供电头，这在实际生产时需要多做一个动作，影响了生产效率。但是，当用计算机的烧录头进行供电时，一般计算机的 USB 输出口最大的供电电流为 500 mA。如果目标板的负载超过了这个电流，轻则影响烧录成功率，重则可能损坏计算机的 USB 口。笔者使用的工具为 ICD4，它具有独立的 9 V 供电口，对负载的驱动能力较强。但是由于成本原因，大多数客户使用的是 PICkit4 或者 PICkit3 等工具，它没有默认的外接电源，驱动能力较弱，这点要注意。解决这个问题的方法是：利用外电源并联到开发工具的电源和地上以提升其驱动能力；或者将生产工序做调整，先贴主 MCU，然后将程序烧录进去，再贴周边器件；或者直接利用外供电插头。不同的生产厂商所采用的方法不尽相同。

下面笔者对 ipecmd 的开关参数进行简要说明：−TP 后面接的是开发工具，这在命令行文档说明中的第 14 章 Using Multiple Tools 有描述；−P 后面接的是器件型号，−M 指的是 Memory 的范围，如果只有默认的−M 则是指全部 Memory，−F 后面接的是需要烧录的 HEX 文件名，−W 指的是需要烧录工具供电，后面接的是电压值，这些在命令行文档说明中的第 13 章 Command Line Options 有描述。有了以上的知识，读者即可进行烧录操作了，对于其他开关参数，读者可以参照文档进行详细设置和实验。

21.5　利用 Python 脚本实现自动烧录

下面我们将使用 Python 脚本进行自动化烧录工作。在运行 Python 脚本之前，首先需要设置环境变量，我们安装完 PyCharm 之后需要将 Python 文件加入环境变量，查看地址可以先随便运行一个程序，然后即可看到 Python 的路径，如图 21.2 所示。

我们将 C：\ Users \ Administrator \ PycharmProjects \ pythonProject \ venv \

图 21.2　在 PyCharm 中查阅 python. exe 的路径

Scripts 加入环境变量，加入环境变量的方法前文已叙，这里不再赘述。

实现这个需求，我们首先要了解如何利用 Python 执行 Windows 的命令，利用 Python 执行 Windows 命令用的是 os. system("")语句，在引号中添加所需执行的命令即可执行该语句。实际上，Python 执行外部命令有大约六种方法，但我们需要利用阻塞的方式去按照流程一步步执行，所以我们利用 os. system 方法。然后还需将 ipecmd 产生的信息导入 a. txt 中，这样，我们就可以利用 Python 文件对这些信息进行读取和分析，再针对不同的结果进行不同的操作。我们在 21.4 节中看到 ipecmd 打印了非常多的信息，最后一行是烧录成功或失败的信息：如果成功则反馈 Operation Succeeded，失败则反馈 Programming Target Failed；如果烧录工具连接失败，则反馈 Programmer not found。这就引出一个问题，在 Python 中如何读取最后一行信息？其实这也非常简单，采用如下代码就可以完成，如例 21.1 所示。

例 21.1　读取最后一行信息的 Python 代码。

```
f = open('a. txt','r')
lines = f. readlines()
last_line = lines[ - 1]
print(last_line)
```

此外还有一个问题，我们利用了管道命令">a. txt"将信息导入 a. txt 中，那么万一这个文件读取失败了我们该如何处理？可以用如下代码完成，如例 21.2 所示。

例 21.2　错误处理代码。

```
try:
    ♯进行有可能发生错误的处理
except OSError as reason:
    ♯进行发生错误的处理
finally:
♯进行后续处理
```

结合以上的叙述，下面笔者给出最终的代码段来完成该操作，如例 21.3 所示。

例 21.3　完成最终的处理代码举例。

```
#! /usr/bin/env python
import threading
import time
```

```python
import os
# abc.hex 为需要烧录的文件
c1 = "ipecmd - TPPK5 - P32MZ2048EFG144 - M - Fabc.hex - W3.3 - Y>a.txt"
defProgramHEX():
while 1:
    print("开始烧录,Ctrl + Break 退出")
    a = os.system(c1)
    try:
        f = open('a.txt','r')
        lines = f.readlines()
        last_line = lines[- 1]
        print(last_line)
        f.close()
        running.clear()          #设置事件为 False,阻止线程运行
        print("换下一个板子,按下回车继续:")
        a = input()
        running.set()            #设置事件为 True,表示线程可以运行
    except OSError as reason:
        print('出错啦!' + str(reason))
def print_letters():
while(1):
    if running.isSet():
        print(".")
    else:
        pass
    time.sleep(1)
#创建并启动线程
Program_thread = threading.Thread(target = ProgramHEX)
letter_thread = threading.Thread(target = print_letters)
running = threading.Event()
running.set()                  #设置事件为 True,表示线程可以运行
Program_thread.start()
letter_thread.start()
```

需要指出的是,例 21.3 中仅仅是实现了全自动烧录的功能。其实该功能与用脚本、其他高级语言、批处理文件进行循环操作的方式是一样的。代码并没有添加退出机制,而是用 Ctrl + Break 进行强制退出,如上文所述,客户的需求是打通自动烧录的关键技术路径,而不是做完自动烧录的系统,笔者服务的客户所写的脚本比这要复杂。经过实验成功地实现了利用烧录器供电的全自动烧录,有成功烧录的情况;也有拔下目标板烧录失败的情况,但运行这个程序后,客户只需把烧录器插头连接到目标板即可自动地烧录,烧录完成后拔下烧录器插头即可。其运行的结果如图 21.3 所示。

```
E:\WB\wbook\BookCode\BootLoader>python run.py
Operation Succeeded

Programming Target Failed.

Programming Target Failed.

Programming Target Failed.

Operation Succeeded

Programming Target Failed.

Programmer not found.

^CTraceback (most recent call last):
  File "E:\WB\wbook\BookCode\BootLoader\run.py", line 4, in <module>
    a=os.system("ipecmd -TPICD4 -P32MZ2048EFH144 -M -Ft32h.hex -W3.3 > a.txt")
KeyboardInterrupt
^C
E:\WB\wbook\BookCode\BootLoader>
```

图 21.3　自动烧录的过程

　　如上所述,我们解决了工厂端预烧录的问题。这里有个知识点需要和读者强调一下,因为笔者使用了管道命令作为中间变量的传递方法,这个方法虽然快,但它有个缺点:会频繁地刷新硬盘,这对于计算机系统并不是一件好事。解决的办法有两个:可以用内存映射硬盘的方式虚拟出一个硬盘;还可以修改 Python 程序来传递中间变量,而不是利用管道命令重定向到磁盘。由于客户对笔者的方案有自己的思路和定位,后续的工作由客户自行完成,所以笔者没有进行下一步的跟踪。

　　讲述完工厂利用开发工具自动升级的方法后,下面我们解决分销端升级的问题。需要指出的是,该方法仅解决小批量的自动生产问题,而且 PICkit 和 ICD 这些 Debug 工具也并非公司官方推荐的大规模生产烧录工具。公司官方推荐的生产线预烧录的方法请联系本地的技术支持人员。这里之所以将该方法列写出来,是因为笔者在长期的技术支持过程中发现,实际生产中有大量的客户利用这种方法进行生产,这种自动化烧录系统成本低廉,实现简单,搭建迅速,移植容易。这个方法有它自己的独特优势,而讲述这方面的资料又比较少,所以笔者希望填补上这个空白。

21.6　搭建 Harmony 3 的自动 BootLoader 系统

　　在 Harmony 3 中,如果要搭建自己的 BootLoader 系统需要做以下几件事情:第一是确定好 BootLoader 的升级方式,使用 UART 或 CAN,还是 USB 或者其他什么方式进行升级;第二是找到带有相应方法的 BootLoader 工程,然后利用烧录工具将其烧录进 MCU;第三是找到 App 的工程,并且利用 Python 开发主机程序将 App 的 bin 文档烧录。

下面我们进行这个操作。

首先，进入 btl_host.py 所在的目录：\HarmonyFramework\BootLoader\tools。

然后，将 btl_host.py 文件复制到 HarmonyFramework\BootLoader_apps_uart\apps\uart_BootLoader\test_app\firmware\pic32mz_ef_sk.X\dist\pic32mz_ef_sk\production。

在这个目录下，要先确定 COM 口的正确端口号，再进入这个目录参照参考文档运行如下命令：

```
python btl_host.py -v -i COM10 -d pic32mz -a 0x9d000000 -f pic32mz_ef_sk.X.production.bin
```

此时，出现错误，如图 21.4 所示。

```
D:\HarmonyFramework\bootloader_apps_uart\apps\uart_bootloader\test_app\firmware\pic32m
z_ef_sk.X\dist\pic32mz_ef_sk\production>python btl_host.py -v -i COM10 -d pic32mz -a 0
x9d000000 -f pic32mz_ef_sk.X.production.bin
Traceback (most recent call last):
  File "D:\HarmonyFramework\bootloader_apps_uart\apps\uart_bootloader\test_app\firmwar
e\pic32mz_ef_sk.X\dist\pic32mz_ef_sk\production\btl_host.py", line 29, in <module>
    import serial
ModuleNotFoundError: No module named 'serial'

D:\HarmonyFramework\bootloader_apps_uart\apps\uart_bootloader\test_app\firmware\pic32m
z_ef_sk.X\dist\pic32mz_ef_sk\production>
```

图 21.4　没有安装串口模块引起的错误

这个错误是由 Python 没有安装串口模块引起的，我们运用 PIP3 工具安装串口操作模块即可，也就是说，用 pip3 install pyserial 时注意需要连接网络，如图 21.5 所示。

```
D:\HarmonyFramework\bootloader_apps_uart\apps\uart_bootloader\test_app\firmware\pic32m
z_ef_sk.X\dist\pic32mz_ef_sk\production>pip3 install pyserial
Collecting pyserial
  Downloading pyserial-3.5-py2.py3-none-any.whl (90 kB)
     |████████████████████████████████| 90 kB 720 kB/s
Installing collected packages: pyserial
Successfully installed pyserial-3.5
WARNING: You are using pip version 21.3.1; however, version 22.1.1 is available.
You should consider upgrading via the 'C:\Users\Administrator\PycharmProjects\pythonPr
oject\venv\Scripts\python.exe -m pip install --upgrade pip' command.

D:\HarmonyFramework\bootloader_apps_uart\apps\uart_bootloader\test_app\firmware\pic32m
z_ef_sk.X\dist\pic32mz_ef_sk\production>
```

图 21.5　利用 PIP 安装需要的模块

然后重新进行升级操作，此时升级成功，如图 21.6 所示。

完成该动作后，将使用 Python 脚本实现全自动 BootLoader 的设置，与上文所述的代码一样，我们将全自动升级的命令行修改后加入全自动升级的代码，进行轮询代码，如图 21.7 所示。

```
D:\HarmonyFramework\bootloader_apps_uart\apps\uart_bootloader\test_app\firmware\pic32m
z_ef_sk.X\dist\pic32mz_ef_sk\production>python btl_host.py -v -i COM10 -d pic32mz -a 0
x9d000000 -f pic32mz_ef_sk.X.production.bin

Unlocking

Programming: ||||||||||||||||||||||||||||||||||||||||||||||||||||||    100.0% Complete

Verification

... success

Rebooting

Reboot Done

D:\HarmonyFramework\bootloader_apps_uart\apps\uart_bootloader\test_app\firmware\pic32m
z_ef_sk.X\dist\pic32mz_ef_sk\production>
```

图 21.6　升级成功

```
编辑run2.py (E:\WB\wbook\BookCode\BootLoader) - VIM
#!/usr/bin/env python
import os
while 1:
    a=os.system("python btl_host.py -v -i COM15 -d pic32mz -a 0x9d000000 -f pic32mz_ef_sk.X.production.bin")
```

图 21.7　轮询烧录的 Python 代码

该代码只是执行主体功能，由于篇幅所限并未加错误捕捉和退出机制，仅仅是实现自动升级的功能而已，运行该文件需要用 Ctrl＋C 强制退出。下面讲述错误捕捉和其他相关的知识点。我们运行这段 Python 代码，可以看到 BootLoader 主程序始终运行在等待 UART 连接的状态，如图 21.8 所示。

```
E:\WB\wbook\BookCode\BootLoader>python run2.py

Unlocking

Warning: no response received, retrying 1

Warning: no response received, retrying 2

Warning: no response received, retrying 3

Error: no response received, giving up

Unlocking
```

图 21.8　等待 UART 的连接

此时，我们按照说明文档的做法将 Demo 板连接完毕后，按下开发板上的升级按钮就可以实现自动升级了，如图 21.9 所示。

至此，实现了客户的自动升级需求。下面继续介绍可能用到的相关 Python 的技巧。

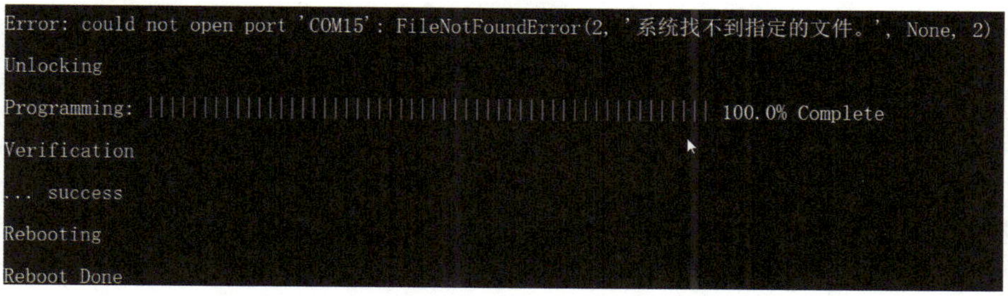

图 21.9　连接之后自动升级

21.6.1　在 Python 中输入刷新字符来表示待机

在实际的需求中，客户并不希望满屏刷新那么多无用的信息，只希望每秒用一个字符的位置闪动刷新一个加号和一个减号来表示系统处于等待状态。该如何办理呢？这里边涉及两个问题：第一是系统每秒刷新一个字符；第二是原地删除原来的字符。下面分步讲解。先看代码，如图 21.10 所示。

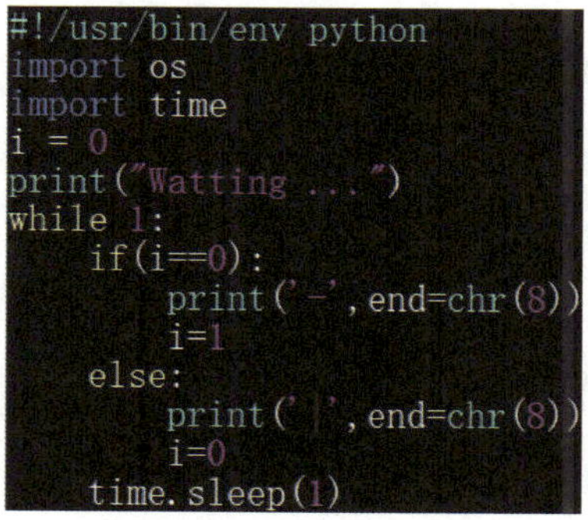

```
#!/usr/bin/env python
import os
import time
i = 0
print("Watting ...")
while 1:
    if(i==0):
        print('-',end=chr(8))
        i=1
    else:
        print('|',end=chr(8))
        i=0
    time.sleep(1)
```

图 21.10　Python 刷新输出字符

在正常情况下，“print()”打印一行会自动换行，此时我们在 print 之后加入“end=”，后面加上需要输出的字符或者字符串即可，这样就可实现刷新的功能。但是有个新问题，我们调用“time.sleep(1)”语句实现 1 秒钟的延时，但在实际运行中 print 字符被阻塞了，需要将程序全部中断之后才能看到全部的字符，这就与我们的需求不一致了，此时调用“python -u”加上 python 文件名就可以解决这个问题了。实际运行效果如图 21.11 所示。

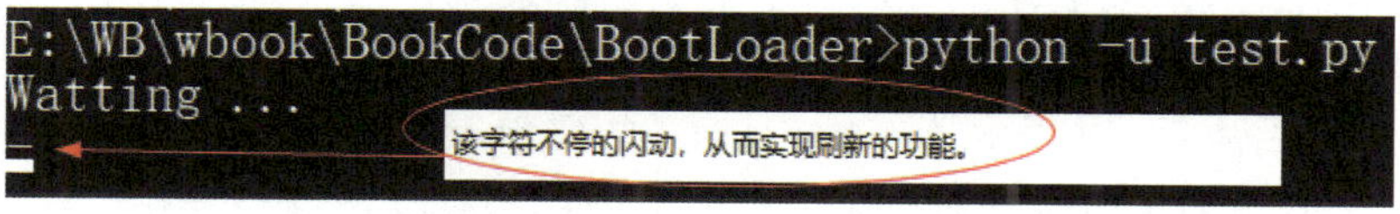

图 21.11　刷新的效果

21.6.2 Python 中的错误捕捉

在编写 Python 程序时,需要给代码增加"try except"语句来增加代码的健壮性,例如,在编写连接串口的程序时,如果串口设备不在线,初始化失败后程序如果报错退出,则整个工作流程就会被打断;如果能捕捉到这个错误,然后将失败信息输出后,再继续尝试连接的过程,则可以增加代码的健壮性。如何捕捉具体的错误类型呢?下面介绍 Python 标准错误处理,如例 21.4 所示。

例 21.4 错误处理的例程。

```
try:
    可能出错的地方
except:
    错误捕获,出错时要执行的代码
else:
    没有错误时要执行代码
finally:
    不管有没有错误都要执行的代码
```

在错误捕捉时,也可以利用"except BaseException as e:"语句将具体的错误 e 打印出来。上面的方法只能告诉我们出了什么错误,但是若想知道是哪一行代码出错了,错误是什么,则可以使用 traceback 库,如例 21.5 所示。

例 21.5 traceback 的例程。

```
import traceback
try:
执行语句
except BaseException as e:
#打印出错误类型和错误位置
traceback.print_exc()
```

21.7 利用 Harmony 3 移植不同型号的 BootLoader

21.7.1 完成一个 BootLoader 工作的方法

笔者在技术支持过程中遇到的一个常见的需求就是,客户希望使用的芯片型号并不在 Harmony 3 的 Dmeo 范围内,从而需要利用 Harmony 3 的 Demo 程序和 MHC 来完成当前工程型号的 BootLoader。那么,如果程序员是个新手,则需要完成 BootLoader 移植的工作应该如何入手呢?下面按步骤完成这个操作。在 Harmony 3 的标准 Demo 目录中可以看到有基于 PIC32MZ2048EFx144 的 Start Kit 的 Boot-

Loader 的 Demo，现在我们假设需要被移植的芯片型号为 PIC32MZ1024EFG100，利用 PIC32MZ1024EFG100 的 PIM 开发板配合 Explorer 16 开发板来完成被移植 BootLoader 的操作。移植 BootLoader 需要步骤如下：

> 分析通信差异

分析通信差异就是要确定移植代码与被移植代码之间采用的是什么样的通信方式，例如有的使用 UART 进行通信，有的使用 CAN 总线进行通信，有的使用 USB 进行通信，在同样利用 UART 通信的方式下也有端口需要调整，这就是首先需要解决的问题。

> 确定触发开关

确定触发开关是指几乎所有的 BootLoader 都需要一个触发条件，常见的有在启动时按下开关或者发送特定的字符串，还有利用特别的通信命令或者制作专门的菜单进行触发，而移植的程序和被移植的程序在这两点上大概率是有差异的，我们这个示例的触发开关就经过了按键的调整。

> 编写标志代码

编写标志代码在 BootLoader 中也是一个常用的过程，在 BootLoader 中往往调试起来比较困难，所以我们会编写一些特定的代码来显示目前程序运行在 Boot 阶段还是 App 阶段，这样即可方便地了解程序运行的状态。

> 了解内存结构

在 BootLoader 中，我们常采取 gcc 的规范，但不同的芯片厂家对于内存的寻址和访问的方式不一样，这就要求我们对 Ld 文件有一个起码的了解，这方面网上有很多资料，也属于标准的格式，笔者就不赘述了。总之，了解芯片的内存结构对于深入分析 BootLoader 是非常有帮助的。

> 利用读/写分析

最后就是读/写分析，我们在做 BootLoader 的过程中最常见的一个疑惑就是：我的代码是否成功地升级了？有个非常简单的验证方式就是：首先，把 BootLoader 程序下载进去，然后把 Hex 读出来，再利用 BootLoader 把 App 升级进去，接着把整个芯片的 Hex 读出来，两个 Hex 一比较就知道了。另外，我们用这个办法也能验证 App 文件是否被写入了正确的位置，BootLoader 中 Ld 文件设置的中断向量表、内存分配等是否都正确运行了，很多问题在 BootLoader 中是我们比较关心的。

下面我们分章节介绍上述的步骤，希望用这个方法能带领读者从实践的角度了解 BootLoader 的一个完整的移植过程。

21.7.2　BootLoader 移植中需要注意的要点

不同的线路板设计对于 BootLoader 的通信方式可能是不一样的，我们如果要移植 BootLoader 代码要尽量选择与目标板卡一致的通信方式，也就是说，原来是 UART 的应尽量选择 UART，实在不行也要选择 IIC、CAN 类的串行通信的方式；原来是 U 盘的,我们可以选择 U 盘、SD 卡、TF 卡等 BootLoader 方式;原来是 TCP/IP 方式的,我们可以选择 Wi-Fi、网线等升级方式,这样可以减小移植的代价。下面我们先看本例中 UART 的移植方法。

首先打开被移植的代码,并打开 MHC 查阅到它的 UART 设置如下:U2RX 位于引脚 14、U2TX 位于引脚 61。这在移植的过程中肯定是需要调整的。下一个就是在引脚 59 上定义了一个 SWITCH,这个开关是用来切换 BootLoader 的 Trigger 的,它在移植的过程中也是需要更改替换的。用于通信和 BootLoader 切换按钮的硬件设置重新生成完毕后,我们查看一下 Project Graph 中的功能模块,发现其中有关 NVM、CORE TIMER、UART2 连接到 UART BootLoader 中,如图 21.12 所示。

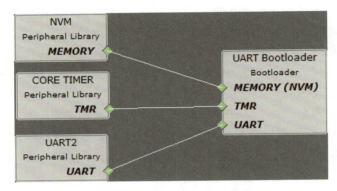

图 21.12　Harmony 3 工程模块图

我们可以以导出法来快速移植这些配置,这在前边的章节已有详细描述,这里不再赘述。我们打开被移植的工程,硬件使用 EP16 和 PIC32MZ1024EFG100 的 PIM 开发板,打开被移植程序的 MHC 后重新生成一版程序,然后将 main.c 中的差异部分移过去即可。下面我们简单总结一下 Harmony 3 的 BootLoader 程序移植的步骤如下:

① 修改两个芯片之间的硬件差异,主要是通信端口和切换按钮;

② 将工程模块从被移植的代码中导出,然后再导入需要移植的代码中,这样原先关于 BootLoader 的配置就被完整保留下来,后期只是需要微调即可;

③ 将代码中的用户添加部分通过比较的方式移植,在本例中主要就是 main 函数中的部分代码。

本节使用硬件资料如下:

EP16:地址为 https://www.microchip.com/explorer16。

PIM:地址为 https://www.microchip.com/ma320019。

21.7.3　将 BootLoader 和 App 放在同一工程中编译下载

笔者在实际技术支持过程中发现客户还需要了解一个知识点。一般 BootLoader

程序是需要预先烧录到 MCU 中的，然后再依靠 BootLoader 程序去烧录应用 App 程序，但是这在实际开发过程中非常麻烦。因此，笔者分享一个比较简便的方法，即一键将 BootLoader 和 App 同时下载到 MCU 中。

首先打开 BootLoader 程序，然后在 BootLoader 程序中有个 Loadables 目录，在这个目录下加载 App 的工程，注意是.X 的目录或者是工程目录，而不是 HEX 文件。整个流程如图 21.13 所示。

图 21.13　将 BootLoader 和 App 放在同一个工程下编译、下载的流程

完成这个操作之后，在 BootLoader 中单击编译即可将 BootLoader 和 App 一起编译、一起下载了。

21.7.4　以具体项目为例说明 App 移植中需要注意的要点

我们在移植 App 项目时主要是注意 Ld 文件的变化，首先需要了解当内存容量发生变化时在 Ld 文件中有哪些变化，那么在标准的 Ld 文件中，我们如何比较两个不同型号的 MCU 之间的链接文件 Ld 的变化呢？翻译成读者能够理解的话就是，我的标准 Demo 中的 MCU 型号为 PIC32MZ2048EFx144，它的 BootLoader 采用了一个 Ld 文件，我的目标板中的 MCU 型号为 PIC32MZ1024EFG100，它不但内存发生了变化，并且引脚也发生了变化，那么从 PIC32MZ2048EFx144 的 Ld 文件到 PIC32MZ1024EFG100 的 Ld 文件会有哪些变化呢？下面我们回答这个问题。首先，在 XC32 编译器中都有标准的 Ld 文件，如果程序中不重载 Ld 文件，则它会按照标准 Ld 文件的设置进行编译。找到标准 Ld 文件的位置，以 PIC32MZ2048EFH144 为例，它位于：C:\Program Files\Microchip\xc32\v4.00\pic32mx\lib\proc\32MZ2048EFx144。其中，4.00 会随着版本的变化而变化。我们按照上面的思路将 PIC32MZ2048EFH144 与 PIC32MZ2048EFM100 进行比较，二者内存相同但引脚不同，结果发现二者的 Ld 文件相同，这说明引脚的变化不会引起其内存和闪存部分的差异。下面我们继续将 PIC32MZ2048EFH144 和 PIC32MZ1024EFM144 进行比较，区别如图 21.14 所示。

图 21.14 Ld 文件的区别

这种差异说明了它的闪存起始地址相同,仅仅是长度不同,这给我们在移植的过程中对 Ld 文件的修改提供了一个重要的参考。

做完这项工作,我们将针对 apptest 这个工程进行修改,与 BootLoader 的修改一样,先修改 MHC 中的引脚,再移植 Project Graph,最后根据需求移植代码中的差异。笔者的实验移植过程并不长,按照笔者上述的方法稍作加工移植就成功了。

✎ 小   结

针对 BootLoader 问题的修改在实际工作中有非常高的需求,它属于常见病多发病。但是,笔者发现很多客户对 BootLoader 的移植和修改却很陌生,有一位汽车客户曾做过其他品牌的 MCU 的 BootLoader,这让他对做 Microchip 芯片的 BootLoader 很自信,觉得很快就能完成,结果移植 BootLoader 居然花了好几个星期的时间也没有搞定,后来经过笔者的支持和启发,他只花了 4 个小时就全部完工了。这与客户对于 Harmony 3 配置工具和 BootLoader 的修改思路不明有着很大的关系。这件事情启发我分享以上这些经验,希望能给读者移植 BootLoader 有益的启发。深入理解 Bootloader 后我们就可以对 MicroPython 进行学习了。

21.8 MicroPython 简介

本节笔者将介绍 MicroPython 在 32 位单片机上的应用和移植。笔者原先的思路是单开一章介绍,但是后来考虑到在之前的工作中已把 MicroPython 的移植过程详细地录制并上传到了 B 站,本书就不用花费过大的篇幅去重复了,因此这个知识点就放在与 Python 相关的章节来介绍了。

MicroPython 是一种针对嵌入式设备的 Python 实现,旨在为资源受限的环境提供高效的解释器和开发工具。它是基于 Python 语言的精简版本,针对嵌入式系统进行了优化,可以在资源有限的微控制器上运行。

下面对 MicroPython 进行简要介绍:

1. 资源优化

MicroPython 针对嵌入式设备的资源限制进行了优化,包括内存占用和执行效率。它采用了精简的运行时环境和最小化的标准库,以适应嵌入式系统的限制。

2. 交互式开发

MicroPython 提供了交互式的开发环境,支持通过串口或 REPL(Read – Eval –

Print Loop)进行实时交互,从而使开发人员可以方便地调试和测试代码,直接在设备上进行交互式开发。

3. 硬件访问

MicroPython 提供了丰富的硬件访问接口,使开发者能够直接操作和控制设备的外设和传感器。它支持 GPIO、IIC、SPI、UART 等常见的硬件通信协议,以及对各种传感器和执行器的驱动库。

4. 跨平台支持

MicroPython 可在多种嵌入式平台上运行,包括微控制器、单片机和开发板。它支持多种硬件架构,如 ARM Cortex – M、ESP8266、ESP32 等,因此可以广泛应用于各种嵌入式设备。

5. 扩展性

MicroPython 支持自定义模块和库的编写,以扩展其功能。开发人员可以编写原生的 C/C++扩展模块,以提高执行效率或访问底层硬件。此外,还可以使用 Python 语言编写纯 Python 模块,以实现更高级的功能。

MicroPython 为嵌入式设备提供了一个轻量级、高效的 Python 运行环境,使开发人员能够使用 Python 语言进行嵌入式开发,并使编写和调试嵌入式代码变得更加简单和直观,为嵌入式系统的开发和原型设计提供了便利。

21.8.1　设置 ARM 在 Linux 下的交叉编译环境

在进行 Microchip Python 的开发之前,首先要在 Linux 系统下安装交叉编译环境,并设置 ARM 的交叉编译工具。下面笔者对以下操作进行简述:

1. 安装所需的软件包

首先,需要安装一些必要的软件包,包括交叉编译工具链和构建工具。具体安装方式取决于所使用的操作系统。在大多数 Linux 发行版中,可以使用包管理器进行安装。例如,在 Ubuntu 上,可以使用以下命令安装必要的软件包:

```
sudo apt – get install gcc – arm – none – gnueabi
```

除此之外,需要安装一些编译过程需要的依赖环境,每个 Linux 发行版的具体情况不同,需要具体情况具体分析。

2. 配置环境变量

一旦安装了交叉编译工具链,需要配置环境变量,以便系统能够找到它们。通常我们利用如下命令进行配置:

```
export PATH = $ PATH:/path/to/arm – compiler/bin
```

将/path/to/arm-compiler/bin 替换为你实际安装交叉编译工具链的路径。你可以把它放在 bash 里以便每次运行都可以自动执行,也可以手动执行它。

接下来就可以对 MicroPython 的源码和 BootLoader 进行编译了,将使用交叉编译工具链编译和链接源代码,并生成针对 ARM 架构的可执行文件。

请注意,上述步骤中的具体命令和设置可能因你所使用的操作系统、交叉编译工具链和项目需求而有所不同。上述步骤仅供参考,你需要根据实际情况进行调整。

21.8.2　None 与 Linux 的区别

arm-none-eabi-gcc 和 arm-linux-gnueabi-gcc 是两种不同的 ARM 架构交叉编译工具链,笔者在技术支持过程中发现很多工程师对两者比较迷惑,下面笔者说明二者差别:

1. arm-none-eabi-gcc

arm-none-eabi-gcc 是针对裸机嵌入式系统开发的 ARM 架构交叉编译工具链。none 表示该工具链不依赖于任何特定的操作系统,而用于编译适用于裸机环境的嵌入式应用程序。这种工具链通常用于开发微控制器、嵌入式设备和实时操作系统(RTOS)等。它提供了针对特定 ARM 架构的编译器、链接器和工具,可以生成适用于嵌入式系统的可执行文件。

2. arm-linux-gnueabi-gcc

arm-linux-gnueabi-gcc 是针对 Linux 系统开发的 ARM 架构交叉编译工具链。linux 表示该工具链用于对 Linux 操作系统的应用程序的编译。它提供了针对特定 ARM 架构的编译器、链接器和工具,用于在主机系统(如 x86 Linux)上生成针对 ARM 架构的可执行文件。这种工具链通常用于开发嵌入式 Linux 系统、嵌入式应用程序和设备驱动程序等。

综上所述,arm-none-eabi-gcc 用于裸机嵌入式系统开发,而 arm-linux-gnueabi-gcc 用于 Linux 系统开发。它们的区别在于目标平台和编译生成的可执行文件的用途。选择使用哪个工具链,要考虑目标平台的操作系统以及所需的应用程序运行环境。

笔者完成了详细流程并将步骤上传至 B 站,读者可以扫描图 21.15 所示的二维码观看详细步骤,在评论中有开发板的资料链接。下面笔者简单介绍嵌入式和人工智能之间的关系,这样读者就能通过

图 21.15　如何编译和运行 MicroPython

在 SAMD21 的板子上运行简单的机器学习代码来体会 MicroPython 的乐趣了。

21.9　嵌入式和机器学习

行文至此,感兴趣的读者应该已可以在 SAMD21 上运行 MicroPython 了。下面

介绍人工智能和嵌入式开发之间的关系,人工智能(AI)和嵌入式开发之间存在密切的关系。嵌入式开发是指针对嵌入式系统(通常是一种特定用途的计算机系统,通常在限制的资源环境中运行)进行软件开发的过程。而人工智能则是一种使计算机能够模拟人类智能的技术。在现代科技中,人工智能已经成为许多嵌入式系统的关键组成部分。其中包括但不限于智能家居设备、自动驾驶汽车、智能医疗设备和工业自动化系统等。嵌入式系统通常需要处理和分析大量的数据,而人工智能技术可以帮助这些系统从数据中提取模式、做出预测或者进行决策。举例来说,智能家居系统可以使用嵌入式开发来控制温度、照明和安全设备,并且通过人工智能技术实现自动化控制和智能化学习,根据人们的习惯和偏好来调整设备的操作。

因此,人工智能和嵌入式开发的结合可以带来更智能、更高效的嵌入式系统,使其能够更好地适应和服务于各种领域的需求。下面笔者将简述人工智能的一个分支即机器学习的部分内容,并将其运行在 SAMD21 的 MicroPython 板子上。

MicroPython 运行人工智能程序举例

线性回归是一种用于建立变量之间线性关系的统计模型。它广泛应用于预测和分析数据之间的关系,尤其是在机器学习和统计建模领域。

下面是运行在 SAMD21 上的线性回归的简单例子,其中利用到了梯度下降:

```
＃生成一些模拟数据
X = [1, 2, 3, 4, 5]   ＃自变量
y = [2, 4, 5, 4, 5]   ＃因变量
＃初始化参数
• earning_rate = 0.01    ＃学习率
n_iterations = 1000      ＃迭代次数
theta0 = 0               ＃截距项初始值
theta1 = 0               ＃权重初始值
＃执行梯度下降
for iteration in range(n_iterations):
    ＃计算预测值
    y_predicted = [theta0 + theta1 * xi for xi in X]
    ＃ 计算误差项和梯度
    error = [y_predicted[i] - y[i] for i in range(len(y))]
    theta0_gradient = sum(error) / len(y)
    theta1_gradient = sum([error[i] * X[i] for i in range(len(y))]) / len(y)
    ＃ 更新参数
    theta0 = theta0 - learning_rate * theta0_gradient
    theta1 = theta1 - learning_rate * theta1_gradient
＃输出拟合的参数值
print("Intercept:", theta0)
print("Slope:", theta1)
```

以下是该算法在 SAMD21 上运行的结果：

```
>>> % Run - c $ EDITOR_CONTENT
MPY: soft reboot
Intercept: 1.852128
Slope: 0.696355
>>>
```

在这里，笔者使用的算法是 AI 自动生成的，在用类似百度和 ChatGPT 生成 MicroPython 可使用的代码时，可以这样向 AI 工具提问：

"请帮忙生成一个 Python 的分类投票算法，不使用任何人工智能库"；

"请帮忙生成一个 Python 的决策树算法，不使用任何人工智能库"。

这样，相关的 AI 工具就可以帮你生成可在 MicroPython 上运行的代码了。注意，毕竟 MCU 是个性能比较低端的工具，在性能上无法执行复杂的算法，因此，有些算法需要降维运行从而减轻 MCU 的负担。

本章总结

MicroPython 在 SAMD21 上成功运行的意义在于，我们可以方便地将很多原本必须运行在 PC 端、MPU 端、GPU 端的代码以极低的成本运行在 MCU 端，诚然很多高性能的算法是无法跑通和运行的，但是它仍然有效地降低了 Python 和人工智能代码的运行门槛。

笔者认为，将一个东西的准入门槛降低对于市场来说是一件既有意义又有收获的事情。读者可以以此为引，体会 Python 在低端的 MCU 上顺利运行的乐趣。

习　题

1. 编译并运行本节软件，克隆地址如下：

```
git clone https://gitee.com/skylergit/bookdata.git
```

代码子目录：BootLoader。

2. 按照本章的思路利用 Harmony 3 快速实现一个 PIC32 UART BOOTLOADER 实例，并进行 App 固件升级。

3. 参照 B 站视频，在支持 MicroPython 的开发板上跑通 MicroPython，并且尝试运行本文所举的机器学习的算法例子，领会人工智能机器学习算法在 MCU 上运行成功的乐趣。

第22章

嵌入式装修队：人机界面工具

在做软件开发的过程中，产品类项目的界面是一个非常重要的环节，它直接决定了产品的定位和价值。目前，嵌入式产品随着性能的提升和工具的改进，界面做得越来越绚丽。对于基础的控制类产品，也有着五花八门的人机界面（UI）。那么在实际的人机界面开发过程中，有哪些需要注意的问题和要完成的工作呢？

22.1 人机界面的重要性

人机界面（UI）的出现大大简化了嵌入式系统的操作流程。在 PC 程序的开发过程中，界面操作是比较简单的事情，但是嵌入式系统由于资源所限往往不能做出华丽的人机界面。操作多采用按钮、命令等方式去执行，这不但降低了系统的互操作性，而且影响产品的档次，甚至决定了项目的成败。随着嵌入式处理器的性能不断提升，工程师也可以在系统中做出相对漂亮甚至华丽的界面，它增加了产品的附加值，提升了客户体验，是很重要的一环。

22.2 在编写代码时快速打开相关的文档

在讲述以上问题之前，先介绍一个知识点：一般带有人机界面的产品具有工程量大、参考文献多、需求复杂等特点。在开始工作之前，笔者需要先回答一个小问题：如何在编写代码时快速打开相关文档呢？对于在线的网络文档，我们利用 MPLAB X IDE 编程时可以把网址直接放置在代码注释中，然后按住 Ctrl 键就可以直接访问了，如图 22.1 所示。

图 22.1　快速单击打开链接

这样可以在编程的过程中直接跳转到参考文献的网址。在本地的文档例如数据手册、UI 说明、需求文档等该如何方便地访问呢？答案很简单，在本机地址上加一个 file://即可访问，例如：

file://E:\WB\wbook\利用 Legato 玩转 32 位的快速图形设计.pdf

实际打开的效果如图 22.2 所示。

图 22.2　本机的文档也可以快速打开

单开链接后就可以使用操作系统中默认的程序打开所需的文件了。笔者在实际开发过程中将参考的文档嵌入代码中，在图形开发的过程中可以非常方便地查阅相关文档。

22.3　进行图形界面开发前需要考虑的问题

客户在图形界面开发之前一般与笔者交流如下问题：

1. 产品定位

图形工具的选择和产品的定位息息相关。如果是高端产品，则需考虑图形相关外设的性能。例如笔者服务过的某汽车电子仪表盘客户。他的需求是制作一个电子仪表盘，指针是真彩色图形、表盘需要半透效果，开闭要淡入淡出。依据这种需求我们就必须考虑图形的几何旋转算法、双 Buffer 技术的实现、背光控制 PWM 等细节。如果是低端产品，客户仅需要一个简单的几何图案，那么需要考虑的主要是成本和性价比。

2. 屏幕大小

和客户讨论屏幕大小问题时，他们往往有一个直观的概念，比如 5 in 屏、7 in 屏，还有客户说"巴掌大的屏"。客户对于自己产品的市场定位和屏幕大小一般认知比较明确，但需指出的是很多客户把屏幕大小和分辨率搞混。对于客户来说，屏幕的大小是直观感受，即需要一个多大的屏幕才能彰显出产品的档次，但在平台选型过程中，屏幕分辨率和色彩深度才是影响技术开发和平台选型的关键因素，而对这方面很多客户没有概念。下面我们介绍色彩深度和屏幕分辨率的概念，后面会总结它们的关系。

3. 色彩深度和分辨率的概念

一般来说，图像的色彩深度在计算机图形中定义为位图，或者视频的帧缓冲区中储存单个像素点颜色所用的位数，也称为位/像素（BPP）。色彩深度越高，在一个像素点中可用的颜色就越多。这个概念不难理解,但客户对于色彩深度所能表达的图像效果往往不大清楚,这会导致客户明明可用低成本方案来实现需求,却选择了高成本方案。下面笔者大致总结一下其中的关系。如果客户采用的是几何图形表达的按钮、位图、Logo 等元素,则 8 位色足够用;如果客户表达简单的自然图形图像、照片等信息,则可以选择 16 位色;如果客户需要精确表达图像的细节和半透效果,则采用 32 位色。

　　接下来说说分辨率的概念。屏幕的分辨率指的是屏幕图像的精密程度,一般以显示器所能容纳的像素点的数量来表征。但这要与屏幕大小区分开来。屏幕大小之所以与分辨率混淆是因为市面上的屏幕一般精密度工艺是固定的,所以屏幕的大小与分辨率呈现对应关系,例如:3.5 in 屏与 320×200 对应,4.3 in 屏与 480×272 对应,5 in 屏与 640×480 对应。所以,一般讨论屏幕大小时就不讨论分辨率了。但如果认为买到了 5 in 屏就一定是 640×480 的分辨率那就错了,它采用不同的精密度工艺就可能含有 480×272、640×480、800×480 等多种分辨率。选择了错误的分辨率可能会导致软硬件平台无法提供驱动支撑,从而导致项目失败。另外,同样是 QV-GA(320×240)的分辨率,它可以做成 3.5 in 屏,也可以做成 5.7 in 屏,如图 22.3 所示。

图 22.3　分辨率相同而大小不同的屏

　　此时,客户如果想追求大屏效果而不考虑显示的精密度,则可以利用低成本的软硬件方案。而对于 MCU 来说,不考虑屏幕大小,只须考虑分辨率、色彩深度导致的总线宽度、行场同步时钟频率、刷新率等问题。

4. 图形开发工具

　　客户经常讨论的问题还有界面开发工具的选型,目前市面上有很多图形界面的开发工具,例如 QT、CRANK 等,这些工具都有哪些优劣,该如何抉择,下面详细描述。

22.3.1　屏幕的接口、大小、分辨率、色彩深度的概念

　　以上讲述的一般是项目选型初期客户与笔者聊的问题,当选型定下后,笔者与客户聊有关人机界面参数时,总离不来这样几个话题:屏幕接口问题、色彩深度和分辨率引起的帧缓存容量问题、色彩深度和分辨率的换算关系问题,下面详细叙述。

1. 屏幕接口

目前市面上的液晶屏按照接口类型不同主要分成以下几个类型：RGB 接口屏、MIPI 接口屏、LVDS 接口屏、命令行接口屏。RGB 接口屏多用于工业和低端消费类电子产品中。MIPI 一般用在与手机屏相关类型屏的应用场合，目前呈现高速发展的状态。LVDS 在液晶电视屏、显示大屏的场合比较常见。命令行接口屏多用在低端工业品中，它对处理器性能和要求不高，也不用动态显示图片。

目前 Harmony 3 主要支持的是 RGB 接口屏，Microchip 公司的高端 MPU 在 Linux 系统下也有支持 MIPI 的产品。对于用命令行接口屏的 Harmony 3 也支持，但是驱动的调试稍微复杂一些。这几种屏也是工业控制场合常见的。

对于屏的选择，要明白屏幕接口和刷新率、分辨率、色彩空间、色彩深度、几何尺寸之间的关系，这样才能达到最佳的显示效果，发挥出 MCU 的最大潜力。

2. 屏幕大小(几寸屏)的表征方法

屏幕的大小一般指的是屏幕的几何尺寸，常用对角线的英寸(in)数值来表示，例如 4.3 in 屏、5 in 屏说的都是这个概念。4.3 in 屏指的是对角线为 4.3 in 的屏。对于屏幕的长宽比例，一般会有一个默认值例如 16:9，或者 4:3 等。有了这些参数即可确定屏幕的具体形状了。

3. 分辨率的细节知识

下面详细介绍分辨率的一些细节知识。分辨率是决定位图图像内数据量多少的一个参数。它的高低决定了位图图像细节的精细程度。通常情况下，图像的分辨率越高，所包含的像素就越多，图像就越清晰。但凡事有利有弊，它也会增加存储空间从而提高方案的成本。在计算机图形学领域描述分辨率的单位有：DPI(点每英寸)、LPI(线每英寸)、PPI(像素每英寸)和 PPD(Pixels Per Degree 角分辨率，像素每度)。通常 LPI 是描述光学分辨率的尺度。虽然 DPI 和 PPI 也属于分辨率范畴内的单位，但它们的含义与 LPI 不同。而且 LPI 与 DPI 无法换算，只能凭经验估算。另外，PPI 和 DPI 经常都会出现混用现象，但是它们所用的领域也存在区别。通常，"像素"存在于计算机显示领域，而"点"出现于打印或印刷领域。对于不同的屏幕配合不同的分辨率，有一些约定俗成的专用名词，下面简单总结一下以便入门读者能听得懂"黑话"，例如 QVGA 代表 320×240、VGA 代表 640×480、WQVGA 代表 480×272 等，笔者总结出常用的分辨率专有名词所代表的具体数值，如图 22.4 所示。

4. 分辨率、色彩深度、缓存数量决定了帧缓存的大小

首先回顾一下色彩深度的概念：色彩深度是用于表示图像或帧缓冲区中单个像素颜色的位数。它可以理解为单个像素点的颜色分辨率。换句话说，它代表了每个像素需要用多少字节(或者说位，它们的转换关系是 8 位相当于 1 字节)的内存来记录颜色。色彩深度通常使用 BPP(位每像素)来表征。更高的色彩深度意味着像素可以表达更多的色彩，但也需要更多的内存来存储图像或帧。色彩深度除了用 BPP

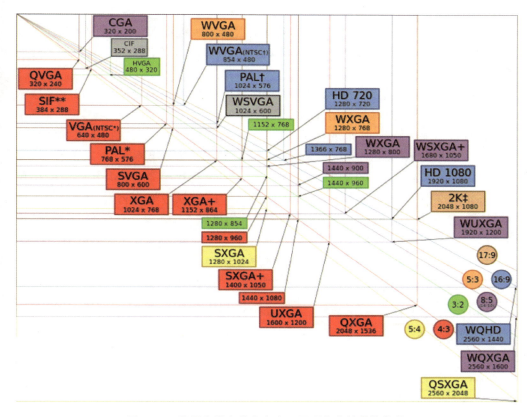

图 22.4　常用分辨率的专有名词及所代表的具体数值

表示,还可以用位数或者色彩分辨率来直接表示,例如:8 BPP 又可称为 8 位色或 256 色;16 BPP 又名 16 位色,与 8 位的 256 色不同,它一般不称为 65 536 色;24 BPP 又名 24 位色或真彩色,之所以叫真彩色是因为大部分显示硬件的数据线宽度最高为 24 位,它只能支持到这种色彩深度,同样它也不会被称为 16 777 216 色,也极少被称为 16M 色;32 BPP 又名 RGBA 或者 32 位色,它指的是 24 位色加一个 8 位的透明度;这里 8 位色比较特殊,它可以是 RGB332 或 8 位索引色。如果是 RGB332,则它单个像素点的颜色分辨率为 256,其中红色占 3 位,绿色占 3 位而蓝色占 2 位;而如果是索引色,则单个像素点的分辨率可以达到屏幕硬件所支持的最大色彩分辨率,如 24 位或 32 位,但是它牺牲的是色彩的种类,它只能引用 256 种颜色,所以整体的色彩深度仍然是 8 位色。索引色的应用场合是画面整体偏向一种色调的场合,例如电视机 OSD(On Screen Display)菜单整体都是蓝色色调的场合。在这种场合下,8 位索引色可以达到更好的显示效果,例如边缘渐变。

　　色彩深度影响图像存储和帧缓冲区的内存大小。值得一提的是,在笔者的客户中,采用 8 位色和 16 位色的客户多用于工业控制产品,而采用 24 位色或者 32 位色的客户则多用于消费类产品。

下面说说帧缓存的概念,在对显示屏进行显示的过程中,每一帧数据都需要缓存在存储器中,存储器可以内置在 MCU 内,也可以外置在 MCU 外。一帧数据需要的缓存大小和分辨率与色彩深度相关。

下面介绍帧缓存 f 的计算公式。假设屏幕的分辨率为 r,色彩深度以字节表示为 d,缓存数目为 c,则帧缓存的计算公式 $f=r×d×c$,即分辨率乘以色彩深度再乘以缓存数目。举个例子,如果屏幕是 WQVGA,色彩深度为 16 位色,那么帧缓存就是 2(2 字节就是 16 位色)×480(宽度分辨率)×272(高度分辨率)×1(单缓存)=261 120 字节。这里 $r=480×272,d=2,c=1$。如果选择内部 RAM 当成帧缓存,则它的容量至少要包括 262 KB + 程序运行所需内存容量,那么内存为 384 KB 的 SAMx70,内存为 512 KB 的 PIC32 系列 MCU 均可以入选。常用帧缓存、分辨率、色彩深度的关系如表 22.1 所列。

表 22.1　典型尺寸、分辨率、色彩深度和帧缓存的关系

显示分辨率的典型尺寸			色彩深度/帧缓存需求（B）		
分辨率代称	分辨率	典型屏幕尺寸/in	8BPP(256 色)	16BPP(65 K 色)	24BPP(1.67 M 色)
WVGA	800×480	5	384 000	768 000	1 536 000
VGA	640×480	5.7	307 200	614 400	1 228 800
WQVGA	480×272	4.3	130 560	261 120	522 240
QVGA	320×240	3.2	76 800	153 600	307 200
OLED	128×64	1～2.7	8 192	16 384	32 768

假设有一款 MCU,它的内存是 512 KB,其中可直接用作帧缓存的方案就是 QVGA + 真彩色(307 200 < 512 KB)或者 WQVGA + 16 位色(261 120 < 512 KB),否则就需要将外接专用的显示芯片或者外扩内存当成帧缓存了。

22.3.2　RGB565、RGBA8888、双缓冲的概念

笔者在与客户接触的过程中经常会聊起 RGB565、RGBA8888、双缓冲的概念。在实际开发过程中,客户针对成本和显示效果需要均衡考虑。在笔者接触的工业类、消费类应用中,RGB565 和 RGBA8888 这两种显示屏物理连接的拓扑结构最为常见,原因很简单:在市面上销售的屏幕,24 位的 480×272 的显示屏可以向下兼容配合 RGB565 的物理接口,连接方法后面有描述。而需要实现高级图形效果时,则 RGBA8888 更好,它可以做到动画、半透、虚化、真实自然照片的显示等功能。

下面以 480×272 屏幕谈谈一帧图像的内存组织方式。RGB565 彩色模式指的是像素在内存存储中一个像素占 2 字节,分配格式为红色点位占 5 位、绿色点位占 6 位、蓝色点位占 5 位,一共 16 位即 2 字节,如表 22.2 所列。

表 22.2　RGB565 单像素帧缓存分配

像素 1															
R	R	R	R	R	G	G	G	G	G	G	B	B	B	B	B
红色					绿色						蓝色				
字节 1								字节 2							

　　表 22.2 所列是单点的帧缓存的存储方式,它在表 22.3 中占用了一个像素点的内存空间。表 22.3 则以横屏方式显示了整屏帧缓存的数据存储方式,它表征了一帧画面所需的内存空间。

表 22.3　RGB565 的 480×272 帧缓存分配(横屏)

像素 1	像素 2	…	像素 480	第 1 行
像素 1	像素 2	…	像素 480	第 2 行
		…		
像素 1	像素 2	…	像素 480	第 272 行

　　如果按表 22.3 的方式进行排布,整块屏幕以 RGB565 像素进行组织,则所需要的帧缓存大小为 $480 \times 272 \times 2 = 261\ 120$ 字节。换句话说,如果要显示一个完整的帧,则显示缓存的存储空间必须要大于这个数目。如果是双缓冲,则这个数目还需要再乘以 2,也就是 $522\ 240$ 字节。双缓冲的概念和作用下文还有详细叙述。

　　前文所述的解决方案存在一个问题:如何将 MCU 的 16 个引脚接到 LCD 屏幕的 24 个引脚上?我们购买的显示屏的物理接口几乎都是 24 线 RGB888 格式(红色 8 个引脚、绿色 8 个引脚、蓝色 8 个引脚)。换句话说,MCU 输出引脚为 16 个引脚但是屏幕的接口却为 24 个引脚,该如何接线呢?有个小技巧。人眼对于颜色的分辨并不是线性的,对于颜色值较低暗的区域,人眼的分辨越好,对于颜色值越高亮的区域,人眼的分辨相对差一些,因此我们一般将高位的引脚连接在一起,如表 22.4 所列。

表 22.4　RGB565 的缓存逻辑输出转 RGB888 屏幕物理输入

屏幕输入	0	1	2	3	4	5	6	7	0	1	2	3	4	5	6	7	0	1	2	3	4	5	6	7
RGB888	R	R	R	R	R	R	R	R	G	G	G	G	G	G	G	G	B	B	B	B	B	B	B	B
缓存输出	0	1	2	3	4			5	0	1	2	3	4	5		6	0	1	2	3	4			5
色　彩	红色								绿色								蓝色							

　　表 22.4 所列为 MCU 端 RGB565 与 LCD 端 RGB888 的物理连接方式。以上所述连接再加上行场、时钟、背光、触摸、电源、片选、使能等引脚的连接就构成了一个基本的显示屏的接口电路。RGB888 的概念也类似,其物理连接即 24 条数据线直接连接到显示屏,而 RGBA8888 的物理连接与 RGB888 相同,透明色的控制字节在软件

上完成相应的算法之后再输出到数据引脚。

下面了解一下什么是双缓冲。双缓冲使用两帧大小的内存缓冲区来解决由多重绘制操作造成的画面闪烁问题。当启用双缓冲时，所有绘制操作首先呈现到内存缓冲区，而不是直接显示到屏幕上。所有绘制操作完成后，内存缓冲区再复制到与其关联的绘图图面。因为在屏幕上只执行一次图形绘制操作，所以消除了由复杂绘制操作引发的画面闪烁。

以电视机菜单为例，当我们看电视时看到的屏幕菜单称为 OSD(On Screen Display)层。也就是说，只有在 OSD 层上显示图像我们才能看到。现在，需要创建一个虚拟的、看不见的但可以在上面画图(例如画点、线)的缓冲层，称为 Off Screen(后台缓冲区)。这个 Off Screen 存在于内存中，我们可在上面画图。当数据建立完毕后再显示到屏幕上，这就是我们打开电视机按下菜单时并没有看到屏幕有任何闪烁、拉窗帘的现象，而直接呈现出菜单的原因。

如果没有双缓冲技术，在刷新显示过程中屏幕闪烁是图形编程中一个无法解决的问题。因为数据向帧缓存写入的过程被一点一滴、事无巨细地展现在用户面前。这种情况会导致要求较高的客户无法接受。对于需要多重复杂绘制操作的情形，该操作不但会导致呈现的图像闪烁，而且可能导致其他无法接受的显示效果。使用双缓冲解决了这些问题，其代价是增大了图像缓存，提高了硬件成本和软件复杂度。

🖉 小　结

RGB565 和 RGBA8888 是两种常用的彩色图像显示接口，双缓冲可以解决图形图像在刷新的过程中产生的闪烁问题。

22.3.3　图形界面开发工具的优劣和选择

目前在市面上流行的嵌入式图形开发界面工具有很多，如 QT、Crank、Segger 等。它们各有优劣，适合不同的场合。不同的选型策略产生的选择结果也不尽相同。很多客户都与笔者聊起过平台选型问题，对于他们来说，界面平台工具的选择是软件决策的首要问题。下面笔者把与客户讨论的实际经验分享给读者。

1. 需求比较专业的场合

如果客户的需求是比较专业的应用场合，而且这种场合也有非常适合的专用的开发平台，那么首选这个平台。从开发的角度来说，它可以最大限度地节约开发时间。例如，如果是汽车客户，而 Crank 又在圆形的图像处理上优势比较明显，其旋转的算法和丰富的仪表组件可方便客户针对汽车仪表盘的开发，那么选择 Crank 将事半功倍。再如，客户基于嵌入式 Linux 系统做开发，其被移植的代码基于 Liunx 的生态，那么 QT 是个不错的选择。

2. 需要供应商支持的场合

如果客户本身针对图形图像的开发没有概念而高度依赖供应商的支持，那么他们会倾向于选择供应商推荐的开发工具。还有，如果客户沿袭的代码采用了供应商支持的图形开发工具（例如 Segger），并且仅针对沿袭的代码做修改和补充，那么客户极有可能会沿用原先所采用的图形开发工具。笔者支持的客户大部分属于这种情况，因此笔者也会推荐他们使用基于 Microchip Harmony 3 的图形开发工具进行开发。

3. 需要操作系统的场合

除了这些问题，某些客户还对是否需要操作系统（如 RTOS）比较纠结，这个问题其实很好决策。在嵌入式开发过程中，操作系统和独立运行这两种方法均是常用的开发方法。操作系统本身也需要耗费 MCU 的计算资源，但能带来额外的好处。首先，如果代码架构需要分离驱动层、硬件抽象层和应用层，那么采用操作系统就比较方便，因为很多分离工作操作系统已经帮你做好了。其次，如果代码高度依赖现成的生态代码，而这些代码基于操作系统进行部署比较方便，则建议采用操作系统。例如，工程需要 MP3 解码、MP4 播放、网络 TCP/IP 通信协议栈、简单的数据库，这些东西在嵌入式 Linux 中都有现成的库可以调用。上述工作如果自己独立开发则需要花费大量的人力物力且得不偿失，甚至完全不可能。这种情形宜采用操作系统，否则采用独立开发比较方便，因为独立开发不用去维护和调试操作系统本身的问题。选定了操作系统之后，进行图形开发就必须选择这种操作系统支持的图形开发工具了，例如 Harmony 3 的图形工具支持 RTOS 操作系统，QT 支持 Linux 操作系统。

4. Microchip Harmony 3 图形开发工具简介

本书介绍的图形开发工具基于 Microchip Harmony 3。该工具的版本演化分成 Aria 和 Legato 两个阶段。其中 Aria 已经停止维护和更新。但由于很多客户在前期开发采用 Aria，后期也依赖 Aria 的维护，所以笔者将同时介绍二者的入门知识，并且分享笔者在实际的图形开发技术支持工作中碰到的问题以及解决方法。由于本节重点介绍图形图像的开发技术经验，所以本章的代码均不基于操作系统进行开发，操作系统的知识后面会有介绍。

Microchip Harmony 的 Aria 和 Legato 都是用于图形用户界面（GUI）开发的框架，但它们在设计理念和使用场景上有所不同。

Aria 具有以下特点：

① 复杂性与功能丰富性。Aria 是一个功能非常丰富且灵活的 GUI 框架，适合开发复杂的、高度定制化的用户界面。它支持多层窗口、多种控件、动画以及高级的图形效果。

② 资源需求。Aria 适用于资源较为丰富的系统，如配备有较大内存和处理能力的微控制器。由于其功能丰富，Aria 通常需要更多的存储和处理资源。

③ 开发复杂度。使用 Aria 开发复杂的 GUI 需要较多的配置和代码编写，因此开发时间相对较长。

Legato 具有以下特点：

① 简化与效率。Legato 是一个轻量级的 GUI 框架，专为资源受限的嵌入式系统设计。它简化了用户界面的创建过程，减少了对系统资源的消耗。

② 性能与资源利用。Legato 的设计目标是最大化性能和资源效率，因此非常适合在低功耗、低资源的环境中使用，如简单的触摸屏应用或嵌入式显示设备。

③ 开发简便性。由于 Legato 框架更简单、轻量，因此开发时间较短。它适合需要快速部署并对性能有严格要求的项目。

总之，Aria 适合开发需要复杂交互和视觉效果的应用，但要求更多的硬件资源。Legato 适合需要高效、轻量、资源有限的应用，更适合在硬件受限的环境中使用。

由于 Aria 在背景图整体刷新、事件代码编辑方便度上要优于 Legato，因此客户更愿意选择 Aria 进行开发。

22.4 Harmony 3 的 Aria 图形环境的搭建

首先，介绍 Aria 的环境搭建。由于 Aria 是老款产品，其功能也相对成熟稳定，只是其支持的范围限制了它的生命力。实际上，很多 PIC 系列的老客户仍然采用 Aria 进行图形开发。笔者在技术支持过程中听到客户反馈 Aria 产品屏幕刷新速度快、事件选择功能很方便、图形图像功能也够用、性能也稳定，它与 Legato 相比有一些独特的优势。因此，这里笔者花费一定的笔墨对 Aria 在 Harmony 3 中的搭建以及简要的功能进行介绍，后续将介绍新版的 Legato。

22.4.1 搭建 Aria 图形环境

下面先从 Aria 的环境搭建讲起。将 Harmony 3 下载安装完毕，过程在前文已有叙述，这里不再赘述。接下来重点讲如何在 Harmony 3 中回溯 Aria 版本。用户首先要用 GIT 将以下目录回溯到如下版本：

- bsp：   v3.7.0
- core：   v3.7.2
- csp：   v3.7.0
- dev_packs：   v3.12.0
- gfx：   v3.7.0
- mhc：   v3.4.1
- mplab x - plugin：   v3.4.1
- MPLAB X IDE   v5.15
- XC32 编译器   v2.41

前文已经说过，Microchip Harmony 是一个用于开发嵌入式应用的综合性软件框架。它简化了从驱动程序、系统服务到中间件的配置和集成过程。这些组件分别有特定的功能和作用，下面进行简要说明，理解这些对后续 Harmony 的开发有着重要的意义：

MHC（Microchip Harmony Configurator）　一个图形化配置工具，用于简化 Microchip Harmony 的软件配置过程。开发者可以通过拖拽式的界面来配置驱动程序、外设和中间件，而不需要手动修改代码。

MPLAB X - plugin　MPLAB X IDE 的插件，提供了额外的功能和工具支持。MHC 本身也是一个 MPLAB X 的插件，它与 IDE 集成，帮助开发者配置和生成代码。

BSP（Board Support Package）　针对特定硬件平台（如开发板）的支持包。它包含了启动代码、外设配置和其他与硬件相关的文件，用于简化在特定板上的应用开发。

Dev_packs　开发包，通常包含了与设备相关的支持文件，如头文件、驱动程序等。它们允许开发者轻松访问和控制特定的微控制器或外设。

CSP（Core Service Package）　提供了核心服务支持，它包含了底层的驱动程序和硬件抽象层（HAL），用于操作设备的基本外设和功能。CSP 通常包含了与微控制器直接相关的代码。

Core　通常指代系统的核心库或文件，包括启动代码、操作系统抽象层、异常处理、时钟管理等。它们是项目的基础部分。

通过以上这些组件，Microchip Harmony 提供了一个模块化、可扩展的开发框架，能够简化复杂嵌入式系统的开发。

注意 MPLAB X - plugin 目录很小，可从 GitHub 网站也可以直接下载完成，这个目录在 gitee 上并没有。除此之外，还有 3 个文件需要替换：displaymanager.jar，gac.jar，libaria.jar。替换对应路径和文件如下：

- :\HarmonyFramework\gfx\middleware\aria\hal\plugins\displaymanager.jar
- :\HarmonyFramework\gfx\middleware\aria\library\plugins\lib\gac.jar
- :\HarmonyFramework\gfx\middleware\aria\library\plugins\libaria.jar

笔者将这三个文件和 MPLAB X - plugin 插件放在本书的参考代码中供读者使用，也可以直接联系 Microchip 公司当地的支持工程师索取。当 MPLAB X - plugin 更新完毕后，需要将它安装在 MPLAB X IDE 当中，如果现有的 IDE 已经安装了 MPLAB X - plugin，则需要将其卸载，过程如下：

单击 Tools→Plugins→Installed，如图 22.5 所示。

选中 MPLAB Harmony Configurator3→Uninstall 进行卸载，把新版的卸载完毕后装回旧版的，单击 Tools→Plugins→Downloaded→Add Plugins，如图 22.6 所示。

然后，找到 MPLAB X - plugin 目录，此时它已经降级成 3.4.1 版本。接着，将降级到 3.4.1 版的插件安装到 MPLAB X IDE 中。下面如果需要安装 Legato，则要把该插件更新到最新版，然后重复此步骤（卸载旧插件，更新插件版本，安装更新后的插件），如图 22.7 所示。

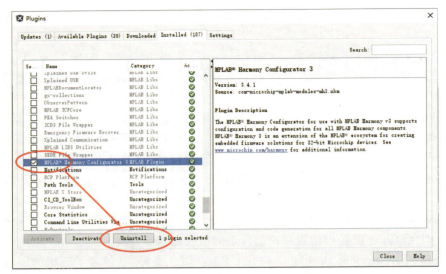

图 22.5　安装、卸载 MHC3 的插件

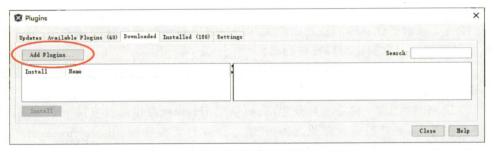

图 22.6　从本地文件添加插件的按钮

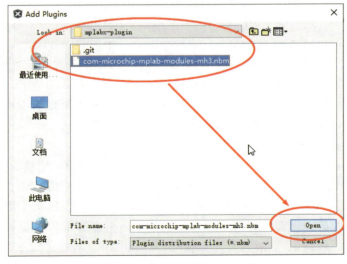

图 22.7　找到相应的 nbm 文件

接着再将其安装到 MPLAB X IDE 中，如图 22.8 所示。

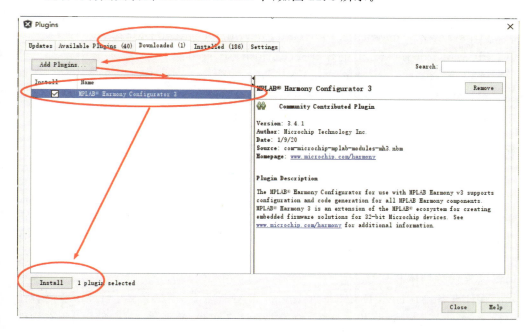

图 22.8　选中之后单击安装即可完成本地插件的安装

22.4.2　Aria 图形环境所需的编译器版本

Aria 支持的编译器版本为 XC32（V2.41）版，关于编译器的降级安装在18.4.1 小节已经叙述过了，这里不再赘述。需要指出的是，XC32 新版本也支持 Aria，但需手工修改一些下兼容问题引发的编译错误。这些工作一般用户不想做，故笔者才介绍利用降级编译器的简单方式快速解决问题，感兴趣的读者可以尝试在新版编译器下编译 Aria。

✍ **小　结**

Aria 的安装过程其实不复杂，将相应的编译工具和库文件版本降级到当初开发时使用的版本，安装好相应的插件和配置工具并打上三个补丁文件即可。另外，笔者编写了"一键切换 Aria"的批处理文件，放置在代码文件中供读者参考。

22.5　选择 Microchip 公司的图形开发 Demo 板

对于 Microchip 公司的产品线的图形开发工具，本节将介绍两款：一款是基于 PIC32MZ2048EFx144 好奇板（Curiosity Board）加上 480×272 的显示屏；另一款是基于 PIC32MZ2064DAR176 好奇板加上 480×272 的显示屏。二者分别可以以 RGB565 和 RGBA8888 来进行实验。下面笔者介绍如何以该板搭建一个基本的

Aria 图形库。开发板的购买链接如下：

PIC32MZ2048EFx144 的好奇板（Curiosity Board）：

https://www.microchip.com/en-us/development-tool/DM320209

PIC32MZ2064DAR176 的好奇板（Curiosity Board）：

https://www.microchip.com/en-us/development-tool/EV87D54A

480×272 显示屏开发板：

https://www.microchip.com/en-us/development-tool/AC320005-4

22.6　搭建一个基础的 Aria 图形环境

　　硬件准备：PIC32MZ2048EFx144 的好奇开发板＋MEB2 480×272 显示屏。需要指出的是，Harmony 3 的开发库是需要把芯片号选成 PIC32MZ2048EFM144 才可以出现 BSP 的好奇板选项，在选定 BSP 生成 Harmony 3 的模块之后就可以把芯片号改成 PIC32MZ2048EFx144 了，这部分技巧在本书 22.12 节有详细叙述，因此下文仍然以 x 代替具体芯片号。

　　软件准备：MPLAB X IDE＋Harmony 3 Aria 环境＋XC32 V2.41。本节内容比较特殊，Aria 的配置过程相当麻烦，为了方便读者实践，笔者将 Aria 所需的所有软件包括 IDE、XC32、配好的 Harmony 3 库打包放在网盘中，读者可以通过习题的文档找到下载地址。

　　硬件的具体连接如图 22.9 所示。

图 22.9　PIC32MZ2048EFx144 和 480×272 连接

初次建立一个 Harmony 3 的工程的方法在前面已经叙述过了，读者可以参考第 7 章时钟系统的配置来回顾，为了节省篇幅这里不再赘述。本节所采用的 MCU 型号是 PIC32MZ2048EFx144。下面直接跳到建立 MHC 工程的图形库部分，本节的大部分内容对于 Aria 和 Legato 都适用。建立图形库工程的具体步骤如下：

① 建立一个新的基于 MHC 的工程。

建立好 Harmony 3 的工程，然后打开 MHC，将好奇板的 BSP（板级支持包）拉入 Project Graph（工程模块图），如图 22.10 所示。

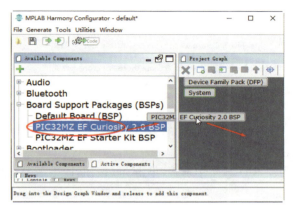

图 22.10　建立一个新的工程

② 拖曳 Aria 图形库加上 480×272 工程模块。

将 Graphics（图形库）→Templates（模板）→Aria Graphics w/ PDA TM4301B 拖入 Project Graph（工程模块图），如图 22.11 所示。

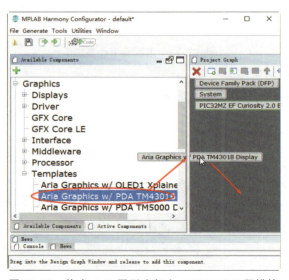

图 22.11　拖曳 Aria 图形库加上 480×272 工程模块

③ 依次确认自动生成的模块。

模板会自动载入 Core、Input System Service(sys_input)、GFX Core、Aria、PDA T4301B、Max Touch Controller 的控制模块，单击 Yes 按钮确认，如图 22.12 所示。

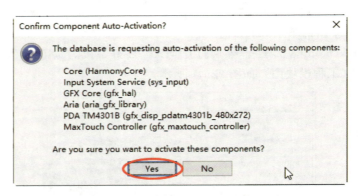

图 22.12   依次确认自动生成的模块

④ 确认是否挂载 RTOS。

系统询问是否需要 RTOS 操作系统，单击 No 按钮，即不需要操作系统，如图 22.13 所示。

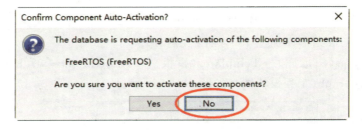

图 22.13   不需要操作系统

⑤ 确认是否自动连接图形基础模块。

系统询问是否需要自动连接各个模块，单击 Yes 按钮确认，如图 22.14 所示。

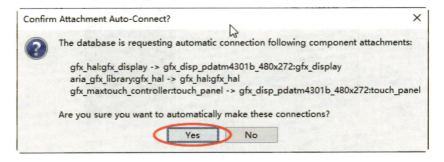

图 22.14   需要自动连接图形相关模块

⑥ 自动灭活有些冲突的模块。

系统确认有些模块需要被灭活（deactivated），这些是引起冲突的模块，单击 Yes 按钮确认，如图 22.15 所示。

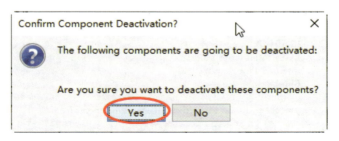

图 22.15　系统有些辅助模块需要被灭活

⑦ 自动激活一些需要的模块。

系统需要确认激活一些辅助模块，如 LCC、IIC、Core Timer、Time、EBI 等，单击 Yes 按钮确认，如图 22.16 所示。

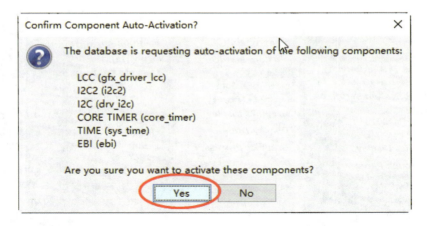

图 22.16　系统有些辅助模块需要被激活

⑧ 自动连接被激活的模块。

系统需要确认自动连接生成的辅助模块，单击 Yes 按钮确认，如图 22.17 所示。

⑨ 加载完毕。

加载过程完毕后，MHC 自动配置好了工程模块图中需要的模块，如图 22.18 所示。

至此，Harmony 3 图形图像开发的基础环境就搭建完毕了，此时应该保存一下对 MHC 的设定。接下来，我们详细介绍如何建立一个基础的图形工程，并且将其在开发板上点亮。

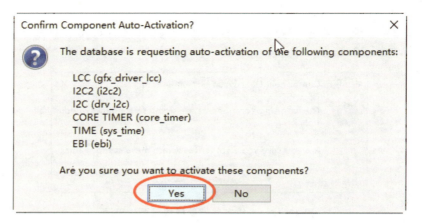

图 22.17　自动连接生成的模块

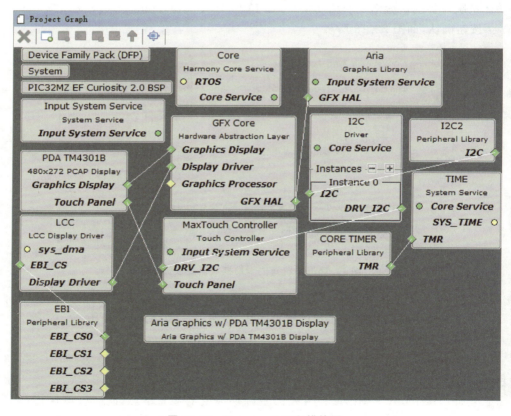

图 22.18　Harmony 3 工程模块图

22.7　建一个基础的图形工程

下面我们将实际建立一个基础的图形工程，本节的内容在 Aria 和 Legato 均适用，用户在学习 Legato 的过程中可以参考本节内容，具体步骤如下：

① 打开 MHC 的 Tools→Graphics Composer，如图 22.19 所示。

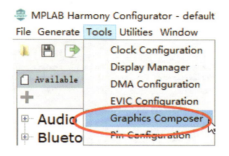

图 22.19　打开 Graphics Composer 图形工具

② 单击建立一个新的图形工程向导，如图 22.20 所示。

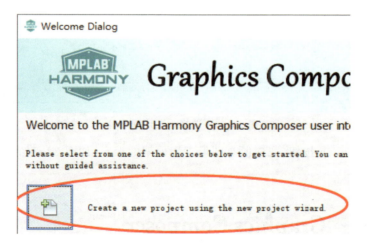

图 22.20　图形工程向导

③ 选择色彩模式。这里需要说明，如果用户要做半透明效果或者动画效果，则推荐选用 PIC32MZ2064DAR176 芯片，然后选择 RGBA8888；如果需要做简单的灰阶图像，可以选择 GS_8。目前我们选择的是色彩模式 RGB565，它适合做单层 Buffer 的真实感图像界面，如图 22.21 所示。

④ 选择 Flash 缓存大小配置，它也可以通过 Composer 的内存分配功能来重新分配和定义，但初始化时需要指定一个值，这里用默认值，如图 22.22 所示。

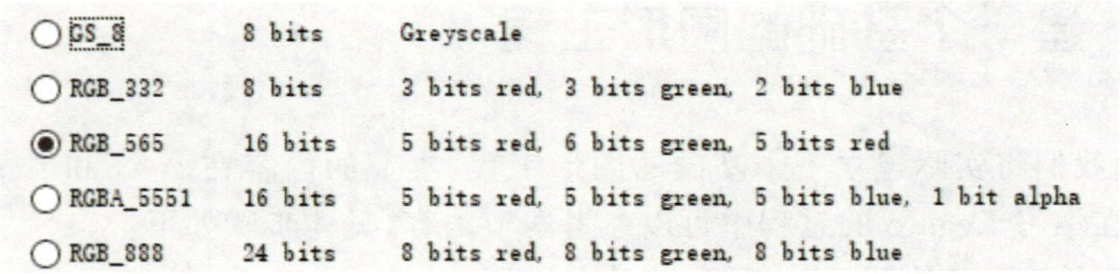

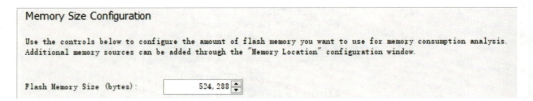

图 22.21　选择 RGB565

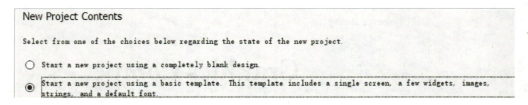

图 22.22　缓存大小配置

⑤ 在新工程模式选择中有一些预制的图形组件，包括简单的按钮、文字框、背景图等，也能以一个空的工程开始，如图 22.23 所示。

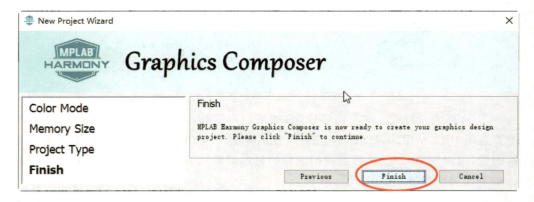

图 22.23　选择一些预制组件

⑥ 单击 Finish 按钮，完成所有图形工程框架的设定，如图 22.24 所示。

图 22.24　完成向导

⑦ 生成之后，可看到设计区域有预制的一些组件，这就是将来在 MCU 开发板中实际显示的图像。保存一下，然后准备生成代码，如图 22.25 所示。

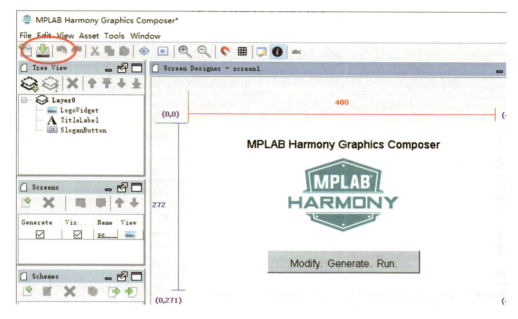

图 22.25　设计区一览

🖊 小　结

本节描述了 Aria 新建一个图形工程设计的详细步骤（Legato 也适用）。整个过程工具繁多、步骤复杂，初学者容易搞混。执行完 Composer 配置后需要将 Composer 工程保存之后再回到 MHC 进行代码的生成，然后才能真正产生可编译的工程代码。注意，在生成代码时，笔者的操作方式与 Harmony 3 文档的建议方式是不一样的。Harmony 3 的官方文档建议不要使用 OverWrite 模式，因为它担心这会让用户宝贵的自写代码悄无声息地被刷掉。但是，笔者却非常喜欢这种方式，它可以强制将工程的代码刷成系统最新的代码，从而避免冗长的解决冲突的过程，提升了工作效率。但是，笔者之所以敢这么做并不是鲁莽，而是先前就将所有的自写代码保存进了 GIT，被 OverWrite 刷掉的代码可以轻易地用 GIT 找回来。毕竟将自己编写的代码融入新的工程其难度要远远小于解决别人代码的冲突。利用 OverWrite 方式有效地避免了"垃圾代码"对工程意图的干扰，虽然它会消除掉用户自己书写的代码，而且没有任何提示。

所以，用户真正干活时必须将所有的代码预制在 GIT 的管理之下，将自己编写的代码提交即可无惧开发过程中被不慎毁掉的风险。在不熟悉 GIT 操作的情况下千万不要用 OverWrite 模式去生成代码。下面总结一下整个步骤，如图 22.26 所示。

此时程序开始进行生成，如图 22.27 所示。

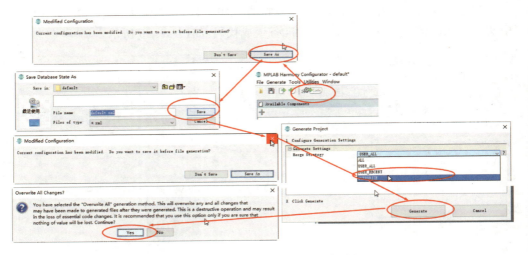

图 22.26　Harmony 3 的代码生成过程

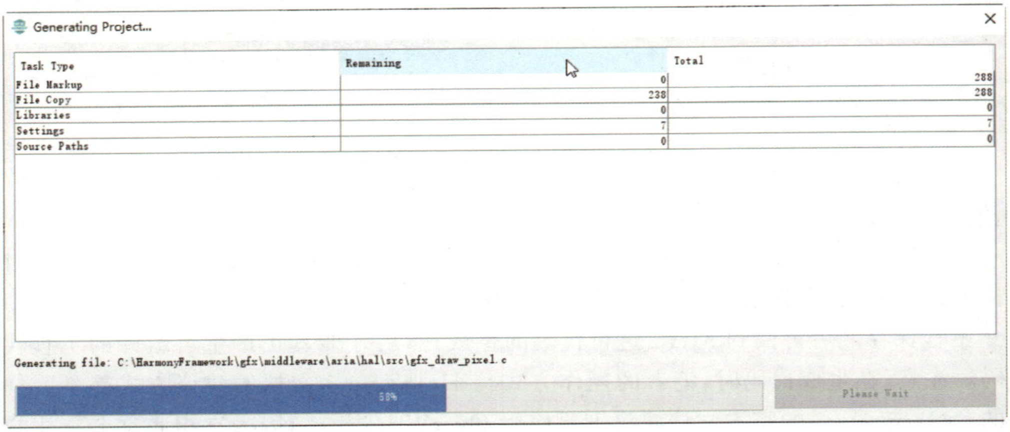

图 22.27　代码生成过程

　　注意： 需要指出的是，如果前文中更换 displaymanager. jar，gac. jar，libaria. jar 这三个步骤未完成，则进度条会停留在 99％处不动，这是 Aria 本身的一个 Bug，更换这三个文件的方法前文已叙，这里不再赘述。

　　然后我们进行编译，如果采用 XC32 的 V4.00 版本进行编译，则会报错，如图 22.28 所示。

　　产生这个错误的原因是系统默认的警告级别比较高，而生成的代码有一些警告，这些警告在 V2.41 中会被忽略，而在 V4.00 中会被视为错误，这样就产生了一个客户经常问我的问题：如何将系统配置中的将警告视为错误的配置项关闭？

　　右击工程图标，然后单击属性→xc32 gcc→在 Option categories 中选择 Prepro-

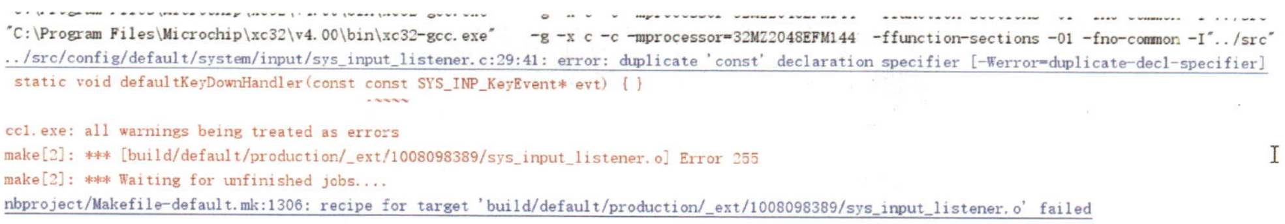

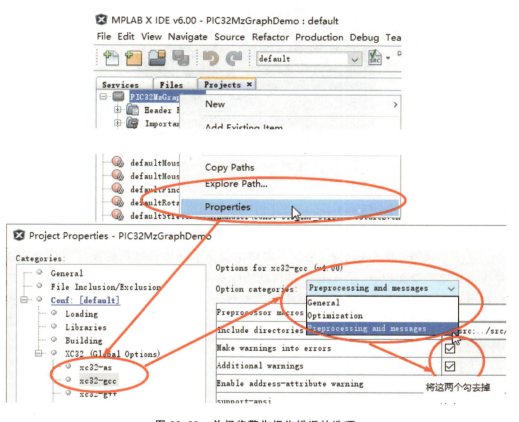

图 22.28　因为警告级别过高产生的编译错误

cessing and messages 后，把 Make warnings into errors 和 Additional warnings 这两个复选框去掉，如图 22.29 所示。

图 22.29　关闭将警告视作错误的选项

用 V4.00 关闭警告，或者用 V2.41 直接编译都可以成功，然后下载到电路板中运行，如图 22.30 所示。

我们看到，利用 Harmony 3 在现成的开发板上进行图形程序的开发是非常方便的，那么一般的用户会遵循什么路线来完成自己的图形开发过程呢？几乎所有的图形用户做到这一步后首先想到的都是能否多创建几个屏幕页面，并且用按钮来切换。下面我们就循着用户的思路详细描述一下操作流程。

图 22.30   运行成功

22.8   在 Aria 中利用按钮切换屏幕页面

这个主题涉及两个知识点：如何在按钮中编辑事件以及如何切换屏幕页面。这里先讲述第一个知识点，在 Aria 中按钮的响应分两种：一个是标准模板的事件响应，包括但不限于屏幕的显示、销毁、组件的位置移动、图片的切换等。这些标准的模板类事件可以在设置界面中直接点选完成。另一个是自由代码事件，这类事件可以直接在编程框架里边编写代码，然后原封不动地移到真正生成的代码中。

下面展示制作两个屏幕页面，然后利用代码互相切换的过程具体有如下步骤：

① 新建一个屏幕页面。

打开 MHC 和 Graphics Composer，这两个工具的打开方法前文已述。打开 Graphics Composer 之后，我们首先生成一个新的屏幕页面。在 Graphics Composer 的 Screens 选项卡中有一个加号小图标，单击即可，然后起个名字，如图 22.31 所示。

注意：在 Harmony 3 中起名必须是英文字母开头加上数字或字母，符合 C 语言起名规范的字符串，否则生成的代码无法编译。

② 新建第二个屏幕页面 screen2，接着在设计器中切换两个屏幕页面进行编辑。

单击 Create 后，在屏幕设计窗口就多了一个选项卡，这样即可在屏幕设计窗口任意切换两个屏幕了，如图 22.32 所示。

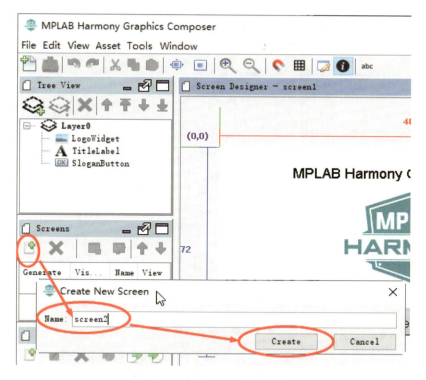

图 22.31　新建一个屏幕页面

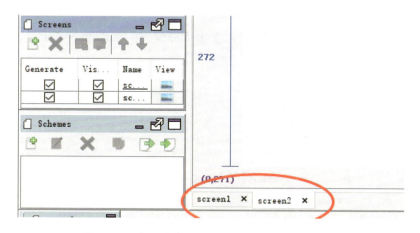

图 22.32　在设计器中切换两个屏幕页面进行编辑

③ 添加按钮事件。

下面在该屏幕页面中拖入一个按钮，并且把它的事件处理编辑器打开，添加一个新的事件，如图 22.33 所示。

④ 模板事件和用户自定义事件。

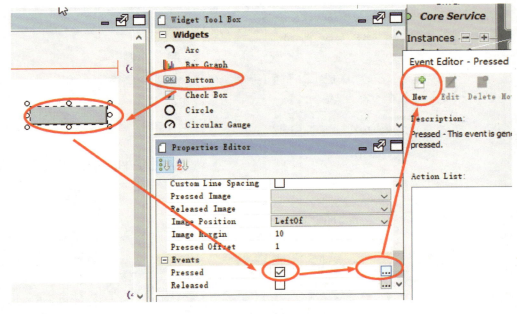

图 22.33 添加按钮事件

在图 22.34 中有两个选项：一个是模板事件，它预制好了用户常用的行为，比如打开、关闭、移动、鼠标点击等。用户可根据自己的行为去选择相应的事件处理函数。另一个是用户自定义事件，实际上它就是用户用 C 语言去编写相应的代码，完成事件处理函数。

我们选择 Template 模板事件，然后单击 Next 按钮，如图 22.34 所示。

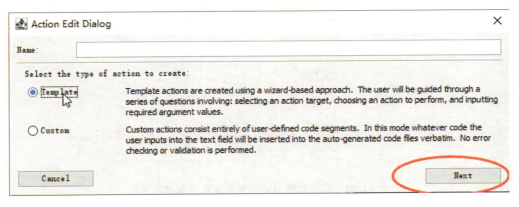

图 22.34 模板事件和用户自定义事件选择对话框

⑤ 模板事件的编辑窗口。

单击 Next 按钮之后进入模板类编辑对话框，首先是选择事件的对象，也就是说按下按钮之后要对谁进行操作，例如屏幕页面 1、屏幕页面 2、画图框、文本框、图层或者其他。然后选择该对象支持的行为，例如，选择了屏幕页面 1 之后，它就有打开、关闭等操作；选择文本框之后，它就有添加文本、编辑文本等操作。本例是选择屏幕页面 1(screen1)为对象，然后选择 Show Screen，打开屏幕页面 1，如图 22.35 所示。

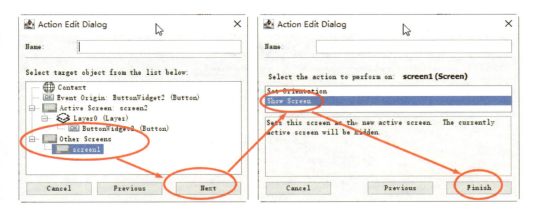

图 22.35　模板事件的编辑窗口

⑥ 模板事件列表。

需要指出的是，同一个事件触发的结果可以由多个事件响应函数组成，比如按下按钮之后可以做几件事情：打开屏幕、修改文本框、打开图像等。这些操作可以放到一个列表中，接下来会发现在事件编辑器的列表里 Action List 中多了一个 Show Screen (screen1)的事件，单击 Ok 按钮结束，如图 22.36 所示。

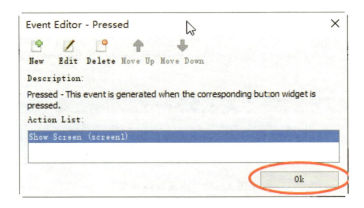

图 22.36　模板事件列表

⑦ 以 screen2 为例，再次复习一下加入按钮事件的过程。

同理，我们在 screen1 下将中间的那个按钮加入事件切换到 screen2，如图 22.37 所示。

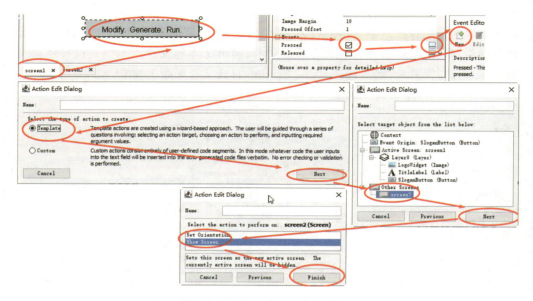

图 22.37　按钮事件添加的流程

我们对图 22.37 中按钮添加事件的过程进行总结：screen1→选中按钮→Events→事件按钮→Event Editor New→Template→Next→screen2→Next→Show Screen→Finish。

最后，单击 Ok 按钮关闭事件编辑器，如图 22.38 所示。

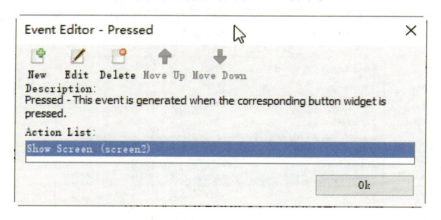

图 22.38　模板事件列表

⑧ 保存设计。

将 Graphics Composer 保存，如图 22.39 所示。

然后回到 MHC，生成代码，具体方法不再赘述。生成之后编译成功，烧录运行一切正常，这里不再重复抓图了，读者可以自己进行实验。

运行之后，我们发现有一个小遗憾：按键是光秃秃的，啥提示也没有。此时，客户

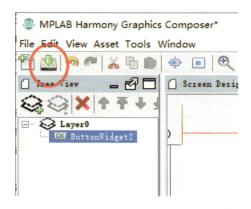

图 22.39　保存设计

自然想到的问题是：如何向按钮中添加字符串，并且实现中英双语言切换呢？

22.9　在 Aria 中添加字符串并实现多语言切换

本节的内容在 Aria 和 Legato 中都有参考价值。下面介绍添加字符串和多语言切换的具体步骤：

① 建立字体。

首先，对需要添加的中文字符建立一个字体，方法是在 Graphics Composer 下单击 Asset→String Table Configuration，如图 22.40 所示。

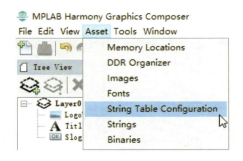

图 22.40　在字体配置表中添加新字体

单击加号图标，然后新设置一个名称，确保两个名称的 Enable 选项均被勾上选中，然后单击 Encoding，在 Encoding 下选择 UTF‐8。至此，建立好一个字符配置条目，关闭该窗口，如图 22.41 所示。

② 选择字体。

选择一个字体，如图 22.42 所示。

打开 Font Asset 对话框，左边的加号图标是添加独立的 ttf 字体文件，右边 A 字

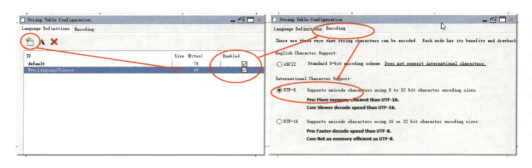

图 22.41　添加新字体并且选择 UTF - 8

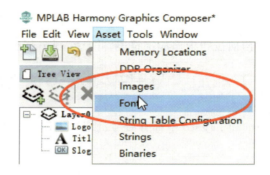

图 22.42　编辑字体属性

图标是直接添加系统的中文字体。在此我们选择宋体,下边的警告红字表示字体是有版权的,如图 22.43 所示。

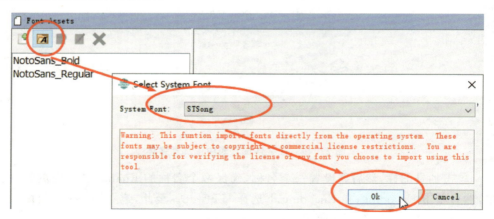

图 22.43　选择字体并且注意版权警告

③ 选择字号。

单击 STSong→Strings。在新生成的语言标号后面将英文翻译成中文,并且填入即可。顺便说一句,在 Style 选项卡中也选择字体的大小和形状,如图 22.44 所示。

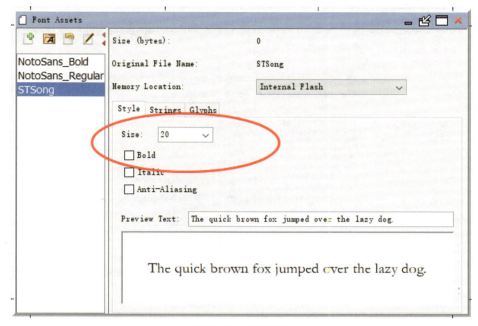

图 22.44　选择字号

④ 在字符串列表中添加字符串的内容。

在 Font Assets 对话框中选择对应的字符串编辑窗口。在 Strings 对话框中包含了程序中所有的字符串。字符串有个统一的名称,读者可以将其理解为字符串操作的句柄,例如 Solgan、TitleString。每一个句柄表达同一个字符串对象组,但对应多个不同的、具体的字符串,包括不同的语言、不同的字形字体、不同的字号、不同的 Bound,如图 22.45 所示。

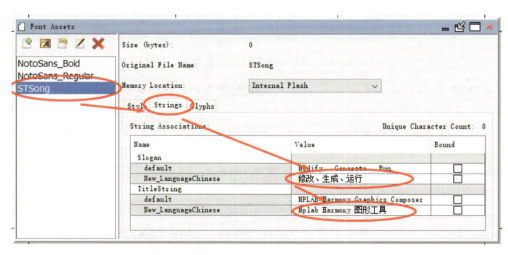

图 22.45　字符串列表

⑤ 字符串提示语的生成。

我们生成一个修改语言按钮的提示语，英文为 Change Language，中文为"切换语言"。单击 Strings 选项，如图 22.46 所示。

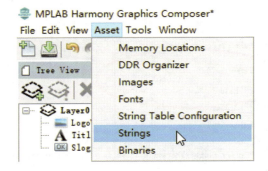

图 22.46　单击字符串列表的菜单项

我们添加一个字符串，修改字符串名称，建立新字符串，单击需要修改的字符串，输入需要表达的中英文，然后将中文和英文的字体设置好，如图 22.47 所示。

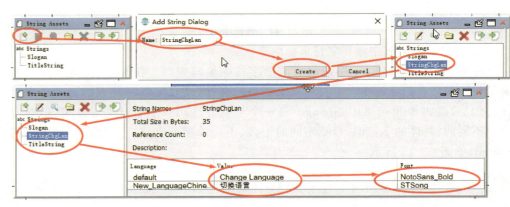

图 22.47　添加一个新的字符串对象的过程

注意：我们需要设置好所有字符串的值和字体，但客户常常忘记设置字体的大小。如果字体为空则不能显示对应的字符，而且还难查。也就是说，在这个对话框中需要依次检查 Slogan、StringChgLan、TitleString 三个字符串的中英文的 Value 和 Font。在这个对话框中，default 为英文，字体为 NotoSans_Regular；New_LanguageChinese 为中文，字体为 STSong 宋体，如图 22.48 所示。

⑥ 字符串提示语的生成。

完成以上操作后，在主屏幕上拖动一个按钮，然后在 Text String 下选择新建的 StringChgLan 字符串，则该字符串显示在该按钮上，如图 22.49 所示。

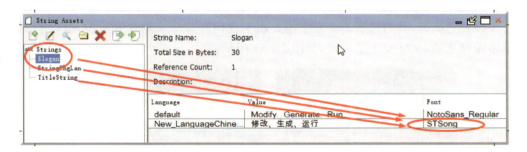

图 22.48　新建字符串往往容易忘了设置字体

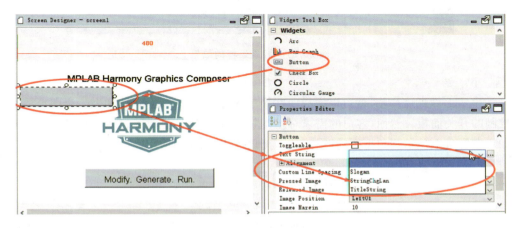

图 22.49　选择字符串的句柄

⑦ 设置全局事件，修改语言。

选中后再设置该按钮的事件，打开事件的对话框，该方法如前文所述。打开后选中 Context→单击 Next 按钮→选择设置字符串语言→单击 Next 按钮→选择我们刚才生成的中文语言→单击 Finish 按钮结束，如图 22.50 所示。

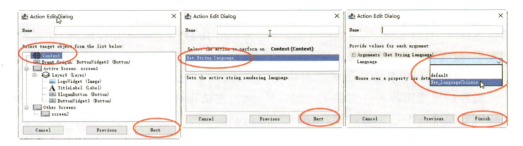

图 22.50　设置全局事件修改语言

⑧ 烧录运行。

设置完成后,我们按照前文介绍的方法生成代码并烧录到开发板中,可以看到,单击按钮之后,文字发生了改变,如图 22.51 所示。

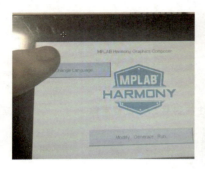

图 22.51　烧录运行的结果

小　结

事实上做到这一步,就可以完成一些简单的逻辑控制产品了,例如做一个图形界面控制的开关面板。然而,客户的需求总是不断提高的,字体完成了,新的问题又来了:假如想在屏幕上显示圆角抠图的图片,从而美化按钮,优化界面,又该如何处理呢?

22.10　显示圆角抠图的图片

笔者在技术支持过程中,显示圆角抠图的图片几乎是所有客户都需要的。它可以比较圆满显示出客户所需要的效果,正好 Harmony 3 提供了该功能,具体步骤如下:

① 创建相关的控件。

下面创建一个图形控件和一个按钮控件,然后按钮控件叠放在图形控件上方,二者均以图形方式显示。首先我们要做的是选择两个图片,一个在底层做背景,另一个在上层做图形按钮。下面制作一个 480×272 的图片,jpg 格式的即可。再做一个 80×80 的按钮图片。做好后,打开上例翻到 screen2,做一个底图背景。底图背景的制作方法是,打开 Composer 的控件窗口,拖入一个 Image 控件,将其拉伸到 480×272 的大小,做成背景图,如图 22.52 所示。

② 调整图层中各个控件的相对位置。

做好后发现图像控件盖住了按钮控件,解决方法很简单,在 Tree View 中按上下按钮调整控件在图层中的位置,如图 22.53 所示。

③ 将底图调入设计,从而达到给界面添加背景底图的目的。

在 Image Assets 中添加一个图像,并且将其作为底图。首先单击 Asset→Images,然后在对话框中左边添加图像文件。图像文件名必须是英文开头的字符串,要符合 C 语言语法规范,否则编译会出错。添加之后选择底图的控件,在右边属性对

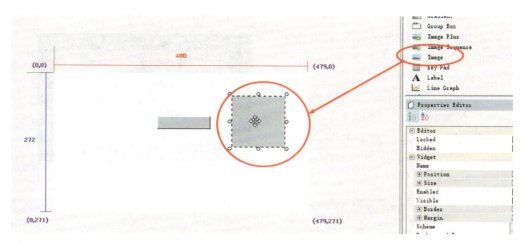

图 22.52　在图形控件中添加图片

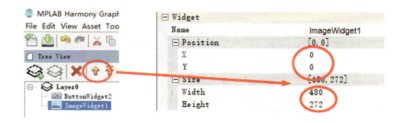

图 22.53　将控件调整到图层的不同位置

话框中添加该图像文件名对应的选项条即可，如图 22.54 所示。

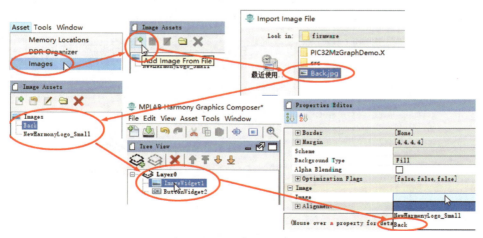

图 22.54　添加底图的步骤

④ 烧录运行。

此时,这个屏幕布满底图,将其作为一个阶段性成果烧录进去看一下,如图 22.55 所示。

⑤ 修改按钮的大小,把它变成 80×80 的图片容器。

下面我们将这个难看的灰色按钮美化一下,首先把它拉伸到 80×80,如图 22.56 所示。

图 22.55　烧录底图后的效果

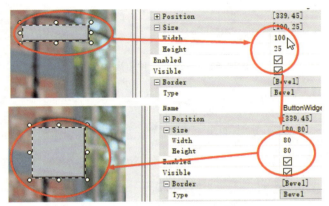

图 22.56　修改图片控件的大小

⑥ 载入图片。

我们将 80×80 的图片载入到 Asset 中,方法与调入背景图方法一致。笔者将小图标起名为 Button.bmp,画了一个返回的箭头载入,如图 22.57 所示。

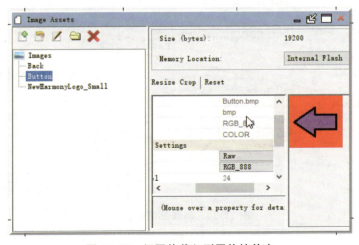

图 22.57　把图片载入到图片控件中

⑦ 抠掉背景设置颜色。

下面我们将红色的背景抠掉，方法如下：首先将图片格式改成 Raw RGB565，选完之后单击 Color Masking，系统默认彩色掩码为 0,0,0，即为全黑。我们要根据需求选择被抠掉的颜色，方法是单击掩码色彩的编辑框，即旁边有三个点的小按钮，然后在工具中拿吸管吸一下需要抠的底色（例如本例中的红色），再单击 OK 按钮保存这个色彩掩码（本例为 29,7,4），此时发现箭头的背景被抠掉了，如图 22.58 所示。

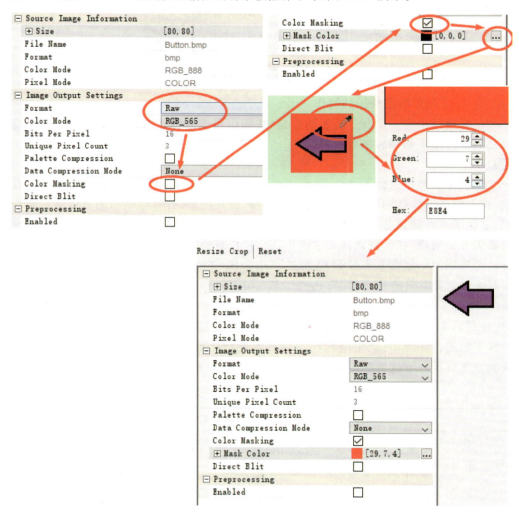

图 22.58　抠掉背景设置颜色的掩码

⑧ 调入按钮图片。

我们将该图片调入 Button 控件的 Pressed Image 和 Released Image，并且在 Background Type 中选择背景为 None，如图 22.59 所示。

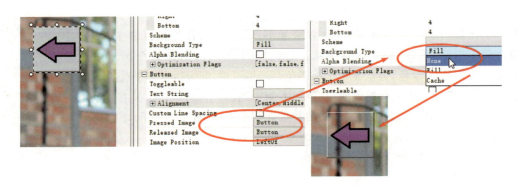

图 22.59　调入按钮图片

⑨ 完成圆角抠图按钮的制作。

这样就做出了一个背景透明的按钮，按钮也可以选择无边框。生成代码编译烧录之后运行结果和预想结果相符。

✍ **小　结**

笔者在本节中介绍了 Aria 图形库的环境配置、图形工程的建立、屏幕页面的开关、基本控件的事件响应、中英文的显示切换、图片控件的操作、抠图的方法等。实际上，掌握了这些知识基本上就可以对付绝大部分工业应用了。但这里还有个很多客户都关心的问题：在屏幕刷新的过程中，会有"拉窗帘"的现象。此话题在本章开篇部分已经提到过，这是因为屏幕刷新过程中没有使用双 Buffer 操作造成的。但双 Buffer 又需要 2 倍的帧缓存，而 PIC32MZ2048EFx144 芯片只有 512 KB 的 RAM，如果 480×272 用 16 位色进行双 Buffer 显示时 RAM 是不够的。下面我们更换一颗 MCU 进行双 Buffer 的演示。这颗 MCU 就是 PIC32MZ2064DAR176。我们利用它的好奇板进行实验，它也是笔者在实际技术支持活动中客户较为常用的一颗芯片。我们首先分析一下这两颗芯片之间的差异以便读者了解，如表 22.5 所列。

表 22.5　PIC32MZ2048EFx144 和 PIC32MZ2064DAR176 之间的差异

芯　片	Flash	SRAM	内存接口	内置 DDR	DMA
PIC32MZ2048EFx144	2 MB	512 KB	EBI、SQI	无	8 通道
PIC32MZ2064DAR176	2 MB	640 KB	DDR、SD、SDIO、EMMC、SQI、EB	32 MB	8 通道

通过表 22.5 可以看出，选择 DA 系列可采用 32 MB 的内部 DDR 作为图像缓存，这样就可充分满足双缓冲区的需求。需要指出的是，Aria 也是支持双缓冲技术的，但是设置比较复杂，有兴趣的读者可以自己摸索或找 Microchip 公司的图形工程师支持。下面笔者将开始以 PIC32MZ2064DAR176 加 Legato 图形工具为例进行介绍。

22.11　Harmony 3 中的 Legato 图形工具的安装和启动

目前，Harmony 3 中 Legato 图形工具在不断更新，所以只需要将 Harmony 3 更新到最新版即可，方法前文已叙述过，这里不再赘述。笔者将其归纳如表 22.6 所列。

表 22.6　运行 Legato 需要的准备工作

模　块	更新版本
MHC	GIT 更新到最新
Harmony 3Framework	和图形相关的目录更新到最新
MPLAB X – plugin	GIT 更新到最新
plugin 插件	安装更新 MPLAB X – plugin 后的 nbm 文件

需要强调的是，plugin 插件需在更新之后重新安装，参阅 Aria 图形环境搭建部分。Harmony 3 更新到最新版本之后我们进行 Legato 的启动，具体步骤如下：

① 启动 MHC 并拖入 Legato 所需模块。

启动 MHC → 将 PIC32MZ DA Curiosity BSP 拖入工程模块图 → 将 Legato Graphics w/PDA TM4301B Display 拖入工程模块图，如图 22.60 所示。

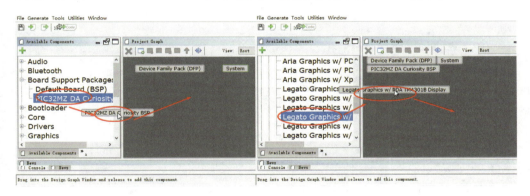

图 22.60　Harmony 3 工程模块图

② 进行图形工程模块的加载操作（与 Aria 类似）。

MHC 开始进行自动连接。与 Aria 类似，除了 RTOS 单击 No 按钮之外，其他均单击 Yes 按钮。这些步骤前面 Aria 部分已详述过了，这里不再赘述，整个过程如图 22.61 所示。

③ 核对 Harmony 3 工程模块图。

此时，一个基于 PIC32MZ2064DAR176 好奇板的图形开发基本模块就搭建完成了，接下来查看工程模块图，如图 22.62 所示。

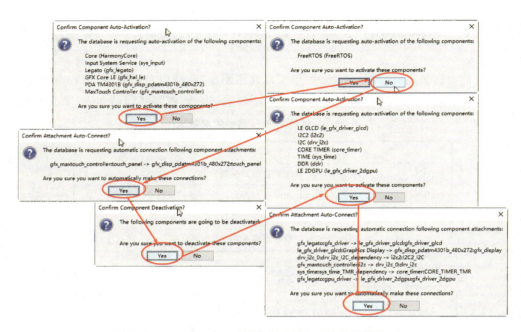

图 22.61　Legato 图形库生成新工程的主要步骤

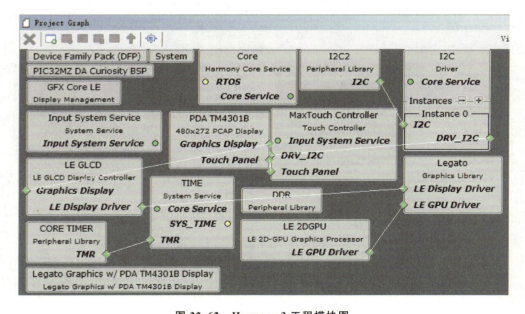

图 22.62　Harmony 3 工程模块图

④ 打开 Legato Graphics Composer。

打开图形开发工具 Legato 的界面。注意，如果上述步骤没完成，则 Legato 界面无法正确打开,原因以及解决办法将在后面介绍。这里单击 MHC 中的 Tools→Legato Graphics Composer ,如图 22.63 所示。

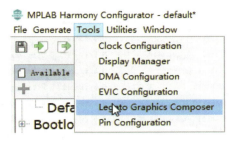

图 22.63　打开 Legato 图形设计器的菜单

⑤ 建立一个 Legato Graphics Composer 的新工程。

单击 Create a new project using the new project wizard 图标按钮,如图 22.64 所示。

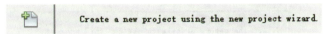

图 22.64　建立新的 Legato 图形设计工程

⑥ 选择分辨率。

在显示配置中选择 WQVGA 480×272 ,如图 22.65 所示。

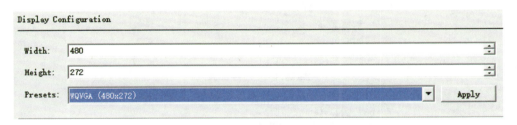

图 22.65　选择分辨率

⑦ 选择色彩模式。

在 Color Mode 中选择 RGBA8888。承前文所述,如果需要多层图形、动画显示等操作,则需要内存较大的 MCU,本例选用 PIC32MZ2064DAR176,如图 22.66 所示。

⑧ 选择内存配置文件。

在 Memory Profile 中选择 MZEF/MZDA WQVGA 的配置,如图 22.67 所示。

⑨ 选择添加预制控件。

选择开始一个工程模板的复选项,添加预制的控件,如图 22.68 所示。

⑩ 单击 Finish 按钮,进入 Legato 界面,如图 22.69 所示。

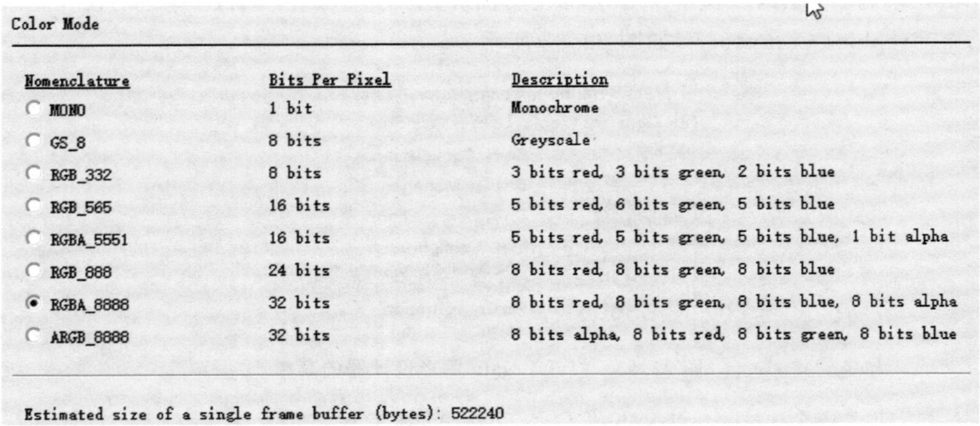

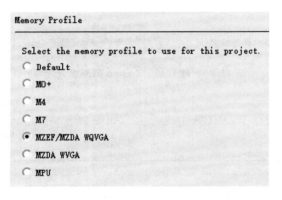

图 22.66　色彩模式选择

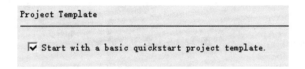

图 22.67　内存配置

```
Project Template

☑ Start with a basic quickstart project template.
```

图 22.68　添加预制控件

⑪ 在 Legato 工具中单击"保存"按钮保存当前设计,准备生成代码,如图 22.70 所示。
⑫ 回到 MHC 生成代码。

回到 MHC 生成代码,连接开发板编译下载运行,具体步骤不再赘述。需要注意的是,在板上有个开关是选择图像缓存位置的,它负责切换用内部 RAM 还是外部 RAM 作为图像缓存。我们将其拨到 1 选择使用内部 RAM 作为帧缓存(确切地说用的是内部 DDR),如图 22.71 所示。

⑬ 烧录、运行。

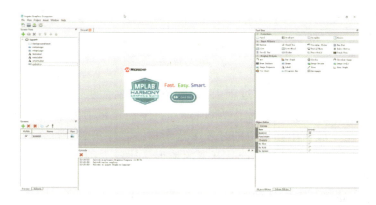

图 22.69　完成 Legato 图形设计器的初建

图 22.70　Legato 图形设计器的保存按钮

然后烧录程序，运行起来，结果如图 22.72 所示。

图 22.71　帧缓存选择拨码开关

图 22.72　Legato 运行结果

小　结

我们看到用 Legato 生成图形工程的步骤与 Aria 类似，事实上屏幕切换、中英文字符串、图形显示、圆角抠图等操作相差也不大，差别较大的是 Legato 采用了事件代码的方式去完成控件的事件响应，而 Aria 采用的图形化工具预制了常用的事件处理函数。相关例子将在后面详细介绍。

下面，再补充一个客户经常遇到的问题及其解决方案。在上述例子中我们利用了 Harmony 3 现成的 BSP 框架完成了对 Legato 图形工程生成模块的自动配置。这是因为 Microchip 公司在 PIC32MZ2064DAR176 好奇板上预制了 Legato 相关模块的自动框架连接的操作。但是，如果选择的板卡是自己制作的开发板，并且主芯片的型号与现有的开发板不一致，那么能否同样方便地利用这个功能进行开发呢？下面讨论这个问题。

22.12　同族不同型号产品的移植技巧

在 Harmony 3 程序的移植过程中，如果是同族产品的不同细分品类，则 Microchip 公司一般会以一颗标准芯片作为核心产品，围绕这颗芯片会有丰富的软硬件资源的支持。但是一般在市场推广的过程中这颗核心芯片未必会符合客户的需求。事实上，真正用核心芯片进行实际产品开发的情形是比较少的。终端客户出于成本、性能、需求、交期的考虑往往会选择最适合的芯片进行实际开发。这就带来了一个问题，非核心芯片的产品没有像核心芯片那样丰富的软硬件例子和 Demo，如何利用核心芯片的资源实现快速移植？

笔者举个实际的例子：某客户实际开发的芯片是 PIC32MZ2064DAS176（本节中简称为 DAS176），但是如果用 DAS176＋Harmony 3，则在 MHC 中没有默认的 BSP 选项。那么，图形的 Demo 无法用模板直接生成。如果让客户手动配置模板，则会花费大量的工作量，该怎么办呢？

答案非常简单，先用与这颗芯片最接近的带 BSP 的标准芯片生成代码，配置好 Aria 或者 Legato 的图形环境，保存工程并且编译成功。然后在 IDE 的属性页面中的 Device 设置中更换芯片。此时，在 IDE 中芯片被成功更换。更换之后在 MHC 中并不会取消先前依赖标准芯片而生成的各个模块的连接关系与具体配置。更换完成后回到 Aria 或 Legato 和 Harmony 3 进行微调，这主要包括引脚配置和 Config Bit 配置位等。完成以上操作后，重新生成代码就可以方便地解决产品移植的问题了。这招"借鸡下蛋"在客户的实际开发中屡试不爽。可能说道这里读者还是一头雾水，下面我们将分步演示问题的产生和解决的步骤。

假设我们打算采用 DAS176 进行开发，此时打开 Harmony 3 ，如图 22.73 所示。

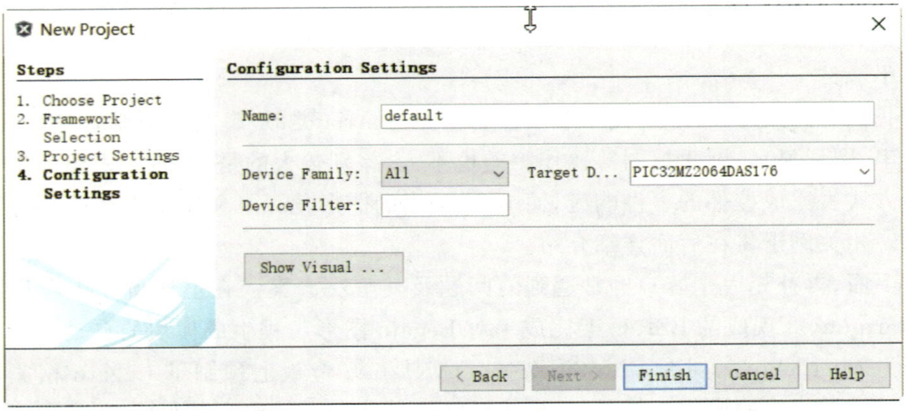

图 22.73　PIC32MZ2064DAS176 做为开发芯片

依照客户的正常思路：利用 DAS176 芯片来进行图形化的开发，并且由于原来的硬件设计基本与 Demo 板一致，所以希望按照 Demo 板的硬件设置来快速移植目标板硬件的设置。

但是当客户把 MHC 配置页面打开时，却发现在板级支持包 BSP 的页面中并没有原先如 Demo 板的 BSP 设置，仅有默认 BSP 设置。这样就会面临一个大问题：要非常烦琐地核对原有配置图和现有配置图的差异，并且一点一点地移植到现有工程上。这些操作将增加大量的工作，如图 22.74 所示。

图 22.74　PCI32MZ2064DAS176 没有 BSP（板级支持包）

从图 22.74 可以看到，只有默认 BSP 的配置，并没有 DAS176 的好奇板配置，当时客户发现可以选择 Legato 图形配置工具，然后客户用默认的 BSP 配置来强行进行图形的设置，结果出现了如图 22.75 所示的状况。

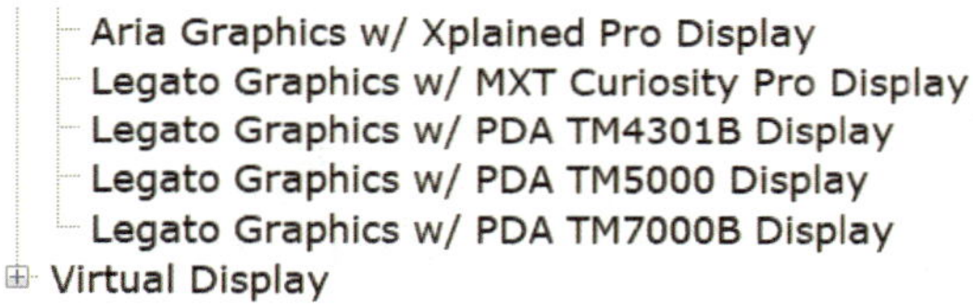

Aria Graphics w/ Xplained Pro Display
Legato Graphics w/ MXT Curiosity Pro Display
Legato Graphics w/ PDA TM4301B Display
Legato Graphics w/ PDA TM5000 Display
Legato Graphics w/ PDA TM7000B Display
Virtual Display

图 22.75　PCI32MZ2064DAS176 启动 Legato 的情形

选择之后虽然也有自动连接的对话框出现，如图 22.76 所示。但是自动连接的结果却是错误的，最终生成的代码也无法编译，如图 22.77 所示。

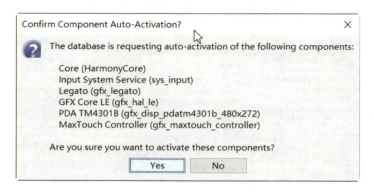

图 22.76　确认自动连接的对话框是出现的

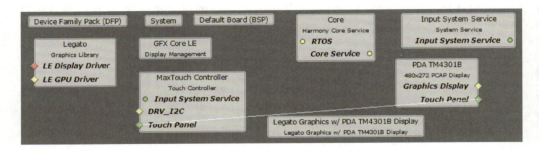

图 22.77　错误的连接图生成的代码无法编译

以上就是所产生的问题。在图 22.77 中，我们发现图形化配置的设置并没有自动连接，我们所需要的驱动也并没有自动分配好，如果一步一步地手动设置将增加工作量。下面将运用一种巧妙的方法来解决这个问题，具体步骤如下：

① 选择最相近但有 BSP 核心板的芯片。

选一颗与它型号相近但有核心板 BSP 配置的芯片，例如 PIC32MZ2064DAR176（简称 DAR176），如图 22.78 所示。

图 22.78　选择相近但是有 BSP 的芯片

② 利用该标准芯片进行 MHC 的配置。

我们打开 Harmony 3 的 MHC 配置界面，此时我们可以看到好奇板有基于该芯片的 BSP 作为参考模板，可以利用它现成的配置，如图 22.79 所示。

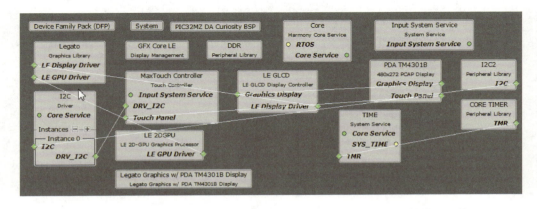

图 22.79　选中相应的 BSP 从而成功地生成相应的 Harmony 3 工程模块图和代码

③ Harmony 3 工程模块图都正常后将芯片改回来再生成代码。

在这颗芯片下，我们可以看到图形库软件、IIC 外设、Touch 外设、GPU 还有所有图形的硬件外设都被自动配好。此时，我们就可以利用它现成的配置来生成所需的配置。

笔者的习惯是当所有代码生成后可以先以 DAR176 编译一下，确保生成代码没问题。接下来把这段配置生成好后，再将主芯片 DAR176 修改成所需芯片例如 DAS176，再次打开 MHC 之后，Harmony 3 就会保留现在的配置方案，模块之间的依赖关系并不会被重置。也就是说，这时我们再将芯片选择成所需要的芯片，它也不会变回来了。所以，该操作达到了快速设置的目的，如图 22.80 所示。

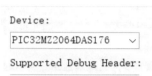

图 22.80　将芯片改回需要的芯片

我们再修改回芯片 DAS176，此时就可以利用 DAR176 的 BSP 配置来生成 DAS176 的代码了。

注意：改回所需芯片后仍需在 MHC 中生成一遍代码，然后再编译、下载。芯片切换后 MHC 保留的是各个模块之间的配置和依赖关系，代码如果不重新生成则工程中的代码仍然是 PIC32MZ2064DAR176 的，生成之后就会依照现有的配置与依赖关系生成相应的基于 PCI32MZ2064DAS176 的代码，从而达到目的。

另外，如果外设、配置位、系统设置有差异，则需要微调 MHC 的配置，但这个工作量和移植整个图形库配置的工作量相比就非常微小了。

22.13　在 Legato 中实现事件处理

在实现双缓冲解决"拉窗帘"问题之前仍需完成先前的步骤。我们需要先做两个屏幕，实现屏幕的切换，这样才能看到"拉窗帘"现象是否出现，如果不出现则说明问题被解决。

与 Aria 不同，Legato 更多的是依赖于代码完成消息的处理工作。承上例，我们打开了 Legato 的默认界面之后，单击 Quick Start 按钮，然后在 Events 中选择 Pressed 复选项，保存之后，回到 MHC 单击生成代码，如图 22.81 所示。

代码生成之后进行编译，发现编译居然报错，如图 22.82 所示。

这几个函数的未定义报错固然可以通过自己手工定义的方法去解决，但这并不正确。引起这个问题的原因是刚才生成代码之前没有将该 Screen 生效。解决的办法也很简单，单击屏幕空白处，此时焦点就落到了 Screen0 上，然后将其使能即可，如图 22.83 所示。

图 22.81　Legato 的代码事件处理

```
: undefined reference to `screenShow_Screen0'
: undefined reference to `screenUpdate_Screen0'
```

图 22.82　事件处理函数未定义引起的错误

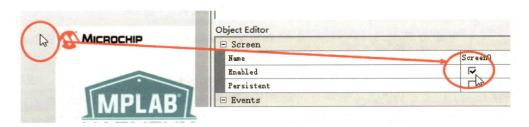

图 22.83　使能屏幕

　　之后重新生成代码编译就没有上述错误了。之所以重复这个看似没有多大意义的操作是因为笔者在进行技术支持的过程中，发现几乎每个客户都会提出这个问题，所以笔者认为它值得分享，故而在此说明一下。

　　下一步单击 Quick Start 按钮，然后选择它的事件处理复选项，生成、编译，又发现了一个小错误，这个过程如图 22.84 所示。

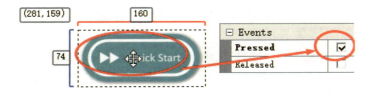

图 22.84　按钮事件被勾选

　　生成代码、编译之后，发现事件处理没有被定义，需要手动处理。在 app 目录之下添加一个 app_screen0.c 的文件，把事件处理代码自行定义好即可，如图 22.85 所示。

　　这样，每单击一次按钮，就可以执行一次这个事件处理函数了。下面我们设置两个屏幕，然后实现按钮的互相切换。

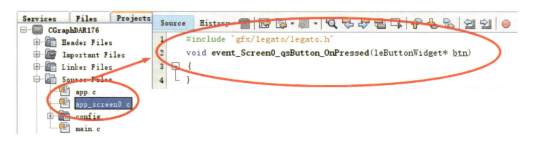

图 22.85　添加事件处理函数

22.14　在 Legato 中实现双屏幕互相切换

与 Aria 不同，Legato 的事件响应由消息处理函数的代码完成。下面我们继续在 Legato 中实现屏幕切换的步骤。首先在 Legato 中加入一个屏幕页面，并在屏幕中调入一幅图片，且与 Aria 一样制作一个背景透明的按钮，然后生成相应的事件处理代码，具体步骤如下：

① 增加屏幕页面。

添加一个屏幕，在 Legato Graphics Composer 中左下角的 Screens 下单击绿色"＋"按钮即可，如图 22.86 所示。

② 调入图片。

类似 Aria，在 Asset 中调入两幅图片，一幅是背景的底图，另一幅是圆角抠图的按钮图。单击 Asset→Images→File→Import RGB Image，如图 22.87 所示。

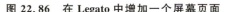

图 22.86　在 Legato 中增加一个屏幕页面

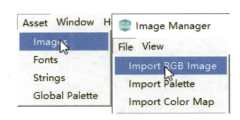

图 22.87　载入图像菜单

选择载入相应的图片，如图 22.88 所示。

此时，两幅图片被导入项目中。注意，这两幅图片的起名也要符合 C 语言变量定义的规范，使用英文字母和数字并且不能有空格，否则生成代码时会出现错误。

③ 完成图片相关的设置操作。

导入之后，在 Image Manager 中单击 Button 按钮，并且在 Settings 中选择 Color Mask Mode，然后在 Mask Color 中选择背景红色，如图 22.89 所示。

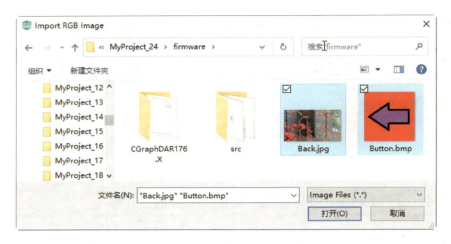

图 22.88　选择需要载入的图像

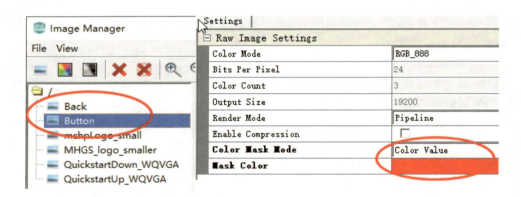

图 22.89　选择背景颜色

与 Aria 操作类似,我们在 Screen1 中调入背景图片 Image0 控件和按钮控件 Button0,然后做好控件的分层。在 Layer0 下将 ImageWidget0 放置在最底层当背景;将 ButtonWidget0 放在最上层以方便操作;将 Image 控件拉伸到满屏,具体操作是:将 Position 设置为(0,0),将 Size 设置为(480,272),然后将 Button 拖动到右下角并将它的 Size 设置成为(80,80),再选择 Background 为 None、Border 为 None。

以上具体的操作与 Aria 过程类似,详细的步骤可查阅前文 Aria 的操作。如果读者是直接学习 Legato 的,可以参阅以下步骤建立屏幕页面:

① 选择相应的屏幕页面。

选择 Screen1,如图 22.90 所示。

② 设置好背景图。

调入图片控件,并且拉到满屏,在这之前确认已选择了 Screen 中的 Enable 复选项,如

图 22.90　选择相应的图形页面

图 22.91 所示。然后单击图片控件设置位置和尺寸，如图 22.92 所示。

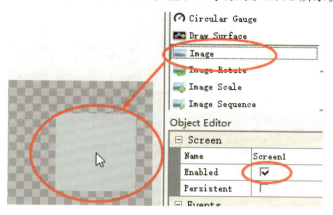

图 22.91　调入图片控件

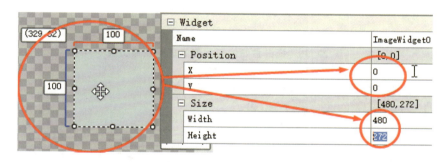

图 22.92　设置图片的尺寸为 480×272

③ 调入图片。

调入图片，其方法也与 Aria 类似，读者可以参阅前文，调入之后图片就会铺满背景，如图 22.93 所示。

图 22.93　调入背景图片

④ 调入按钮并且做好设置。

调入 Button 按钮，调整按钮的位置和大小，如图 22.94 所示。

与 Aria 类似，保证按钮在最上层，如图 22.95 所示。

在 Button 上调入 Pressed Image 和 Released Image，将 Background 设置成 None，把边界设置成 None，得到了背景透明的按钮，如图 22.96 所示。

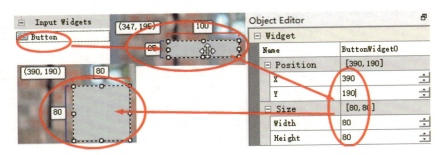

图 22.94　调入按钮并设置好大小

图 22.95　提升按钮的图层使其覆盖在最上层

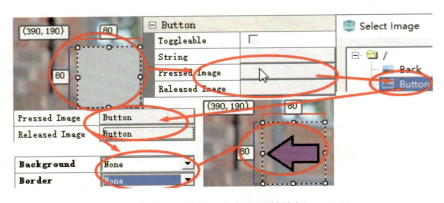

图 22.96　调入背景抠图的按钮

⑤ 选择按钮的按下事件处理函数。

在 Events 中选择 Pressed 复选项，如图 22.97 所示。

⑥ 手动编写事件处理函数。

新建一个 app_screen1.c 的文件，然后将按钮事件处理函数声明好。其中包含对应的头文件，也可以直接包含一个名叫"definitions.h"的头文件。接下来生成代码并编译、下载。

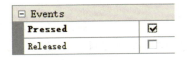

图 22.97　选择按钮的按下事件处理函数

下面来看看如何进行屏幕的切换：与 Aria 不同，Legato 更倾向用代码来完成消息的处理而不是用鼠标。进行屏幕切换的代码用"legato_showScreen（screenID_Screen1）；"如图 22.98 所示。

图 22.98　切换屏幕的代码

　　烧录之后发现屏幕切换没问题，但有严重的"拉窗帘"现象，即刷新时屏幕一行一行地缓缓打开。下面我们来解决这个问题。

22.15　在 Legato 中实现双 Buffer

　　前文提到过，双 Buffer 可以解决刷新时屏幕出现的"拉窗帘"现象。我们回到工程模块配置图，单击 LE GLCD，然后在 Frame Buffer Settings 单击加号，然后选择 Use Double Buffering 复选项，如图 22.99 所示。

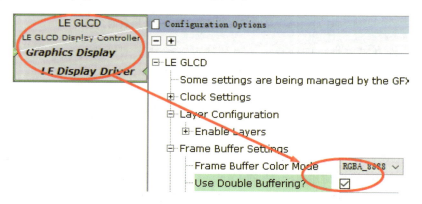

图 22.99　选择双 Buffer 复选项

　　生成代码，烧录之后发现切换屏幕时虽然没有"拉窗帘"现象了，但是刷新的速度太慢了，等半天才能跳转，下面我们解决这个问题。

22.16 在 Legato 中利用减小图形位数和复杂度的方式加速图形显示

我们在上例中采用了 JPG 来显示整幅底图,这样做虽然解决了"拉窗帘"问题,但是刷新的速度太慢了,因为 JPG 需要解码,RGB888 装载也比较慢,下面我们想办法来加快图形的显示速度。首先,我们将背景图的格式由 RGB888 的 JPG 格式修改成 RGB565 BMP 格式,在 Legato Graphics Composer 中,单击 Asset→Images,在 Image Manager 中选择背景图片,将 JPG 改成 RGB,然后将图像格式改成 RGB565,如图 22.100 所示。

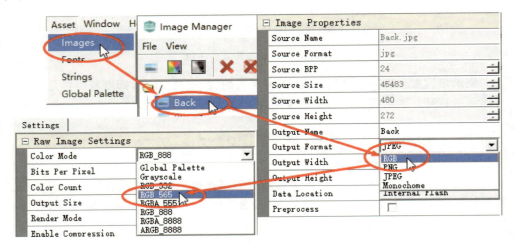

图 22.100 修改图形格式以减轻图像加载的负担

如此,在几乎不损失图像显示效果的情况下缩减了图像的复杂度,从而加快了背景图片加载的速度。经过这样的操作实测速度有了很大提升。

22.17 在 Legato 中利用 Canvas 模块加速图形显示

虽然上述操作可以适当加速带有复杂背景图的屏幕切换,但如果需要更快速地切换,还有一招,就是利用 Legato 的 Canvas 图像缓存来加速图形的切换。首先解释 Canvas 图像缓存加速显示技术。由于 PIC32MZ2064DAR176 内部有一个 32 MB 的 DDR 可以作为图像缓存,我们可以一次性将不同的图层先装载到内存中,这样切换不同的图层就可以实现屏幕之间的快速切换了。具体步骤如下:

① 在 Harmony 3 工程模块图中加载 Canvas 模块。

将 Canvas 虚拟缓存的模块加入图形工程中,这里需要断开原来的连接,也就是在 LE GLCD 和 Legato 中之间加入一个 Canvas 的模块。右击原来的连接线的端点即可断开连接。然后将 Virtual Display 下的 Graphics Canvas 拖入工程模块图中,再将 LE Display Driver 和 LE Display Driver 对应的点位连接起来,步骤如图 22.101 所示。

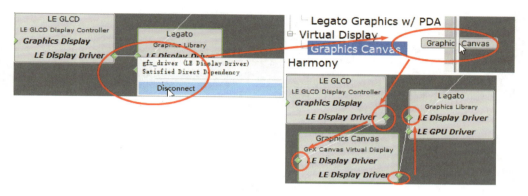

图 22.101　在 Harmony 3 工程模块图中加载 Canvas 模块

② 设置 Canvas 模块的相关参数。

单击 Graphics Canvas,在右边配置界面进行如下配置:首先配置 Canvas Objects 也就是缓存的个数。这里我们选择 3 个默认值,然后在 Canvas Objects 下单击各个模块,看到 Canvas[0]、Canvas[1]、Canvas[2],单击 Canvas[0],在 Color Mode 中选择 RGBA_8888,然后在 Frame Buffer Allocation 中选择 Manual 选项,如图 22.102 所示。

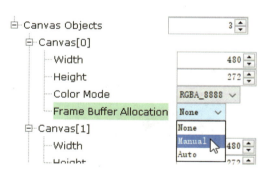

图 22.102　设置 Canvas 模块

这里要手动设定 Frame Buffer Allocation 的地址。计算方法如下:Canvas[0]是初始地址,在 PIC32MZ2064DAR176 中选择首地址,在 Canvas[1]地址为首地址加上长度像素×宽度像素×像素点帧缓存字节数,本例为 480×272×4=522 240,转换成十六进制为 7F800,其中 4 为 RGBA_8888 一个像素点占用 4 字节。以此类推,此时在 Canvas[0]中设置帧缓存首地址为 0xA8000000, Canvas[1]地址为 0xA807F800, Canvas[2]地址为 0xA80FF000,其内存排布示意图和配置结果如图 22.103 所示。

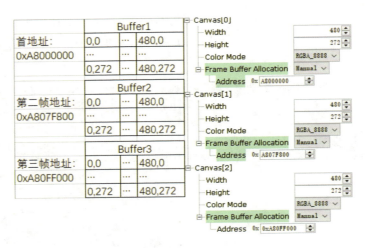

图 22.103　计算地址的排布

③ 使能 Canvas 模式。

单击选中 LE GLCD 模块，选择 Canvas Mode 复选项，如图 22.104 所示。

图 22.104　使能 Canvas 模式

④ 添加 Canvas 所需的图层。

在 Legato Graphics Composer 中选中 Screen1，在 Screen1 中添加两个图层，则共有三个图层，将图层中的 BasePanel 删除，如图 22.105 所示。

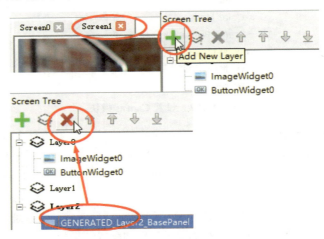

图 22.105　删除原先的图层

此时，图层的焦点位于 Layer2 层，拖入两个图像控件和两个按钮控件，如图 22.106 所示。

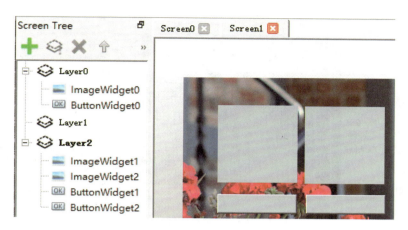

图 22.106　拖入两个图像和两个按钮

将编号为 1 的图像和按钮控件拖入 Layer1 层，将编号为 2 的图像和控件留在 Layer2 层，如图 22.107 所示。

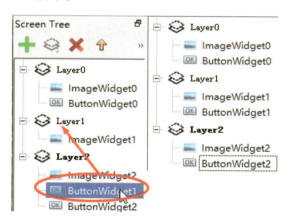

图 22.107　拖曳控件到不同的图层

⑤ 添加不同的背景图资源并且做好设置。

在 Screen Tree 中选中 ImageWidget1 和 ImageWidget2（见图 22.107），选中之后把它们的位置改成（0，0）和（480，272），从而使其充满整个屏幕。然后再导入两个不同的 480×272 的图片，分别命名为 Back2 和 Back3，如图 22.108 所示。

将 Back、Back2、Back3 三幅图片的格式均改成 RGB565 的格式，如图 22.109 所示。

最后，我们在 Screen Tree 中选中 ImageWidget1 和 ImageWidget2，然后把 Back2 和 Back3 作为这两个图像控件的背景图导入，控件背景的处理就完成了，如图 22.110 所示。

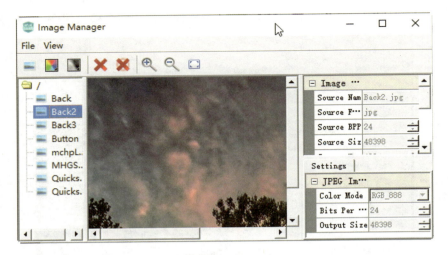

图 22.108　添加不同的背景图片

图 22.109　修改图片的格式

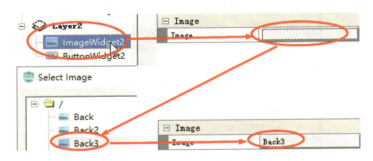

图 22.110　导入不同的背景图

⑥ 添加按钮的事件处理。

在 Screen Tree 中分别选中 ButtonWidget2 和 ButtonWidget3，选择 Pressed 事件处理复选项，如图 22.111 所示。图中显示了 ButtonWidget2 的操作步骤，ButtonWidget3 的操作与 ButtonWidget2 的操作完全一样。

图 22.111　选择按钮事件

生成代码,然后在 Screen1.c 中添加按钮的事件处理函数,如图 22.112 所示。

```
screen1.c ×
Source  History
1   #include "definitions.h"
2   void event_Screen1_ButtonWidget0_OnPressed(leButtonWidget* btn)
3   {   legato_showScreen(screenID_Screen0);   }
4   void event_Screen1_ButtonWidget1_OnPressed(leButtonWidget* btn)
5   {}
6   void event_Screen1_ButtonWidget2_OnPressed(leButtonWidget* btn)
7   {}
```

图 22.112　添加显示屏幕页面的事件处理函数

⑦ 添加 Canvas 的操作代码。

添加完毕后编译成功。下面我们将进行 Canvas 的代码操作,首先是在 app.c 中添加一个缓存显示函数,并且在文件开头声明,如图 22.113 所示。

```
app.c ×
Source  History
30  #include "app.h"
31  #include "definitions.h"
```

图 22.113　声明缓存函数所需的头文件

然后加入 canvas_show 函数,如图 22.114 所示。

```
app.c ×
Source  History
99    #define CANVAS_NUMBER 3
100   void canvas_show(int idx)
101   {int i;
102       for(i = 0;i < CANVAS_NUMBER; i++)
103       {   if(idx == i)continue;
104           gfxcHideCanvas(i);
105           gfxcSetWindowPosition(i, 1000, 1000);
106           gfxcCanvasUpdate(i);
107       }
108       if(idx == -1) return;
109       gfxcShowCanvas(idx);
110       gfxcSetWindowPosition(idx, 0, 0);
111       gfxcCanvasUpdate(idx);
112   }
```

图 22.114　添加 Canvas 显示函数

该函数可以显示不同层的缓存,接下来将缓存数据预先载入内存中,这个过程比较长。利用"canvas_show(−1);"清掉缓存,调用"canvas_show(0);"显示第一帧缓存,如图 22.115 所示。

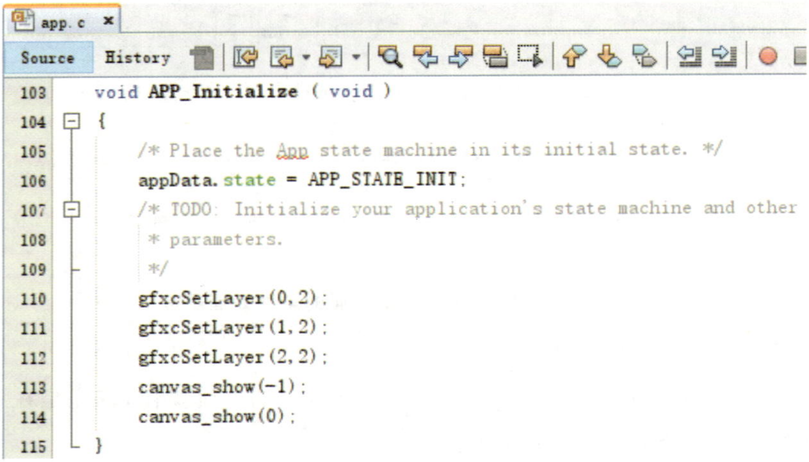

```
void APP_Initialize ( void )
{
    /* Place the App state machine in its initial state. */
    appData.state = APP_STATE_INIT;
    /* TODO: Initialize your application's state machine and other
     * parameters.
     */
    gfxcSetLayer(0,2);
    gfxcSetLayer(1,2);
    gfxcSetLayer(2,2);
    canvas_show(-1);
    canvas_show(0);
}
```

图 22.115　操作 Canvas 的基本代码

然后在 screen1.c 中切换显示三个缓存,如图 22.116 所示。

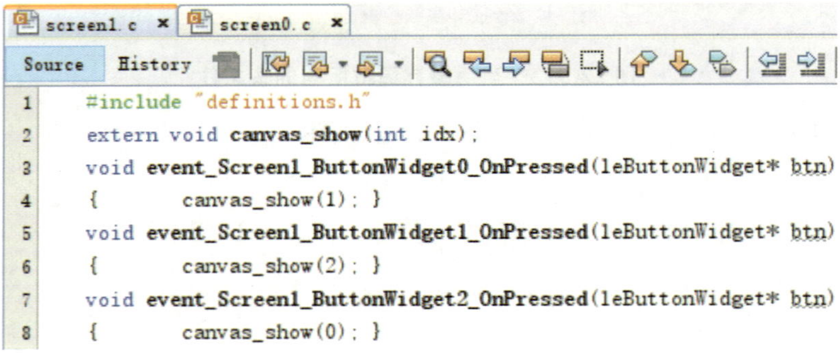

```
#include "definitions.h"
extern void canvas_show(int idx);
void event_Screen1_ButtonWidget0_OnPressed(leButtonWidget* btn)
{       canvas_show(1); }
void event_Screen1_ButtonWidget1_OnPressed(leButtonWidget* btn)
{       canvas_show(2); }
void event_Screen1_ButtonWidget2_OnPressed(leButtonWidget* btn)
{       canvas_show(0); }
```

图 22.116　切换显示三个缓存

编译代码,烧录。现在我们切换到 screen1 后即可迅速切换三个背景图片了。到此,我们成功利用 Canvas 实现了快速切换背景图片。

✍ 小　结

直到笔者写书为止,Legato 相较于 Aria 仍然有个缺点就是全屏幕背景图刷新比较慢。这也是有些客户选择使用 Aria 的原因,利用压缩图像、调入 Canvas 缓存等方法虽然可以弥补这一缺陷,但是仍有不足。压缩图像会损失图像的品质,且速度还是赶不上 Aria;而 Canvas 技术虽然切换的速度很快,但是图片装载内存的速度很慢,这导致系统启动时会有一个很长的停顿。因此,客户非常期待 Harmony 3 的设计团队能解决这一问题。

下面叙述客户在人机界面中最常见的需求，就是以字符串的形式显示相关的信息。在 Legato 中要注意一个小技巧，否则很容易发生死机。

22.18　在 Legato 中安全显示字符串

如何在 Legato 中显示一个字符串，这里仍然沿用上一个例子中的代码。假设客户的需求为在初始 Screen0 上显示一个字符串，背景为透明。下面我们沿着客户正常的思路介绍相关的流程，具体步骤如下：

① 添加 Label 控件。

在 Legato 的启动 Screen0 界面上加一个 Label 控件，并且把背景设置为 None 过程，如图 22.117 所示。

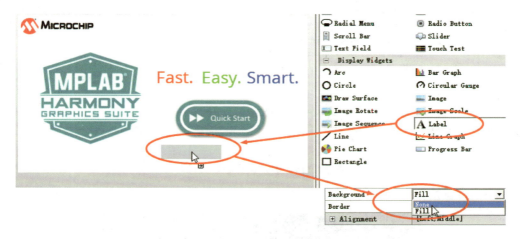

图 22.117　添加 Label 控件

② 添加 Label 控件的事件处理函数。

加入一个按钮，选择 Pressed 事件复选项，并加入其事件处理函数，此步骤前文已叙述过，这里不再赘述。然后在按钮事件处理函数中加入代码，如图 22.118 所示。

```
#include "definitions.h"
static char chrbuff[16]={0};
static leDynamicString fpsBtnText;
void event_Screen0_ButtonWidget0_OnPressed(leButtonWidget* btn)
{    sprintf(chrbuff,"abcdefg");
     fpsBtnText.fn->setFromCStr(&fpsBtnText,chrbuff);
     Screen0_LabelWidget0->fn->setString(Screen0_LabelWidget0,(leString*)&fpsBtnText);
}
```

图 22.118　加入事件处理的代码

③ 显示该字符串。

我们按照正常的思路,先向字符串赋值,然后在 Label 控件上显示。但是,如果这么做,则编译是正常的,运行是错误的。其原因是没有设置字体,导致 fpsBtnText.fn 是空指针,向空指针指向的地址赋值时无疑会导致死机。后面我们需要添加如下代码设置字体,解决的办法也很简单,加入代码,如图 22.119 所示。

```c
#include "definitions.h"
static char chrbuff[16]={0};
static leDynamicString fpsBtnText;
void event_Screen0_ButtonWidget0_OnPressed(leButtonWidget* btn)
{
    if(NULL==fpsBtnText.fn)
    {   leFont* font = NULL;
        font=leStringTable_GetStringFont(&stringTable, stringID_Easy, 0);
        leDynamicString_Constructor(&fpsBtnText);
        fpsBtnText.fn->setFont(&fpsBtnText, font);
    }
    sprintf(chrbuff, "abcdefg");
    fpsBtnText.fn->setFromCStr(&fpsBtnText, chrbuff);
    Screen0_LabelWidget0->fn->setString(Screen0_LabelWidget0, (leString*)&fpsBtnText);
}
```

图 22.119 加入设置字体的代码

运行显示正常,如图 22.120 所示。

图 22.120 显示正常

✍ **小 结**

由此,我们引申出一个比较重要且经常被忽视的结论:指针在操作之前一定要判空,否则会引发不可预知的死机错误。这个代码埋藏的比较深是非常难找的。前文我们描述了利用 Trace 查找死机点位的方法,在 PIC32 的 Harmony 系列代码中,还有个办法可以方便地查找死机的点位，下面我们来介绍一下。

22.19　在 PIC32＋Harmony 3 中查找死机的点位

查找死机点位的具体步骤如下：

① 还原死机程序。

我们将程序修改回来，让它出现死机的情况，如图 22.121 所示。

```
1  #include "definitions.h"
2  static char chrbuff[16]={0};
3  static leDynamicString fpsBtnText;
4  void event_Screen0_ButtonWidget0_OnPressed(leButtonWidget* btn)
5  {  sprintf(chrbuff,"abcdefg");
6     fpsBtnText.fn->setFromCStr(&fpsBtnText,chrbuff);
7     Screen0_LabelWidget0->fn->setString(Screen0_LabelWidget0,(leString*)&fpsBtnText);
8  }
```

图 22.121　死机的代码

② 调试运行该软件。

用 Debug 方式运行，如图 22.122 所示。在屏幕上单击图 22.123 所示的按钮。

图 22.122　启动调试

图 22.123　运行调试的代码

③ 调试运行进入死机点。

此时，程序陷入死机，如图 22.124 所示。

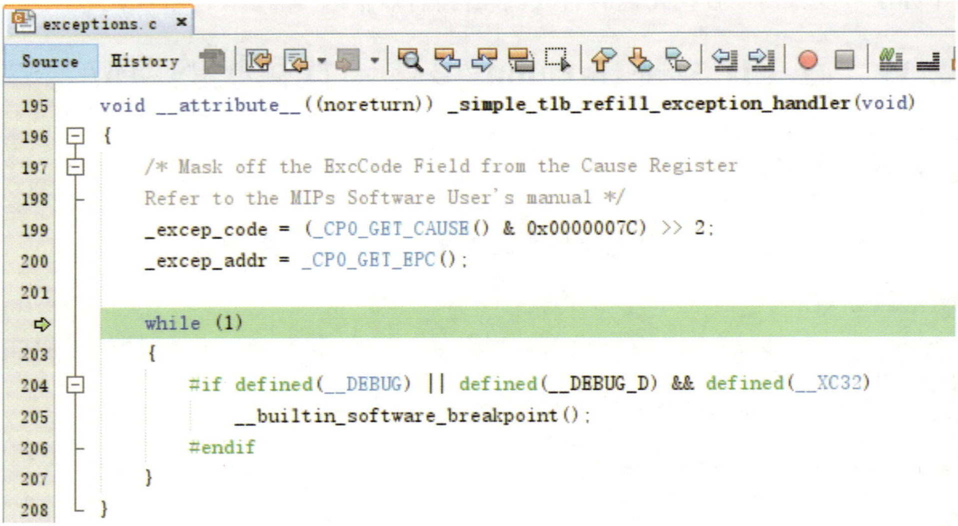

```
        exceptions.c  ×
   Source   History

195     void __attribute__((noreturn)) _simple_tlb_refill_exception_handler(void)
196     {
197         /* Mask off the ExcCode Field from the Cause Register
198         Refer to the MIPs Software User's manual */
199         _excep_code = (_CP0_GET_CAUSE() & 0x0000007C) >> 2;
200         _excep_addr = _CP0_GET_EPC();
201
202 ⇒      while (1)
203         {
204             #if defined(__DEBUG) || defined(__DEBUG_D) && defined(__XC32)
205                 __builtin_software_breakpoint();
206             #endif
207         }
208     }
```

图 22.124　进入死机点

④ 查看例外地址。

此时，我们将光标移到 _excep_addr 中，读出它的地址，如图 22.125 所示。

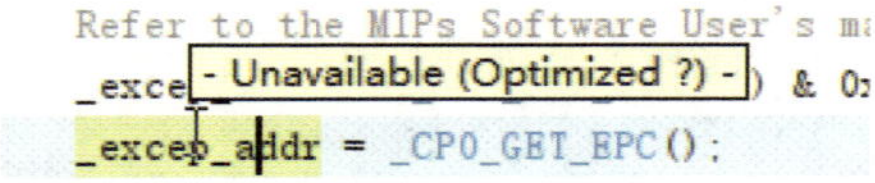

```
        Refer to the MIPs Software User's ma
        _excep [ - Unavailable (Optimized ?) - ]) & 0:
        _excep_addr = _CP0_GET_EPC();
```

图 22.125　查看例外地址

图中显示该变量被优化掉了，无法在 Debug 状态下读出。引起这种情况的原因是该变量被编译器优化成寄存器型的变量以提升运行效率，而寄存器型的变量有时在 Debug 情况下与 Release 情况下是不同的，此时调试器拒绝显示该变量。这种情况很好解决，在该变量前加入一个 volatile 即可。具体在讲述 NVM 时有所描述，这里不赘述了。它的意思是告诉编译器每次都小心地从内存中老老实实地读取该变量，不要优化，这样在 Debug 调试和 Release 运行的值都是一致的，调试器就可以读出该变量了，如图 22.126 所示。

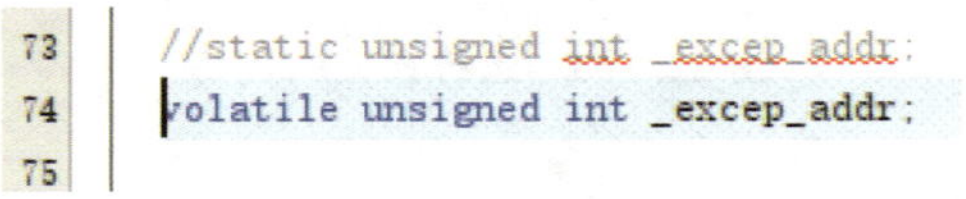

```
73      //static unsigned int _excep_addr;
74      volatile unsigned int _excep_addr;
75
```

图 22.126　添加 volatile 关键字以方便调试

重复此步骤，读取的结果有了具体的数值，如图 22.127 所示。

⑤ 通过例外地址反查引起死机的代码。

```
198  |  |    /* Mask off the ExcCode Field from the Cause Register
199  |  |       Refer to the MIPs Software User's manual */
200       _excep_c ┌─────────────────────────────────────────────────┐
                    │ Address = 0x800003E4,   _excep_addr = 0x9D12EAEC │
201       _excep_addr = └─────────────────────────────────────────┘
                        _CP0_GET_EPC();
202
203  ▷    while (1)│
204       {
```

图 22.127   死机点位被查出

我们看到例外地址为 0x9D12EAEC，说明死机的点位就在这个物理地址，那么我们怎么查到该地址对应于哪个文件的哪一行呢？可以用反汇编文件查看物理地址，单击 Window→Debugging→Output→Disassembly Listing File 即可 ，如图 22.128 所示。

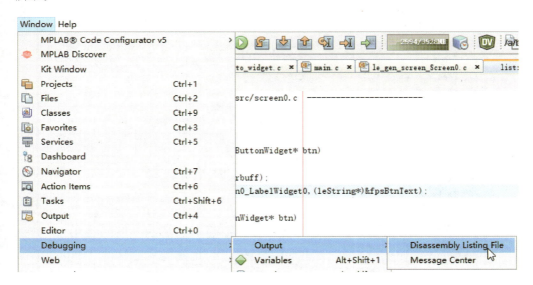

图 22.128   反查死机代码先启动汇编文件

打开之后，查到该地址 0x9D12EAEC 在 event_Screen0_ButtonWidget0_On-Pressed 函数的内部，然后找到该函数的 C 文件，进去之后在该函数的入口设置断点，重新启动 Debug 程序，然后单击图 22.123 中所示的按钮让程序运行到这个断点，如图 22.129 所示。

然后，我们单击 Window→Debugging→Disassembly，就可以精确定位是哪一条语句执行的错误导致的死机了，如图 22.130 和图 22.131 所示。

细查之下发现是 fpsBtnText.fn 为空指针导致的错误，从而顺利地发现了 Bug。最后笔者将技术支持中常见的死机问题的原因进行汇总：

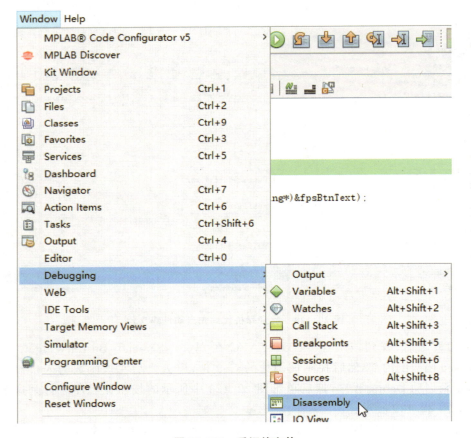

图 22.129　通过汇编文件查找到 C 语言源文件的死机点位

图 22.130　反汇编文件

- 数组下标越界。利用数组类型进行图像和文字信息转换时不注意会引起死机，典型的例子有 sprintf 引发、输入捕捉引发、没有加上 abs 函数或者判负情况出现负数索引、通信冗余机制不够等。

```
14    0x9D12EADC: SW V0, 4(A1)
15          fpsBtnText.fn->setFromCStr(&fpsBtnText, chrbuff);
16    0x9D12EAE0: LUI S0, -32766
17    0x9D12EAE0: LUI S0, -32766
18    0x9D12EAE4: ADDIU S0, S0, 2480
19    0x9D12EAE8: LW V0, 20(S0)
20    0x9D12EAEC: LW V0, 20(V0)
21    0x9D12EAF0: JALR V0
22    0x9D12EAF4: OR A0, S0, ZERO
```

图 22.131　在反汇编文件中查到该地址

- 空指针赋值。由于没有设置字体导致字符串引用失败；指针未赋值就引用；指针失效没有加判定；由于屏幕元素的更新速度很慢，从而使屏幕上具体控件需要操作时屏幕还没有准备好，导致屏幕控件是空指针等。
- 除零计算错误。
- 在 SAM 系列单片机中没有加 Flash 写等待（Wait State）寄存器。
- 外部晶振设置错误，导致晶振运行状态不稳定，从而引发偶然死机。

22.20　利用两个 Harmony 3 库进行切换：实际开发和原型验证

　　笔者在实际开发过程中，往往需要平衡两个需求：一个是客户的实际项目需要稳定的环境以方便客户产品的开发；另一个很多参考的例子和 Demo 又需要笔者不断调整 Harmony 3 库进行配合。这就产生了一个矛盾：一边需要稳定的环境，另一边又需要不断更新的环境。因此，笔者在两个盘符下放置了不同的 Harmony 3 库，在 Content Manager 下可以方便地切换，从而改变了当前工程默认的 Harmony 3 库，如图 22.132 和图 22.133 所示。

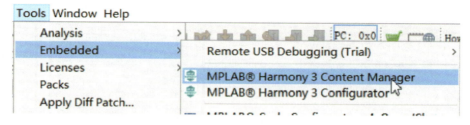

图 22.132　打开 Harmony 3 的内容管理器

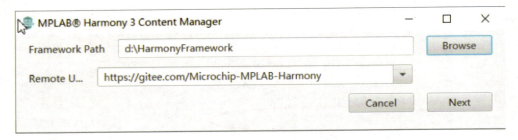

图 22.133　选择不同的 Harmony 3 库

本章总结

　　Harmony 3 是个好工具，目前也比较成熟，只要按照规矩配置，基本上绝大部分驱动层的问题都可以得到解决。此外，Harmony 3 本身有很多延展功能需要外部工具配合实现，例如比较工具、代码管理工具、文本编辑工具，甚至需要写一些外部脚本。这就需要工程师拓展自己的知识面，做到博采众长才能更高效地进行工作。

第 23 章

嵌入式操作系统:FreeRTOS

笔者在长期技术支持活动中发现,客户对操作系统的选择和使用有下面几个问题:我该不该使用操作系统? 使用哪个操作系统? 如何使用操作系统? 下面将回答这些问题。

23.1 操作系统使用决策的实例

对于是否要用操作系统,笔者给客户的一般建议是:如果你的应用是强生态依赖型的应用,也就是说你的应用能够做到软件和硬件分开,至少驱动层和逻辑层能够分开,硬件平台经常变动,中间层需要操作系统支持,那么建议使用操作系统,它可以降低软件的移植成本;否则,不建议使用操作系统,因为它会带来额外的开发维护的开销。

对于使用哪个操作系统,将通过几个具体例子进行说明。客户 1 需要 MP3 解码音频视频播放、Socket 网络通信等应用,这些功能如果自己从头开发,几乎是不可能的事情,但是这些应用在嵌入式 Linux 下却是非常常用的模块,这种情况下建议客户选用嵌入式 Linux 作为它的操作系统平台,从而大大加速了客户的开发进度。客户 2 的应用可以完全从逻辑层上与硬件分开,分成通信模块、显示模块、逻辑控制模块和报警模块等。这些模块运行都是逻辑层的代码,由不同的项目组开发维护,而底层的驱动层运行的平台有可能在不同的 32 位单片机之间进行互换,这种情况下建议使用 FreeRTOS 操作系统。客户采纳之后收到了良好的效果。客户 3 是做电源的,他的应用逻辑相对简单,从 ADC 端口读入不同的模拟量,然后再去控制 PWM 脉宽的输出,它需要鲁棒性较高的软件系统,这种情况下不建议使用操作系统。以上的知识属于对项目选用操作系统的战略决策,战术上具体问题需要具体分析,切不可生搬硬套。

对于如何使用操作系统,笔者无法给出非常详细的回答,因为这个问题太大了。笔者可以大致总结出一些观点:对于类似 FreeRTOS 这类操作系统,要以任务操作为核心,理解任务的建立、调度、通信、销毁等操作,理解多线程编程的基本知识。对于 Linux 系统,建议一切以需求为核心,把操作系统当成工作的容器而不是工作的目标,只要系统完整、安好就不要轻易调整和折腾它,安心把内容和应用做好。

下面以 FreeRTOS 为例介绍 Harmony 3 对于操作系统的支持。

23.2 理解 FreeRTOS 操作系统的主要作用

嵌入式代码一般都是从一个主循环 while(1)开始的。在正常情况下,一个项目程序一般只有一个主循环,然后在这个主循环中插进不同的功能模块。不同的功能模块在完成各自的功能后,最终还要回到主循环中来运行。如果主循环中的任何一个功能模块出现了死锁,那么整个系统的运行就会崩溃。而使用操作系统后就可以有不同的主循环,如主循环 1、主循环 2、主循环 3 等,每一个循环负责的模块和任务相对可以比较单一,例如主循环 1 专门负责通信、主循环 2 专门负责控制、主循环 3 专门负责显示等,单个循环的挂起并不会导致整个系统运行的崩溃,这就是操作系统的好处。下面我们遵循这个思路,利用 Harmony 3 来实现一个简单的 FreeRTOS 框架。

23.3 在 FreeRTOS 中创建、停止、挂起任务

23.3.1 任务的创建和运行

FreeRTOS 的任务类似于 Windows 中的进程,可以创建一个进程,也可以消灭一个进程。下面来实战一下进程的创建。首先仍然利用 PIC32MZ2064DAR176 的好奇板和 Harmony 3 创建一个基本的 Harmony 工程,并且打开 MHC,然后将 Third Party Libraries 下的 FreeRTOS 模块拖入 Project Graph 对话框中,如图 23.1 所示。

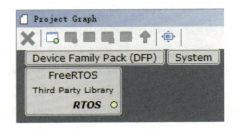

图 23.1 在 Harmony 3 工程模块图中添加 FreeRTOS 模块

再重新生成代码,编译成功。

下面准备两个任务的创建,任务中采用如下函数:有一个 while 的循环,并且针对一个全局变量 i 进行自加。在这之前首先要对 main 函数添加 rtos 的头文件,如图 23.2 所示。

然后创建上述两个任务的函数,如图 23.3 所示。

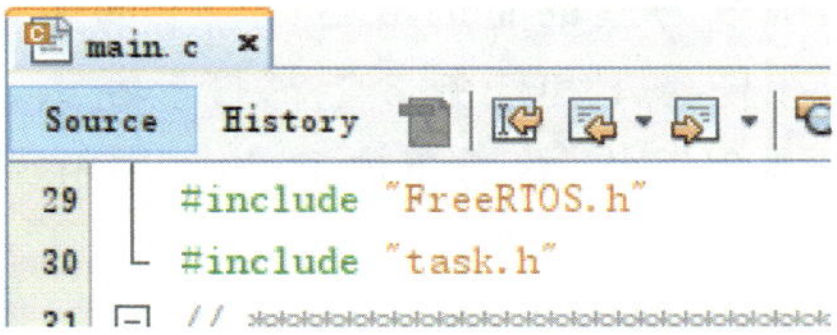

```
#include "FreeRTOS.h"
#include "task.h"
// ****************************************
```

图 23.2　添加头文件

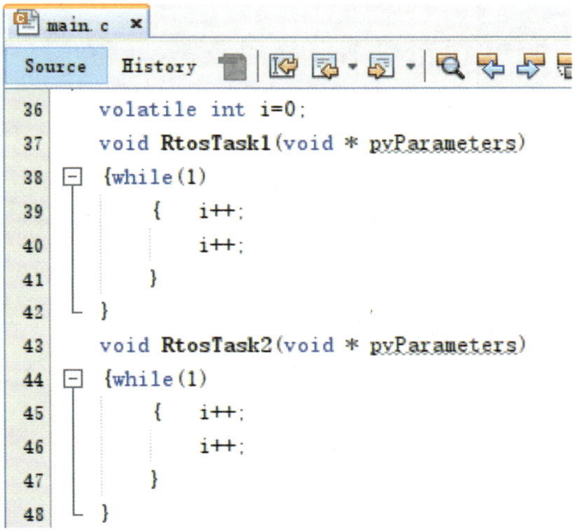

```
volatile int i=0;
void RtosTask1(void * pvParameters)
{while(1)
    {   i++;
        i++;
    }
}
void RtosTask2(void * pvParameters)
{while(1)
    {   i++;
        i++;
    }
}
```

图 23.3　添加两个任务的函数

这两个函数针对全局变量 i 进行了自加操作,并且都是死循环。下面开始创建两个任务,并且运行,如图 23.4 所示。

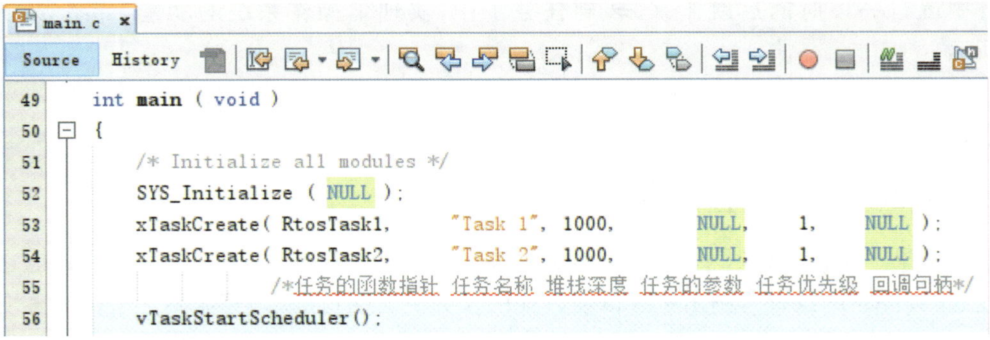

```
int main ( void )
{
    /* Initialize all modules */
    SYS_Initialize ( NULL );
    xTaskCreate( RtosTask1,    "Task 1",  1000,       NULL,     1,     NULL );
    xTaskCreate( RtosTask2,    "Task 2",  1000,       NULL,     1,     NULL );
                      /*任务的函数指针 任务名称 堆栈深度 任务的参数 任务优先级 回调句柄*/
    vTaskStartScheduler();
```

图 23.4　添加任务属性

我们利用两个 xTaskCreate 创建了两个任务,利用 vTaskStartScheduler()函数来启动和运行这两个任务。在 xTaskCreate 中看到语句非常简单,只需将函数名称作为句柄指针传入参数,并且配上相应的名称、参数、优先级、堆栈深度、回调函数即可。其中,任务参数、回调函数为空也能正常运行。下面用调试的方式来运行这两个任务并且观测运行效果。在任务 1 和任务 2 上都打上断点,然后开始运行,运行之后查看程序指针首先会落到哪个任务,然后单击 Debug 进行调试,如图 23.5 所示。

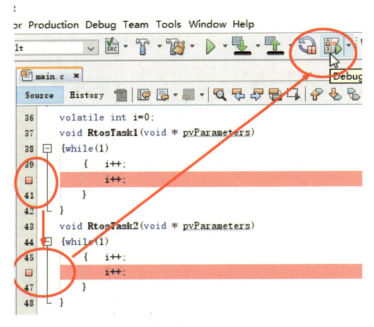

图 23.5　利用调试的方法来运行两个不同的任务

程序运行起来发现程序指针首先落到了任务 2,此时查看任务 2 的 i 值发现是 1,说明它刚刚进入任务 2。接下来将任务 2 的断点取消,则程序会从任务 2 的死循环中运行一段时间后跳出来,转到任务 1 中,实现了操作系统的功能,如图 23.6 所示。

查看 i 的值,发现它变成了 30000 多,说明它在任务 2 中运行了一段时间后才来到任务 1 的。至此,任务的创建、运行就完成了。

23.3.2　任务的挂起和停止

如果一个任务暂时不需要运行,但是将来还是需要它运行,则处理的方式是把它挂起(暂停它的运行),腾出资源以使其他的任务更流畅地运行,等需要它运行时再恢复运行。

以上例为基础讲述一下挂起和恢复任务。在任务 1 中,判断一个全局变量,当这个变量等于 100 时挂起任务 2,当这个变量等于 200 时恢复任务 2 的运行。在任务 2 中,同样设置一个自加的变量以方便下断点来判断任务 2 是否在运行,修改变量的工作也可以由 IDE 完成,这样可以使代码更加简单。在这之前还需要了解任务句柄的

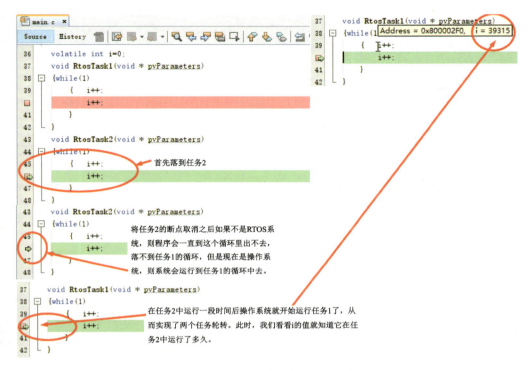

图 23.6　完成两个任务的切换运行

概念,每一个任务在运行时都可以分配一个句柄,当对任务进行处理时实际就是对这个句柄进行处理。在本例中,任务句柄的变量类型为 TaskHandle_t,我们声明两个句柄:"TaskHandle_t Tsk1Handle,Tsk2Handle;",然后在创建任务时对这个句柄进行赋值:"xTaskCreate(RtosTask2,"Task 2", 1000,NULL,1,&Tsk2Handle);",对该句柄进行挂起的语句是:"vTaskSuspend(Tsk2Handle);",对该句柄解除挂起也就是恢复运行的语句是:"vTaskResume(Tsk2Handle);"。

　　下面介绍任务的挂起流程:

　　首先将断点下在任务 2 处,如果程序停在断点处,则证明任务 2 是运行的,然后将 iTest 变量在 IDE 的观察窗口设置为 100,从而在任务 1 中启动"vTaskSuspend(Tsk2Handle);"。取消任务 2 的断点继续运行,运行一段时间后任务 1 的挂起操作已经生效。此时暂停程序,在任务 2 挂上断点再运行,这时程序没有停止在任务 2,说明任务 2 已被成功挂起。再次暂停程序,将 iTest 变量设置为 200,此时运行程序,它会停止在任务 2 上,说明任务 2 成功恢复,代码如图 23.7 所示。

　　下面介绍任务的恢复流程:

　　首先在任务 2 下断点并且运行到断点,然后取消断点将 iTest 变量设置为 100,再运行一段时间使得任务 1 的挂起函数生效;暂停程序后在任务 2 重新下断点,再运行程序到不了任务 2 了,从而证明挂起已经生效,整个流程如图 23.8 所示。重复操

```
main.c  ×
Source  History
 36      volatile int i,iTest=0;
 37      TaskHandle_t Tsk1Handle,Tsk2Handle;
 38      void RtosTask1(void * pvParameters)
 39    { while(1)
 40        { if(100==iTest){vTaskSuspend(Tsk2Handle);}
 41          if(200==iTest){vTaskResume(Tsk2Handle); }
 42        }
 43    }
 44      void RtosTask2(void * pvParameters)
 45    { while(1)
 46        {  i++;
 47           i++;
 48        }
 49    }
 50      int main ( void )
 51    {
 52        /* Initialize all modules */
 53        SYS_Initialize ( NULL );
 54                /*任务的函数指针 任务名称 堆栈深度 任务的参数 任务优先级 回调句柄*/
 55        xTaskCreate( RtosTask1,  "Task 1", 1000,       NULL,    1,    &Tsk1Handle );
 56        xTaskCreate( RtosTask2,  "Task 2", 1000,       NULL,    1,    &Tsk2Handle );
 57        vTaskStartScheduler();
```

图 23.7 任务的挂起和恢复

作，只是在 iTest 变量设置时将 100 改成 200，使得任务 1 的恢复函数生效，然后再在任务 2 下断点，则又可以运行到了任务 2，从而实现挂起和恢复的操作。

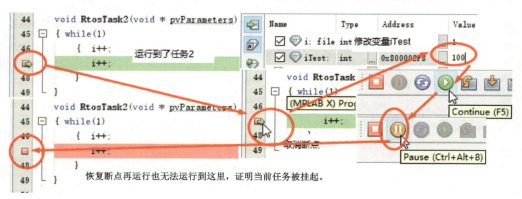

图 23.8 通过调试法挂起和恢复任务的操作

本章总结

　　针对嵌入式操作系统的使用，本章的描述仅仅起到一个抛砖的作用，它涵盖的内容非常广泛，远远不是一个章节就可以描述清楚的，包括内存的使用、任务的操作、进程之间的通信等很多内容。本章的目的是让不懂 FreeRTOS 的客户能够快速地上手使用 FreeRTOS，并且理解操作系统的基本内涵和初步作用。

习　题

　　按照本章的思路建立一个 FreeRTOS 的实例。

第 **24** 章

32 位电机控制平台快速搭建

电机的应用与我们的生活息息相关,它涵盖了家用电器、汽车、工业自动化、医疗等各个领域,具有应用范围广、需求差异大的特点。近些年随着电机应用对高效能和高精度控制需求的增加,尤其是随着机器人和工业自动化生产系统大规模投入生产生活中,工程师希望将更多的时间投入到电机控制算法的研究中,这就需要各大半导体原厂提供便捷高效的软硬件开发平台,缩减底层开发的时间。本章首先简要阐述了为什么使用 32 位 MCU 做电机控制以及如何选择一个合适的平台,然后重点演示了如何使用 Harmony 3 提供的工具完成 FOC 控制代码配置的 6 个步骤。

24.1 使用 32 位 MCU 做电机控制

电机控制应用的种类非常多,除了电机类型和功率等级的差别外,控制性能的需求也是千差万别的,因此电机控制可以做得很经济也可以做得很精致,一切取决于应用的需求,在需求之上谈成本和复杂度才是有意义的。市面上用于电机控制的 MCU 平台涵盖了 8 位、16 位和 32 位,为什么一定要选 32 位 MCU 去做设计呢?

首先,32 位的数据位宽意味着可以使用更大的数据去表达诸如转速、位置等控制目标变量,有助于提高控制分辨率。例如某电机应用的转速高达十几万转每分钟,并且对转速波动控制有一定要求,或者某电机应用使用了高精度位置传感器,对位置控制精度要求很高,这些应用场合使用 32 位 MCU 的优势就很明显。

其次,对于需要任务调度稍微复杂一些的电机应用,如果使用了嵌入式系统,例如 μCOS、FreeRTOS、RT‐Thread 等,32 位的 MCU 将更具优势。

最后,如果某些电机应用使用了较为高级的通信端口,比如 EtherCAT、BISS 接口等,几乎必须选择 32 位 MCU。

需要明确的是,32 位 MCU 与高性能不能直接画等号。32 位 MCU 平台的性能高低不同。以 ARM 架构为例,目前 Microchip 公司推出的 Cortex M 架构的产品涵盖从 M0 到 M7 甚至更高性能的内核,主频从 48 MHz 到 300 MHz 不等;低端产品没有浮点运算单元,从 M4 开始的部分产品才具有浮点运算单元。也就是说,并不是所有的 32 位产品都可以随心所欲的写浮点运算,低端 32 位 MCU 方案一样需要定标以后运算。因此,在不需要 32 位位宽的情况下,带 DSP 引擎的 16 位 MCU 在运算速度和价格成本上可能更具优势。而对于高精度高动态特性的控制,高性能 32 位 MCU 才是我们要选择的目标。另外,还有一个概念需要明确,支持 DSP 指令的 MCU 不一定有硬件 DSP 引擎的支持,也不一定有直接的 C 语言支持,要通过查阅数据手册和编译器手册去确认。这些都是我们在选择电机控制平台时应该具备的基本知识。

图 24.1 所示为 Microchip 电机控制金字塔,从图中可以大致了解市面上电机控制应用的种类、数量和控制的难易程度,最重要的是这个金字塔为我们选择电机控制平台方案提供了指导。

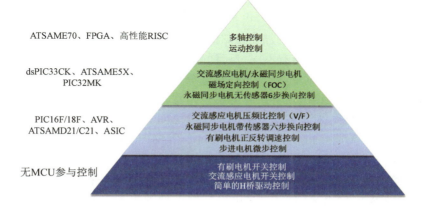

图 24.1　电机控制金字塔

实际上,从金字塔的底端到顶端同时反映了电机控制的复杂程度的提升和应用数量的减少。熟悉 Microchip 电机控制产品的朋友可以看出,从图 24.1 中金字塔的倒数第二层（SAMD21/C21）、第三层（ATSAME5X、PIC32MK）直到顶层（ATSAME70）都有 32 位 MCU 的身影,那么在选择平台时,就要基于应用的需求,综合考虑 MCU 的位宽、运算能力、外设和成本,选择一款最适合的 MCU。

这里我们给出电机控制应用选择 MCU 的基本原则:在满足控制性能的条件下,优先选择功耗低的 MCU。往往位数低的 MCU 功耗也较低,并且成本占优。

24.2　优质的电机控制平台应具备的特点

24.2.1　从硬件角度出发

单从完成一个电机控制算法的角度来说,很多处理器都可以实现相同的功能,但执行能力可能会有很大的差别。实际上,电机控制工程师在选择 MCU 平台时会更倾向于专业的架构和外设。何谓电机控制专业的架构和外设呢?

我们在谈到电机、电源类数字信号处理器芯片（DSC）时常用一个词来描述外设与内核之间、外设与外设之间的紧密程度，就是紧耦合（Tight Coupling）的概念。紧耦合意味着外设与内核之间、外设与外设之间都存在信号、信息的交流。这样设计的目的是外设与外设之间可以相互触发和交流信息，同时外设可以与内核直接交换信息，从而最大限度地减小内核的运算负担。这对于电机、电源应用来说，意义巨大！

在 ARM Cortex M7 的架构中，紧耦合存储器 TCM（Tightly Coupled Memory）就是一个很好的例子。相比于 Cache 随机命中的概念，TCM 可以提供 100％ 的命中率来加速可预见的实时处理，并且用户可以精确地控制函数或代码存放于 TCM 中。在主频是 300 MHz 的处理器中，由于 Flash 只能工作在 150 MHz，存放在 Flash 中的代码由于不能与主频同步运行而被拖慢。但如果将可预见的实时代码放入 TCM 中，这部分代码的执行速度就可与内核同频，也就是 300 MHz。可见，TCM 是外设 Flash 与内核紧耦合，从而达到加速目的的一个手段。在其他架构的处理器中，外设与内核紧耦合的设计方法会有不同，但目的都是加速。

针对电机和电源的应用，外设与外设之间的紧耦合设计体现着 MCU 的设计厂家对应用的理解，也直接决定着最终的用户体验。图 24.2 所示为电机控制必选的几个外设的紧耦合关系，对于各外设内部及外设之间关联细节的设计需要用户仔细阅读器件手册。以 Microchip 公司推出的电机专用 MCU 举例，一般器件型号尾缀 MC（Motor Control）的 MCU 都是专门为电机控制设计的，例如我们将在后续章节中做演示配置的 PIC32MK1024MCM100。该器件有 7 个独立的采样保持器、6 个正交解码器、12 对 PWM 输出，是专门为多电机控制设计的。大家有兴趣可以下载器件手册研究一下该器件的特点。

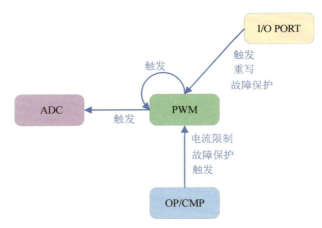

图 24.2　外设紧耦合举例

结合上述内容和实际应用考虑，关于如何选择一款合适的 MCU 做电机控制，我们提出一些要点供大家参考，要点如下：

① 卓越的运算加速机制，对于需要做三角函数运算的电机控制算法尤为重要。

② 多个可并行工作的模拟前端,实现相电流、相电压等模拟量的同步采样,避免异步采样导致的相位差。

③ 实现位置传感器信息提取所需的外设。除了常用的霍尔传感器和正交编码器,目前市面上还有许多高精度位置传感器使用了多种接口。例如,高精度模拟信号接口、SPI 接口、RS485 接口、BISS 接口以及 EtherCAT 接口。需要强调的是,我们其实并不希望位置信息提取的过程占用太多的时间而影响电机控制算法的时序,因此善于使用 MCU 内部独立于内核的外设显得尤为重要,比如常用的 DMA。这是我们在评估阶段重点需要关注的功能实现。

④ 强大而灵活的 PWM 模块。支持多事件触发,支持多种控制时序以完成多种控制算法,配合完善的故障保护和恢复机制。选择 MCU 之前,用户最好对自己的控制时序做到心中有数,比如所使用的控制算法是否需要在半个载波周期内刷新一次占空比;故障发生时,是直接切断不再恢复还是达到某个条件自动恢复;双电机故障发生时,是单侧电机保护还是双电机同时保护等。

⑤ 内置模拟器件的性能。内置运算放大器和比较器对于提高电机控制硬件的集成度,减小布板面积,以及降低成本都非常有帮助。但对于具体的应用需求,我们有时需要注意内置运算放大器的失调电压 V_{os} 和压摆率(slew rate)。对于某些宽输入范围和高动态特性的应用要特别注意这一点。

⑥ 灵活的引脚分配。电机控制板的功率部分本身就是一个高噪声环节,在布板过程中要特别注意布局布线,以防干扰到其他器件和信号,因此如果 MCU 能够最大限度地支持引脚重映射,无疑将给硬件工程师带来极大的方便,对于提升硬件的抗干扰性和可靠性也非常有帮助。

⑦ 温度特性。电机控制器很多时候是需要工作在非常严苛的环境下的,以汽车应用为例,有时需要 MCU 工作在环境温度 150 ℃。在评估阶段,需要考虑 MCU 在高温下降频使用带来的性能损失。

⑧ 功能安全。这些年来功能安全越来越受重视,对于汽车以及与人打交道的所有电气设备都需要符合相应的功能安全等级。不仅芯片本身有功能安全等级认证,而且也需要实实在在地提供功能安全监测的软件库,在应用程序执行的同时监视器件是否正常工作。

⑨ 清晰可见的产品规划路径,即平时所说的 Roadmap。清晰的产品规划有助于我们在产品迭代或降低成本时减少软件开发的工作量。

24.2.2　从软件角度出发

大多数情况下,工程师在设计电机控制软件时不得不与底层硬件打交道。一个硬件平台调整到稳定非常不易,尤其是功率较大或电压较高的产品,这也是更换平台或新产品迭代升级困难的主要原因。我们在多年产品推广的过程中,总结出以下电机控制软件开发的一些需求供大家在选型时参考:

- 将底层硬件抽象化,使开发者更专注于电机控制应用本身的开发。(驱动隔离层)
- 开放的电机控制代码库,为开发者提供最大限度的自由度。(算法+开源)
- 科学规范的软件架构,包含完备的状态机、故障机制、诊断测试机制,以及高效的代码运行效率,尤其对多电机运行效率提出严格要求。(状态机)
- 提供多种可参考的软件方案,并有详尽的应用技术报告和调试指南。(文档化)
- 能够提供支持电机控制算法调试且易用的软件工具。(代码生成器、虚拟工具、仿真工具)
- 出色的版本管理。(一键集成,方便使用)

24.3　32 位电机控制平台快速搭建举例

本节将重点展示如何使用 Harmony 3 提供的配置工具 6 步实现 FOC 控制代码的配置,从而实现快速搭建 32 位电机控制开发平台的目的。在此过程中,会同时展示 Microchip 公司免费提供给用户的 8 通道软件示波器 X2C Scope。

下面介绍 MCC。MCC 是 Microchip 公司针对 8 位、16 位 MCU 开发的代码驱动生成工具,而 Harmony 是针对 32 位 MCU 的代码生成工具。为了带来更好的用户体验,Harmony 目前已经合并进入 MCC,也就是说,一旦安装了 MCC 也就安装了 Harmony,您可以在 MCC 中启动 Harmony 的功能。

24.3.1　硬件工具介绍

在此演示中,我们将使用以下硬件工具:

- PIC32MK1024MCM100 Motor Control Plug In Module(以下简称 PIM),如图 24.3 所示;
- MCLV_2 Motor Control 评估板,如图 24.4 所示;
- PICkit4 烧写器,如图 24.5 所示;
- 3A@24V 便携电源适配器;
- USB 线缆两根(Mini - B 一根,Micro - B 一根);
- 24 V 长轴 Hurst 电机,带正交编码器(用户可以使用自己的永磁同步电机替代)。

我们使用了 Microchip 公司的中档 32 位 MCU PIC32MK1024MCM100 作为主平台。硬件控制电路板选用 MCLV_2 配合 PIC32MK1024MCM100 的 PIM。MCLV_2 采用了核心板插入的方式,方便用户通过更换核心板更换 MCU 进行评估。我们只需将 MCLV_2 评估板上的核心板更换为 PIC32MK1024MCM100 的插入式核心板即可。另外,要注意的是,核心板旁边的运放桥接板选择使用外部运放的版本,即板上标有 EXTERNAL OP_AMP CONFIGURATION 的版本。

图 24.3 PIC32MK1024MCM100 MC PIM

图 24.4 MCLV_2 电机控制评估板

接下来我们将硬件工具连接好,完成硬件测试平台的搭建。搭建完成后如图 24.6 所示。将跳线 JP1、JP2、JP3 接至电流采样上(即短接至 Curr),将 JP4 和 JP5 短接至 USB,选择使用板上的串口转 USB 电路与上位机软件示波器 X2C Scope 通信。关于 MCLV_2 的详细用户手册,请

图 24.5 PICKit4 烧写器

参考链接：https://www.microchip.com/en-us/development-tool/DM330021-2，这里就不再赘述。

图 24.6　硬件平台搭建

24.3.2　软件工具介绍

1. 软件的安装

首先进行开发平台软件的搭建。由于本书前面章节已对 Microchip 开发环境的安装有了详细介绍，这里不再赘述，仅将需要安装的软件罗列如下：

- MPLAB X IDE V6.0 以上版本；
- XC32 Compiler 最新版本；
- MPLAB Code Configurator（简称 MCC）；
- PIC32MK – MC_DFP；
- X2C Scope（Microchip 8 通道软件示波器）。

前两项要从官网下载安装文件后安装，后三项可在 MPLAB X IDE 开发环境中安装。MCC 与 X2C Scope 均作为插件的形式存在，可以在 MPLAB X IDE 的 Tools → Plugins 中找到并安装。

2. QSpin Motor Control Configuration(QSpin)

在进入正式的工程配置之前，先简要介绍 Microchip 公司全新推出的 32 位电机控制代码配置工具 QSpin Motor Control Configuration（以下简称 QSpin）。QSpin

是用于电机控制应用开发的可视化图形配置工具,它使得用户可以通过图形化的方式根据自己的需求来配置生成电机控制代码。QSpin 被集成在 Harmony 3 中,在 Plugins 列表中可以找到,用它来配合 FOC 模块进行工程配置,可以非常快速地生成 FOC 控制代码实现功能验证。

3. 创建并配置电机控制工程代码

这里将展示如何使用 Harmony 3 提供的便捷工具快速创建一个工程,实现带正交编码器的三相永磁同步电机 FOC 控制,具体步骤如下:

(1) 使用 MCC 创建一个新的 Harmony v3 工程

打开 MPLAB X IDE,在菜单栏单击 File 选项,单击 New Project。如图 24.7 所示,选择 32-bit MCC Harmony Project,然后单击 Next 按钮。

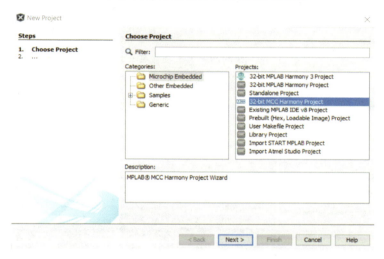

图 24.7　新建 32-bit MCC Harmony Project

定位 Framework Path,也就是选择下载 HarmonyFramework 的路径,单击 Next 按钮,如图 24.8 所示。

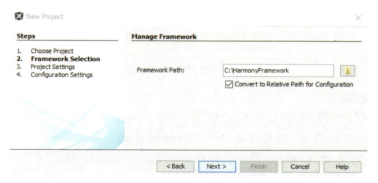

图 24.8　选择 HarmonyFramework 的存放路径

在 Location 栏中设置新建工程的存储路径,在 Folder 栏中设置存放工程文件的文件夹名称,在 Name 一栏设置工程名称,如图 24.9 所示,然后单击 Next 按钮。

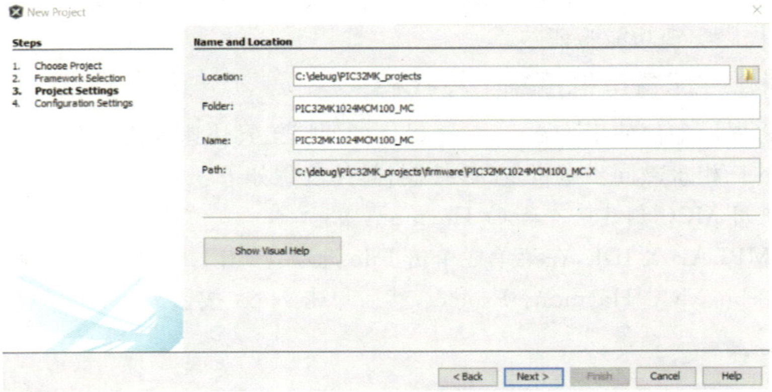

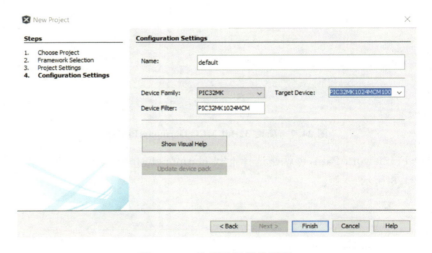

图 24.9　为工程命名

在图 24.10 所示的窗口中,选择器件型号。可以利用 Device Family 和 Device Filter 帮助筛选器件。在 Target Device 的下拉菜单中选中目标器件,单击 Finish 按钮完成工程的创建。

图 24.10　选择目标器件型号

（2）启动 MCC

第一次创建工程完成后会自动启用 MCC。一旦关闭工程或退出 MPLAB X IDE 开发环境再次进入,需要单击 MCC 图标或从菜单 Tools→Embedded 中选择 MCC 进入。启动 MCC 以后,将会先看到如图 24.11 所示的 MCC Content Manager Wizard 界面,请选择 Select MPLAB Harmony。

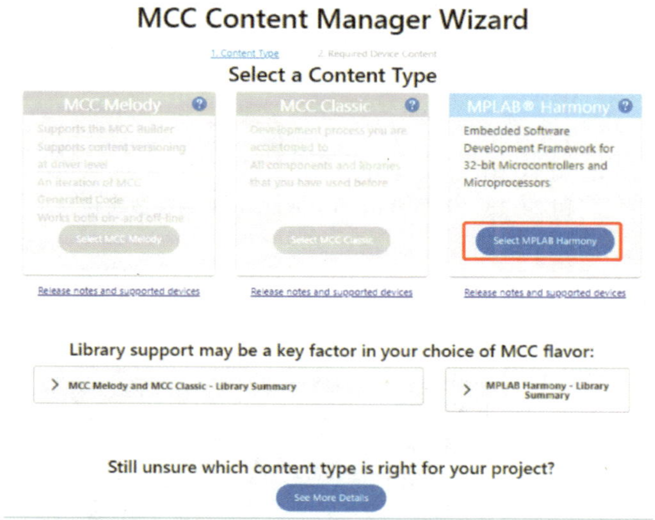

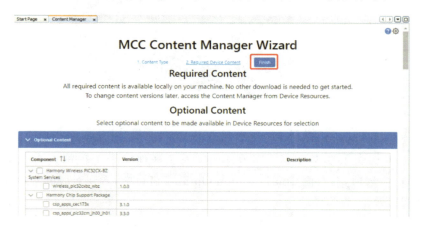

图 24.11　选择 MCC 中的 Harmony 配置器

然后进入 MCC Content Manager Wizard 界面，单击 Finish 按钮，如图 24.12 所示。

图 24.12　进入 MCC Manager Wizard

此时会再次弹出 Framework Path 窗口，直接单击 Next 按钮，如图 24.13 所示。

接下来，我们将看到熟悉的 Harmony 3 的配置界面。关于如何使用 Harmony 3 在前面章节中已有详细介绍，这里不再赘述。需要强调的是，在快速生成三相直流无刷电机 FOC 控制代码时，我们主要关注的 Device Resources 有两部分，分别是 Motor Control 和 Peripherals，如图 24.14 红框里所示。

（3）选择电机控制所需外设和模块

可以看到，任何一个新建的工程，都会在 Project Graph 中默认帮用户选好

图 24.13　选择 HarmonyFramework 的存放路径

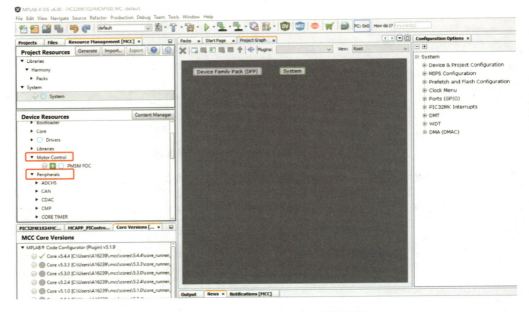

图 24.14　进入 MCC Harmony 配置界面

Device Family Pack 和 System。因为这两项对于任何一个工程都是必选项。我们可以选择对应选项，在右侧 Configuration Options 窗口中，看到对应的版本信息或配置内容信息。

　　一个带正交编码器的三相永磁同步电机的 FOC 控制所需的外设有：ADC 模拟采样前端（ADCHS）、电机控制 PWM 模块（MCPWM）、正交编码接口（QEI）。此外，为了配合调试过程使用软件示波器 X2C Scope，我们需要一组 UART。

　　针对 Microchip 公司提供的评估板，Harmony 3 配置器专门为用户准备了特定评估板的 BSP，也就是常说的板级支持包，这里需要选择 PIC32MK MCM PIM MC Board BSP，这个 BSP 中包含了图 24.3 中 PIC32MK1024MCM100 MC PIM 的所有引脚资源配置信息以及所适配的底板硬件信息。这些配置信息包含了跳线信息、供电电压、内/外置运放跳接板信息、信号调理电路设计信息、PWM 信号的引脚分配信息、位置传感器接口信息、启停调速信号接口信息、指示信息，等等。有了这个模块，可以惊喜地发现,不用进行任何引脚配置,引脚就已经因为加载了这个 BSP 而联动配置完成。关于 PIC32MK MCM PIM MC Board BSP 中包含的配置信息如图 24.15 红框所示。

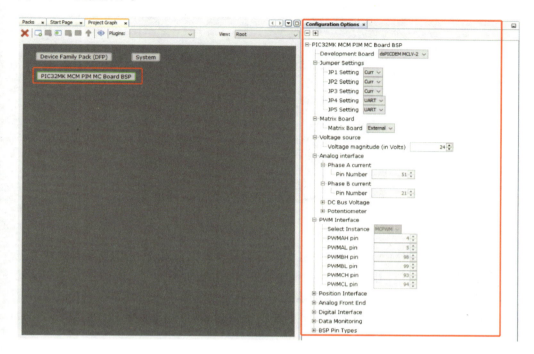

图 24.15　PIC32MK MCM PIM MC Board BSP 包含信息

为了方便用户快速创建 FOC 控制工程,Harmony 3 配置器提供了功能完整的 FOC 模块,在配置时可直接加载 PMSM FOC 模块进行配置。软件示波器 X2C Scope 也作为一个可以加载的模块供用户选用。

我们从左边的 Device Resources 窗口找到对应的外设和模块,单击对应的绿色加号即可把对应的资源加入 Project Graph 窗口。此时,在左侧 Project Resources 窗口中,出现了刚刚选择的资源,这些资源前面都带着红色的叉号,如果想删除所选的资源,可以单击红色叉号删除。

一个 FOC 模块需要接收来自 ADC 采集的电流电压信号和 QEI 解码的转子位置信号来进行 FOC 运算,运算后要向 MCPWM 输出算好的占空比信息,同时与软件示波器 X2C Scope 模块进行数据交互,便于调试和数据观测。在选好外设和模块之后,根据上述关系即可将它们连在一起工作。图 24.16 所示为完成资源选择和连接后的界面。

（4）配置电机控制所需外设和模块

由于我们使用的是官方发布的电机控制评估板,并且 Harmony 3 有对应的

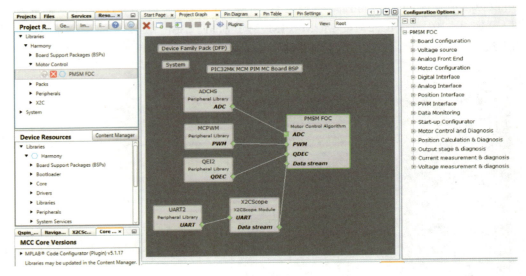

图 24.16　完成资源选择和连接

PIC32MK MCM PIM MC Board BSP 支持,在这种情况下 BSP 已经帮我们做好了配置,我们就可以跳过对外设和模块的配置这一步,但是如果用户使用的是自己的开发板,就不会有 BSP 的支持,这时就必须逐步地对外设和模块进行配置。

　　Harmony 3 配置器为用户准备了更加直观的 Plugins 图形化配置选项,如图 24.17

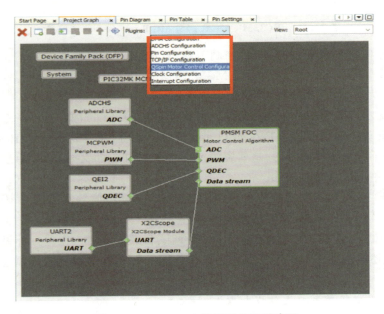

图 24.17　Plugins 中的图形化配置选项

所示,对于电机控制部分,我们频繁使用 Plugins 中的选项来配置系统时钟、引脚资源、ADC 模块等外设。关于如何使用 Harmony 3 去配置这些外设,前面章节已有详细介绍,这里就不再赘述。关于 32 位电机控制工程常用的配置,用户可以参考 Harmony Framework 中提供的参考例程,这些例程都是使用 Harmony 3 配置的,只要打开配置文件,就可以看得非常清楚。

接下来,重点介绍如何使用 QSpin 选项配合 FOC 模块做更加直观的电机控制方案的图形化配置。

（5）FOC 控制方案图形化配置

在上述的 Plugins 下拉列表中单击 QSpin,将看到如图 24.18 所示的界面。

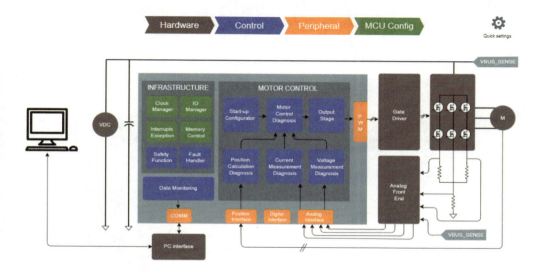

图 24.18　QSpin 配置界面

整个界面用四种颜色清晰地划分成了四个部分,分别是 Hardware、Control、Peripheral 和 MCU Config。接下来我们详细介绍这四个部分。

1）Hardware

Hardware 所包含的内容是 MCU 以外的可以调整的硬件部分。比如母线电压、外部信号调理电路、电机等的设置。

单击 VDC,在弹出的窗口中可以配置母线供电电压,目前我们使用 24 V 供电。配置以后单击 Close 按钮,如图 24.19 所示。

单击 Analog Front End,可以设置相电流放大电路使用内置/外置运放、增益倍数、偏置电压和采样电阻大小,如图 24.20 所示。

单击电机图标 M,可以配置电机的基本信息,包括电机的接线类型、相电阻、直轴电感、交轴电感、极对数、反电动势常数、额定转速、最大转速、最大电流,如图 24.21 所示。

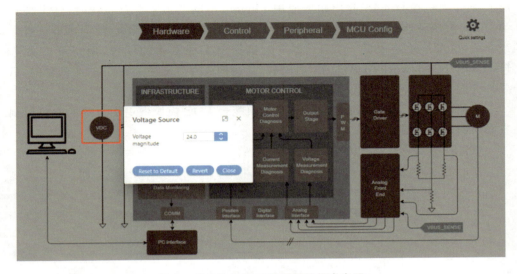

图 24.19　单击 VDC 配置母线供电电压

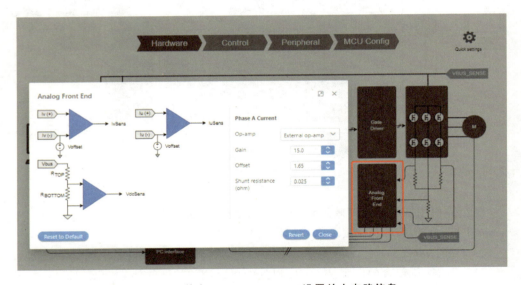

图 24.20　单击 Analog Front End 设置放大电路信息

2) Control

Control 所包含的内容是与电机控制应用本身实际相关的部分。比如：启动方案的设置、控制环路的设置、控制比的设置、位置传感器或观测器设置、电流电压测量的设置等。下面重点介绍电机控制核心部件的设定。图 24.22 所示为电机控制核心部件。

单击 Start－up Configurator，进入电机启动方案设置窗口，如图 24.23 所示。在

图 24.21　单击电机 M 配置电机信息

该配置窗口中，我们看到了 Start - up 和 Flying Start 两种启动方案，前者是先将电机的转子和定子进行磁场对齐后从静止开始启动，而后者就是带速启动。这里所选的方案是前者，先把磁场对齐，然后开始启动。

图 24.24 所示为电机启动方案设置窗口的 Flying Start 启动方案。

单击 Motor Control Diagnosis，进入电机控制环路设置窗口，如图 24.25 所示。做 FOC 控制的工程师应该非常熟悉该图的原理。该图覆盖了位置环、速度环和电流环等

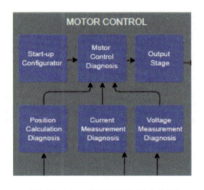

图 24.22　电机控制核心部件

控制环路参数的设定，弱磁和 MTPA（单位电流最大力矩控制算法）的使能选择，调制方式的选择等特性。这里选择的控制环路是 Speed Control，单击速度环和电流环的 PID 图块对其进行参数设定。在图 24.25 中，以速度环参数设置为例，在右侧设置窗口中，可以清晰看到此 PID 控制器的结构组成及参数设定，也可以选择抗积分饱和的方式。目前，该工具支持反馈抑制抗饱和法和积分遇限削弱法两种抗饱和方式。其他环路的设定类似，这里不再赘述。

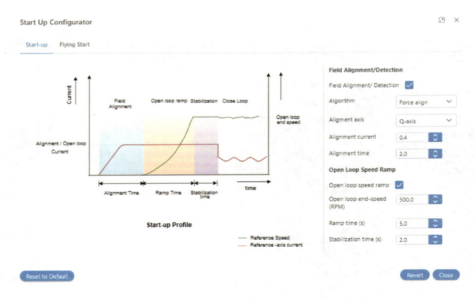

图 24.23 电机启动方案设置窗口之 Start - up 方案

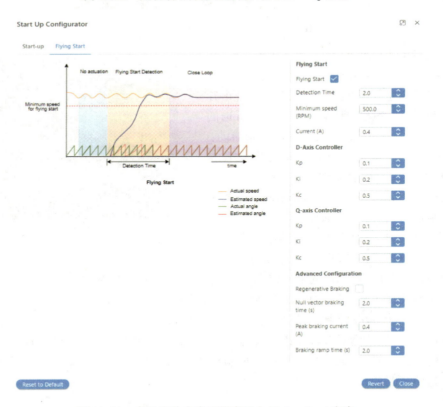

图 24.24 电机启动方案设置窗口之 Flying Start 方案

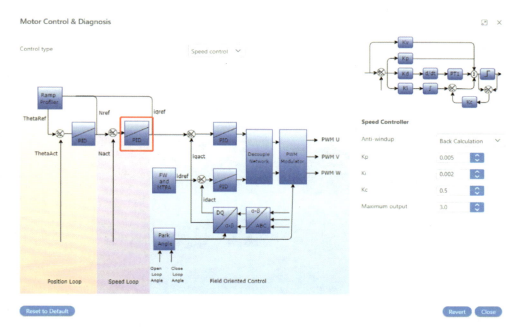

图 24.25　电机控制环路设置(速度环参数设置)

单击 Output Stage,进入控制比的设置窗口,如图 24.26 所示。所谓的控制比,就是指每几个 PWM 周期做一次 FOC 运算。因为有时候出于运算负荷量的考量,并不是每个 PWM 周期都去做一次 FOC 运算,在系统性能满足的条件下,可以每几个 PWM 周期做一次 FOC 运算。这里的方案是每个 PWM 周期都做一次 FOC 运算,因此这个比例是 1∶1。

图 24.26　控制比设置

单击 Position Calculation Diagnosis,进入转子位置计算和诊断界面,如图 24.27 所示。在此界面中,可以选择电机转子位置的获取方式。对于电机转子位置信息的获取,通常可以分为带位置传感器和无位置传感器两种。当前我们演示的工程是带正交编码器的方式,属于带位置传感器方案的一种,所以选择 Quadrature Encoder,并在该界面右侧配置传感器的单电气周期脉冲个数。对于希望配置为无位置传感器的用户,这里还提供滑模观测器、降阶隆伯格观测器、基于反电势的锁相环观测器等。

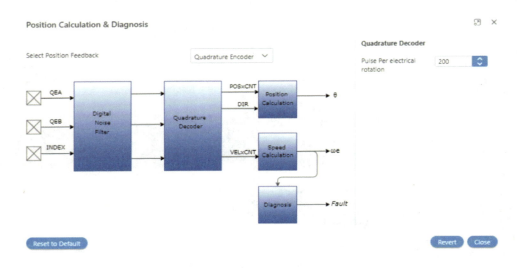

图 24.27　位置计算和诊断界面

　　单击 Current Measurement Diagnosis,进入电流测量与诊断界面。如图 24.28 所示,单击 Offset Correction 可以设置获取相电流测量电路偏置电压的校准方式。当前工程在电机启动之前,采集 1 024 个点做均值处理算出偏置电压,所以这里我们选择静态的处理方式 Static。同理,可以单击 Current Scaling 去设置相电流采样结果存放的格式及采样因子,如图 24.29 所示;单击 Diagnosis 去设置是否需要启动电流采样范围或偏置范围的诊断,如图 24.30 所示。

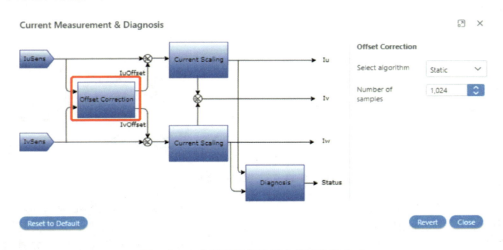

图 24.28　电流测量与诊断之偏置校准方式

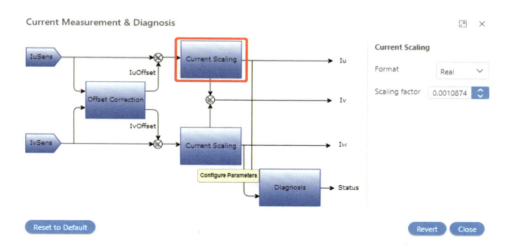

图 24.29　电流测量与诊断之电流采样参数设置

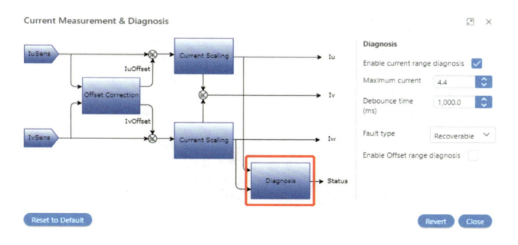

图 24.30　电流测量与诊断之诊断设置

　　单击 Voltage Measurement Diagnosis,进入电压测量与诊断界面,如图 24.31 所示。单击 Voltage Scaling 图块配置电压采样结果寄存器格式和采样因子。单击 Processing 去配置滤波系数,当前工程使用默认的即可。单击 Diagnosis 去使能过压或欠压诊断功能。这里不再赘述。

　　3) Peripheral

　　Peripheral 所包含的内容是 MCU 内部与外部接口的外设,比如:通信口、位置传感器接口、模拟接口、PWM 模块等。需要强调的是,这里对于外设的配置仅仅是针对电机控制常用修改项,而不是具体的外设配置。外设配置功能一览图如图 24.32 所示。

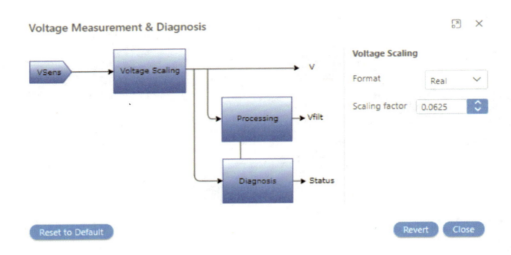

图 24.31　电压测量与诊断界面

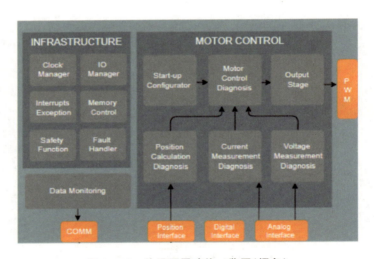

图 24.32　外设配置功能一览图(橘色)

单击 PWM 进入脉宽调制配置界面,如图 24.33 所示。这里可以配置载波频率、死区时间、三相桥臂对应的通道信息以及故障保护的配置。

单击进入 Analog Interface 界面,如图 24.34 和图 24.35 所示。这里将采集的变量分为两组,Group1 是相电流,这种实时性要求较高的模拟量被分配在专用采样保持器上,比如 ADC0 和 ADC4 均为专用采样保持器,可以被同步触发转换。Group2 是母线电压、电位器上的电压等对实时性要求不高的模拟量,它们被分配到共享采样保持器 ADC7 上,可以在不同的 PWM 周期交替采样。

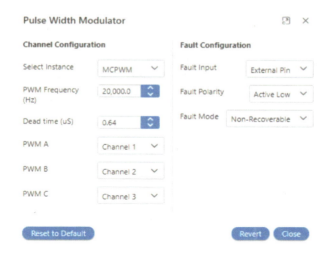

图 24.33　脉宽调试配置界面

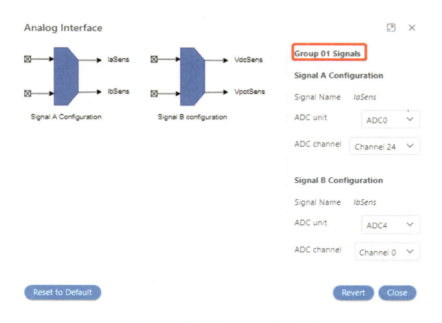

图 24.34　模拟接口 Group1 信号设置

　　单击进入 Position Interface 界面,可以设置当前使用的正交编码器的组别和对应的引脚,如图 24.36 所示。

　　4) MCU Config

　　MCU Config 所包含的内容是 MCU 内部的时钟管理、I/O 口管理、存储器管理以及中断系统管理等。这一部分无法在 MCPM 中设置,全部需要在 Project Graph

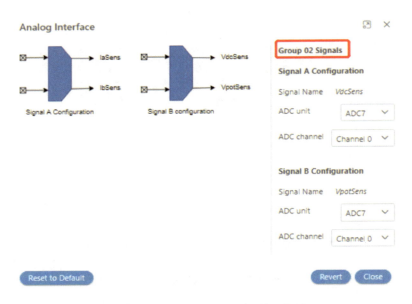

图 24.35　模拟接口 Group2 信号设置

的 Plugins 中去设置。

　　至此，我们的配置已经全部完成，单击 Project Resources 区域的 Generate，生成代码，如图 24.37 所示。

图 24.36　位置传感器信号设置界面　　　　**图 24.37　代码生成按钮**

　　这时回到 MPLAB X IDE 的 Projects 的树形文件夹下，会发现原本空的文件夹已经生成了可用的代码，如图 24.38 所示，更重要的是这些代码全部都是开源的。

　　右击工程名，选择 Properties，在左侧 Categories 栏中单击 Loading，在右侧栏中红框的位置打钩，然后单击 OK 按钮退出设置，如图 24.39 所示。这一步是为了接下来用 X2C Scope 对工程的全局变量进行观测。

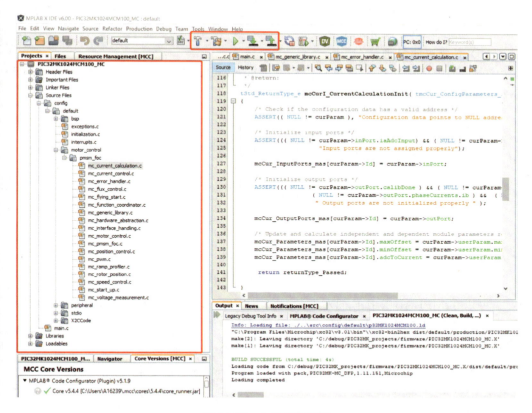

图 24.38　生成代码架构

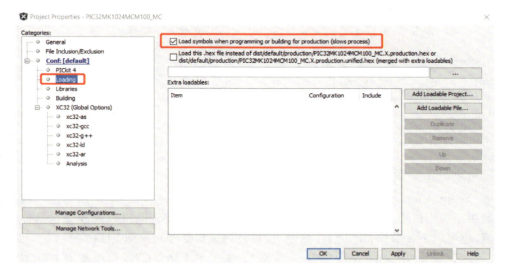

图 24.39　加载全局变量

最后,单击图 24.38 顶部红框中的绿色三角箭头,重新编译并下载程序到 MCU。到此步骤(5)就完成了。

(6) 数据观测与调试

单击 MPLAB X IDE 菜单栏中的 Tools→Embedded,如图 24.40 所示,找到 X2CScope 并单击图标。

图 24.40　X2CScope 启动图标

可以在 MPLAB X IDE 的左下角看到 X2CScope 的用户界面。在这个界面下,选择当前要观测的工程,刷新端口之后设置好通信波特率,单击连接,如果连接成功,会显示 Connected 字样,如图 24.41 红字标注所示。

图 24.41　X2CScope 用户界面

当成功连接 X2CScope 之后,单击 Data View 标签,可以看到这个标签下有 Open Scope View 和 Open Watch View 两个选项,如图 24.42 所示。前者是软件示波器用于观测波形,如图 24.43 所示;后者是用于数据交互,既可以观测变量具体的数值,也可以下发数据(比如启停命令、位置及调速指令等),如图 24.44 所示。

在图 24.44 所示的 Watch View 界面下,单击左上角"＋"按钮添加需要观测的变量,单击"－"按钮删除变量。

图 24.42 Data View 界面

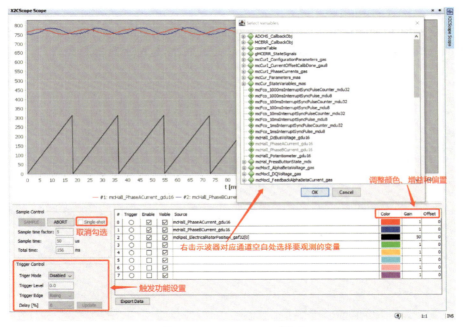

图 24.43 Scope View 界面

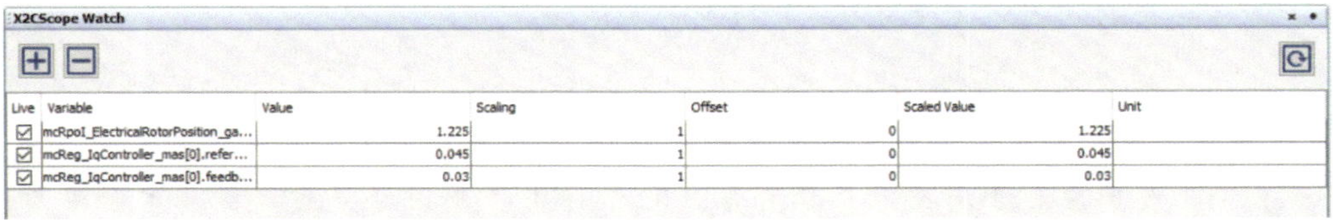

图 24.44 Watch View 界面

自此,我们的 FOC 方案代码已经成功生成。从图 24.43 的波形上看,电机已经顺利地转起来了,接下来我们就可以基于生成的工程代码进行下面的学习和功能评估了。

本章总结

笔者在拜访客户过程中发现很多客户都有一个疑问,用 32 位 MCU 做电机控制性能一定会比用 16 位 MCU 好吗? 其实不然,32 位 MCU 不能与高性能画等号,在满足控制目标的前提下,优选功耗小、成本低的 MCU。只有在一些需要高算力的电机控制场合,例如实时多任务带操作系统的电机控制应用,使用 EtherCAT 进行多电机协作控制的应用,精密机器人、医疗设备电机的应用,可以选择高位单片机甚至FPGA 去实现。

在选择合适的电机平台 MCU 时,正确的做法是精确了解所要开发应用的工作温度和安全等级,了解控制目标;清晰地知道目前采用的控制策略和算法需要何种等级的 MCU。

本章采用了 Microchip 公司的一些列工具 MCC、Harmony3、QSpin、X2C Scope完成了电机控制的操作,有兴趣的读者可以尝试操作,这些工具都是免费的。

第 25 章

32 位安全启动方案

32 位 MCU 作为不错的高性能控制器，在日常生产中得到了广泛应用。它在安全领域中的应用，不仅保护了自身的安全，而且可以监控保障其他处理器的安全。加密安全的具体应用涉及不同领域，本章主要介绍安全启动的相关过程。

25.1 安全启动

25.1.1 安全启动的概念

介绍安全启动之前，先谈谈苹果手机。大家知道，很多软件 App 是通过 Apple Store 购买的。为了使用一些盗版软件，网上流传了许多方法，如将手机回溯早期版本等。回溯法利用早期的漏洞获取系统信任根权限等手段对手机进行安全攻击。用户在使用盗版程序的同时，也埋藏了严重的安全隐患。如果使用的软件不是从正规渠道获取的，那么里面可能加入恶意代码或病毒，它在后台获取用户的使用信息。从公司角度，客户使用的产品固件被篡改，可能导致众多问题。这些问题包括使用故障、信息被窃取、软件收益受损等，这对公司品牌、营收造成重大损失。但是，对于一至两个团队的小项目，如果觉得没什么必要那就错了，安全上的一次小意外，就会让工程师有万劫不复的感觉。只要开始一个项目设计，作为职业设计者，不论是为了产品使用者的利益，还是自己公司的利益，都要考虑设计中的安全问题。主控权不可以放弃，要避免系统轻易地被恶意代码或攻击手段劫持。

所谓"安全启动"是指：

- 在系统受到攻击或感染病毒之前保护其免受威胁；
- 仅使用制造商信任的软件启动系统；
- 防止系统启动过程中加载恶意软件（例如：Rootkit 工具包）。

下面详细叙述安全启动的原理和实现。

25.1.2 实现安全启动

要实现可靠的安全启动，首先要有一个可靠的"裁判员"，它能够根据你预先交给它的验证"虎符"（这里是根公钥 root public key）来验证固件的可靠性。关于非对称加密算法（公钥架构系统 PKI）的详细介绍，可以通过访问密码学入门课程来了解，链接如下：https://mu.microchip.com/cryptography-primer-sec1-sc。

公钥由私钥通过算法生成，二者有数学相关性。私钥用于生成签名，公钥用于验证签名。

1. 安全启动的信任根

在安全启动过程中，会有一个作为安全的信任根的 MCU 或 SOC（System On Chip 片上系统）来充当"裁判员"。它包含了可信任的 ROM 程序、无法修改的 OTP 存储空间、OTP 存储的公钥以及运行它们的 MCU 硬件。在研发端，用户将开发好的处理器固件进行哈希（HASH）运算，生成固定长度的哈希结果——摘要（Digest）。接着，用原厂的私钥对摘要进行签名背书，然后将签名和固件一同烧写入存储介质中，这里主要是指外部 SPI Flash。启动时，由 SOC 利用固化的公钥来验证固件和签名是否相符，如果相符则加载固件，否则系统进行错误处理，例如恢复固件，停止启动等，具体流程如图 25.1 所示。

图 25.1　安全启动验证流程

本章介绍的安全系统中，由 CEC1712 来充当信任根角色。CEC1712 是一款高安全性的 MCU，它内置了安全算法，其片内 ROM 区固化了安全引导程序，即一级 BootLoader。同时，它的内部包括 OTP（一次性可编程）区和快速安全算法的引擎。OTP 区可以存入由用户私钥生成的公钥，烧写后无法被变更，可以杜绝公司公钥被非法篡改。

Microchip 公司的 CEC1712 支持多种高安全性安全算法引擎 ，配合 SOTERIA – G2 定制固件，旨在阻止恶意软件，例如 ROOTKIT 或 BOOTKIT 等。在预引导模式下从外部 SPI 闪存验证，并加载通过验证的安全的应用程序或操作系统，为其提供具有硬件信任根保护的安全引导。

2. SOTERIA – G2

SOTERIA – G2 是专门定制在 CEC1712 设备上执行的固件，包括 ROM 里的 BootLoader 和外部的 EC 固件 EC_FW 部分。SOTERIA – G2＋CEC1712 方案可以与任何应用处理器（AP）配合使用，从外部 SPI 闪存引导设备以扩展信任根，实现安全引导。

SOTERIA – G2 使用 CEC1712 不可变的安全引导程序（固化存储在 ROM 中）作为系统的信任根（RoT – Root of Trust）。CEC1712 安全引导程序从外部 SPI

Flash 中加载、解密并验证嵌入式控制器固件（EC_FW）。通过验证的 EC_FW 将会运行在 CEC1712 上，用于对随后应用处理器固件（AP_FW）的验证。AP_FW 也常常被存储于相同的 SPI Flash 器件。CEC1712 最多可支持四个 SPI Flash 器件的验证。

通过安全启动防御 ROOTKIT 攻击是一种高安全性的可靠方法。采用 CEC1712 和 SOTERIA - G2 固件是一种理想的策略，可以在威胁软件被加载之前进行主动防御。硬件信任根 CEC1712 和 SOTERIA - G2 固件的组合可以被轻松添加到旧系统，使它们能够从点解决安全方案扩展到平台级安全解决方案。

3. CEC1712 简介

CEC1712 是基于 ARM Cortex - M4 内核的全功能高安全性微控制器，除了集成多个高性能硬件安全算法引擎外，内部 ROM 还固化有定制安全启动固件。此外，CEC1712 提供密钥撤销和代码回滚保护功能，支持安全固件更新。

CEC1712 符合 NIST 800 - 193 指南，可保护、检测和恢复被损坏的固件，以实现整个系统平台固件的弹性。具有硬件信任根的安全启动对于在威胁加载到系统之前保护系统免受威胁至关重要。它只允许系统使用制造商信任的软件启动。

本章的图文中 EC 代表 Embedded Controller 缩写，这里指 CEC1712。

4. 安全启动的意义

为什么安全启动很重要？在回答这个问题前，先介绍一个安全领域里很轰动的事件。

2017 年，任天堂发布了 Switch 游戏机。伴随着任天堂自开发游戏的火爆，这款游戏机在当年就风靡全球。截至 2021 年 10 月，其全球销量已经突破 9 000 万台，2022 年有望突破 1.1 亿台。巨大的体量伴随而来的是巨量的经济利益，全球黑客都盯上了这台新款的游戏机。很快 Switch 也被发现了重大漏洞，被完美破解。

后来在欧洲最盛大的黑客大会上，Switch 的防线正式宣告被攻破了。三位黑客现场演示了 Switch 的破解过程，他们在任天堂的芯片中发现了相关漏洞，可以获得主机的最高权限，运行非官方游戏。

从上面这个实例可以看到系统信任根的重要性。一旦系统的最高权限信任根（ROT 即 Root of Trust）被替换或者被劫持了，系统的安全性将无法得到保障。公司的利益（游戏软件收益）无疑会受到重大损失，客户（使用者）的账户安全性也会受到威胁。Switch 游戏机破解后可能被植入恶意代码、病毒，或被控制成僵尸机，沦为 DDOS 流量攻击的帮凶。这种情况给客户带来损失的同时也对公司的声誉造成巨大破坏。

5. 帮助系统实现高安全性

如图 25.2 所示，所有的游戏软件发布时，公司都会将其进行哈希运算，并对哈希结果进行签名背书，签名会附在软件内一起发布。

当游戏机下载软件或升级游戏机固件后，会先利用游戏机中安全的信任根 ROT 对游戏软件或升级固件进行验证，看看它运算出来的哈希结果与背书签名是否一致。如果一致，则更新游戏软件或固件，否则判定为不合法。以上所述是对固件升级更新

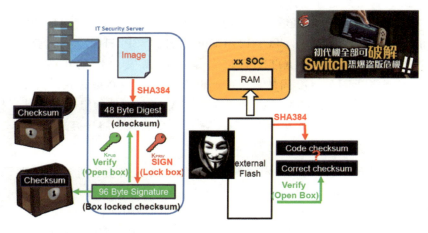

图 25.2　ROOTKIT 被劫持的危害

的场景。游戏机的处理器 SOC 固件常常存储于外部 SPI Flash 里。有的破解手段是试图通过外部烧写方式，更改 Flash 中的游戏机固件，夺取最高级根权限。如果游戏机里加入固化的硅基信任根 ROT 芯片，它是无法被外力轻易篡改的。上电时，游戏机中安全信任根 ROT 芯片会对 SPI Flash 中游戏机 SOC 主芯片的固件作验证，如果正确，则系统正常启动。如果发现固件被篡改或破坏，则会用备份的固件镜像进行恢复处理，保障系统的安全性。

25.1.3　安全启动过程

如何基于 CEC1712 快速实现安全启动？基本的安全启动过程如图 25.3 所示，但实现该过程的具体步骤还是比较复杂的，下面带着这个问题来介绍详细的实现过程。

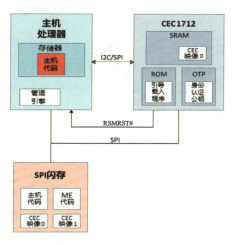

图 25.3　安全启动过程

代码的执行从基于硬件的信任根的代码开始,它是可信的不可改变的代码(用于引导的安全加载程序)。而应用处理器的主机程序代码(用 OEM 私钥签名背书)被存储于外部 SPI 闪存。同样,CEC1712 固件映像也存储于 SPI 闪存。

步骤如下:

第一步,上电时 ROM 中安全加载程序的过程。

① CEC1712 会拉低主机的 RESET 引脚,使主机处理器处于复位状态。

② 将 CEC1712 应用程序代码从 SPI 闪存加载到 CEC1712 片内的 SRAM。

③ 使用存储于 CEC1712 OTP(一次性可编程区)中的根公钥对 CEC1712 固件代码进行身份认证。

第二步,通过身份认证后 CEC1712 代码的执行过程。

① CEC1712 开始执行经过第一步认证后的代码。

② 用 CEC1712 固件中的 AP(应用处理器)公钥对 SPI 闪存中的 AP 代码进行身份认证。

③ 如果验证通过,则将 AP 处理器从复位状态解除,否则做失败的相应处理。

第三步,AP 处理器运行应用端代码的过程。

经过第二步的验证,CEC1712 确认 AP 处理器的代码是安全的,第三步会将通过身份认证的 AP 固件代码从 SPI 闪存中载入并执行。现在,我们成功地将信任链延伸到 CEC1712 应用程序(固件)代码和 AP 主机代码。"一个 AP 处理器＋一个 SPI Flash"的场景如图 25.4 所示。

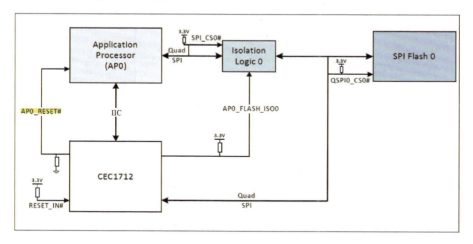

图 25.4　一个处理器＋一个 SPI Flash

如果需要冗余备份,则可以是"一个处理器＋两个 SPI Flash(冗余备份)"的场景,如图 25.5 所示。

也可以是更加复杂的场景,例如"多个处理器＋双 Flash 冗余"应用场景,如图 25.6 所示。

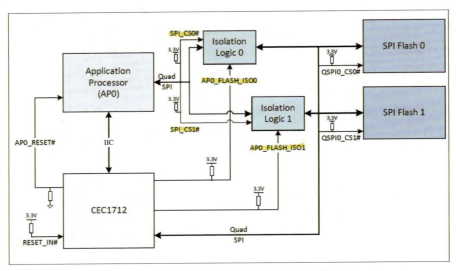

图 25.5　一个处理器＋两个 SPI Flash（冗余备份）

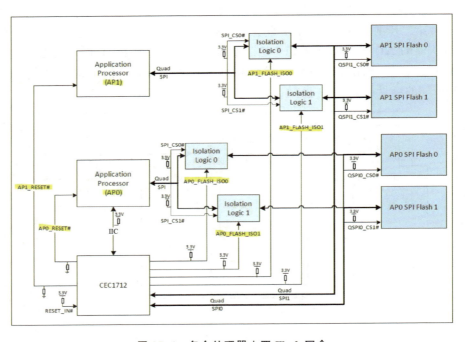

图 25.6　多个处理器＋双 Flash 冗余

25.1.4　冗余 Flash 启动

为了增强系统鲁棒性，有的系统会增加冗余的 Flash 介质保存固件备份，如图 25.7 所示。处理器 AP0 的固件除了在 Flash0 中保存（如 APFW0），同时会在

Flash1 中建立冗余备份（APFW2 等），而且固件可能根据实际应用多段分布在不同
地址段中（APFW0，APFW1 等）。

　　针对这种应用场景，CEC1712 也可以方便地实现对安全启动的支持。

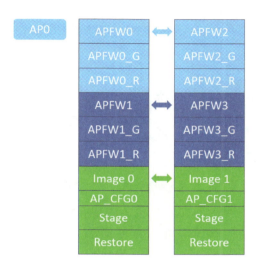

图 25.7　冗余镜像

25.1.5　黄金镜像和恢复镜像的概念

　　黄金镜像即 Golden Image，适用于经过验证的最终恢复的样本镜像。而 Re-
store Image 恢复镜像则可以在常规升级或恢复操作中使用，所以使用的场景类似。
但作为恢复的镜像都可以看作 Restore 镜像，包括 Golden Image。当启动或升级过
程中发现现有镜像被破坏或篡改，会将备份的恢复镜像验证后覆盖现有镜像，然后复
位运行。如果恢复镜像发现也验证失败，则根据客户的 OTP 的设定，保持复位或进
行其他操作。

　　提到升级，可以参考图 25.8 来了解相关过程。如图 25.8 所示，EC 固件和 AP
固件升级都是通过 3 步进行。第一步都会调用 MASKD_COPY，但第二、三步调用
的命令和运行方式略有不同。

　　MASKED_COPY 命令用于请求 EC_FW 将一个映像从一个 Flash 位置复制到
另一个 Flash 位置，同时避免被保护的屏蔽镜像区域被 EC_FW 认证，这是为了避免
一些区域如参数区等（不需要验证）也被加入固件的验证环节。

　　AP 固件升级时，新 AP 固件会被复制到 APFW0_G（黄金镜像）区域，接着调用
RESTORE_AP_FW_IMAGE 命令，该命令使用黄金恢复映像，恢复经过认证的 AP_
FW 映像。首先，将现有运行的固件 APFW0（通过验证）复制到恢复区域作为恢复镜
像，然后验证新固件（APFW0_G（黄金镜像）区域中），一旦新的固件通过验证，将复

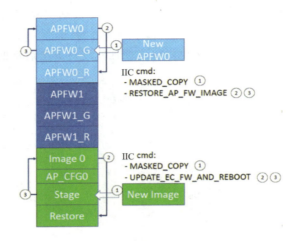

图 25.8　黄金镜像和恢复镜像

制到 APFW0 区域运行,否则用恢复区镜像 AP_FW 恢复。

　　而当 EC 固件更新时,新 EC 固件会复制到 STAGE 暂存区域,然后调用 UPDATE_EC_FW_AND_REBOOT 命令实现更新和重启。现有运行的固件 IMAGE0 复制到恢复区域作为恢复镜像,一旦新的固件通过验证,将复制到 IMAGE0 区域运行, 否则用恢复区镜像恢复。

　　黄金镜像可以是一个工厂恢复镜像或当前的回退备份镜像。例如,对于拥有两个引导镜像的系统,一个主镜像和一个回退备份镜像。回退镜像可以作为主镜像的黄金恢复镜像,反之亦然。

　　这些镜像可能驻留在相同的 Flash 组件上,或者在相同的 QSPI 端口上的不同的 Flash 组件上。它们作为暂存镜像或恢复镜像使用,是用于更新 EC 固件的暂存镜像。

　　总而言之,Restore 恢复镜像和 Golden 黄金样本镜像是作为备份实现失效恢复机制,同时通过上面流程可以实现通过验证的备份恢复镜像,使其在升级过程中的版本不断更新。

25.2　实现安全启动方案

　　CEC1712 片上结构如图 25.9 所示,包括 ROM、OTP 和 RAM 三个存储区。前面介绍了 SOTERIA‑G2 方案,它包括 CEC1712 片上 ROM 里固化的引导程序和存储在外部 SPI Flash 上的 EC_FW 固件。事实上,SOTERIA‑G2 解决方案可实现功能块定制,它可以根据 CEC1712 中的 OTP 区的设定和应用配置表来配置以实现不同的功能。而 OTP 区(即一次性可编程区,也称为 Efuse 区)除了保存不可篡改的用于身份认证的公钥外,还有部分区域用于实现不同的功能设定。为了配合更灵活的功能定制,如固件升级和功能调整,我们会将一些可调整的功能参数通过存储在 SPI 闪存中的应用程序配置(AP_CFG)表来实现,如表 25.1 所列。如:AP_CFG 中认证公钥的信息,AP_FW(应用处理器固件)镜像映射的信息等。

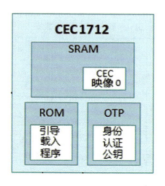

图 25.9　CEC1712 运行架构

表 25.1　AP_CFG 表

偏移地址	字节数	名　称	描　述
0x00～0xFF	256	配置字	配置信息
AP_FW 镜像映射	40h×n	AP_FW 镜像映射	支持 n 组镜像片段,1≤n≤16
AP_CFG 配置表协同签名(由 Microchip 公司生成)			
AP_CFG 配置表公钥(由 OEM 原厂生成)			
AP_CFG 配置表签名(由 OEM 原厂生成,利用 ECDSA384 算法对配置字,FW 固件映射,AP_CFG 配置表协同签名及配置表公钥计算产生)			

注意:MCHP 签名是用 AP_CFG 表的默认值生成的。如果修改任何默认值,比如 Authentication Key Select 值,签名将无法验证。由 OEM 原厂修改的字段必须用值进行屏蔽,然后对表进行签名。

而其中的 AP_FW 镜像映射(AP_FW Image Map)可以展开,如表 25.2 所列,包括镜像的地址、大小、签名以及黄金镜像和恢复镜像的信息。

AP_CFG 使用附加到表中的 ECDSA P-384 公钥进行身份验证,而这个公钥会先被验证,根据存储在 SPI 中的 AP 密钥哈希(HASH)Blob 中的 SHA384 哈希值进行验证。AP 密钥哈希 Blob 根据存储在 OTP 中的哈希(固化不可变更)进行验证,一环扣一环,形成信用链。

在初始化过程中使用配置信息(AP_CFG)配置 SOTERIA-G2 的 EC_FW,如图 25.10 所示。SOTERIA-G2 EC_FW 代码将读取和验证 SPI Flash 中的 AP_CFG,如果合法,会根据它来配置自己。

表 25.2 AP_FW 镜像映射

相对 AP_FW 镜像映射 基地址的偏移	字节数	名　称	描　述
AP_FW 第 N 个镜像入口,其中 0≤n≤15(n＝镜像号;一个数字 64 字节)			
(40h×n)＋0x00	4	镜像 n 基地址	Bits[31:4]镜像 n 基地址[31:4]
			Bit[3:2]选用的 SPI 接口
			Bit[1:0]SPI Flash 器件号
(40h×n)＋0x04	4	镜像 n 大小	[31:24]保留
			[23:0]镜像大小-数据块个数,每个数据块 64 字节
(40h×n)＋0x08	4	镜像 n 签名	Bits[31:4]镜像 n 签名地址[31:4]
			Bit[3:2]选用的 SPI 接口
			Bit[1:0]SPI Flash 器件号
(40h×n)＋0x10	4	黄金镜像 n 基地址	Bits[31:4]黄金镜像 n 的基地址[31:4]
			Bit[3:2]选用的 SPI 接口
			Bit[1:0]SPI Flash 器件号
(40h×n)＋0x14	4	黄金镜像 n Size	[31:24] 保留
			[23:0] 镜像大小-数据块个数,每个数据块 64 字节
(40h×n)＋0x18	4	黄金镜像 n 签名	Bits[31:4]黄金 Image n Signature Address [31:4]
			Bit[3:2]选用的 SPI 接口
			Bit[1:0]SPI Flash 器件号
(40h×n)＋0x30	4	Restore Image n 基地址	Bits[31:4]Restore Image 基地址 [31:4]
			Bit[3:2]选用的 SPI 接口
			Bit[1:0]SPI Flash 器件号
(40h×n)＋0x34	4	保留	保留
(40h×n)＋0x38	4	Restore Image n Signature	Bits[31:4]恢复镜像 n 的签名地址
			Bit[3:2]选用的 SPI 接口
			Bit[1:0]SPI Flash 器件号

图 25.10 EC_FW 与 AP_CFG

25.2.1 使用 CEC1712 实现安全启动需要的工具

对于这个问题,可以参考图 25.11 来理解。

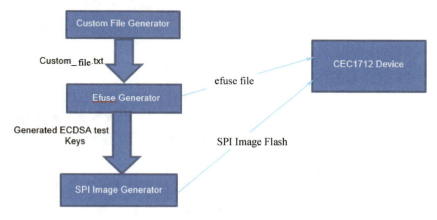

图 25.11 CEC1712 安全启动方案的开发工具

我们会用到以下工具和库:

① 自定义文件生成器 Custom File Generator:此工具生成的 custom_file. txt 文件会映射 OTP 字节[672:959],总数据为 288 字节。

② Efuse 镜像生成器 Efuse Generator:生成 bin/hex 格式的 Efuse 镜像文件。

③ SPI 镜像生成器 SPI Image Generator:生成 SPI Flash 中的镜像文件。

④ 软件库 SOTERIA - G2。

⑤ MPLAB X IDE:Microchip 公司的 IDE 开发环境。

⑥ MPLAB X IDE efuse 编程器:用于将 OTP hex 文件烧写入 CEC1712 器件 OTP 区中。

安全启动所需的镜像主要由上述前三个工具(即 Custom File Generator/Efuse Generator/SPI Image Generator)生成。

各个工具在安全启动流程中起到的作用如图 25.12 所示。

流程步骤如下:

第一步,用 MPLAB X IDE 将 STORIA - G2 库生成 EC 固件的 hex 文件,并用 srec_cat. exe 工具将 HEX 转换为 bin 文件,bin 文件会作为输入项输入 SPI 镜像生成器工具。在\CEC1712_GEN2_secureboot_app_Release3\Source\secureboot_app\

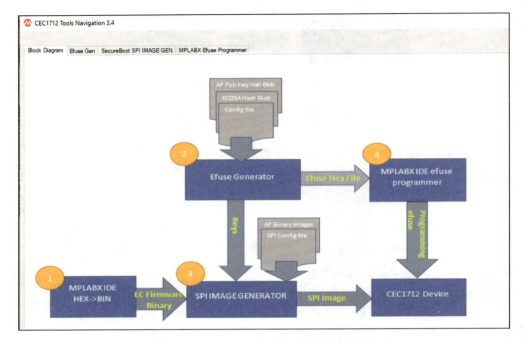

图 25.12　CEC1712 安全启动方案开发流程

build\secureboot_app. X\dist\default\production\ 目录中，你会找到 secureboot_app. X. production. hex 文件，这个就是 CEC1712 的 SOTERIA－G2 固件镜像，将它复制到目录\CEC1712_GEN2_secureboot_app_Release3\Utilities\SecureBoot_SPI_Img_Gen2 下运行 makebin. bat，就可以轻易地转化成 bin 文件。

　　第二步，Efuse 生成器工具输入文件包括以下文件：AP Pub Key hash Blob（如：AP_CFG_FW_Key_Blob_hash. bin）、ECDSA Hash Blob（如：EC_FW_Key_Blob_hash. bin） 以及配置文件 otp_value. txt。它将生成 OTP hex/bin 文件，efuse_data. h 和 SQTP 生产文件。

　　第三步，SPI 镜像生成器会生成 SPI 镜像的最终 bin 文件，其输入文件包括 SPI 配置文件 spi_cfg. txt 和 AP 的二进制镜像文件（如：AP0. bin/AP1. bin）。

　　第四步，利用 MPLAB X IDE efuse 编程器将 OTP hex 文件烧写入 CEC1712 器件的 OTP 区中。而 SPI IMAGE 会包含 CEC1712 的固件镜像，安全启动过程中将验证，验证通过后调入 CEC1712 的 RAM 中运行。

25.2.2　配置生成 Efuse 镜像

1. 生成公钥的哈希 Blob

什么是哈希 Blob？为什么要用到哈希 Blob？验证不是用公钥实现的吗？

说到这一点，大家往往会产生以上疑问。这个是需要考虑实际 IC 的存储空间的限制的。看完前面的介绍,会发现公钥作为验证的裁判,其重要性是毋庸置疑的,固件是否与其签名一致,篡改与否,都是通过公钥验证的。所以,必须保证原厂发布的公钥未被替换和篡改,即最好固化到 OTP 区,保证无法被改动。

但事实上 OTP 的区域空间有限,如果完整地保存公钥会占用大量的 OTP 空间。尤其是 CEC1712 支持最大 32 枚公钥,如果将所有公钥都烧写到 OTP 中会占用大量空间,成本高,效率低。

如何保证验证固件的公钥不会被篡改,又能节省其对 OTP 的空间占用。这里我们会利用到 Key Blob 的概念。Key Blob 实际上是对公钥进行哈希运算生成的哈希值。一个 ECC384 的公钥大小为 96 字节,其哈希即 Blob 仅为 48 字节。验证时 Blob 值未变,则证明原 Key 就没有发生变化,所以验证 Blob 不变就等于确保公钥不变。更进一步,32 个 Key Blob 总字节最大为 48 字节×32=1 536 字节,都放入 OTP 还是太大怎么办? 再来一次哈希运算,对 Blob 列表做哈希散列,将 1 536 字节缩小到 48 字节,这个放入 OTP 就没问题了。如果 Blob 列表的哈希结果不变,是不是说明所有的公钥都是正确未被篡改的呢?

这是通过将每个公钥做哈希散列后,公钥的哈希 Blob 列表,和当前激活使用的公钥,会保存在 SPI Flash 中。SPI Flash 中一次性保存含最多 32 个公钥的 Blob 列表。与直接将所有公钥事先都存入 SPI Flash 相比,Blob 无疑既保证 SPI Flash 存储空间的节省,又可以通过哈希混淆保证未激活使用的公钥的安全。

OTP 编程时,再对哈希 Blob 做哈希运算,将 Blob 的哈希值(公钥的哈希的哈希结果,SHA384 仅需 48 字节空间)烧入 OTP 即可。只要最终的结果哈希 Blob 的哈希不变,则所有的公钥就未被篡改,其真实性就得到了保障。而当前器件所使用的(激活)App 公钥也存入 SPI Flash,供后续验证签名使用。

上电时,将 Flash 中的 Blob 列表调入 CEC1712 的 RAM 中计算哈希值,并和生成的哈希 Blob 结果作为输入通过 Efuse 工具固化在 OTP 区域,与 OTP 中 Blob 的哈希结果做对比,验证 Blob 是否发生改变,如果无变化,则再计算激活的公钥的哈希是否与 Blob 列表中对应 Blob 值相同;如果一致,则公钥未发生改变,是可信的。

与 APP 公钥 Blob 列表一样,EC Key Hash Blob 列表最多也只存储 32 个公钥的哈希值,即最多支持 32 个公钥。

公钥的入口会在头文字区域中对应字段设定,用于验证公钥。

2. 公、私钥对是如何生成的

事实上,生成公、私钥并不复杂,可以用 Openssl 等工具方便地生成,步骤如下:
① EC 私钥的生成。

```
Openssl.exe ecparam - name secp384r1 - genkey - noout - out key.pem
```

② 用私钥生成对应的公钥。

```
Openssl.exe ec - in key.pem - pubout - out pubkey.pem
```

③ 生成的公、私钥可如下打印查看。

Openssl. exe ec − in key. pem − noout − text

实际运行的结果如图 25.13 所示。

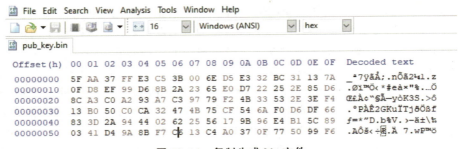

```
D:\perforce\depot_pcs\FWEng\solutions\cec1712_GEN2\tools\SecureBoot_SPI_Img_Gen2\src\mchp\everglades_spi_gen>Openssl.exe
 ec -in key.pem -noout -text
WARNING: can't open config file: /usr/local/ssl/openssl.cnf
read EC key
Private-Key: (384 bit)
priv:
    00:e4:6f:79:57:39:7a:f4:ce:8d:d2:e1:b5:b0:3b:
    ea:77:09:bd:33:17:03:e5:17:47:db:57:08:fb:df:
    44:f4:01:12:b0:74:5c:3f:ae:08:12:b8:13:09:9c:
    4c:1e:d4:85
pub:
    04:5f:aa:37:ff:e3:c5:3b:00:6e:d5:e3:32:bc:31:
    13:7a:0f:d8:ef:99:d6:8b:2a:23:65:e0:d7:22:25:
    2e:85:d6:8c:a3:c0:a2:93:a7:c3:97:79:f2:4b:33:
    53:2e:3e:f4:13:b0:50:c0:ca:32:47:4b:75:cf:54:
    6a:f0:d6:df:66:83:3d:2a:94:44:02:62:25:56:17:
    9b:96:e4:b1:5c:89:03:41:d4:9a:8b:f7:c6:13:c4:
    a0:37:0f:77:50:99:f6
ASN1 OID: secp384r1
NIST CURVE: P-384
```

图 25.13   生成的公、私钥

④ 把生成的公钥复制存成 binary 文件，如图 25.14 所示。

| File | Edit | Search | View | Analysis | Tools | Window | Help |

| 16 | Windows (ANSI) | hex |

pub_key.bin

Offset(h)	00 01 02 03 04 05 06 07 08 09 0A 0B 0C 0D 0E 0F	Decoded text
00000000	5F AA 37 FF E3 C5 3B 00 6E D5 E3 32 BC 31 13 7A	_ª7ÿãÅ;.nÕã2¼1.z
00000010	0F D8 EF 99 D6 8B 2A 23 65 E0 D7 22 25 2E 85 D6	.Øï™Ö‹*#eà×"%..Ö
00000020	8C A3 C0 A2 93 A7 C3 97 79 F2 4B 33 53 2E 3E F4	Œ£À¢"§Ã—yòK3S.>ô
00000030	13 B0 50 C0 CA 32 47 4B 75 CF 54 6A F0 D6 DF 66	.°PÀÊ2GKuÏTjðÖßf
00000040	83 3D 2A 94 44 02 62 25 56 17 9B 96 E4 B1 5C 89	ƒ=*"D.b%V.›–ä±\‰
00000050	03 41 D4 9A 8B F7 C6 13 C4 A0 37 0F 77 50 99 F6	.AÔš‹÷Æ.Ä 7.wP™ö

图 25.14   复制生成 bin 文件

⑤ 生成二进制文件的哈希结果，如图 25.15 所示。

Openssl. exe dgst − sha384 − binary − out public_key_hash_0. bin pub_key. bin

HxD - [D:\perforce\depot_pcs\FWEng\solutions\cec1712_GEN2\tools\SecureBoot_SPI_Img_Gen2\src\mchp\everglades_sp

| File | Edit | Search | View | Analysis | Tools | Window | Help |

| 16 | Windows (ANSI) | hex |

pub_key.bin   public_key_hash_0.bin

Offset(h)	00 01 02 03 04 05 06 07 08 09 0A 0B 0C 0D 0E 0F	Decoded text
00000000	85 2E E4 AE 3E DA 4E 4F 9F EA C3 F8 75 3C 8F 2D	….ä®>ÚNOŸêÃøu<.-
00000010	84 5C 96 72 D2 CE 55 8B 37 44 48 5C 25 AD B3 04	„\–rÒÎU‹7DH\%.³.
00000020	36 CB 53 7F 9A D5 6F A6 46 D0 48 72 A9 05 01 3C	6ËS.šÕo¦FÐHr©..<

图 25.15   公钥的哈希结果

⑥ 像这样重复步骤①至步骤⑤来创建 32 个私钥/公钥，公钥可以验证 EC 的固件。将公钥复制到临时文件中，并生成公钥的散列，像这样连续操作直到 32 个密钥都完成。

⑦ 将公钥的哈希值依次复制入一个二进制 bin 文件，如图 25.16 所示。

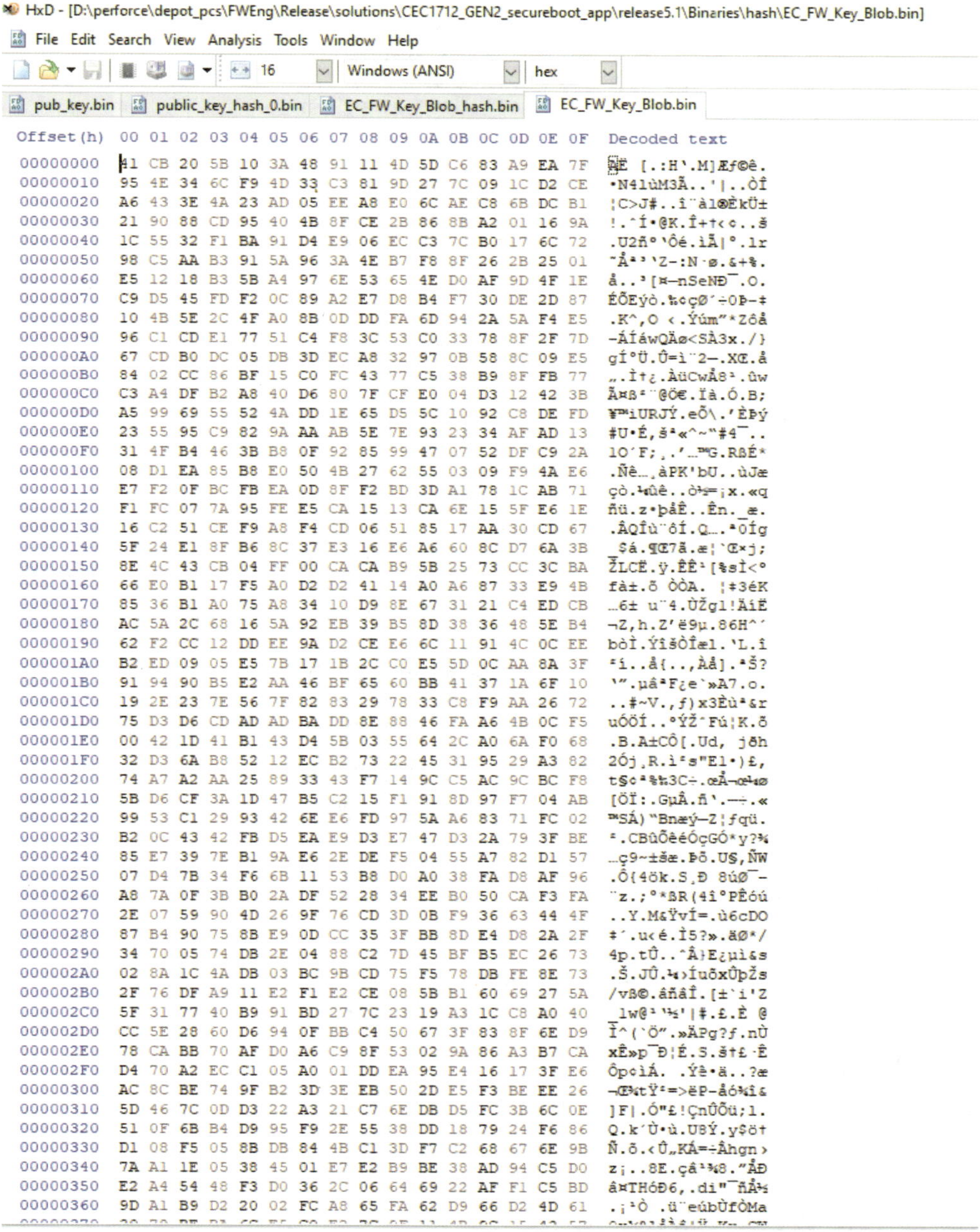

图 25.16　32 组 EC 公钥的哈希合并

⑧ 对 32 个 AP 公钥进行同样的操作,如图 25.17 所示。

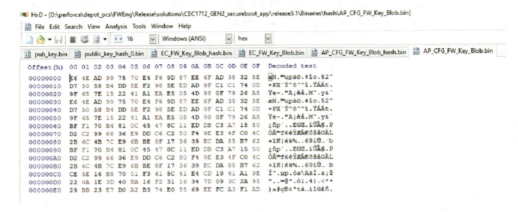

图 25.17　32 组 AP 公钥的哈希合并

对上面的二进制哈希数据再做哈希运算得到最终结果,如图 25.18 所示。

图 25.18　哈希的哈希结果

⑨ 0~1 535 的 ECDSA 公钥的哈希 Blob 镜像的哈希结果会烧写固化在 OTP 区 368~415 字节偏移位置处,而密钥的 Blob 会存储在 SPI Flash 中。

密钥的 SHA384 哈希 Blob 位置和哈希值将存储在 Efuse(即 OTP)区中的如下位置:

- OTP 第 360~363 字节偏移处为 Hash Blob0 在 SPI Flash 中的存储地址;
- 364~367 字节为 Hash Blob1 存储地址;
- 368~415 字节放 ECDSA 的密钥的哈希的哈希结果。

注意:用户流程工具和 Efuse 配置生成工具会提供样例测试文件。

测试的 bin 文件如下:

- 应用处理器固件配置的 hash blob 文件:AP_CFG_FW_Key_Blob_hash. bin。
- EC 固件的 ECDSA 密钥 hash blob 文件:EC_FW_Key_Blob_hash. bin。
- EFfuse 工具的配置文件:otp_value. txt。

3. 自定义文件生成器

如前所述,此工具生成的 custom_file. txt 会映射 OTP 字节[672:959]的数据,总数据为 288 字节,如图 25.19 所示。可以发现,它包括 AP 固件基地址的设定 AP base pointer0/1 等与用户应用相关部分,具体帮助内容可以通过单击界面右下角的 HELP 按钮查看。设定好各项后,单击 GENERATE_SB_EFUSE_DATA 按钮,就可以设定并生成对应输出文件 Custom_file.txt,作为输入供后面 Efuse Generator 使用。

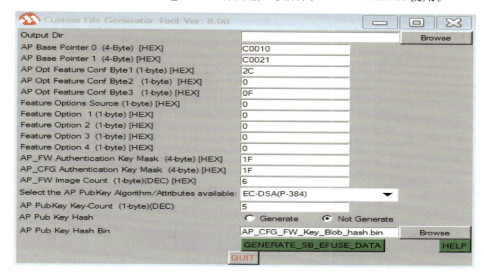

图 25.19 自定义文件生成器界面

根据界面配置,生成结果如图 25.20 所示。

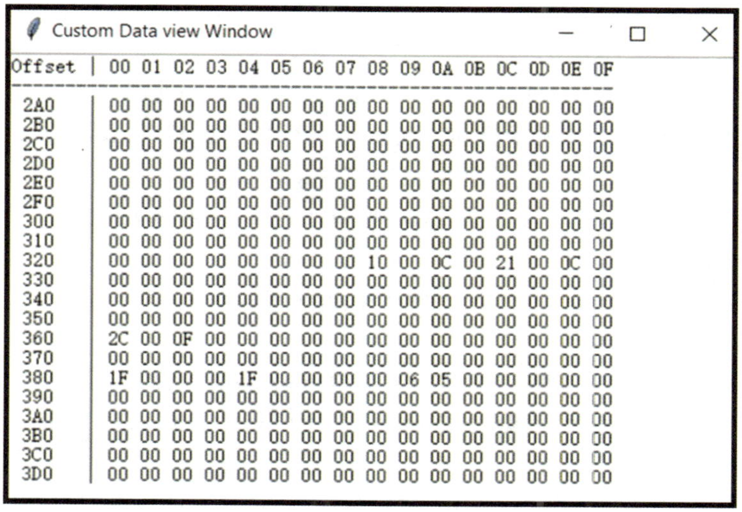

图 25.20 自定义文件生成结果

从图 25.21 可以看到,左边显示了 Efuse 的不同字段的内容定义,通过 3 步即可

生成 Efuse 的镜像并烧写到 CEC1712,具体步骤如下:

① 通过 Custom File Generator 配置生成文件 custom_file. txt。

② 将文件输入给 Efuse Generator 配置生成最后 Efuse 镜像文件。

③ 利用 Efuse 编程器将 Efuse 镜像烧写到 OTP 区。

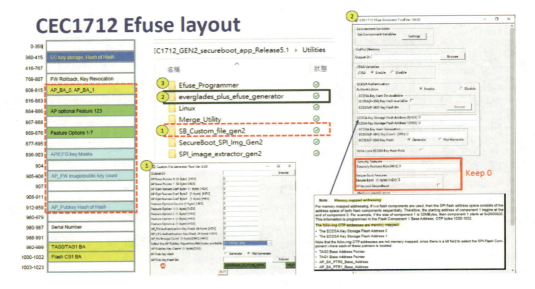

图 25.21　efuse 布局和生成流程

前面简单介绍了 Custom File 生成,下面介绍 Efuse Image 的详细生成过程,步骤如下:

① 单击\Utilities\everglades_plus_efuse_generator\CEC1712_efuseGEN2. exe 文件,然后出现如图 25.22 所示界面。如果要用到 Key Hash Bin,则选择 ECDSA(P - 384) Key Hash Bin Available,并浏览路径选定 Key 哈希文件。在 CEC1712_SOTERIA - G2_release3\Binaries\hash\目录下,可以看到 AP 的公钥的哈希 bin 文件 AP_CFG_FW_ Key_Blob_hash. bin。

② 单击 Environment Variables 的 Setting 按钮,如图 25.22 所示。环境变量设置如图 25.23 所示。

③ Efuse Generator 设置如图 25.24 所示,相关设置项帮助可以同样单击 HELP 按钮找到说明。设置完毕,单击 GENERATE_EFUSE_DATA 生成 Efuse(即 OTP) 镜像。

注意: Efuse 区属于 OTP,即一次性编程区,烧写后无法修改,所以烧写一定要慎重。请在对 Efuse 编程前,检查 efuse_data. h,确认所有值与预期无误。

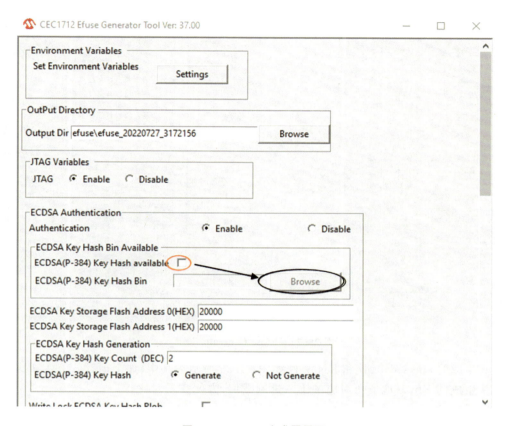

图 25.22　efuse 生成器界面

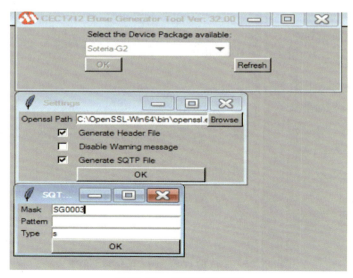

图 25.23　环境变量设置

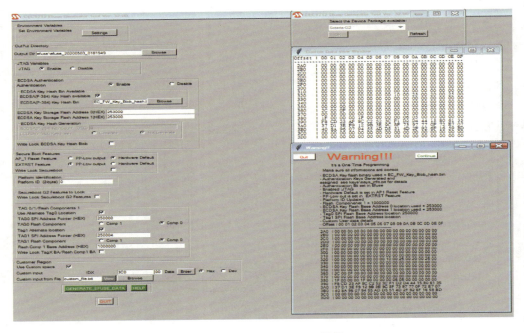

图 25.24　Efuse Generator 设置

生成的 efuse_data.h 和 hex 文件如图 25.25 所示。其中,如上所述,efuse_data.h 确认生成的 Efuse 地址所对应的十六进制数值,方便查看对比。

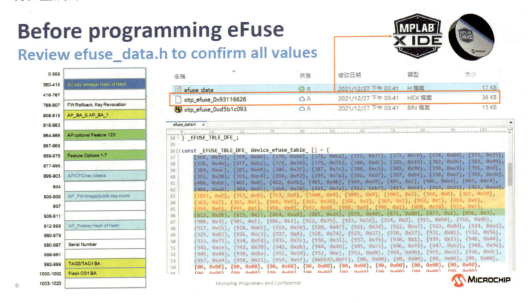

图 25.25　生成的 efuse_data.h 和 hex 文件

利用 efuse_Programmer/MPLAB X_efuse_programming 工程烧写 OTP 镜像，根据工程目录下 readme.txt 操作即可简单实现 OTP 烧录。烧完后从 efuse 中读回数值，再次检查烧写是否正确。

这个检查可以直接运行 otp_prog 工程，在 otp_program.c 文件的 for 循环中打上断点。当程序运行到这里时，efuse 里的相关数值已被读入 buffer[1026]数组中，可以选择 buffer[]，右键将其加入 watch 窗口中，即可看到相关数据。为了方便将读出的 efuse 值与设计的 efuse 值对比，可以将其导出到 csv 表中。在 watch 窗口中右击出现的 buffer[]，如图 25.26 所示，单击 Export Data→CSV File→Hexdecimal Format 即可。

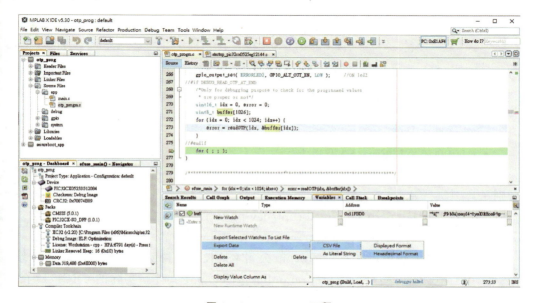

图 25.26　otp_prog 工程

导出的 Buffer 数据如图 25.27 所示。

注意：在 CEC1712_SOTERIA - G2_release3\Binaries\hash\ 目录里，包括：

- EC_FW_Key_Blob.bin：它是保存在 secureboot_spi_image_gen2 工具中的最多 32 个公钥，每个公钥的哈希散列结果。通过验证全部 Key 列表的哈希值，可以保证所有公钥未被篡改。
- EC_FW_Key_Blob_hash.bin：这是对所有公钥的哈希结果——EC_FW_Key_Blob.bin 文件再做哈希运算，生成的结果，前面详细介绍过。将其输入给 Efuse 生成器，生成最终的 OTP 镜像文件。

4. 利用 MPLAB X IDE 编程 Efuse

下面介绍下 CEC1712 的开发环境和工具套件：

- 开发板：CEC1x02 开发板配合 CEC1712 PIM 板（CEC1712H - S2）。

	A	B	C
1	buffer[0]	0xF8	
2	buffer[1]	0x15	
3	buffer[2]	0x28	
4	buffer[3]	0xEB	
5	buffer[4]	0x9C	
6	buffer[5]	0x6D	
7	buffer[6]	0x03	
8	buffer[7]	0x69	
9	buffer[8]	0x3C	
10	buffer[9]	0x1E	
11	buffer[10]	0x88	
12	buffer[11]	0x73	
13	buffer[12]	0xB5	
14	buffer[13]	0xC2	

图 25.27　读出的 Buffer 结果

- 编程文件:Binaries\eFuse\otp_efuse. hex。
- ICD4 或 SNAP4。
- 编译器工具链:XC32(v2.50 及以上)。
- MPLAB X IDE v5.50 及以上。

CEC1x02 开发板及 CEC1712 PIM 板均可在 Microchipdirect 网站上购买,链接分别是:

https://www. microchipdirect. com/dev-tools/DM990013

https://www. microchipdirect. com/dev-tools/MA990002

相关软件工具包可以联系 Microchip 公司本地技术支持团队申请。获取请参考 Everglades_MPLAB X_eFuse_programming_guide. pdf 文件。实际的 CEC1712 的 OTP 编程线路连接如图 25.28 所示。

图 25.28　CEC1712 OTP 编程连接图

25.2.3　SPI Flash 镜像生成

1. SPI Flash 镜像布局

图 25.29 所示为 OTP 镜像和 SPI Flash 镜像的架构分布和相互关系。图中，OTP 中的 TAGx Base Address Pointer 说明了 TAGx（EC 第 x 个固件镜像 TAG）

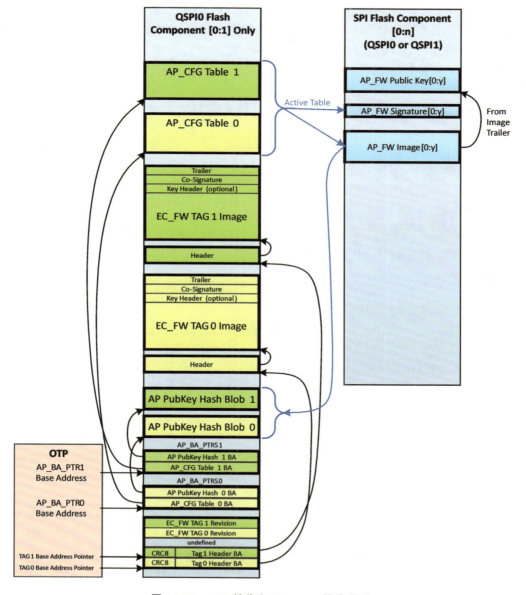

图 25.29　OTP 镜像和 SPI Flash 镜像关系

的 Header BA(基地址 Base Address)所在,而 AP_BA_PTRx 则指向了 SPI Flash 中 AP_CFG_TABLEx 的基地址保存位置,再由它们找到其他部分如 AP_Pubkey_Hash_Blobx 等。通过 CEC1712 的 OTP 中的设定,即可找到对应的 EC 固件及 AP 配置表的对应地址,实现安全启动的数据关联。

2. 配置文本文件

如图 25.30 所示,我们仅需要编辑 spi_cfg.txt 配置文件以适应自己的系统地址布局即可。根据 README 提示,将之前步骤生成的文件放在对应目录下,单击 SPI 镜像生成器运行,即可轻易地生成对应的 SPI 中需要的镜像文件。用户不需要另外编写代码。

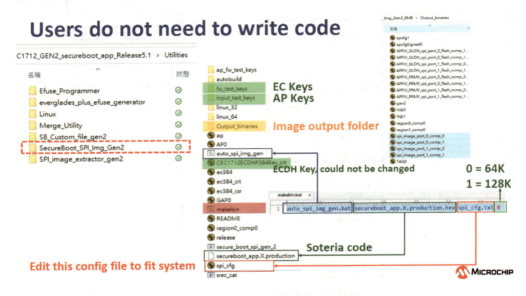

图 25.30　SPI Flash 镜像生成示意图

3. makebin 批处理文件

打开 makebin128.bat,可以看到它运行 auto_spi_img_gen.bat,将另外生成的 EC_FW 文件 Secureboot_app.X.production.hex(即 SOTERIA-G2)和 spi_cfg.txt 作为输入,生成所需的镜像文件系列,移到新生成的 output_binaries 目录下,如图 25.31 所示。

命令尾缀的参数为 1,会决定生成的 FW bin 文件大小为 128 KB,如果为 0,则文件大小为 64 KB,如例 25.1 所示。

例 25.1 打开 makebin128.bat 批处理文件。

```
auto_spi_img_gen.bat secureboot_app.X.production.hex spi_cfg.txt 1
```

图 25.31　SPI 镜像生成

4. 过程详解

其中,auto_spi_img_gen 批处理命令会调用 srec_cat.exe 创建固件的 bin 文件,接着调用 secure_boot_spi_gen_2.exe,根据 spi_cfg.txt 的设定生成最终 SPI 镜像文件。

spi_cfg.txt 文件里有以下几个主要项目需要根据实际需求进行配置和调整。如下所示:

- APCFGHEADER　应用处理器 AP 的配置头文字;
- APFWIMAGEMAPx"y"　应用处理器 AP 的固件基地址、SPI 接口设定等;
- IMAGE"x"　固件片段 x 的设定等(AP 固件可以多片段分布在不同地址段);
- APCFGTABLE　应用处理器的配置表设定;
- APKEY"x"　应用处理器的密钥文件指定;
- ECKEY"x"　EC 固件验证的公私钥文件指定。

设置的结果如图 25.32 所示。

5. 加密镜像

对固件进行加密是可选项,并不必须。但如果确实需要对一些算法保密,则可以对固件加密后烧写入 SPI Flash,启动时解密验证。

加密 ECDH 算法用于加解密的会话密钥生成,并利用 AES 算法加密固件镜像。如图 25.33 所示,通过 ROM 里的私钥和 ECDH2 公钥(OTP BYTE128～223 处)进行 ECDH 运算,生成加密密钥,将 ECDH 私钥加密后存入 efuse 的 BYTE 0～47 处。同样,利用 ECDH 私钥生成 ECDH 公钥后,与随机生成的私钥(Pri Key)进行 ECDH 运算生成加密密钥,将 SOTERIA 镜像加密后存储 SPI Flash。另外,Pri Key(Ran-

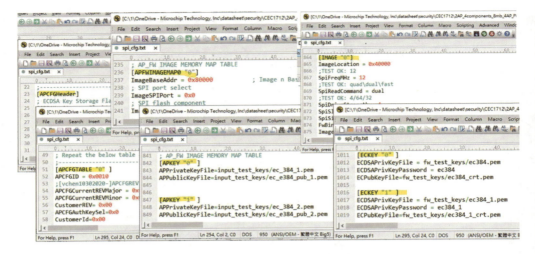

图 25.32　spi_cfg.txt

dom)生成的公钥 Pub Key 也存入 SPI Flash。

　　在上电后,ECDH 私钥被解密后,会和公钥 Pub Key 运算生成解密密钥,对 SO-TERIA 镜像解密。

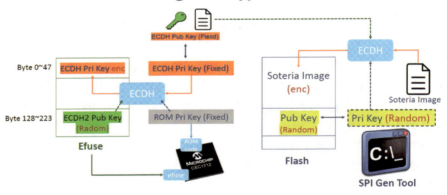

图 25.33　efuse 密钥及 EC_FW 加密过程

6. 用 DediProg SF100 编程器编程 SPI Flash

　　连接 SF100 编程器,相应的编程界面如图 25.34 所示,根据编程器步骤将 SPI Flash 镜像文件烧入 Flash 中。连接示意如图 25.35 所示,注意 SPI CSx 片选跳线设定正确。

　　如图 25.36~图 25.38 所示,SPI Flash 编程的具体步骤如下:

　　① 连接 SF100 编程器到 CEC17X2 PIM 板的 J2:JTAG 接口。

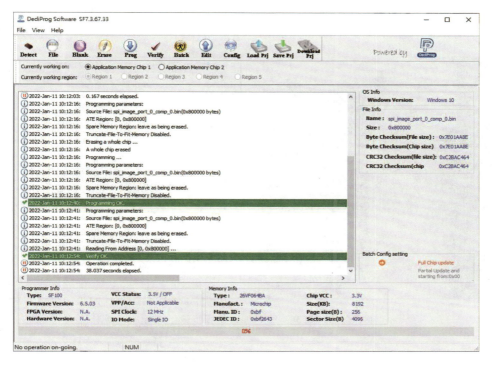

图 25.34 SPI Flash 编程

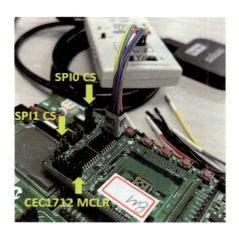

图 25.35 SPI Flash 编程连接示意图

② 编程前,连接 T1 跳线。

③ 打开 DediProg 软件,选择器件 ID:W25Q128JV,单击 OK 按钮。

④ 加载 spi_image_port_0_comp_0.bin 文件。

⑤ 单击 Batch 编程。

① 将SF100连接到CEC1702 PIM板上的J2:JTAG接口。

② 在编程前将跳线T1安装在CEC1712 PIM板上。

DediProg SF100	CEC1712 PIM
<5> Vcc	<1> VCC_3.3V
<10> MOSI	<2> JTAG_TMS/SHD_SIO0
<8> CLK	<4> JTAG_TCK/SHD_SCK
<9> MISO	<6> JTAG_TD0/SHD_SIO1
<7> CS	<7> SHD_CS0
<6> GND	<9> GND

③ 打开DediProg软件，然后选择器件ID:W25Q 128JV.，单击确定。

注意:
请安装SF6.0.5.21或更高版本，
旧版本可能无法检测到设备。

图 25.36　SPI Flash 编程步骤(一)

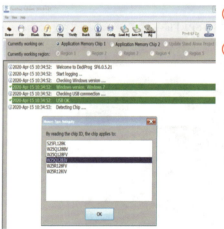

④ 加载文件:
spi_image_port_0_comp_0.bin。

⑤ 运行"Batch"进行编程。

图 25.37　SPI Flash 编程步骤(二)

⑥ Batch 操作选项设置。

⑦ 编程结束。

⑧ 断开 T1 跳线。插上 USB micro - B 接头到 CN1 为 CEC1712 开发板供电，开始验证试验。

⑥　Batch操作选项设置。　　　　　　　　　⑦　编程结束。

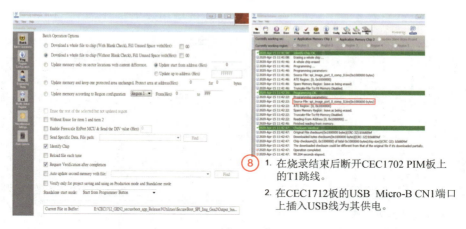

⑧　1. 在烧录结束后断开CEC1702 PIM板上的T1跳线。

　　2. 在CEC1712板的USB Micro-B CN1端口上插入USB线为其供电。

图 25.38　SPI Flash 编程步骤（三）

25.3　安全启动验证

25.3.1　输出调试信息（默认 TX1 输出）

下面通过安全启动试验来验证。相关结果通过串口打印信息显示，而试验将用到 UART1 的 TX1 输出。CEC1712 的串口打印信息将通过串口由 USB 控制器 MCP2221 转换成 USB 数据，输出到 PC 端显示，如图 25.39 所示。

图 25.39　USB 输出 UART 调试信息

25.3.2　见证成果的时刻

全速运行,看看 4 片 Flash 里存储 4 个镜像的应用效果如何,如图 25.40 所示。

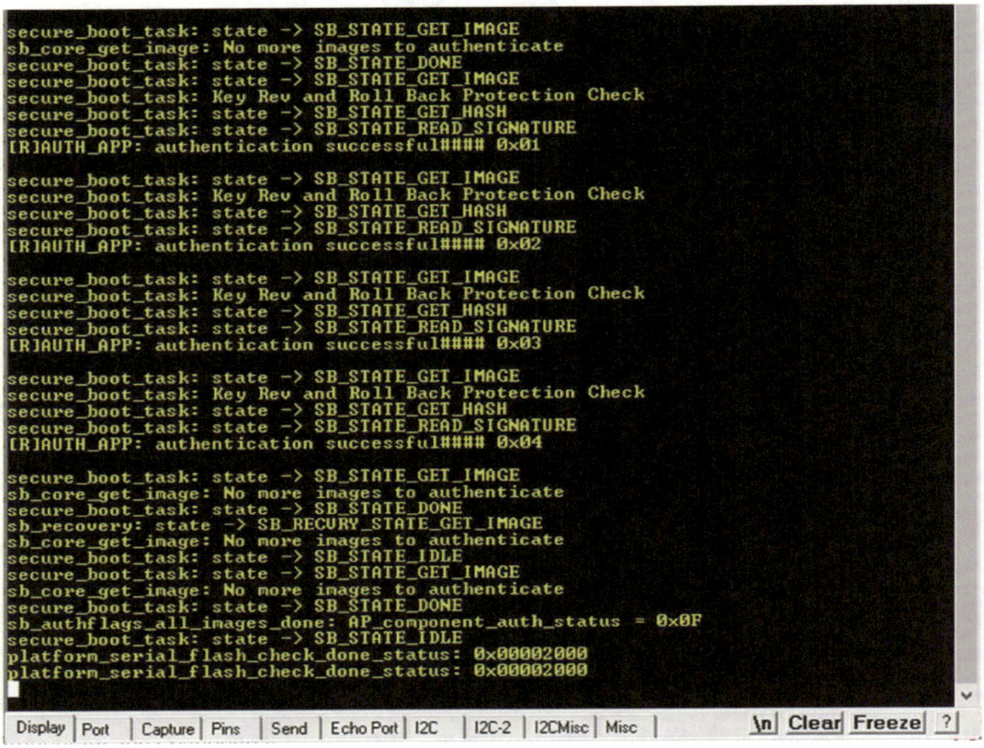

图 25.40　验证成功的调试信息

从结果看,验证成功!

25.3.3　修改 AP 镜像观察自动恢复功能生效

模拟外部攻击、篡改程序的场景,尝试用 SF100 编程器修改 Flash 中固件的数据。如图 25.41 所示,从结果可以看到,篡改后的固件验证失败,而未改动的其他部分成功通过验证。尝试失败 3 次后,系统会恢复固件并重新验证。

综上所述,对于所有利用外部 SPI Flash 存储固件的应用处理器,Microchip 公司均提供了 CEC1712 高安全 MCU。它配合 SOTERIA－G2 定制固件,利用简单直观的图形配置界面,就能帮助设计者轻松快速地实现具有硬件信任根保护的安全引导方案。保护自身系统,提升系统安全等级。预防攻击,实现满足国际上 NIST 800－193 平台固件弹性标准的高安全系统。好了,CEC1712 的安全启动方案就介绍到这里。

图 25.41　固件篡改并自动恢复试验

本章总结

本章详细介绍了基于 CEC1712 的安全启动方案。在安全启动中，利用根公钥验证 EC 固件签名，用 AP 公钥验证 AP 固件签名。同时 CEC1712 的固件存储于片外 Flash 中。在本方案中，客户需要烧写 Efuse 镜像和 SPI Flash 镜像，同时验证 EC 固件的公钥存储于片外 Flash 中。因为 OTP 的区域空间有限，如果完整地保存公钥会占用大量的 OTP 空间，所以 CEC1712 安全启动方案中要应用 Key 哈希 Blob，它在节约空间的同时可以防止 Key 被篡改，满足安全启动的要求。SPI 镜像生成器是根据 spi_cfg.txt 文件配置生成 SPI Falsh 里的镜像。

安全加密的算法和操作是比较烧脑的，读者需要具备一定的密码学知识才能更好地理解这一过程。

第 **26** 章

示波器在嵌入式开发中的应用

在嵌入式开发中不可避免地会使用示波器对硬件系统进行观测,根据笔者多年的技术支持经验,还是有不少工程师会在示波器的使用和测量方式上犯一些小错误。本章将与大家分享一些开发过程中频繁使用的示波器功能及一些注意事项,这些内容不限于 32 位 MCU 系统的开发,而是一些通用的方法。

不同示波器的性能和价格差距很大,但绝大多数嵌入式工程师使用它通常就是做以下几件事:

- 测量信号质量　例如测量和分析电路中的信号噪声、纹波、失真度等。
- 跟踪信号或抓取故障　例如跟踪监视多电源轨的上电时序、晶振起振过程或传感器信号输出是否正常连续。设置条件在故障发生时抓取相关信号波形用于分析。
- 数字通信协议分析　例如监测 IIC、SPI、CAN 总线链路上的波形及进行协议分析等。
- 波形运算　例如使用示波器自带的乘法和积分运算测量功率器件的开关损耗,利用 FFT 运算功能做谐波分析等。
- 波形对比　对比各种措施下波形的变化,以确定实施的措施是否有效以及效果的强弱。
- 分析程序性能　示波器可以用来分析程序的性能,例如检测程序中的延迟、响应时间等。通过观察程序执行期间的信号波形,可以找到程序中的瓶颈,并对其进行优化。

某些强大的示波器还具有频谱仪的部分功能,这个功能不在本书的拓展范围内。

为了方便直观展示,本章使用了台湾皇晶公司出品的 TS3000 系列便携式 USB 示波器 DSO Travel Scope,它小巧便携、测量准确,适合经常需要去现场工作的工程师使用,有兴趣可以访问 https://www.acute.com.tw/了解细节。

26.1　示波器使用常识

26.1.1　认识配件

我们经常能看到示波器中配置的一些小配件,但对这些小配件的使用方法并不是很清晰。下面简单介绍几个常用小配件的功能。

1. 彩　环

示波器通常有多个通道,工程师们也经常会同时使用多个通道,这样有时候通道与探头的对应关系就会混乱,每次观测时先要花点时间去确认对应关系。有了彩环这个小配件就可以轻松解决这个问题。彩环一般是同一种颜色成对出现,我们可以将一对彩环分别套在探头靠近示波器输入口的一端和探头靠近探针的一端,探头一般在这两个位置都有设计凹槽安装彩环,同时还可以将示波器各个通道在屏幕上显示的颜色设置与彩环颜色一致,更加方便观测,如图 26.1 所示。

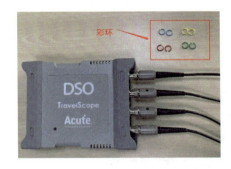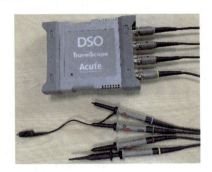

图 26.1　彩环的使用

2. 保护帽

探头上的探针是非常贵重的部分,要特别注意保护探针不被损坏,因此在搬运过程中最好是套上全保护的保护帽。另外,在使用探针测量时,为了避免误触电路板上器件的导电部分引发短路,也需要一些其他款式的保护帽,只露出一部分探针的针尖。如图 26.2 所示,这几种形式的保护帽可以根据需要去选择。

3. 接地弹簧

接地弹簧的作用就是帮助我们完成就近接地的功能。工程师最常用的探头的接地方式是鳄鱼夹,但这种鳄鱼夹接地会形成较大的环路磁链,对测量造成干扰,所以一般测量高频信号或电源纹波时,可以把鳄鱼夹取下来,换上接地弹簧,就近接地进行测量,如图 26.3 所示接地弹簧的使用。在绘制 PCB 电路时,可以有意识地在测试点附近预留过孔,方便接地弹簧就近接触过孔和被测信号。

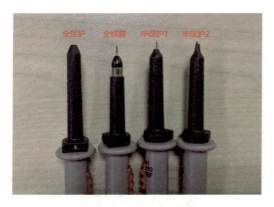

图 26.2 保护帽的使用

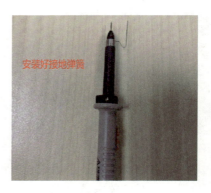

图 26.3 接地弹簧的使用

4. 改 锥

每一个探头在靠近 BNC 连接器的位置都有一个信号调理电路,一般在测试信号之前需要做一次校准,如果发现信号存在过度补偿或补偿不足的情况,我们可以使用改锥调整探头的输入补偿电容,对信号进行校准。可以根据情况选择使用改锥的一字口或者十字口。如图 26.4 所示为改锥的使用。

图 26.4 改锥的使用

26.1.2 常用基本概念及注意事项

每一次测量之前,需要根据被测信号和被测电路的特点对示波器进行设置,尤其是被测信号源的带宽和阻抗,这两个参数直接决定了应该使用什么类型的探头以及探头的设置。对于信号测量精确程度的要求又决定了示波器的采样率和采样深度的设置。这里把常用的示波器使用注意事项罗列如下:

① 有源探头和无源探头 从字面上来看,有源探头和无源探头的区别是有没有

电源供电,但有源探头的出现本质上是为了解决无源探头可测量信号带宽低、电压幅值不够高、无法测量差分信号、无法直接测量电流信号以及输入阻抗不够大等问题。我们平时使用的有源探头有高压差分探头、高频有源差分探头、电流钳等。我们在测量某个信号源之前,必须先分析这个信号源的内阻、带宽和幅值,无源探头是否能胜任测量任务,如果不能,就换有源探头,这样才不会因为测量不当导致错误判断。

　　② ×10 挡与×1 挡的差别　我们通常使用的无源探头都有×10 挡和×1 挡两个挡位。这里需要记住一个原则:选哪个挡位去测量取决于被测信号的阻抗和带宽。大家都知道,×10 挡是将信号衰减到原始信号的十分之一后送入示波器,而×1 挡是直接将信号送入示波器。然而,由于这两个挡位的输入电阻和电容不同,接入被测电路后产生的影响也不同,这种影响经常被称为探头的负载效应。图 26.5 所示为无源探头等效模型,×10 挡的前端有一个 9 MΩ 的电阻接入,加上示波器内部的 1 MΩ,一共有约 10 MΩ 的输入电阻接入,输入电容约为 12 pF,而×1 挡的前端没有 9 MΩ 的输入电阻,只有后面那个 1 MΩ 的电阻,输入电容通常为 50 pF 左右。如果我们将这个等效模型进行仿真就不难发现,×10 挡的探头相当于一个高通滤波器,而×1 挡相当于一个低通滤波器。在低频段时,如果被测信号源自身的阻抗较大,而探头是通过阻抗分压将信号送入示波器,很明显信号落在×10 挡输入阻抗上的分压较多,对被测对象产生的影响较小。如果被测对象自身的阻抗较小,×10 挡和×1 挡的输入阻抗都足够大到可以忽略其接入产生的影响,这时就要看被测对象的频率有多高,频率较高时采用×10 挡更合适。简言之,信号源内阻较大,×10 挡对信号的影响较小,适合测量信号源内阻较大且带宽不高的信号。综合考虑测量电压范围之后,这里给出一个经验,信号幅值在 40~400 V 之间,带宽不高于 5 MHz,信号源内阻不可忽略的,使用×10 挡测量。

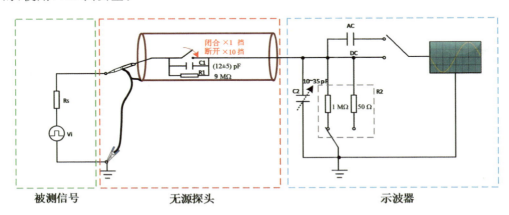

图 26.5　示波器探头等效模型

　　信号幅值在 40 V 以下,频率小于 5 MHz 使用×1 挡测量,5~100 MHz 之间使用×10 挡测量。高于 400 V 的信号最好使用有源高压差分探头进行测量。对于低压高频信号,频率达到 GHz 等级时,就需要使用有源高频探头进行测量。

③ 保护地 PE　顾名思义,PE(Protection Earth)是为了保护电网及人员设备不受伤害而设立的,办公室及工厂车间都设有 PE 线,一般办公室的继电保护开关会在 PE 线过流(一般 30 mA)时跳闸。每栋楼宇基本都会有一根插入大地的"金属桩",这就是 PE。我们经常看到,实验室里工程师将示波器电源线的 PE 针拔掉,原因是非隔离示波器的探头地与其电源线中的 PE 针脚是连在一起的;有些做电源的工程师经常会遇到使用整流桥对市电进行整流的情况,如果不拔掉示波器电源线的 PE 针,则在做测量时,示波器的探头地就会夹在整流桥端的"热地"上,而这个"热地"对 PE 的电压可高达上百伏,相当于"热地"与 PE 直接短路,极有可能烧坏示波器探头和整流桥。但是拔掉 PE 针脚就意味着放弃漏电保护的功能,最好的测量方案是使用隔离变压器给被测电路供电,示波器保留 PE,这样即使示波器的探头地接到"热地"上,由于这个"热地"对 PE 没有了电气连接,也就不会因为短路而瞬间流过大电流烧毁器件和探头了。

④ DC 与 AC 模式的选择　信号有两种耦合方式进入示波器,如图 26.5 所示,一种是 DC(直流耦合),在这种耦合模式下信号的交直流成分一起通过,适合观测信号全频段的完整信息或数字信号。另一种是 AC(交流耦合),在这种耦合模式下去掉了直流分量,适合观测信号的交流成分,比如电源纹波、调幅信号、调频信号等。

⑤ 采样率的设定　采样率是示波器非常重要的指标,所有的示波器都会在最明显的位置标注出它的采样率,比如 1 GSa/s。机器上标注的采样率指的是此台示波器在单一通道使用时可以达到的最高采样率,多通道同时使用时,实际采样率往往受限于另一个参数"存储深度"。存储深度是指示波器最多能存放多少数据,如果单位时间内采集的数据多,而存放数据的空间却较少,就会导致能够显示出来的波形时间很短。举个例子,一个采样率为 1 GSa/s,存储深度为 2K 点的示波器,在最高采样率下只能显示 2 μs 的波形(2K/1 GSa/s＝2 μs)。因此,如果想显示较长时间的波形,就不得不调低采样率。现在很多示波器都会根据用户设定的采样率自动调节显示的时间,或根据用户选择显示的时间自动调整采样率。

⑥ 采样深度的设定　尽管示波器的存储深度可以达到 2K 点甚至更多,但实际上大多数用不了那么多时间,这个深度是可以调整的,这个可调整的存储深度就是采样深度,也称为记录深度。采样深度设置大,波形更新会变慢,但记录的波形细节会更多。对于某些需要观测局部细节或测量瞬态功耗的应用,要特别注意采样率和采样深度的设定。

26.2　示波器使用举例

26.2.1　探头的补偿和调校

有经验的工程师在使用示波器之前,都会对探头进行补偿和调校,以确保信号测量的准确性。

补偿是指对示波器探头的电容进行调整,以消除探头在测量过程中对信号的干扰。具体调整位置见图 26.4 改锥的使用。示波器探头的电容与被测电路之间会形成一个 RC 电路,这个电路的存在会导致探头输出的信号受到一定的干扰和失真。为了消除这种干扰,需要对探头的电容进行校准,以确保探头到示波器的信号准确无误。补偿探头的步骤如下:

① 连接好示波器探头,然后勾到示波器自带的方波发生器;

② 按下自动按键,将方波显示在屏幕上;

③ 检查显示在屏幕上的波形,并且用小改锥调整探头的旋钮进行补偿,按照图 26.6 所示适当补偿为准。

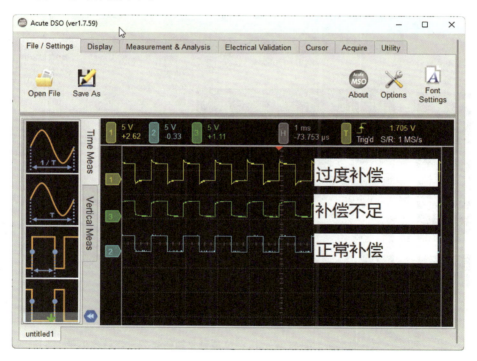

图 26.6　皇晶示波器调校探头屏幕显示的波形

调校是指调整示波器探头的放大倍数和衰减系数,以确保探头输出的信号在示波器屏幕显示的范围内。示波器的放大倍数和衰减系数可以调整,但是如果不进行调校,探头输出的信号可能会超出示波器的测量范围,导致信号失真或丢失。因此,在使用示波器探头之前,需要根据被测信号的幅值和频率等特性进行调校,以确保探头输出的信号能够准确地显示在示波器屏幕上。在选择了正确的衰减系数(×10 挡或×1 挡)之后,示波器的显示界面也要经过相应的调整,否则会出现显示错误。

26.2.2　显示未知信号

当不知道信号的大致频率、幅度等信息时,可以采用自动量程的方式进行测定,自动量程会自动设定有效显示所需的横纵坐标和触发电路。如果信号发生变化,设定功能也能进行追踪。

如果自动量程的设定未能准确显示所希望的波形,则可以通过调整电压和时间来调整波形的高度和宽度;如果稳定输出的波形在示波器上左右乱晃,则是触发电平低于或者高于信号波形,此时调整触发电平即可;也有示波器可以用触发电平自动设置为 50% 的按钮,一按即可,如图 26.7 所示。

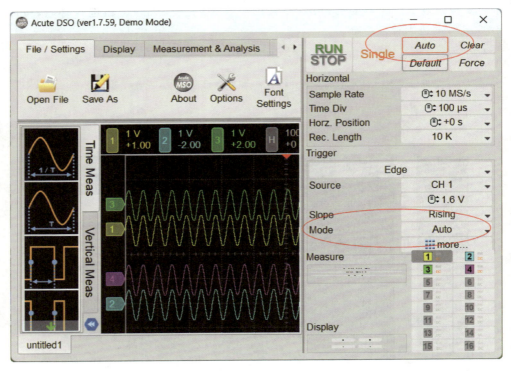

图 26.7　皇晶示波器利用 Auto 挡位检查未知信号并设定触发电平

26.2.3　时钟振荡器测定

时钟振荡器广泛应用于嵌入式系统的设计中,被称为嵌入式系统的"起搏器"。不同的系统对于这个"起搏器"的精确度要求不同,我们可以根据需求选择不同频偏的振荡器。总体来说,振荡器可以分为无源振荡器和有源振荡器两大类。但从组成结构上和材质来看,种类就非常丰富了,常见的有 RC 振荡器、石英振荡器、硅晶振等,它们在频偏、温度特性和振动特性上均有所差异。严格的开发者会在选用之前对其进行测试以判断是否满足应用需求。

测量振荡器电路需要注意几点:第一,由于振荡器电路自身的阻抗较大,频率较高,且对电容负载较为敏感,如果想精确测量,推荐使用有源探头。如果仅做定性测量,建议使用无源探头×10 挡,示波器阻抗设置为 1 MΩ 进行测量。第二,有源振荡器常见的输出波形是方波,但测量时波形经常发生畸变,并不是理想的方波,这可能是所使用的示波器带宽不够的原因。方波所包含的高次谐波较多,如果想看到理想的方波,需要示波器带宽比振荡器基频高 10 倍以上。

26.2.4　电源纹波测定

电源纹波测试是开关电源设计时一项最基础的测试,但如果探头设置不当,会直接导致结果的明显差异。大多数工程师习惯使用无源探头×10 挡和鳄鱼夹地线,这里要提醒大家注意两个问题:第一个问题,电源纹波是 mV 级别信号,比如 30 mV,经过×10 挡的衰减之后只剩下十分之一也就是 3 mV 进入示波器,在示波器上显示时会乘以 10 显示出 30 mV,但实际上示波器内部 1 MΩ 的分压电阻上存在着 1 mV 左右的底噪,被一起放大之后显示出来的是 40 mV,结论就是,使用无源探头×10 挡进行电压纹波的测量时会带来较大的噪声。第二个问题,鳄鱼夹地线由于长度较长会吸收来自空间的辐射干扰,进而影响纹波测试的准确度。因此,针对电源纹波的测量,我们应该选择无源探头的×1 挡,且需要去掉鳄鱼夹地线换上接地弹簧,找到就近的参考地进行测量,然后将示波器设置为 AC 耦合模式进行测量。图 26.8 所示为使用×10 挡鳄鱼夹地线、×1 挡接地弹簧和使用有源差分探头分别测量的波形结果。此实验使用了 Microchip 公司出品的 BUCK 电源 MCP16361 评估板,开关频率为 2.2 MHz,工作在 PWM 工作模式,有源探头采用皇晶 Acute 出品的 ADP2100 高压差分探头。为了方便观测,这里将每个通道的带宽限制在 20 MHz。可以看出,使用×10 挡鳄鱼夹接地的测试结果电压的波动要比其他两种大很多,波形引入噪声较多,尤其是开关处产生的振铃信号;而×1 挡接地弹簧测量结果电压的波动偏小,是因为×1 挡对被测信号进行了分压衰减,由于使用了接地弹簧,接地线较短,噪声引入较小,此外×1 挡的示波器探头模型本身就是一个低通滤波器,这里的波形看得非常明显;使用有源差分探头测量的结果非常稳定,由于其内部有前端放大器,输入阻抗很大,对信号也几乎没有衰减。

需要强调的是,电源纹波对于电源设计来说要求差别很大,有些低压电源的设计可能有着极低纹波的设计要求,这时必须引入前端放大器或使用有源探头进行观测。

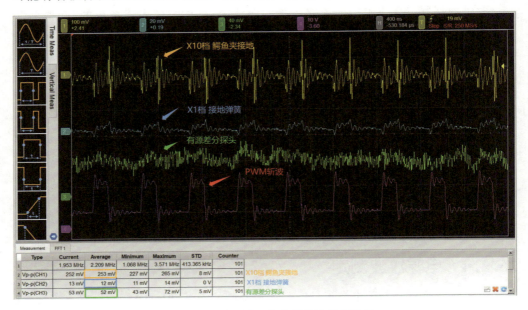

图 26.8　三种设置下的电源纹波测量结果

26.2.5　浮动测定及差分探头的使用

工程技术人员常常需要进行"浮动测定"。所谓的"浮动测定"是指被测信号的两个点位都不处于接地电位。举个例子,在电机控制常使用的 H 桥或全桥硬件架构中,如果想同时观测某个桥臂上管和下管的门源电压 V_{gs},就会面临着上管的两个测试点电位都不处于接地电位的情况,那么对于上管的门源电压 V_{gs} 的测量就属于浮动测定,因为此信号的参考电位点不是地,且这个参考点的电位可能与示波器的地之间存在较大的电位差。

不同的示波器在结构上会有所不同,有的示波器通道之间采用了隔离技术,这种隔离的结构使得各个通道可以使用普通探头直接进行浮动测定,但大部分的台式示波器不具备通道间相互隔离的结构,因此需要引入差分探头进行浮动测定。

这里我们简单说一下差分探头与普通探头的差别。差分探头通常又称为高压差分探头,属于有源探头,从名字上就可以看出这种探头的两个特点是支持差分信号的测量和高压信号的测量,它提供 100∶1 和 10∶1 的两种衰减比(有的也支持 200∶1 和20∶1),因此可以支持高达 2 000 V 以上的信号测量,但支持的信号带宽较低,可能仅支持几十 MHz。

在进行浮动测定时需要注意正确连接基准导线,如果同时使用示波器的两个通道,必须将每个通道的探头基准导线与所测电路相连。这样做是因为示波器的通道是电绝缘的,两个通道没有公用的机壳外接地线。应尽量缩短每个探头的基准导线的长度以获得精确的信号。

另外,在测量高压信号时需要特别检查两个方面:一是自探头上端至探头基准导线间最大可测电压;二是自探头基准导线至地间的最大浮动电压。一般这会在探头的说明书中有所描述。

下面给出一个最常见的浮动测定的例子。图 26.9 所示为三相直流无刷电机的驱动电路,任一桥臂红圈所示为上桥臂门极电压 Vgs_Hx 测量点位,绿圈所示为下桥臂门极电压 Vgs_Lx 测量点位,所有红圈均为浮地测量点位,必须使用高压差分探头,而所有绿色点位均可使用普通无源探头。使用示波器两个通道同时测量某一桥臂的上桥与下桥的门极电压,一个通道接差分探头,另一个通道接普通无源探头。如需测量 MOSFET 的栅源电压 Vds,原理相同,但要注意无源探头的耐压值是否合适。

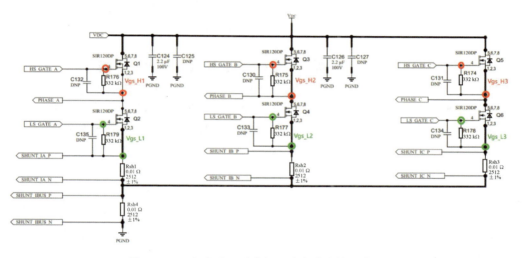

图 26.9　三相直流无刷电机驱动电路中的浮地测量

26.2.6　示波器触发功能

示波器的触发是指控制示波器何时开始显示信号波形的功能。当信号达到触发条件时,示波器会启动并显示波形,以便用户可以观察和分析信号的特征。触发功能对于稳定地显示周期性信号或者捕获特定事件非常重要。

触发功能通常由以下参数控制:

① 触发源(trigger source)　指定示波器用于触发的信号来源,可以是示波器输入通道的信号、外部信号,或者是内部信号产生器的信号。

② 触发类型(trigger type)　指定触发的类型,例如边沿触发(rising edge、falling edge)、脉冲宽度触发、视频触发等。边沿触发是最常见的触发类型,它基于信号的上升沿或下降沿来触发示波器。

③ 触发电平(trigger level) 指定触发所需的信号电平。例如,当信号的电压超过或下降到设定的电平时触发。

④ 触发延迟(trigger delay) 指定触发后的延迟时间,以便在触发之后一段时间内开始显示波形。

在使用示波器时,触发功能使得示波器能够以稳定的方式显示信号,而不会出现随机的波形闪烁或波形跳动。通过正确设置触发参数,用户可以捕获感兴趣的信号,并以适当的时机观察信号的特征,从而更好地分析信号和调试电路。最常使用的触发方式有自动触发(auto)、普通触发(normal)和单次触发(single)三种。自动触发模式可以理解为强制触发,达到触发条件则刷新显示波形,即使没有达到触发条件,也会强制显示采集的波形,但是这种模式下波形是随机的,并没有固定地显示同步的参考点,因此波形看起来是动态变化的。普通触发模式只在达到触发条件时才会触发显示波形,每一次达到触发条件都会刷新显示,在下一次触发条件达到之前,保留上一次的显示。单次触发模式,顾名思义就是在达到触发条件后只触发一次,以后就不再触发,适合抓取某些状态切换瞬间出现的波形。

有些围绕触发设计的进阶功能非常好用,比如触发保持设置(trigger hold off setting),有时我们在触发发生之后还想看看触发之后一段时间的波形,这个功能就可以设置在触发后还继续显示一段时间的波形,然后再进入触发状态。另外,有时触发电平可能比较微小或触发信号有较多干扰,这时我们可以使用触发耦合(coupling)的功能,在触发耦合窗口设置对触发点进行高低频滤波或噪声抑制。这两个进阶功能的设置如图26.10所示。

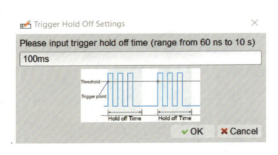

图 26.10　触发保持和触发耦合设置

有时在示波器上还可以看到一个叫做外部触发(external trigger)的接口,这个接口是独立于信号通道的,那么这个接口有什么用呢? 在实际工作中,信号通道是很珍贵的,有时四个通道都用满了,还要接一路信号作为触发信号,就可以接到这个外部触发通道上。有的示波器还预留了 TRIG - IN 和 TRIG - OUT 两个口,用于多个示波器之间互连扩展通道。比如两个四通道的示波器级联,形成一个八通道的示波器,这就是示波器的堆叠功能。

26.3　用示波器为电路板"体检"

使用示波器检查电路板是诊断和分析电路问题的常见方法,下面笔者介绍一下示波器检查电路板的方向:

1. 时钟和电源

笔者在多年的技术支持过程中发现,电路板的很多不明原因的问题均来自时钟和电源,因此认为欲制作一块健康的电路板,首先要处理好两源,即时钟源和电源。

时钟信号是电路中非常重要的信号之一,示波器可以用来观察时钟信号的频率、占空比和稳定性等特征。笔者在前文已经叙述过了,在此不再赘述。笔者要强调的是对时钟源的测定分为直接测定和间接测定两种方法。直接测定是用示波器加载在时钟源的输入口,测定时钟源的信号;间接测定是对通过分频、倍频、锁相环等处理后的时钟输出引脚进行时钟输出波形的测定。二者各有利弊,间接测定法并不适用于每个 MCU,也并非所有 MCU 均有时钟输出引脚,直接法和间接法测定的方向和参数也各有不同,直接法测定的参数和方向如下:

① 频率　时钟源的频率是指每秒钟产生的波形周期数。通过观察波形的周期,并使用示波器的频率测量功能,可以准确地测量时钟信号的频率。

② 占空比　时钟信号的占空比是指信号高电平(或低电平)所占的时间与周期的比率。这对于评估时钟信号的稳定性和正确性非常重要。

③ 上升时间和下降时间　上升时间和下降时间是指时钟信号从低电平到高电平(上升时间)或从高电平到低电平(下降时间)所需的时间。这些参数对于评估时钟信号的响应速度和信号完整性非常重要。

④ 时钟偏移和抖动　时钟信号的偏移是指时钟信号的频率与其理想频率之间的差异。抖动是指时钟信号频率的不稳定性或变化。使用示波器可以对时钟信号进行精确的时间测量,从而评估时钟的偏移和抖动。

⑤ 峰峰值和幅值　峰峰值是时钟信号波形的峰值电压与谷值电压之间的差值。幅值是指时钟信号波形的振幅,即峰峰值的一半。

通过测量这些参数,可以评估时钟信号的质量、稳定性和准确性,以确保其在电子系统中的正常运行。

电源信号是电路板供电系统的信号,示波器可以用来观察电源信号的稳定性、噪声水平和纹波等特征。当时钟源和电源处理得稳定、干净时,MCU 系统就有了健康运行的基本保证。用示波器测量 MCU 供电电源也有如下参数和方向。

当用示波器来测量微控制器(MCU)的供电电源时,可以测量以下参数:

① 直流电压(DC Voltage)　测量电源的直流电压是最基本的参数之一。它可以告诉你 MCU 当前接收到的电压水平。通常,MCU 的规格书会指定所需的工作电压范围。

② 电源纹波（power ripple） 指在电源信号中由于电源电压不稳定引起的小幅度变化。使用示波器可以检测到电源纹波的幅度和频率。

③ 上电/下电过渡时间（power on/off transient） 当 MCU 上电或下电时，电源电压可能会出现瞬态变化。测量这些变化的时间和幅度可以帮助你评估 MCU 对于电源上电和下电的响应。

④ 噪声（noise） 除了纹波外，电源中可能存在其他类型的噪声。这些噪声可以来自电源本身或与电源接触的其他设备。通过测量噪声水平，可以评估电源的清洁程度。

⑤ 地平 如果 MCU 电路板电源地不稳定，则会影响 MCU 的运行，此时可以用示波器探头地线接参考点的地，然后用探头探针观察电路板不同地线位置的地平，从而给 MCU 的供电质量提供一个参考。

⑥ 电源上的振荡 有时电源可能会因为不稳定或负载变化而引起振荡。使用示波器可以检测这些振荡，并评估其对 MCU 的影响。

通过测量这些参数，你可以评估 MCU 的电源质量，确保它能够在稳定和清洁的电源下正常工作。

2. 数字和逻辑

数字信号是离散的信号，通常用于表示逻辑状态或数据。示波器可以用来观察数字信号的波形、电平、上升/下降时间和时序关系等特征。数字信号和逻辑往往是相辅相成的，观察数字信号大概率是判别其数字逻辑是否正确，如果需要观察的逻辑信号非常多，用示波器去观察数字信号往往会遇到通道不足的情况，此时如果示波器能带有逻辑分析的功能则可以满足需求，如图 26.11 所示。

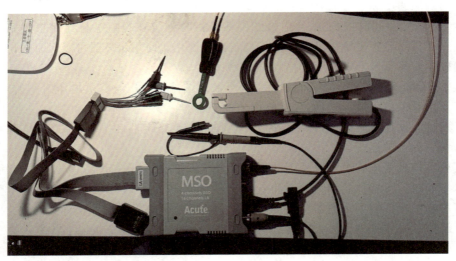

图 26.11　皇晶 MSO3000 示波器安装近场、电流、普通探头和 16 路逻辑分析

举个具体的例子,在高位单片机的开发中有一种比较常见的需求:连接外部存储器。假设存储失败需要排查原因,则可以借助示波器或者逻辑分析仪进行存储时序的测定,将传输信号和存储器件的片选信号同时进行观测,这种观测方式相对于将传输信号与数据信号相比更加方便,因为片选信号相对简单,一个高电平或低电平就可以确定数据的有效范围。换句话说,当片选信号触发时,在它的包络范围外一定是无效的存储信号传输,如果信号传递在片选之外,则需要调整状态机、任务、中断等的时序,使它落在片选信号范围之内。

同理,当不知道程序运行逻辑、中断、通信、启动、实时操作系统任务之间的时序关联时,我们通常的做法是利用一个标志引脚,在程序中设置它的高低变化借以知道通信或者逻辑的开始和结束时间,从而估算出程序运行的逻辑时序。电视信号的行场扫描也有类似应用。这与利用示波器查阅片选引脚确定存储时序有着异曲同工之处。

以上是利用示波器进行逻辑分析的例子。

3. 模拟信号

在使用示波器检测模拟信号时,首先要选择合适的探头并进行相应的设置,选择与信号特性匹配的示波器探头和设置,确保探头的带宽和阻抗适合被测信号的频率范围和电压水平。另外,要注意地线连接,确保示波器的地线正确连接到电路板的适当接地点,以保证准确的信号测量和避免地回路问题。在测量高频信号时要注意地线环路,确保地线连接的路径短小,以减小环路感应和噪声。观察模拟信号的波形确保其符合预期,我们可以检查波形的形状、幅度、周期性和稳定性等特征,以确定信号的正常工作状态。我们观察示波器要根据需要调整示波器的垂直和水平设置,以确保测量信号的精度和分辨率。调整电压范围和增益设置,使信号充分利用示波器的动态范围。模拟信号的噪声分析十分重要,我们要观察信号中的任何噪声或杂散信号,并确定其来源。噪声可能会影响信号质量和系统性能,因此需要注意并尽量减小噪声的影响。模拟信号还有个频率响应的问题,检查信号的频率响应,并确保示波器的带宽足够覆盖被测信号的频率范围。对于高频信号,可能需要选择具有更高带宽的示波器。此外,测量模拟信号需要校准示波器和探头,以确保测量结果的准确性和可靠性。校准的方法笔者在前文已叙述过,在此不再赘述。

此外,如果是电源反馈输入的模拟信号,示波器直接测量可能引起输入信号的畸变,从而引发系统振荡,对这种"不可测"的模拟输入信号,可以采用 MCU 读取输入,然后用 DAC 原路输出的方式进行间接测量。

综上所述,正确选择和设置示波器,观察信号波形,分析噪声和频率响应,安全操作,以及定期校准都是在检测模拟信号时需要注意的重要事项。

4. 脉冲和毛刺

在高位 MCU 开发过程中,有时需要测试丢失的脉冲信号,例如有 $20\,\mu s$ 宽的正向 TTL 逻辑电路数据脉冲,每毫秒至少发生一次。若电路工作不正常,并怀疑有偶然丢失脉冲的现象,可以将示波器调至丢失脉冲触发状态,以便查找丢失的脉冲。

示波器的设置思路如下:利用脉冲触发,选定相应触发源。如果是峰脉冲则脉冲极性为正,如果是谷脉冲则脉冲极性为负,大致估算出脉冲的宽度,然后设置好触发极性和宽度。接下来就是设置触发宽度超标或者宽度不足,再利用普通模式进行抓取即可。这种脉冲触发的设置通常是单次触发。

在对毛刺信号的触发中有些通用的思路:对于普通的示波器,可以增加垂直灵敏度,缩小水平扫描时间,利用单次触发可以实现检测毛刺的功能,但有些示波器需要选择"包络"采集模式才会显示纳秒级别的毛刺。

基本利用以上设置可以检测出小于 500 μs 的毛刺包络线,从而检测毛刺。

综上所述,宽度触发可以检测脉冲或毛刺等周期信号的丢失和增生,但是二者略有不同,脉冲相对宽些,毛刺相对窄些,有些毛刺可能达不到正常的幅度,对这类信号的测量尤其要注意对包络线的使用。

26.4　用示波器让电流"显形"

示波器可以用来显示电流的波形,但需要借助电流探头。电流探头是一种特殊的传感器,可以将电路中的电流转换为示波器能够显示的电压信号。使用示波器来观察电流波形的一般步骤如下:

首先将一个 9 V 的灯泡连接起来,然后用万用表测量其工作电流大约 100 mA,如图 26.12 所示,记住这个值,最后与电流探头得到的值进行比较。

图 26.12　利用万用表电流挡检测灯泡的工作电流

下面我们将详细叙述用示波器测定电流的步骤。以皇晶 MSO3000 为例，步骤如下：

① 选择合适的电流探头，并确保所选用的电流探头能够满足待测电流的范围和精度要求。

② 将电流探头正确连接到示波器的输入通道，示波器会有标记用于连接电流探头。

③ 打开 MSO 界面关闭通道 2、4，并且转动旋钮校准电流探头归零。

④ 将电压探头放置到通道 1，并且勾住标准方波，在输出端口进行校准，该示波器将显示出的电压数值与电流数值相乘，从而得到功率值。

⑤ 将示波器的电流探头挡位调整到 10 mV/A 挡位，和电流探头的挡位设置一致。

⑥ 将被测线路缠绕到电流探头的圆孔之中，缠几圈则电流增大几倍，计算时要除去相应的圈数，多缠几圈的好处是将微小的电流信号放大，方便测量。

⑦ 打开电源，此时屏幕上就显示相应的电压信号和电流信号，我们发现缠绕了 5 圈之后的电流值误差很大，原因是当初校准时是以 1 V 每格，虽然校准了但是测量时我们调整为 200 mA 每格，这样误差就比较大了。关闭电源，在 200 mA 每格的情况下重新校准探头，上电之后发现缠绕 5 圈的电流大约为 500 mA，与万用表测量值基本吻合。整个过程如图 26.13 所示。

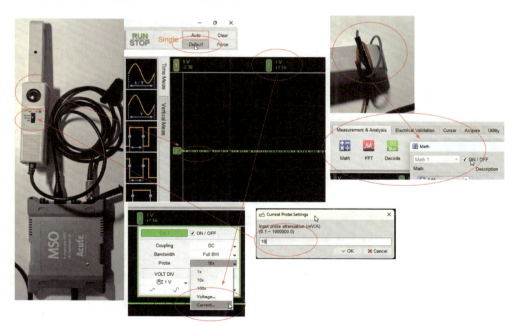

图 26.13　利用示波器电流探头测灯泡的工作电流

⑧ 利用数学公式功能可以将二者进行乘法计算,从而方便读出功率。诚然,本例中电压和电流并没有对应关系,因此出现有电流没电压的情况,本例只是做一个简单方法的演示,逻辑的对错请读者根据实际情况具体问题具体分析,最终结果如图 26.14所示。

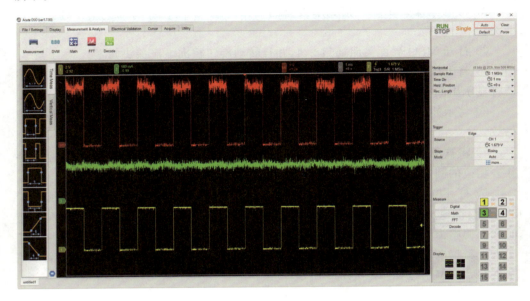

图 26.14　从上至下分别为乘积、电流、电压

通过这些步骤,示波器可以实时监测和分析电路中的电流波形,从而让电流显形。下面简单介绍如何进行电机启动电流的测定。

在做电机控制应用时,往往需要观测电机电流,尤其是启动电流,因为在正常情况下电机在启动时电流最大。获得电机启动时所需的电流,对供电系统的设计和运行至关重要。对于电池供电的应用场合,工程师需要知道电机启动电流的大小,并以此为依据选择合适容量的电池为系统供电。对于挂在电网上运行的电机,启动瞬间会从电网上抽取大量电流用于建立磁场,这个动作对于电网的冲击较大,极有可能干扰到同时挂在电网上运行的其他设备。一些先进的功率质量分析仪器可以监测电机的启动瞬间,并提供有关电流、电压、功率因数等参数的详细信息。此外,为了选取合适容量的功率器件(比如 IGBT、MOSFET 等)同时控制成本在合理范围内,工程师也需要知道电机启动时的相电流大小。实际开发中我们常使用数字电流钳表(简称:电流钳),将电流钳夹在电机的动力线上,就可以方便地测量启动瞬间的电流,并可将电流钳作为一个探头接入示波器,通过示波器观测完整的电机启动过程。电流钳是一种有源探头,需要供电,一般提供两种可选的电流测量范围,比如某款电流探头,H挡可测电流范围 100 A(0.01 V/A),L 挡可测电流范围 10 A(0.1 V/A),带宽一般只能支持到几百 kb/s。

近些年来,随着电机控制技术的发展,无传感器磁场定向控制(sensor - less FOC)广泛应用于各种风扇水泵的控制中,工程师除了观测启动电流的大小之外,对于整个启动过程的观测也非常重要。通过对这个完整启动过程的分析可以获得更多关键信息,例如电机开环启动到闭环稳定运行的时间、开环切入闭环时电机的实际转速是否达到程序预期设定的转速、闭环过程中是否发生抖动等。这些重要信息可以帮助工程师判断是否达到期望的技术指标、软件观测器设计是否优良、启动时注入的电流大小是否合适。如图 26.15 所示为使用无传感器 FOC 控制算法控制电机启动过程的波形。从此波形中,我们可以知道开环启动的电流幅值有多大、开环至闭环稳定时间有多长、开环至闭环过渡过程是否平稳顺滑、闭环之后是否稳定工作等信息。

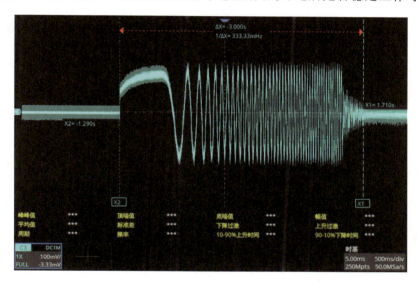

图 26.15　无传感器 FOC 控制启动调试电流波形

当然,观测电机电流不仅是在启动阶段,对于电机控制工程师来说,在开发过程中随时都可能需要观测电机电流,并且不仅需要观测实际流过电机动力线的电流,还需要分析被采样进入 MCU 的电流,因此做电机控制的工程师往往需要两种示波器:一种是与电流钳连接的物理上的示波器,称为硬件示波器;另一种是可以观测 MCU 运行过程中所有全局变量的软件示波器,比如 Microchip 公司提供的 X2C Scope。软件示波器的具体使用方法这里不做详述,如有需求可以联系 Microchip 公司的区域技术支持。

本章总结

在嵌入式系统开发(不限于 32 位单片机开发)过程中,万用表、示波器、逻辑分析仪、可调输出电源、杜邦线、电烙铁套件、拆焊吹风机套件等都是单片机爱好者和从业人员必备的工具设备和辅助材料,本章主要起一个抛砖引玉的作用,从对电压、电流、电场的测定方法启发读者熟练正确地掌握这些设备,这是嵌入式系统开发者的基本功。

最后笔者要强调的是:从事电源、电机等大功率电子设备的开发人员在开发过程中一定要注意安全,保护好自己,切忌麻痹大意,避免发生事故。

参考文献

［1］ Microchip. PIC32MZFamily Datasheet：version：DS60001320H ［EB/OL］. (2020-02-28)［2024-06-01］. https://ww1. microchip. com/downloads/aemDoc-uments/documents/MCU32/ProductDocuments/DataSheets/PIC32MZ-Embe dded-Connectivity-with-Floating-Point-Unit-Family-Data-Sheet-DS60001320H. pdf.

［2］ Microchip. SAME5XFamily Datasheet：version：DS60001507L ［EB/OL］. (2017-07-21)［2024-06-15］. https://ww1. microchip. com/downloads/aem-Documents/documents/MCU32/ProductDocuments/DataSheets/SAM-D5x-E5x-Family-Data-Sheet-DS60001507. pdf.

［3］ 皇晶科技股份有限公司. 示波器软件使用说明：version：DS60001507L ［EB/OL］. (2023-05-01)［2024-06-15］. https://www. acute. com. tw/Download/Manual/MSO3K/Acute_DSO_Manual_cht. pdf.

［4］《MCLV_2 电机用户手册》.

［5］《PIC32MK1024MCM100 PIM 用户手册》.

［6］《Hurst 电机用户手册》.

［7］《HarmonyFramework quick_docs 之 Harmony 3 Motor Control》.

［8］《X2C Scope 插件使用说明》.

［9］ CEC1712 Secure boot solution.

［10］ CEC1712 Data Sheet.

［11］ CEC1712 Efuse Generator Guide.

［12］ CEC1712 user flow tools user manual.

［13］ Secure Boot SPI Image Gen2 User Manual.

［14］ CEC1x02 Development Board User's Guide.

后 记

随着本书最后一章落下帷幕，我们共同完成了一次对 32 位嵌入式 MCU 的深入探索。从代码管理到硬件开发，从基础架构到外设驱动，从实时操作系统（RTOS）到电机、安全，希望这些内容能为您构建坚实的嵌入式系统开发基础，并在实际项目中带来一些价值，让您在嵌入式系统的世界里更加游刃有余。

嵌入式技术的进步从未停歇，由它构成的系统日新月异。32 位 MCU 凭借其强大的性能、丰富的外设和灵活的生态，持续推动着物联网、工业控制、智能硬件等领域的创新。随着 RISC-V 的崛起、AI 边缘计算的融合、更先进制程的 MCU 的不断发布，未来技术领域的挑战与机遇并存。Microchip 公司也持续提供从 8 位、16 位、32 位直至 64 位的一系列处理器，满足客户、学生、科技极客等不同用户的研发需求。

作为开发者，我们的学习之路不会止步于此。书中介绍的方法和案例，或许在不久的将来会被更优化的方案取代，但底层思维、调试经验和系统级的设计理念，将始终是嵌入式工程师的核心竞争力。

最后，感谢您选择本书作为您的技术伙伴。如果在某个深夜调不通的 UART、某个无法复现的 HardFault，或是某个功耗优化难题中，书中的某段代码、某个思路能给您带来启发，那便是它最大的意义。

让 0 和 1 的诗篇在电路的海洋中自由地徜徉，愿您的代码永无 Bug，硬件一次成功！

李 域

于 2025 年 5 月端午前夕